Records of
Ministry of Ecology and Environment
Press Conferences
2021

生态环境部
新闻发布会实录
—— 2021 ——

生态环境部　编

中国环境出版集团·北京

本书编写组

组　长：邱启文

副组长：刘友宾

成　员：徐　琦　　杨立群　　仝　宁
　　　　郭琳琳　　张　涵　　于晗潇
　　　　杜宣逸　　李　欣　　綦　健
　　　　李玲玉

前言

　　2021 年，生态环境部持续深入推进新闻发布工作。一年来，通过及时向社会公众传递权威、准确的生态环境保护政策措施、工作进展等，深入宣传习近平生态文明思想和全国生态环境保护大会精神，回应社会关注的热点问题，增强了媒体和公众对生态环境保护工作的理解和支持。

　　2021 年 8 月，黄润秋部长出席国新办建设人与自然和谐共生的美丽中国新闻发布会。联合国《生物多样性公约》缔约方大会第十五次会议（COP15）期间，黄润秋部长出席第一阶段会议新闻发布会，赵英民副部长出席联合国生物多样性大会高级别会议新闻发布会。此外，赵英民副部长出席国新办《中国的生物多样性保护》白皮书新闻发布会、启动全国碳排放权交易市场上线交易情况政策例行吹风会；叶民副部长出席国新办《中国应对气候变化的政策与行动》白皮书新闻发布会。

　　2021 年，生态环境部全年共举办 11 场例行新闻发布会，通报重点工作，回应热点问题，分别围绕生物多样性保护、大气污染防治、水生态环境保护、生态环境执法、2020 年中国生态环境状况、中央生态环境保护督察、海洋生态环境保护、COP15 筹备情况及云南省生物多样性保护、秋冬季大气污染防治、环境法规与标准及 COP26、生态环境源头预防和过程管控等主题，介绍相关工作，极大地促进了社会公众了解、掌握我国生态环境保护相关政策举措，提高了公众环境意识，为全民共同参与生态环境保护营造了良好的舆论氛围。

本书共分为 5 个部分，第一部分，收录生态环境部黄润秋部长出席国新办建设人与自然和谐共生的美丽中国新闻发布会实录；第二部分，收录生态环境部黄润秋部长、赵英民副部长出席 COP15 第一阶段新闻发布会实录；第三部分，收录生态环境部赵英民副部长、叶民副部长等领导出席国新办新闻发布会、吹风会实录；第四部分，收录党员代表中外记者见面会实录；第五部分，收录生态环境部全年 11 场例行新闻发布会实录。希望本书能够对生态环境保护工作者、生态环境新闻工作者、关心和支持生态环境保护工作的社会各界读者有所借鉴。

由于编者水平有限，不妥之处，敬请批评指正。

本书编写组

2022 年 1 月

目 录

建设人与自然和谐共生的美丽中国新闻发布会实录

COP15 第一阶段新闻发布会实录

国新办发布会实录

党员代表中外记者见面会实录

例行新闻发布会实录

建设人与自然和谐共生的
美丽中国新闻发布会

JIANSHE RENYUZIRAN HEXIE GONGSHENG DE

MEILI ZHONGGUO XINWEN FABUHUI

SHILU

实录

建设人与自然和谐共生的
美丽中国新闻发布会实录

2021 年 8 月 18 日

生态环境部部长黄润秋

新闻发布会现场

国务院新闻办新闻局副局长、新闻发言人邢慧娜：各位媒体朋友们，大家上午好！欢迎出席国务院新闻办新闻发布会。今天的发布会我们邀请到生态环境部部长黄润秋先生，请他向大家介绍建设人与自然和谐共生的美丽中国有关情况，并回答媒体关心的问题。有请黄部长做情况介绍。

黄润秋：谢谢主持人。各位记者朋友，大家上午好！非常高兴有机会向大家介绍建设人与自然和谐共生的美丽中国生态环境保护工作相关情况，我重点介绍一下打赢打好污染防治攻坚战的情况。长期以来，生态环境保护工作得到新闻界的理解、关心和支持，在这里我代表生态环境部向今天到会的记者朋友们表示衷心的感谢。

在庆祝中国共产党成立 100 周年大会上，习近平总书记庄严宣告，我们实现了第一个百年奋斗目标，在中华大地上全面建成了小康社会。习近平总书记也多次强调，小康全面不全面，生态环境质量是关键。习近平总书记说，不能一边宣布全面建成小康社会，一边生态环境质量仍然很差，这样人民不会认可，也经不起历史检验。

党的十九大将污染防治攻坚战作为决胜全面建成小康社会三大攻坚战之一。习近平总书记出席全国生态环境保护大会和其他各种重要会议以及到各地调研、考察时都反复强调，要坚决打赢打好污染防治攻坚战，推动生态环境质量持续好转。中共中央、国务院发布了《关于全面加强生态环境保护　坚决打好污染防治攻坚战的意见》，对打好污染防治攻坚战做出了全面部署。

在以习近平同志为核心的党中央的坚强领导下，各地、各部门以习近平生态文明思想为指引，坚决贯彻落实党中央、国务院决策部署，全力打好蓝天保卫战、碧水保卫战、净土保卫战，污染防治决心之大、力度之大、成效之大前所未有。

"十三五"规划纲要[①]确定的 9 项生态环境约束性指标和污染防治攻坚战的阶段性目标均圆满超额完成，生态环境明显改善，厚植了全面建成小康社会的绿色底色和质量成色。

我可以跟各位记者朋友报个账。在大气环境质量方面，2020 年全国地级及以上城市优良天数比例达到了 87%，比 2015 年增长了 5.8 个百分点，超过"十三五"目标 2.5 个百分点。细颗粒物（PM$_{2.5}$）

---

① "十三五"规划纲要指《中华人民共和国国民经济和社会发展第十三个五年规划纲要》。

未达标地级及以上城市平均浓度达到了 37 μg/m³，比 2015 年下降了 28.8%，也超过"十三五"目标 10.8 个百分点。在水环境质量方面，全国地表水优良水体比例由 2015 年的 66% 提高到了 2020 年的 83.4%，超过"十三五"目标 13.4 个百分点；劣 V 类水体比例由 2015 年的 9.7% 下降到了 2020 年的 0.6%，超过"十三五"目标 4.4 个百分点。在土壤环境质量方面，全国受污染耕地安全利用率和污染地块安全利用率双双超过 90%，顺利实现了"十三五"目标。在生态环境状况方面，全国森林覆盖率 2020 年达到了 23.04%，自然保护区以及各类自然保护地面积占到陆域国土面积的 18%。另外，在应对气候变化碳减排方面，2020 年单位国内生产总值（GDP）二氧化碳（CO_2）排放比 2015 年下降了 18.8%，也顺利完成了"十三五"目标任务。

2020 年国家统计局所做的调查结果显示，公众对生态环境的满意度达到了 89.5%，比 2017 年提高了 10.7 个百分点。这也充分说明，污染防治攻坚战阶段性成效得到人民群众的充分认可。

今年上半年，全国生态环境状况仍呈持续改善态势。$PM_{2.5}$ 平均浓度同比下降 2.9%，优良水体比例同比增长了 1.1 个百分点。

当然，我们说生态环境质量的改善不是一蹴而就的，而是一个需要付出长期艰苦努力的过程。"十四五"时期，我国进入了新发展阶段，开启了全面建设社会主义现代化国家新征程。习近平总书记指出，我国建设社会主义现代化具有许多重要特征，其中之一就是我国现代化是人与自然和谐共生的现代化，注重同步推进物质文明建设和生态文明建设。

下一步，生态环境部将坚持以习近平生态文明思想为指引，立足新发展阶段，完整、准确、全面地贯彻新发展理念，构建新发展格局，保持生态环境保护的战略定力，按照推动减污降碳协同增效的总要求，坚持生态优先、绿色发展，更加突出精准治污、科学治污、依法治污，深入打好污染防治攻坚战，持续改善生态环境质量，促进经济社会发展全面绿色转型，推动生态文明实现新进步，为建设"人与自然和谐共生"的美丽中国贡献我们的力量。

下面，我很愿意回答各位记者朋友的提问。

邢慧娜： 谢谢黄部长的介绍。下面各位媒体朋友可以开始提问，提问前请通报所在的新闻机构。

中央广播电视总台央视记者： 黄部长，您刚刚介绍了污染防治攻坚战阶段性目标任务的完成情况。想请问您对于"十三五"期间生态环境保护工作有什么样的体会？积累了哪些经验？谢谢！

黄润秋： 感谢这位记者朋友。说到"十三五"期间打好污染防治攻坚战的体会，我体会到，党的十八大以来，特别是"十三五"时期以来，我国生态文明建设和生态环境保护进入一个快车道的时期。这个时期，生态环境保护从认识到实践都发生了历史性、转折性、全局性的变化。我自己有四个方面的深刻体会，可以用"四个前所未有"来概括。

第一点体会就是思想认识程度之深前所未有。党的十八大以来，以习近平同志为核心的党中央对生态环境保护工作高度重视，习近平生态文明思想深入人心，"绿水青山就是金山银山"已经成为全社会的普遍共识，人们贯彻绿色发展理念的自觉性、主动性显著增强。我想，这些都凝聚了全社会对生态环境保护工作重视的广泛思想共识。这样一个思想共识是我们打好污染防治攻坚战根本的思想保证，也是一个重要的思想基础。

第二点体会就是措施之实前所未有。大家知道，党的十八大以来，我们持续实施了《大气污染防治行动计划》《水污染防治行动计划》《土壤污染防治行动计划》，也就是我们说的三个"十条"。在这个基础上，2018 年启动了蓝天保卫战、碧水保卫战、净土保卫战。在蓝天保卫战方面，我们大力推动重点行业超低排放改造。我们对9.5 亿 kW 的燃煤发电机组进行了改造，建成了全世界最大的清洁发电体系。我们对京津冀及周边地区、汾渭平原开展了冬季清洁取暖的散煤替代，完成了 2 500 多万户。我们还开展了蓝天保卫战重点地区的监督帮扶，共交办地方各类问题 27.2 万个。在打好碧水保卫战方面，通过各方面的努力，全国地级及以上城市建成区黑臭水体的消除比例达到了 98.2%。我们完成了县级及以上城市集中饮用水水源地 1 万多个问题的整改，也完成了 1 万多个农村水源地的保护区划定。我们还完成了 15 万个建制村农村环境的综合整治。在推进净土保卫战方面，我们完成了农用地土壤污染状况详查，并且推动了污染耕地的安全利用。我们还开展了重点行业企业用地土壤污染状况调查，土壤污染的风险得到了基本管控。

第三点体会就是制度之严前所未有。党的十八大以来，生态环境保护法治建设得到了显著加强。2014 年，我们修订了《环境保护法》，这是环境保护领域的基础性法律。这个法律的修订也被社会称为史上最严的、"长了牙齿"的《环境保护法》。在这之后，生态环境保护领域有 25 部相关的法律法规得到制定和修订，其中包括《大气污染防治法》《水污染防治法》《土壤污染防治法》《固体废物污染环境防治法》《环境影响评价法》《海洋环境保护法》《核安全法》以及近期出台的《长江保护法》《排污许可管理条例》等。全国人大常委会①也加强了执法检查的力度。在制度改革创新方面，我们陆续出台了几十项创新的制度和改革方案，比如，省以下生态环境机构垂直管理制度的改革，生态环境综合执法体制的改革。我们还基本实现了全国污染源排污许可的全覆盖。应该说，一套源头严防、过程严管、后果严惩的生态环境保护制度体系已基本建立，尤其是中央生态环境保护督察这项制度的改革成为我们推动落实生态环境保护责任的"利剑"。

第四点体会就是成效之好前所未有。这一点我在开场白里面已经给大家做过介绍，就不重复了。总体来看，"十三五"时期是我国生态环境质量改善最大的五年，也是生态环境保护事业发展最好的五年。这五年，我们也探索和积累了不少好的经验和做法，我认为概括起来有五个方面。

第一，也是最根本、最重要的，就是坚持以习近平生态文明思想为指引。党的十八大以来，习近平总书记亲自谋划、亲自部署、

---

① 全国人大常委会指全国人民代表大会常务委员会。

亲自推动了生态文明建设，把生态文明建设纳入"五位一体"的总体布局，将坚持人与自然和谐共生作为新时代坚持和发展中国特色社会主义的基本方略之一，把绿色发展作为新发展理念的重要内容。生态文明建设和生态环境保护成为总书记治国理政的重要方针和理念。习近平总书记每在关键时刻总是亲自为我们撑腰鼓劲、加油打气、指点迷津，为生态环境保护取得历史性成就提供了根本的保障。

第二，坚持以改善生态环境质量为核心。良好的生态环境是最普惠的民生福祉。生态环境好不好，关键还是要看质量，看老百姓对蓝天白云、清水绿岸的满意度和获得感。我们常说，人民群众对美好生活的期盼就是我们努力的方向，这正是"十三五"时期我们打赢打好污染防治攻坚战所始终坚持的。

第三，坚持生态优先、绿色发展。我们认为要正确处理好发展与保护的关系，就是要坚持生态优先、绿色发展，牢固树立和践行"绿水青山就是金山银山"的理念，这也是习近平生态文明思想的精髓要义。生态环境保护和经济发展从来就不是对立的，而是相辅相成、相互促进、辩证统一的。加强生态环境保护不是不要发展，而是要绿色发展、高质量发展，这也是我们实现人与自然和谐共生的现代化的必然路径。

第四，坚持形成大环保的工作格局。这个大格局的基本特征就是"党政同责""一岗双责"。各级党委和政府、各部门齐抓共管，形成党委领导，政府主导，企业主体、社会组织和公众共同参与的大环保格局。

第五，坚持用最严格的制度和最严密的法治保护生态环境。要让制度成为不可逾越的高压线和刚性约束。谢谢！

中国新闻社记者：蓝天保卫战是污染防治攻坚战的重中之重。近年来，我们明显感觉到蓝天白云变多了。请您具体介绍一下蓝天保卫战目前取得了哪些成绩？下一步大气污染防治工作还面临哪些挑战？谢谢！

黄润秋：非常感谢这位记者朋友的提问。我相信在座的各位记者朋友都有与这位记者朋友相同的感受。最近这几年，我们头顶上天空的"颜值"一年比一年高了，一年比一年好看了。我们呼吸的空气一年比一年清新了。老百姓对蓝天白云、繁星闪烁的幸福感也一年比一年增强了。我想，这背后是各地区、各部门、各方面协同作战、合力攻坚、久久为功的结果。

2013年国务院发布了《大气污染防治行动计划》（以下简称《大气十条》），2017年《大气十条》第一阶段目标全面完成。紧接着，2018年国务院出台了《打赢蓝天保卫战三年行动计划》（以下简称《行动计划》）。几年来，各地区、各部门共同努力，抓了一些《行动计划》里提出的关键举措的落实。有一些举措，我在前面一个问题里已经提到了，比如，大气方面的重点行业超低排放改造、北方地区冬季清洁取暖散煤替代等。

我还想再讲几项。比如，在柴油货车污染治理方面也打了一场攻坚战，我们和交通运输部门一起对京津冀等重点地区国三标准①及

① 国三标准指国家第三阶段机动车污染物排放标准。

以下的柴油货车淘汰了 100 多万辆。我们加快了"公转铁"运输结构调整，全国铁路货运量占全社会比重由 2016 年的 7.6% 提高到了 2020 年的 9.4%。我们还强化了区域联防联控，建立了常态化大气污染治理协同工作机制，对重点行业企业按照环保绩效实施差异化的管理。同时，我们也加强了大气治理的基础能力建设，包括监测体系建设、大气重污染成因与治理科技攻关，还创立了"一市一策"机制。我想正是因为这样一些具体举措，我们今天的蓝天保卫战才取得了一些扎扎实实的成果。

具体说成效怎么样呢？从全国情况来看，我前面已经谈到了，全国 2020 年 $PM_{2.5}$ 平均浓度为 37 $\mu g/m^3$，比 2015 年下降了 28.8%，优良天数比例达到了 87%。我再举一些具体的例子，比如，北京市，今天在座的各位可能在北京生活的时间比较长，应该说是深有感受。大家知道北京市去年 $PM_{2.5}$ 平均浓度是多少吗？是 38 $\mu g/m^3$。回过头来看，2015 年北京市 $PM_{2.5}$ 平均浓度是多少？是 80 $\mu g/m^3$。接下来，2016 年降到 73 $\mu g/m^3$，2017 年降到 58 $\mu g/m^3$，顺利实现大气污染治理第一阶段目标"京 60"[①]。接着，2018 年降到 51 $\mu g/m^3$，2019 年降到 42 $\mu g/m^3$，到 2020 年降到 38 $\mu g/m^3$。从 2015 年的 80 $\mu g/m^3$ 降到 2020 年的 38 $\mu g/m^3$，降低幅度达 52.5%。再说重污染天气，北京市 2015 年的重污染天气是 43 天，去年是多少天？是 10 天，下降近 80%。我们说"北京蓝"又在逐渐成为常态了。

我再举一个西部地区的例子——成都。唐代大诗人杜甫曾经在

[①] "京 60"指北京市 $PM_{2.5}$ 平均浓度控制在 60 $\mu g/m^3$ 左右。

成都留下脍炙人口的诗句，叫作"窗含西岭千秋雪，门泊东吴万里船"。说的是什么呢？你坐在成都的家里，透过窗户，可以看到百里之外的西岭雪山。我曾经在成都生活过 30 多年，我没见过。但这几年，不断有同事、朋友给我发来图片，发微信朋友圈，就是他们在成都家里窗户边拍的西岭雪山，清清楚楚。如果你运气好，偶尔还能拍到百公里之外的贡嘎雪山，这就是大气环境改善实实在在的效果。这五年，成都市 $PM_{2.5}$ 浓度下降了约 36%。

有人说了，空气质量改善是不是和去年新冠肺炎疫情有关系？因为新冠肺炎疫情来了以后，社会活动降低，排放降低。这当然有关系了，但我们也做过科学评估。通过科学评估，受新冠肺炎疫情影响，社会活动程度降低，污染物减少，对 $PM_{2.5}$ 浓度的影响是 $2~\mu g/m^3$，对优良天数的影响是 2.2 个百分点。即便把新冠肺炎疫情影响的因素扣除掉，我们仍然圆满完成了"十三五"时期约束性指标。所以，我说生态环境质量、大气环境质量改善是实实在在的。天帮忙重要，人努力更重要。

当然，我们也要清醒地看到，虽然我国大气环境质量目前稳中向好，但下一步要推进空气质量持续改善还面临许多困难和挑战。我想有以下三个方面：

一是京津冀及周边地区以及汾渭平原等重点地区，大气污染物排放仍然偏高，$PM_{2.5}$ 浓度依然较高，与达标还有较大的差距。这是一个挑战。

二是臭氧（O_3）浓度呈现逐年上升态势。我们分析，这也主要是

因为 O_3 的前体物，也就是氮氧化物（NO_x）和挥发性有机物（VOCs）的控制还没有取得比较好的效果。2020 年以来，我们按照 $PM_{2.5}$ 与 O_3 协同防控的思路采取了有力的防控措施。所以，2020 年 O_3 浓度出现了首次降低。

三是大气污染治理已经进入了深水区，需要动真碰硬，啃"硬骨头"，这个"硬骨头"就是我们的产业结构、能源结构，我们需要在源头治理上下功夫。

下一步，我们将"咬定青山不放松"，继续会同有关部门编制实施好空气质量全面改善行动计划，落实、落细各项任务措施，推动空气质量持续改善。谢谢！

澎湃新闻记者：中央生态环境保护督察工作启动以来，社会关注度很高，请问主要取得了哪些成效？在打好污染防治攻坚战方面发挥了什么样的作用？下一步有哪些安排和打算？谢谢！

黄润秋：谢谢这位记者朋友的提问。大家知道，中央生态环境保护督察是习近平总书记亲自谋划、亲自部署、亲自推动的一项重大制度创新。我们从 2015 年开始试点，2016—2018 年完成了第一轮 31 个省（自治区、直辖市）以及新疆生产建设兵团的督察全覆盖，以及 20 个省（区）的督察"回头看"。从 2019 年开始，中央生态环境保护督察进入第二轮。我们把中央企业和国务院有关部门也纳入督察范围。目前，我们已经完成了第二轮第三批的督察。

刚才这位记者朋友说到的督察成效，我想可以用四组词来概括，那就是落实要求、压实责任、解决问题、助推发展。

第一，落实要求，就是督察工作始终坚持以习近平生态文明思想为指导，坚决贯彻落实党中央、国务院对生态文明建设和生态环境保护工作的要求。在具体工作中，我们始终把各个地方落实习近平总书记的重要指示批示情况作为督察工作的重点，紧盯各地的生态环境问题。比如，祁连山的生态破坏问题、秦岭北麓的违建别墅、长白山的违建高尔夫球场和别墅、木里矿区违法开采导致生态破坏等，我们都坚持督到位、盯到底，不彻底解决绝不松手。被督察对象也都以督察工作为契机，狠抓整改，形成了"督"与"被督"同频共振、相向而行的好效果，共同推动党中央关于生态文明建设和生态环境保护工作部署落地生根。

第二，压实责任，就是压实生态环境保护工作的政治责任。这一点各位记者朋友都有体会，你们走到地方可能都已经体会到了。这几年地方各级党委、政府和有关部门的生态环境保护责任意识都得到了明显增强。许多领导干部反映，督察使他们思想深处受到震撼，特别是通过加强边督边改、典型案例曝光，很多干部受到了警醒，压力得到了有效传导。今年上半年，第二轮第三批督察，我们就曝光了云南省昆明市长腰山过度开发严重影响滇池生态等40个典型案例，发挥了很好的警示教育作用。

第三，解决问题，就是推动解决突出的生态环境问题。我认为，中央生态环境保护督察之所以能取得成效，关键之一就是始终坚持问题导向，狠抓发现问题，推动问题整改，确保解决问题。一方面是解决了人民群众身边的生态环境问题。督察开始以来，我们设立了各种举报渠道。群众举报身边的环境问题总共有 23.7 万件，绝大多数都得到了办结或阶段性办结。另一方面是推动了重点、难点问题的解决。第一轮中央生态环境保护督察以及"回头看"，我们交办地方各类典型问题、重点问题、难点问题 3 294 件，90% 以上已经整改完成，我们解决了一批生态环境保护领域长期想解决而没有解决的问题。我给大家举个例子，深圳市的茅洲河以前被称为"墨水河""下水道"，通过督察，当地扎实整改、解决问题，现在茅洲河已经水清岸绿，成为居民休闲的好去处。

我想借此机会再强调一点，在督察问题整改过程中，我们始终坚持依法、依规，要求地方不搞"一刀切""一阵风"这样的运动式整改，确保整改工作实事求是、落地见效。

第四，助推发展，就是推动转变发展理念，助推高质量发展。最近这几年，通过督察，一批违反生态环境保护法律法规的项目被叫停，一批绿色生态产业加快发展，一批传统产业得到了优化升级，实现了生态环境保护和推动经济高质量发展的双赢。比如，一些地方贯彻新发展理念，控制"两高"[①] 项目盲目上马的态度不够坚决。今年，我们的督察就把这方面作为督察工作的重点。这个地方我也要强调一点，督察不是不让项目上马、不让发展，而是要通过遏制盲目上马"两高"项目，进一步优化产业结构和能源结构，走绿色低碳、高质量的发展道路。在这方面，我们将给地方整改留足合理的整改时间，指导地方坚持"先立后破"，不搞"急转弯"。

---

① "两高"指高耗能、高排放。

下一步，我们将持续开展好中央生态环境保护督察，特别是继续将共抓长江大保护、推动黄河流域生态保护和高质量发展以及实现碳达峰目标等党中央的重大决策部署纳入督察范围。谢谢！

封面新闻记者： 我们知道应对气候变化与污染防治具有很好的协同效应，目前全国碳排放权交易市场上线交易已启动一个月，请介绍一个月以来的运行情况。碳排放权交易市场在碳达峰、碳中和的过程中起到什么作用？全国碳排放权交易市场建设还存在哪些挑战？下一步如何推进？谢谢！

黄润秋： 感谢这位记者朋友的提问。碳排放权交易是利用市场机制控制和减少温室气体排放的一种市场手段，这是一种重要的市场手段。当然，这也是落实我们国家碳达峰目标、碳中和愿景的制度创新和一个重要的政策工具。一个月前，也就是 7 月 16 日，全国碳排放权交易市场正式启动上线交易，第一个履约周期，我们把全国燃煤发电行业 2 162 家企业纳入碳排放权交易市场的范围，总共覆盖了 45 亿 t CO_2 排放量。自启动以来，全国碳排放权交易市场运行平稳，交易价格也从首日开盘价的 48 元 /t 上升到昨天收盘价 51.76 元 /t。开市一个月以来，全国碳排放权交易市场排放配额累计成交量达到了 702 万 t，累计成交额 3.55 亿元。

国内外的实践都表明，和传统的行政管理手段相比，碳排放权交易市场既能将温室气体控排责任压实到企业，又能够为减碳提供经济激励机制，降低全社会的减排成本，带动绿色技术创新和产业投资，为处理好经济发展与碳减排的关系提供有效的政策工具。

为了稳妥地推进这项工作，我们从 2011 年开始就在北京、天津、上海、重庆、湖北、广东和深圳七个省（市）开展了地方的碳排放权交易市场试点，主要是探索碳排放权交易市场管理的制度体系。通过多年试点，我们在碳排放核算、配额分配、核查、履约清缴这些制度方面积累了宝贵经验，也为全国碳排放权交易市场的启动奠定了很好的基础。

全国碳排放权交易市场建设还是一项重大的制度创新，虽然有很多年的试点基础，但对于全社会来说还是一个新鲜事物，存在很多需要我们进一步完善的地方，也还有很多短板和不足。所以在推进过程中，我们必须审慎稳妥。下一步，我们将会同有关部门，重点做好以下三个方面的工作。

一是进一步完善制度体系，推动"碳排放权交易管理暂行条例"尽快出台，修订完善相关的配套制度和技术规范体系，完善温室气体自愿减排交易机制。

二是强化市场管理，加强碳排放数据的质量管理，强化相关制度的执行落实，加强对全国碳排放权交易市场各个环节的监管，有效防范市场风险。

三是拓宽覆盖范围，在发电行业碳排放权交易市场运行良好的基础上，我们将会扩大碳排放权交易市场的覆盖范围，逐步纳入更多的高排放行业，逐步丰富交易品种、交易方式和交易主体，提升市场的活跃度，我们会一步一步往前推进有关工作。谢谢！

海报新闻记者：固体废物污染防治是污染防治攻坚战的重要内

容。我国自 2018 年 1 月 1 日起开始实施洋垃圾禁令，要求到 2020 年年底基本实现固体废物零进口。请问进展情况如何？谢谢！

黄润秋：谢谢这位记者朋友的提问。党中央、国务院高度重视"禁止洋垃圾入境　推进固体废物进口"管理制度改革工作。习近平总书记也多次做出重要指示批示，明确指出禁止洋垃圾进口是生态文明建设的标志性举措，要坚定不移、从严把握，做到令行禁止。生态环境部会同海关总署等 14 个部门共同担负起这项政治责任，大家同心协力、攻坚克难，不折不扣地落实《禁止洋垃圾入境　推进固体废物进口管理制度改革实施方案》，坚决禁止洋垃圾入境。经过四年的努力，2017—2020 年，应该说各项改革任务圆满完成，我们如期实现了在 2020 年年底固体废物进口清零的目标，赢得了国内外的广泛赞誉。我可以告诉大家，发达国家将我国作为"垃圾场"的历史一去不复返了。

为了完成好这项目标任务，我们和有关部门一道主要做了三个方面的工作。

第一，周密计划，逐年收紧洋垃圾的进口量。我们实施了 3 次进口固体废物目录调整，将 56 种固体废物分批禁止进口。我们修订了 11 项进口固体废物环境保护控制标准，不断抬高进口门槛，从严审查进口申请，严控进口量。所以说 2017—2020 年的四年间，我国固体废物的进口量从 4 227 万 t 降低到了 879 万 t，直至 2020 年年底清零，累计减少固体废物进口量 1 亿 t。

第二，严厉打击涉洋垃圾的违法犯罪行为。改革期间，生态环

境部开展了打击进口固体废物环境违法行为专项行动，共检查企业
2 300 多家（次），依法查处 1 100 多家（次）；组织实施废塑料等
加工行业的清理整顿，整顿集散地 194 个，关停取缔"散乱污"企
业 8 800 多家。各部门紧密合作、多点发力，开展"国门利剑"等
专项行动，严厉打击海上洋垃圾走私活动，坚决清除洋垃圾滋生的
土壤。

第三，"疏""堵"并举，稳步提升固体废物回收利用水平。
在堵住洋垃圾进口的同时，我们不断完善国内固体废物回收利用体
系，一"堵"一"疏"，培育国内固体废物加工利用产业，加快推
进城乡垃圾分类，不断提升再生资源回收利用率。同时，我们还制
定发布了再生钢铁原料、再生铜原料等国家产品质量标准，规范和
引导企业进口符合产品质量标准的高品质再生原料。2020 年，全国
再生资源回收总量达到了 3.7 亿 t，比改革前的 2016 年增加了 1.1 亿 t，
增长幅度是 42%。不仅"变废为宝"，而且还为经济社会发展提供
了新的动能。

自今年 1 月 1 日起，我国已经全面禁止固体废物进口，我国固
体废物污染防治工作也进入了一个新的历史时期、一个崭新的篇章。
下一步，生态环境部将会同相关部门严格执行固体废物零进口政策，
不断提高国内固体废物回收利用率，持续打击洋垃圾走私，严格规
范再生原料的产品进口，巩固来之不易的改革成果。谢谢！

新华社记者：生态系统保护修复与污染防治相辅相成，生物多
样性保护是生态系统保护修复的重要内容，也是全球生态环境保护

的重要议题。请问黄部长，我国生物多样性保护的情况如何？下一步推进生物多样性保护是怎么考虑的？另外还想问一下COP15组织的情况怎么样？作为东道国，中方对此次大会有怎样的期待？

黄润秋： 非常感谢这位记者朋友的提问，你提了一个很应时、应景的话题。这段时间大家都已经观察到了，生物多样性方面的新闻报道很多，成了街头巷尾的热点话题。比如，云南野生亚洲象旅行团北巡，大熊猫受威胁程度等级从"濒危"降为"易危"，"微笑天使"长江江豚频繁亮相，另外，三江源国家公园等地的雪豹频繁现身，青藏高原藏羚羊种群数量大幅增加，从7万头增加到30万头。我最近去看过，青藏高原"万羊齐奔"的壮丽景象又复现了。

这些让人暖心的消息都表明，我国生物多样性保护取得了扎扎实实的成效。这些成效的取得，我认为主要有三个方面的原因：

第一，全社会对生物多样性保护的意识显著增强。党的十八大以来，随着习近平生态文明思想深入人心，全社会对生态环境保护，也包括对生物多样性保护的意识在不断增强，责任也在不断地压实，"人与自然和谐共生"的理念越来越成为人们的普遍共识。各地区、各部门采取积极有效的措施，培育引导支持社会各界保护生物多样性。比如，在青藏高原开展的生态奖补，农牧民不再是大自然的索取者，而是吃上了"生态保护饭"，当上了野保员、林保员、湿地保护员，成为雪域高原的"生态卫士"。2016年以来，西藏、青海累计为群众提供的生态岗位有90多万个，农牧民增收近80亿元。

第二，保护地制度体系逐渐完善。我国先后出台了多项与生物多样性保护相关的法律法规和制度。比如，生态保护红线制度，推进以国家公园为主体的自然保护地体系建设。截至 2020 年年底，我们初步划定的生态保护红线面积比例不低于陆域国土面积的 25%，各类自然保护地现在已经有 1.18 万个，国家级自然保护区有 474 个，各类自然保护地的面积占到陆域国土面积的 18%，我们提前实现了"爱知目标"所确定的 17% 的目标要求。90% 的陆地生态系统类型和 85% 的重点野生动植物种群在自然保护地里面都得到了有效妥善的保护，部分珍稀濒危物种野外种群也在逐步恢复。2020 年开始实施长江十年禁渔计划，这也被称为"史上最严的禁渔令"。

第三，监管和执法的力度不断加强。我们会同有关部门开展了"绿盾"自然保护地强化监督专项行动，遏制无序开发建设活动对自然保护地的影响。截至 2020 年年底，我们累计发现国家级自然保护区内 5 503 个重点问题，大部分已经完成整改。有关部门也开展了"碧海"海洋生态环境保护专项执法行动，严防外来物种入侵，严厉打击珍稀濒危野生动植物的走私，对相关违法犯罪行为已经形成了高压态势。

正是由于我们在生物多样性保护方面所开展的扎扎实实的工作和取得的成效得到了国际社会的广泛认可，所以 COP15 确定今年在我国昆明召开。这次会议的主题就是"生态文明：共建地球生命共同体"，这是联合国环境公约缔约方大会首次将"生态文明"作为大会主题，彰显了习近平生态文明思想鲜明的世界意义。确定这一主题就是要强调人与自然是生命共同体，要尊重自然、顺应自然、保护自然，体现了中国与国际社会一道共同遏制生物多样性丧失、促进人与自然和谐共生的信心和决心。

这次会议第一个阶段将于 10 月 11—15 日在昆明举行，习近平总书记在多个重要会议和外交场合已经发出了"昆明之约"，会议将推动各方为保护生物多样性做出切实承诺、采取有效行动。在这里，我也向今天在座的各位记者朋友发出邀请，欢迎你们 10 月到昆明参加 COP15 并进行采访报道，欢迎大家。谢谢！

《人民日报》记者：党的十九届五中全会提出，要深入打好污染防治攻坚战。请问，"深入"二字该如何理解，有哪些含义？"十四五"时期将如何深入打好污染防治攻坚战？谢谢！

黄润秋：非常感谢这位记者朋友的提问。党的十九届五中全会对"十四五"时期生态文明建设做出了全面部署，提出要深入打好污染防治攻坚战、持续改善环境质量。今年 4 月 30 日，习近平总书记在主持中央政治局第二十九次集体学习时做了重要讲话，总书记强调，要深入打好污染防治攻坚战，集中攻克老百姓身边突出的生态环境问题，让老百姓实实在在感受到生态环境质量改善。

从"十三五"时期坚决打好污染防治攻坚战，到"十四五"时期深入打好污染防治攻坚战，从"坚决"到"深入"，两字之差，我理解这意味着污染防治攻坚战触及的矛盾和问题层次更深、领域更广，对生态环境质量改善的要求也更高。应该说，当前污染防治工作还存在一些不足和短板，我们把这些问题和短板概括为"五个不够"：思想认识还不够深、治理能力还不够强、改善水平还不够高、工作成效还不够稳、治理范围还不够宽。因此，中央提出"十四五"时期要深入打好污染防治攻坚战，我们必须保持力度、延伸深度、拓展广度。我们有以下三个方面的考虑。

首先，从战略层面上讲，我们认为下一步要深入打好污染防治攻坚战，持续改善生态环境质量，关键还是要推动减污降碳协同增效。习近平总书记指出，"十四五"时期，我国生态文明建设进入了以降碳为重点战略方向、推动减污降碳协同增效、促进经济社会发展全面绿色转型、实现生态环境质量改善由量变向质变转变的关键时期。我理解，推动减污降碳协同增效，就是要更好地推动我们环境治理从注重末端治理向更加注重源头预防、源头治理有效转变。

我国的生态环境问题，根本上还是高碳的能源结构和高耗能、高碳的产业结构的问题。要解决这些问题，必须从源头上发力，推动能源结构和产业结构转型升级，走绿色低碳发展道路，既降碳又减污，从而实现减污和降碳的协同增效。这是总抓手。为什么这么说呢？因为降低碳排放是一举多得的事。一是有利于倒逼和推动经济结构绿色转型，推动高质量发展。二是有利于推动污染源头治理，实现降碳与污染物减排、改善生态环境质量协同增效。因为 CO_2 排放和我们传统污染物的排放是同源的，都来自化石能源的燃烧和利用。所以，我们减少化石能源的利用，增加绿色能源的利用，在降低 CO_2 的同时，也降低了传统污染物的排放，这就是一石二鸟、协同效应。三是有利于减缓气候变化带来的不利影响，尤其是异常和极端气象条件的影响，减少对人民生命财产和经济社会造成的损失。

四是有利于促进生物多样性保护，提升生态系统的服务功能。这个是从战略层面讲减污降碳的。

其次，从战术层面上讲，下一步深入打好污染防治攻坚战，我们把它概括为七个字，就是"减污、降碳、强生态"。我前面说了，"减污"就是降低污染物排放，可以进一步拓展为九个字——"提气、增水、固土、防风险"："提气"就是要进一步提升环境空气质量，做好多种污染物的协同减排；"增水"就是要增加好水，增加生态水，改善水生态，做好"三水"统筹；"固土"就是要巩固和拓展土壤污染防治攻坚战成果，"让老百姓吃得放心、住得安心"；"防风险"就是要进一步守牢环境安全底线，切实化解各类环境风险。"降碳"就是前面我们提到的，要进一步降低碳排放强度，有效应对气候变化。"强生态"就是要进一步强化生态保护监管，坚决守住自然生态安全的边界。

实际上，"减污""降碳""强生态"这三个方面各有侧重，有密切关联，相互作用、相互支撑、系统增效，它们构成的是一个整体。因此，我们在工作中是把它作为一个有机的整体统筹起来考虑。

最后，从具体工作层面上讲，"十四五"时期我们将从以下两个方面发力。一方面，更加突出综合治理、系统治理、源头治理；另一方面，更加突出精准治污、科学治污、依法治污，尤其是在精准、科学、依法上要下更大的功夫，要做到问题、时间、区域、对象、措施"五个精准"。同时，要做到以法治的力量保护生态环境、以法律的武器治理环境污染。谢谢！

　　每日经济新闻记者： 农业农村污染治理是污染防治攻坚战的标志性战役之一，请问这一战役的成效如何？在实施乡村振兴战略的大背景下，生态环境部将如何持续改善农村的生态环境，保护好"城市的后花园"？谢谢！

　　黄润秋： 感谢这位记者朋友的提问，这是一个非常好的问题。农村的污染治理、环境保护在整个环境保护体系里面是非常重要的一个环节。习近平总书记多次强调，"小康不小康，关键看老乡"。改善农村生态环境质量是全面建成小康社会的应有之义。2018 年，生态环境部会同农业农村部联合印发了《农业农村污染治理攻坚战行动计划》，提出到 2020 年，实现"一保、两治、三减、四提升"。

　　"一保"就是保护农村饮用水水源，这是最基本的民生。"两治"就是治理农村生活垃圾和污水。"三减"就是减少化肥、农药施用量和农业的用水总量。"四提升"就是提升主要由农业面源污染造成的超标水体的水质、农业废弃物综合利用率、环境监管能力和农村居民参与度。

　　现在三年过去了，我们完成的任务情况怎么样呢？交出了一份什么样的成绩单呢？截至 2020 年年底，农业农村治理攻坚战所确定的 8 项主要指标、22 项重点任务都顺利完成了。"十三五"期间，15 万个行政村完成了农村环境的综合整治，超额完成"十三五"目标。全国行政村的生活垃圾处置体系覆盖率已经达到了 90% 以上，全国 1 万多个"千吨万人"的农村饮用水水源地完成了保护区划定，18 个省份实现了农村饮用水卫生监测乡镇全覆盖。农村生活污水治理率达到 25.5%，基本建立了农村生活污水排放标准和县域规划体系，初步确定了农村黑臭水体的清单，化肥、农药利用也分别达到了 40.2% 和 40.6%。新型粪污综合利用率达到 76% 以上，秸秆综合利用率达到 86.7%。

同时，作为一项基础性工作，我们还完成了全国农用地土壤污染状况详查，基本摸清了农用地土壤污染状况的底数，按计划完成了受污染耕地安全利用率和分类管控任务，这个任务量是非常大的，土壤污染风险得到基本管控，初步遏制住了土壤污染加重的趋势。

福建是习近平生态文明思想的重要孕育地之一，今年 4 月，我到福建去调研，走进了三明市的一些乡村。这些乡村青山起伏、风光旖旎，恰似一幅山水画，既巩固、提升、优化了乡村的原有自然风貌，又留住了历史记忆和美好乡愁，把生活、生产、生态融为一体，打通了"绿水青山就是金山银山"的转换通道，实现了生态保护与经济发展的双赢，用实际行动回应了习近平总书记关于坚持人与自然和谐共生，走乡村绿色发展道路的殷殷嘱托。类似这样的乡村还有很多，不胜枚举。请大家多关注生态环境部开展的"绿水青山就是金山银山"实践创新基地的创建工作，这些基地主要是探索怎样把绿水青山转变为金山银山，实现生态价值的目标。

下一步，生态环境部将会同有关部门，推进深入打好农业农村污染治理攻坚战。

一是加强农业面源污染治理的监督指导，尤其是联合农业农村部推动化肥、农药减量增效和畜禽养殖的污染防治。

二是深入推进农村环境整治，以农村生活污水治理、黑臭水体整治、饮用水水源地保护为重点，推动各地政府的责任落实，加快补齐农村环境基础设施短板。

三是加强农村生态系统保护与恢复，促进生态产品价值的转化，推动农村生产生活方式绿色转型和乡村生态振兴。谢谢！

邢慧娜：最后一个问题。

《北京青年报》记者：公众是生态环境保护的重要力量。生态环境部在动员公众参与生态环境保护方面做了哪些工作？效果怎么样？下一步还有哪些考虑和安排？谢谢！

黄润秋：习近平总书记多次强调，生态文明是人民群众共同参与、共同建设、共同享有的事业，美丽中国建设同每个人息息相关，离不开每一个人的努力。近年来，在广泛动员公众参与生态环境保护方面，我们做的一些工作可以概括为以下三个方面：

第一，不断提高公众的生态文明意识。我们借助六五环境日、全国低碳日、生物多样性日等时间节点，开展形式多样的宣传活动，大力宣传习近平生态文明思想和绿色发展理念。我们组织了推选最美生态环保志愿者活动，举办生态环保主题的摄影和书画大赛，出版生态文学作品，开设生态环境保护课堂等，积极推动生态文明建设和生态环境保护进机关、进学校、进社区、进企业、进家庭，积极培育社会主义生态文明观。

第二，鼓励全社会参与生态环境保护监督。我们坚持把人民群众投诉举报作为精准发现生态环境问题的一个有效途径、一座"金矿"，不断地去挖掘，畅通投诉渠道。"十三五"时期以来，我们累计接收到群众举报的各类问题 288 万多件。我们对所有的举报办理情况都开展了抽查，共抽查了 29.6 万份。对问题解决不到位的提出修改意见，退回地方重办。对久拖未决、群众反映集中、存在重大环境风险的问题，我们向地市级人民政府或者是省级机关发出预警函，也取得了很好的效果。比如，山西太钢不锈钢股份有限公司，过去因为粉尘和噪声扰民，引起群众的强烈不满、多年举报，总共被举报 1 000 多次。通过督办，地方生态环境部门督促企业采取了封闭料场、降低粉尘排放等多种措施，分 6 批总共采取了包括降噪、降尘等 46 项措施，到去年年底，这个企业被群众举报的次数为零。

第三，引导公众践行绿色生活方式。2018 年，生态环境部联合中央文明办等五部门共同印发了《公民生态环境行为规范（试行）》，并正式启动了"美丽中国，我是行动者"主题实践活动，涌现了一大批典型案例、先进人物和代表作品，有力推动了公众践行绿色生活方式、传播绿色理念。生态环境部还联合住房和城乡建设部持续推进环保设施和城市污水垃圾处理设施向公众开放，共计公布 4 批2 101 家向公众开放单位名单。截至今年上半年，全国各类设施开放单位累计接待参访公众超过 1.35 亿人次。

总体来看，这些工作都取得了满意的效果，公众参与生态环境保护的意识不断增强，渠道不断拓展，全社会绿色意识、低碳意识、生态环境保护意识都得到了进一步增强。这些成绩的取得，离不开新闻界、媒体界记者朋友们的大力支持。在这里，我对大家再次表示衷心的感谢！也欢迎大家继续对我们生态环境保护工作给予支持、关心和监督。谢谢大家！

邢慧娜：谢谢黄部长。今天的发布会就到这里，感谢各位媒体朋友，大家再见！

COP15第一阶段新闻发布会实录

COP15 DIYI JIEDUAN XINWEN FABUHUI SHILU

联合国《生物多样性公约》缔约方大会第十五次会议（COP15）第一阶段会议新闻发布会实录

2021 年 10 月 15 日

COP15 大会主席、中国生态环境部部长黄润秋

新闻发布会现场

主持人：大家晚上好！线上的各位早上好！下午好！欢迎来到
COP15 第一阶段闭幕的记者会，今天的记者会象征着 COP15 第一
阶段的结束。非常荣幸邀请到 COP15 大会主席、中国生态环境部部
长黄润秋阁下，《生物多样性公约》秘书处执行秘书伊丽莎白·穆
雷玛女士。首先由主席阁下致辞，其次由执行秘书致辞，最后是开
放问答环节。首先由在昆明现场的媒体提问，其次由线上媒体提问，
今天的议程非常满，首先邀请黄润秋阁下致辞。现在把时间交给您！

黄润秋: 新闻界的朋友们,大家好,欢迎各位参加 COP15 第一阶段会议的新闻发布会。生物多样性是人类生存和发展的重要基础。自《生物多样性公约》签署实施以来,在国际社会的共同努力下,全球生物多样性保护进程稳步推进,国际合作也不断深化。但总体来看,全球生物多样性保护仍然面临严峻的形势,公约保护、利用和惠益分享三大目标仍面临诸多的困难和挑战。国际社会也期待 COP15 像气候变化领域的巴黎峰会一样,成为扭转生物多样性丧失和生态系统退化的一个关键性节点,期待大会推动达成兼具雄心又务实平衡的"2020 年后全球生物多样性框架",从而引领全球生物多样性保护的进程。

10 月 11 日,在各方的广泛关注和期待下,COP15 第一阶段会议拉开了帷幕,我本人非常荣幸地从埃及环境部部长亚斯敏·福阿德手中接过了大会主席的接力棒。在过去的五天里,在《生物多样性公约》秘书处(以下简称《公约》秘书处)、中国政府和各缔约方的共同努力下,COP15 第一阶段会议计划的所有任务均圆满完成。我们完成了大会的一般性议程,举行了 COP15 高级别会议,包括领导人峰会和部长级会议,举办了生态文明论坛,日程安排紧凑,讨论卓有成效。COP15 高级别会议通过了《昆明宣言》,生态文明论坛发布了"共建全球生态文明,保护全球生物多样性"的倡议,为将于明年召开的第二阶段会议制定"2020 年后全球生物多样性框架"(以下简称"框架"),凝聚了广泛的共识,奠定了坚实的基础。可以说 COP15 第一阶段会议是兼具雄心和务实、紧张高效的会议。

作为 COP15 的东道国和主席国，在新冠肺炎疫情仍在全球肆虐的背景下，中国克服了各个方面的困难，为 COP15 第一阶段会议的圆满顺利召开付出了最大的努力，再次体现了负责任的大国担当。下面我愿意回答大家的提问，谢谢。

主持人： 非常感谢主席阁下。现在有请《公约》秘书处执行秘书伊丽莎白·穆雷玛女士致辞！

《生物多样性公约》秘书处执行秘书伊丽莎白·穆雷玛

伊丽莎白·穆雷玛：部长阁下，媒体朋友们，COP15 第一阶段会议刚刚落下帷幕，很高兴在这里见到大家。

在过去的五天里，来自各国的与会代表不辞辛苦地工作，他们身处不同的地理位置、不同的时区，让自己适应这种 21 世纪特有的线上、线下相结合的会议讨论方式。

COP15 第一阶段会议成果推动了《生物多样性公约》的发展。《生物多样性公约》《卡塔赫纳生物安全议定书》《名古屋议定书》缔约方通过了 2022 年公约过渡整合预算。缔约方听取了"框架"不限成员名额工作组联合主席的工作报告，随后，在高级别会议上，各缔约方对《昆明宣言》表示支持，对生物多样性保护做出了承诺。

会议结束后，我感到很乐观。中华人民共和国是我们 COP15 的主席国，在黄润秋部长阁下的领导下，我们本次缔约方大会取得了巨大成功。我非常期待未来几年我们之间的合作。

我非常感谢云南省人民和昆明市市民。云南省和昆明市已经成为生态文明的象征。我们来自全球各地，齐聚昆明市，也提醒了我们自己有责任要保护自己的文化、传统和生物多样性，共建地球生命共同体。我很快就要离开昆明市了，但很高兴在我即将离开的时候，知道国际社会已经做出了政治承诺，带领大家走上了生物多样性恢复之路。

就像我刚刚在大会闭幕词里说的，摆在我们面前的是一个难得的机遇，我们应当为地球、为我们的历史写下新的篇章。但这也要求我们政府各方面和社会各方面携手行动，要有共同的愿景。

2022 年 1 月，我们将在日内瓦继续《生物多样性公约》附属机构和不限成员名额工作组会议，讨论"框架"。我们必须继续砥砺前行，解决主要问题。

首先，我们必须确保这是一个足够雄心勃勃的"框架"，让我们能够通过解决生物多样性丧失的首要因素，实现我们的目标和愿景。我呼吁缔约方在接下来的谈判会议中，兑现各自在高级别会议上做出的承诺。也感谢英国政府刚刚发表的声明，支持我们制定的"框架"工作。我们也希望全球环境基金，作为各个公约和议定书的筹资机构，能够确保下一个阶段生物多样性的繁荣发展。所以，让我们共同努力，确保我们的雄心壮志在金融、商业、卫生以及其他领域都能够得到体现。更重要的是，我们必须创建一个机制，确保我们走在实现目标的正确道路上，最终到 2025 年实现"人与自然和谐共生"的共同愿景。我相信我们会各尽其力，带着愿景与勇气参与有建设性的讨论，最终通过一个大胆、有包容性、有野心的"框架"，这个"框架"将推动我们加强执行力度，融汇各方行动，加快转型速度，以实现 2030 年目标和 2050 年目标。

其次，应对生物多样性危机，我们必须与应对气候危机一道双管齐下。我们的使命与《联合国气候变化框架公约》第二十六次缔约方大会一致，我们要传递的信息也是一致的。为了确保人民能够享受平等、可持续的福祉，我们必须解决生物多样性和气候变化这两个危机，解决这两个危机应当得到多方的共同支持。我们无法单独解决其中任何一个问题，要么我们两个问题一起解决，要么我们一个问题都解决不了。我就说到这里，期待大家的提问。

主持人：谢谢执行秘书女士，现在进入问答环节！

中央广播电视总台央视记者：习近平主席在 COP15 领导人峰会上发表了非常重要的讲话，请问黄部长，作为 COP15 的主席，您认为习近平主席的讲话对于推动全球生物多样性的治理有什么重要的意义？谢谢。

黄润秋：感谢这位记者朋友的提问。习近平主席在 COP15 领导人峰会上发表了重要讲话，我作为 COP15 的主席，对习近平主席的讲话在诸多方面有深刻的体会。

中国政府高度重视生物多样性保护和 COP15 的筹备工作。习近平主席亲自推动各方面支持 COP15 顺利举办，在重大的双边、多边外交活动中多次发出了生物多样性保护倡议和"昆明之约"。在本次领导人峰会上，习近平主席发表了题为"共同构建地球生命共同体"的重要讲话，全面阐释了中国推进全球生态文明建设的理念、主张和行动，对引领全球生物多样性保护转型发展具有重要意义。我认为，这个意义可以体现在三个方面。

第一，习近平主席的讲话提出了三个"地球家园"的愿景，也就是要构建人与自然和谐共生的地球家园、经济与环境协同共进的地球家园、世界各国共同发展的地球家园。我认为这三个"地球家园"的愿景，将自然生态、经济发展与人类福祉有机融合在一起，深刻阐释了本次大会的主题"生态文明：共建地球生命共同体"，与联合国可持续发展的目标也是高度契合的，为全球生物多样性治理指明了方向。习近平主席还引用中国传统文化中的生态智慧，"万物各得其和以生，各得其养以成"，再次提醒我们要深怀对自然的敬畏之心，人类要尊重自然、顺应自然、保护自然，探索人与自然和谐共生的发展道路。人类必须改变传统的大量生产、大量消耗、大量排放的生产模式和消费模式，避免走"先污染后治理"的老路，要走生产发展、生活富裕、生态良好的文明发展道路。生态文明理念的提出，不仅为中国平衡和处理好发展与保护的关系、协同推进经济高质量发展和生态环境高水平保护提供了基本遵循，还为国际社会尤其是发展中国家解决好发展中面临的生态环境问题、实现绿色低碳发展提供了有益借鉴。

第二，习近平主席面对人类生存和发展面临的诸多困难和挑战，首次提出了"人类高质量发展"这一命题和"开启人类高质量发展新征程"的四点主张。"人类高质量发展"是很重要的理念，关于开启"人类高质量发展新征程"的四点主张，与习近平主席于9月在第七十六届联合国大会上提出的"全球发展倡议"是相呼应的，指明了人类高质量发展的路径。我相信这将引领全球发展迈向更加平衡、协调、包容的新阶段。人类高质量发展应该是也必须是人与自然关系和谐的发展，是绿色低碳的发展，是人民福祉和社会公平正义不断增强的发展，也是国际治理体系更加公平合理的发展。我相信，这四点主张也为国际社会应对当前的困难和挑战提供了中国的方案。

第三，我对习近平主席发表的讲话还有一个体会就是中国宣布了务实而有力度的东道国举措，展示了中国同国际社会一道推动全球生物多样性治理迈上新台阶以及共建地球生命共同体的雄心和行动。我相信中国的东道国举措将会有力引导各方调动更多的资源，采取更加务实的措施，共同建设清洁、美丽的世界。

这里，我还想和大家分享的是，中国将出台碳达峰、碳中和"1+N"政策体系，这也是习近平主席在他的讲话中提到的，其中就包括协同推进应对气候变化与生物多样性保护。实际上，应对气候变化和生物多样性保护两者是密不可分、相辅相成的。有效应对气候变化可以减缓全球的升温，可以降低极端天气增多、气象及自然灾害频发所带来的生态系统退化和物种灭绝的风险。而加强生物多样性保护、遏制生物多样性丧失的趋势、提升生态系统的质量和稳定性也有助于从整体上改善生态环境质量、增加碳汇功能、减缓气候变化、增强适应气候变化的能力。

我就回答这些。谢谢。

新华社记者：我的问题提给黄部长。COP15第一阶段会议顺利闭幕，我想请问一下会议取得了哪些成果？有什么特色？

黄润秋：非常感谢你的提问。这个问题提得非常好。

首先，我想介绍一下。缔约方大会是《生物多样性公约》最高的议事和决策机制，每两年举办一次。大家知道，2010年在日本举办的联合国《生物多样性公约》缔约方大会第十次会议（COP10），制定了"爱知目标"。2020年，联合国对"爱知目标"进行了评估，结果显示20个"爱知目标"中只有6项目标部分达成，部分子目标甚至更加恶化。在这样的背景下，我们这一次的 COP15 系统总结了国际社会在生物多样性保护方面的经验，推动制定了未来 10 年乃至更长时期的全球生物多样性保护战略，为全球生物多样性保护描绘了新的蓝图，对于遏制并扭转生物多样性丧失的严峻形势、促进全球可持续发展至关重要。所以这次会议受到全球的广泛关注，也可以说是高度关注。

我体会这次会议有四个特点。

第一，会议的主题鲜明。当前我们正处在充满困难和挑战，也充满希望的时代。人类正面临来自诸如新冠肺炎疫情、环境污染、气候变化、生物多样性丧失、生态系统退化等一系列困难和挑战。我们站在了保护生物多样性、实现可持续发展的"十字路口"。国际社会都希望以这次大会为起点，扭转生物多样性丧失的局面。正是在这样的背景下，大会提出了"生态文明：共建地球生命共同体"这样一个鲜明的主题，我认为恰逢其时。这个主题得到了各缔约方的广泛认同，发出了共建地球生命共同体的强烈信号。

第二，召开了峰会。本次会议首次在高级别会议阶段设置了领导人峰会，这也是《生物多样性公约》历史上最高规格的领导人峰会。中国国家主席习近平、俄罗斯总统普京、埃及总统塞西、土耳其总统埃尔多安、法国总统马克龙、哥斯达黎加总统阿尔瓦拉多、吉尔吉斯斯坦总统扎帕罗夫、巴布亚新几内亚总理马拉佩、英国王储查尔斯等9 位缔约方国家首脑以及联合国秘书长古特雷斯在线上出席峰会，并发表了视频讲话。同时，在部长级会议阶段，97 位部长级官员做了交流发言。这充分体现了各方对采取有力行动、遏制生物多样性丧失、推动全球生物多样性治理迈上新台阶的强烈政治愿望和政治雄心。

第三，形式独特。面对全球新冠肺炎疫情的严峻形势，这次大会经历了两次改期，各缔约方展现了召开会议的高度政治意愿和期盼，同时又展现了开放、包容的务实理念，决定分两个阶段召开COP15，第一阶段会议通过线上与线下相结合的方式召开，这是特殊时期所采取的特殊举措。《公约》秘书处和大会主席团为线上、线下召开第一阶段会议做了大量的工作，特别是中国政府作为东道国也付出了巨大努力，克服了重重困难，最终顺利完成了第一阶段会议的各项议程。可以说，这次会议的顺利召开，有效增强了国际社会推动全球生物多样性保护的凝聚力，更加坚定了国际社会共克时艰、阻止并逆转全球生物多样性下降趋势的决心。

第四，这次会议还体现了务实、节俭、绿色、低碳的理念。本次会议将绿色低碳贯穿会议的全过程。在会场，我们提供桶装的饮用水和可回收的玻璃瓶矿泉水，鼓励与会人员自带水杯，尽量减少塑料矿泉水瓶和一次性纸杯的使用。在酒店不再提供一次性洗漱用品，鼓励嘉宾自带洗漱用具。在交通保障上，我们全部采用了新能源汽车，有300多辆新能源汽车往返酒店和会场之间，采用智能化的调度，既节约资源又优化了大家的出行安排。同时，大会通过新建碳汇林等方式，将实现碳中和。

总体而言，在过去的五天里，各缔约方代表与嘉宾围绕会议主题进行了交流和磋商，达成了广泛共识，取得了丰硕的成果。大会除了完成了审议进展报告和临时预算等大会的一般议程，还有三个方面的重要成果。

第一，凝聚了广泛的政治意愿，形成了强大的政治推动力。习近平主席等 9 位国家元首和联合国秘书长线上出席领导人峰会并发表讲话，为国际社会携手应对全球生态环境挑战、推进全球生物多样性治理注入了强大信心和政治推动力。这将更加有力地引领和推动各方以最大的政治决心、最强的行动力度、最有力的保障条件深入对话、凝聚共识、务实合作，推动达成既具备雄心又平衡务实的"框架"，促进生物多样性恢复的主流化，进而全面实现"人与自然和谐共生"的 2050 年愿景。

第二，达成了《昆明宣言》。这是本次会议的标志性成果。作为一部政治宣言，《昆明宣言》的达成为"框架"的磋商提供了政治指引，体现了各国采取行动扭转当前生物多样性丧失的趋势并确保最迟在 2030 年使生物多样性走上恢复之路的决心和意愿，将为全球环境治理注入新的动力。同时，生态文明论坛还发出了"共建全球生态文明，保护全球生物多样性"的倡议，对提升各方参与全球生态文明建设和生物多样性保护的意愿都将产生积极的影响。

第三，中国提出了务实而有力度的东道国举措，宣布成立昆明生物多样性基金。习近平主席在领导人峰会上提出中国将出资 15 亿元成立昆明生物多样性基金，正式设立第一批国家公园，出台碳达峰、碳中和"1+N"政策体系等一系列东道国举措。尤其宣布成立昆明生物多样性基金进一步展示了中国同国际社会一道推动全球生物多样性治理迈上新台阶的雄心和行动。我相信这些举措将有力引导各方调动资源、务实行动，加大公共财政的投入，拓宽各种资金的投入渠道，为生物多样性保护和可持续利用提供更大的支持，共启全球生物多样性治理的新进程。

作为大会主席，我很期待本次大会结束以后，在《公约》秘书处的协调和支持下，各缔约方携手共同落实好大会的各项成果，推动全球生物多样性治理不断取得新成效、迈上新台阶。

我就回答这些，谢谢大家！

《中国日报》记者：刚才黄部长跟我们分享了COP15的成果，执行秘书女士，同样的问题我也想请问您，谢谢。

伊丽莎白·穆雷玛：非常感谢。第一，过去的一周我们取得了很多成就，为第二阶段会议的成功打下了良好的基础。现在，我们有了一个非常清晰的路线图。第二，在领导人峰会上，习近平主席宣布成立了昆明生物多样性基金，注入了约2.3亿美元，也鼓励了更多资金的投入。第三，我们还举办了高级别会议，会议上所有的部长和发言人都认同，通过一个包容性、雄心勃勃、转型性质的"框架"是非常重要的。也就是说，我们的重要成就是为通过一个雄心勃勃的"框架"做出了政治承诺。

我们在声明中看到，除了中国的贡献，全球环境基金与联合国环境规划署和联合国开发计划署合作，也已经做好准备，一旦"框架"通过，立刻就可以采取行动支持发展中国家。这是非常重要的，因为我们从"爱知目标"中吸取的教训之一就是，各国执行上一个战略计划和"爱知目标"的时间严重滞后。

实际上，在过去的十年，虽然我们说是十年，但其实只有大概五年的时间，因为很多国家开始审阅、更新他们的国家生物多样性战略和行动计划就已经用掉了几年。由于国家咨询过程包括了所有利益攸关方，许多国家花了三四年时间制定战略，之后才开始实施。所以，我们很高兴看到这次主要机构能够立即行动起来。

我们的工作还在继续，要继续推动我们的使命，当然，我们还需要来自各方的继续支持。我们很高兴英国政府宣布要加大支持，英国王储查尔斯也表示了支持。我们也听到马克龙总统宣布，30%的气候基金将用于支持生物多样性。这些都是本次缔约方大会取得的成就，甚至在大会开始之前，我们就已经取得了一些成就。大会开始前两三周，我们就知道有 9 家慈善机构宣布将在未来十年捐资 50 亿美元，支持"框架"的落实。所以，事实上，我们真的取得了很多成果。欧盟也宣布将追加生物多样性基金，从 50 亿欧元到 60 亿欧元。我们看到很多金融机构都联合起来，它们宣布将采取行动，推动恢复和保护生物多样性。

所以，再次说明，这样的承诺就是我们这次缔约方大会的成果。很多部长也发言表态，在国家层面上已经开始行动起来，减缓生物多样性丧失。我们听到了很多这样的承诺，也有越来越多的国家做出了类似的承诺。我们见证了《昆明宣言》给"框架"注入了强大的政治推动力。所以，简而言之，我认为我们取得的成果超过预期，我们非常高兴，也希望第二阶段缔约方会议能够有更多的进展。

当然了，大家说了很多，这都是我们的愿景。我们也把很多内容落实到纸面上。《昆明宣言》就是一份重要的文件。所以，我们希望看到落实在纸面上的内容能够转化成为行动，落到实地，因为这才是我们遏制生物多样性丧失所必需的。脚踏实地的行动才是我们推动恢复和保护生物多样性所需要的。部长们，包括我自己，都提到了必须立即开始行动。我们不需要等到"框架"通过。这也是我们从部长们介绍各国最佳案例中所学到的，不需等待，持续行动。所以，今天我们就可以行动起来了，不需要等到"框架"通过。谢谢。

凤凰卫视记者：我的问题想提给黄部长，作为新任 COP15 的主席，您对于下一步推动全球生物多样性治理方面有什么打算？谢谢。

黄润秋：我相信你提这个问题也是想表达对我的支持。在开幕会上，我从埃及大使手中接过了象征 COP15 主席的木槌，正式成为 COP15 的主席。这对我个人来说，是荣幸也是一个巨大的挑战。经过多年努力，国际社会在生物多样性保护方面取得了长足的进展，大多数缔约方都积极制定本国的生物多样性保护政策和行动目标，在生物多样性主流化进程等方面取得了显著进展。

但令人担忧的是，全球生物多样性丧失的趋势并没有根本扭转，生物多样性保护的压力仍在加剧。科学家给了我们很多的数据，也有很多论文阐述了生物多样性丧失、生态系统退化的严峻形势。所以，我们必须认真思考和审视人与自然的关系，像刚才伊丽莎白·穆雷玛女士谈到的，从现在开始就要采取果断的行动，遏制和扭转生物多样性丧失，守护好我们的地球家园。这是我作为 COP15 主席努力的方向。

我将在《公约》秘书处和缔约方大会主席团的支持和帮助下，从五个方面开展我的工作、履行我的职责、做出我的贡献。

一是强化政治引领，推动全球生物多样性治理迈上新的台阶。正如前面所谈到的，在这次大会上，中国国家主席习近平、部分缔约方国家的领导人、联合国秘书长在线上发表了视频讲话，充分显示了各方推动生物多样性保护、共启全球生物多样性治理新进程的最高政治推动力和最大政治决心。作为大会主席，就像刚才伊丽莎白·穆雷玛女士谈到的，我们要把这些雄心和意愿转化成我们的行动。我将坚持"公正、透明、缔约方驱动"的原则，继续保持并发挥本次大会所凝聚起的强大政治雄心，推动各缔约方深度对话、凝聚共识，加强合作，为全球生物多样性保护注入新动力。

二是积极筹备，确保第二阶段会议圆满成功召开。COP15 第一阶段会议今天闭幕了，明年上半年第二阶段会议将在云南省昆明市以线下的方式召开，我们会再次聚首。作为大会主席，我将全力推动第二阶段大会的筹备工作，监督和指导《公约》秘书处、附属机构和相关工作组推进第二阶段会议各项议题开展卓有成效的讨论，积极回应各方关切，争取最大的共识或共识的最大化，保证会议平稳、顺利进行，为各项会议成果的圆满达成做出我自己最大的努力，争取推动举办一届圆满成功、具有里程碑意义的 COP 大会。

三是推动达成"框架"，助力形成全球生物多样性治理的新战略。作为大会主席，我将致力于凝聚各缔约方、国际组织和所有利益攸关方的合力，推动各方求同化异、增进共识、相向而行，积极寻求建设性方案，努力推动达成兼具雄心和务实的"框架"，明确未来十年乃至更长时间全球生物多样性保护的目标和指标，努力推动生物多样性保护的转型性变革，尽快扭转全球生物多样性加速丧失的趋势。

四是协调好各方立场，维护好全球生物多样性治理的多边体系。作为大会主席，我将秉持公正、中立、务实、合作、开放的态度，持续支持生物多样性多边治理体系，兼顾原则性和灵活性，在谈判的所有缔约方中充当促进者的角色，与各方一起携手并进，致力于协调、推动《生物多样性公约》在全球生物多样性治理中发挥更大的作用，构建公正、合理、各尽所能的全球生物多样性治理体系。

五是要提振全球的信心，携手各方共建地球生命共同体。作为大会主席，我将以更强烈的使命感和责任感，秉持地球生命共同体的理念，推动各方克服新冠肺炎疫情的影响，应对生物多样性加速丧失给全球生物多样性保护带来的挑战，提升生态系统的完整性、稳定性和恢复力，以保护生物多样性助力可持续发展，促进经济与环境协同共进、世界各国共同发展，为共建地球生命共同体发挥更大的作用、贡献更多的力量。谢谢。

主持人：谢谢大家所提的问题，谢谢详细的回应。接下来提交线上媒体的提问，是通过互联网所提的问题。

共同社记者：第一阶段会议之后，要实现2030年目标，目前最急迫、最关键的问题是什么？各方达成最后一致的最大困难是什么？换句话说，要在第二阶段会议取得好的成果，还需要各方做出哪些努力？

伊丽莎白·穆雷玛：谢谢您的提问。我想首先我们要认识到，生物多样性是生命的基础。既然是基础，我们就不能拆开或分解生物多样性问题。所以一切都是相互关联的，包括正在商议中的"框架"本身。我们必须将"框架"作为一个整体通过，因为每一项目标和其他目标都是关联的。我们从此前的生物多样性战略计划，也就是"爱知目标"中，学习到了经验，我们希望现在正在构建的"框架"能够纳入所有利益攸关方。此前的计划中，我们原本期待政府做主要的执行方并承担责任，其实这些责任和执行不仅是跨国家、跨地区的，而且也是跨社会、跨行业的，各行各业都需要回应。这是我们在此次"框架"谈判和讨论中的重点。所以我们要动员所有利益攸关方，包括青年、土著居民、当地社区、企业、金融机构、妇女等。我们从此前的经历中还学到了一个经验，那就是动员所有利益攸关方的同时，也要承认，生物多样性不仅是政府中环境部门的职责，还是整个政府的职责，需要各方的共同努力。

因此，我们希望"框架"和谈判是各方参与的产物。我们需要考虑政府的各个方面，社会的各个方面。换句话说，要将生物多样性保护落实到行动，我们需要规划，需要财政部门、渔业部门、农业部门、林业部门等所有部门的参与。我们需要非政府组织，需要银行，需要企业公司、保险业、养老金等各个部门都参与进来。

在这些讨论中，我们负责引领"框架"制定的联合主席也在努力动员和纳入各利益攸关方。我们现在看正在讨论中的"框架"草案，实际上所有的利益攸关方都能够在草案中看到和自己相关的部分，这也就意味着当"框架"通过后，他们都会有相关工作要做，也就是执行也要依靠各方参与。所以，只有通过社会各方和政府各方的努力，"框架"才能得到有效地执行。所以你问最大的困难是什么？我想最大的困难就是我们纳入和动员所有利益攸关方的能力。只有所有利益攸关方都参与进来，他们才能为"框架"的执行做出贡献。

另外，也是发展中国家所关注的，他们面临的困难是这个"框架"将如何被执行。特别是当我们说生物多样性是一个全世界的共同目标，但是当落实到执行层面，执行责任对每个国家来说或许是有区别的。应对这个问题，我们可以预见到落实"框架"会遇到一些执行方式上的困难。执行方式是什么呢？执行方式需要结合资源调动战略，我们很高兴看到第一阶段会议已经为"框架"筹集了很多资源。执行方式除了资源调动战略，还要与能力建设、技术转移等行动计划相结合。

我们还会有一个性别行动计划，关于性别平等。所以"框架"通过的同时，我们也会通过一个"框架"执行计划。相关的议定书也需要他们自己的能力建设行动计划。所以，为更好地执行"框架"和两个议定书，我们还将会有一个问责框架。这也是我们从"爱知目标"学到的另一个经验。为了能够在执行的过程中评估进度，我们将建立一个监测评估问责框架，这样我们就能够在推进工作的同时评估进度，评估我们的阶段性发展目标和要点能否实现，或是随时根据情况做出调整，而不是等到最后。

所以，再次强调，我们在制定"框架"时要动员政府各方、社会各方，而不是像最初那样闭门造车，这也是我们从过去吸取到的经验教训。谢谢。

法新社记者：请问部长阁下。建立自然保护区是中国保护生物多样性的重要手段。但有批评指出，由于采矿、修路和种植橡胶等经济作物，大多数自然保护区都已经碎片化。中国正采取什么样的措施来提升这些自然保护区的质量，并减少碎片化？

黄润秋：感谢法新社记者的提问。

我想澄清一下中国的自然保护区确实存在破碎化的现象，但是不存在大部分自然保护区都已经破碎化的问题。中国围绕自然保护区的建设和管理有一套非常严格的法律制度体系，在自然保护区的核心区和缓冲区，人类活动是受到严格禁止的，包括采矿、水电开发、交通基础设施建设、大规模的种植，这些在自然保护区的核心区和缓冲区都是不被允许的。即使在自然保护区的实验区，上面这些活动也受到了严格的管控，尽量避让。如果确实无法避让，则要求相关单位对相应活动进行科学的评估，采取有效的措施，例如修建相关野生动物通道、生态廊道，避免保护地的破坏和自然保护区的破碎化。

我们也发现一些自然保护区存在破碎化的问题，造成这个问题的原因主要有两方面。一是违法、违规的开发建设活动，二是在自然保护区建立之初，由于科学论证不够，或者是受到一些行政区划的影响，有可能出现自然保护区的破碎化。针对这样的破碎化问题，我们正在采取一系列措施加以改进，确保有效提升自然保护区的质量。

第一，制修订相关法律法规，进一步加严管理和保护措施。我们正在研究制定"国家公园法""自然保护地法"，推动修订《自然保护区条例》等行政法规，将进一步加强分区管控措施，建设"天空地一体化"的监测网络，定期开展保护成效评估，确保公众参与和信息公开，为全面、系统的管理和保护提供法律保障。

第二，严格执法监管，严厉打击违法、违规的行为。自然保护地内采矿等违法开发建设活动，正是我们依法查处的重点。例如自2017 年以来，我们连续五年针对国家级自然保护区内的生态破坏等行为开展了强化监督，也就是专项执法行动，将保护地内的采矿和采砂、工矿企业、核心区与缓冲区的水电设施作为重点执法对象，同时指导督促地方整改，开展生态环境整治修复。截至2020 年年底，生态破坏影响较大的重点问题整改完成率达到92%。通过专项执法行动，最近这五年，国家级自然保护区内新增的人类活动问题总数和面积持续下降。

中国还建立了中央生态环境保护督察制度，这项制度很有力度，而且效果也是很好的。我们发现并查处了一批违法侵占自然保护区、矿山无序开发、损坏湿地、围湖占湖等行为，推动了自然保护地破碎化问题的进一步解决。

第三，我们正在加快构建以国家公园为主体的自然保护地体系，通过整合各类有交叉重叠的自然保护地、归并和优化相邻的自然保护地等方式，加强自然保护地的管理。特别是对被分割、破碎化的自然保护地，孤岛化的自然保护地，通过这些措施加强连通性，形成比较完整的自然保护地体系。在东北虎豹国家公园、大熊猫国家公园的划定过程中，我们通过这样的一些优化调整措施，加强自然保护地的整体性，减少破碎化。

第四，开展一系列重大生态系统保护修复工程。这些修复工程的实施逐步增加了自然保护区间的连通性，野生动植物的生境持续改善，大熊猫、东北虎豹等动物的栖息地和活动范围在不断扩大。

我就回答这些，谢谢。

路透社记者：许多与会代表在开了数月的线上会议后，这次终于能够在线下相互见面。目前，达成全球协议的最大挑战是什么？

伊丽莎白·穆雷玛：的确，在过去的一年多时间里，我们学会了线上组织会议和活动，因为我们必须要面对新冠肺炎疫情。但是，当我们各方代表要协商的时候，我们需要看到每一个标点符号，每一个字，每一个词。这是协商的本质，当我们要在文本中就某一个段落进行协商时，我们没法像开会一样很正式地坐在一起，参与过协商的代表都知道，大部分的协商过程都发生在非正式的背景下。我们就座的会场安排，就像今天的发布会一样，通常有咖啡和茶的供应，有走廊过道。等到我们进入正式的会场里，其实我们大部分的不同意见和要做的让步已经沟通好了。这也是我们各个缔约方希望能够继续采取的下一步工作方式。然而，各个缔约方也同意，就"框架"的协商，我们还是可以线上讨论草案以及公约和议定书的程序。线上会议的优势是，我们能够有更多的代表团、更多的国家代表参会。

　　我可以举个例子，例如我们现在组会，我们正在准备日内瓦的会议，将组织来自发展中国家的土著居民、当地社区、政府代表参会。通常情况下，我们会支持 1 ~ 2 位代表，有时候每个国家我们会支持 3 位代表参会。但如果是线上会议，参加国和参加代表的人数就不重要了，不像线下会议，就限制 1 ~ 2 位代表参会，那参加的这个人我们还想当然地认为他是各方面的专家。当我们讨论"框架"的时候，我们需要渔业专家、农业专家、食品供应链专家等，需要各种不同领域的专业知识。因此，线下会议也有它的限制。当我们线上开会的时候，所有这些专家都可以参会并为讨论做出贡献，我们已经证实了这是一个很有效的方式，例如在我们举办过的会议中，我们的附属机构举办了非正式的线上会议，有超过 1 000 名甚至 2 000 名的代表参加了讨论，之后才有了附属机构的正式会议，然后我们才有了今天的"框架"草案。这是我们所有线上协商的成果，但是落到最后，各方和谈判代表还是希望见到彼此。我们需要见面，这样才能在谈判的时候看到彼此的面部表情，这是线上无法做到的。这也是我们明年 1 月会议的重点，在明年 1 月之前我们还会举办多次线上会议，而且 1 月的会议是一个机会，可以让我们能更好地了解彼此，通过协商沟通分歧，这是线上会议做不到的。让我们想象一下如果缔约方会议在去年 5 月召开，那么所有的线下协商都不可能发生，就"框架"达成一致和共识会非常困难。我们不可能像今天一样有时间去讨论"框架"下的各种不同问题。所以新冠肺炎疫情让我们有了更多的时间，能够协商达成共识。当然新冠肺炎疫情是很不幸的，很多人因此失去了生命，经济受到了重创，家庭遭受了损失。但是我们在这段时间里进行了互动，讨论、理解对方的出发点，为面对面谈判做好了准备，我们希望，既然我们现在已经更好地理解了彼此，那么下一次面对面的会谈和谈判就能够更加容易，当然也有可能会更加困难。所以，时间会给我们答案。基本上，线上会议的情况就是这样，它有自己的优势，让更多的专家和更多的代表参与，有更多的时间讨论各种困难的问题。如果缔约方大会在去年举办的话，我们就不会有这样的机会。谢谢。

CGTN 记者：全球未能在 2020 年实现"爱知目标"中的大部分目标。《生物多样性公约》是否制定了相关政策或建议，例如，使其具有法律约束力，以确保各国政府在 2030 年之前达到目标？

伊丽莎白·穆雷玛：很不幸，我是一名律师。在法律层面上谈论一个有法律效力的条约和没有法律效力的条约是完全不同的概念。律师们现在已经达成共识，特别是最近几年来，我们不需要一个有法律约束力的条约去影响各国，执行国际合作。比如"可持续发展目标"，它们没有法律约束力，但是对于全世界来说，我们都在做出行动，努力让每个国家都实现 17 个"可持续发展目标"。所以我们看联合国大会的决议，以及此前《生物多样性公约》和相关议定书大会的决议。每两年，我们就要召开一次大会，做出决议，随后各方会在下一个缔约方大会上汇报有关上次决议的执行进展。正是这样的汇报机制，让我们能够在第五版全球生物多样性展望中评估"爱知目标"的全球执行情况。即便这并不受法律的约束。因此，我认为对于生物多样性来说这是很重要的，也是很幸运的。我们看到了生物多样性丧失给地球带来的影响，每个人都看得到。我不认为各国在等着被法律约束，制定相关的法律可能要花十年去商榷每个字、每个标点符号。我们看到了《昆明宣言》的通过和发布，许多国家都为其背书，表达了它们的政治意愿，也通过此行动表示对"框架"的支持。我再次强调，各国都是自发同意的。所以，我们也许有一些有法律约束的条约，但却没有执行，未来也不会执行。的确，今天我们在环境领域有 700 多个多边条约，具体的条约数也许我们都不能确定。事实上，大部分的条约都没有得到有效的实施和执行，哪怕它们是有法律约束力的。但我们也看到了，我们所谓的一些没有法律约束力的条约，在执行上却卓有成效，例如安理会决议、联合国大会决议还有我们自己的缔约方大会决议，以及我们的目标、全球目标。只要各国认识到国际合作的重要性、多边主义的重要性、共同讨论问题的重要性、我们目标的重要性，那么各国就会做出相关的承诺来实现这些目标。我们不需要一个耗时多年的具有法律约束力的条约，《联合国海洋公约》花了十年，我不认为生物多样性要再等十年去协商一个具有法律约束力的条约。谢谢。

德国媒体 Riffreporter 记者：中国是否会支持"3030 目标"写进"框架"？

黄润秋：感谢德国记者朋友的提问。我本人非常认同，自然保护地和其他有效的区域保护、养护措施是加强生物多样性保护的重要举措和有效途径。

我们注意到在"框架"的磋商过程中,以高雄心联盟为代表的许多国家提出了到 2030 年保护全球 30% 的陆地和 30% 的海洋的目标。目前全球只有 15% 的陆地和 7% 的海洋得到了保护,还没有完成"爱知目标"。所以"3030"这一高雄心目标的提出,体现了人们扭转全球生物多样性丧失趋势的迫切愿望和宏伟目标。

同时,我们也注意到,还有一些国家提出确定自然保护地的目标,考虑数量是重要的,但是也要考虑自然保护地的质量。一个高雄心的目标,必须要有支持目标实现所需的资金、资源和制度保障,也离不开有效的管理以及地方社区和公众的广泛参与,做到兼顾雄心又务实。

作为 COP15 的东道国,中国将努力推动各缔约方扩大共识、相向而行,达成兼具雄心与务实的自然保护地目标,服务于"框架"2030 年长期目标以及 2050 年"人与自然和谐共生"的美好愿景。

我就做这些回答,谢谢。

主持人: 感谢部长阁下,感谢您热情和详细的回答。那么,这就是我们今天发布会时间范围内能接受的所有提问,因此,我在此代表现场媒体和全球的线上媒体感谢部长阁下和执行秘书。我们的新闻发布会就此结束,生物多样性大会第一阶段会议也就此结束。就像我们说到的,明年 1 月在日内瓦我们将继续讨论和协商,祝大家度过美好的一天。新闻发布会就此结束,谢谢大家。

联合国生物多样性大会
高级别会议新闻发布会实录

2021 年 10 月 13 日

新闻发布会现场

生态环境部副部长赵英民

主持人：女士们、先生们，新闻界的朋友们，大家晚上好！今天下午，在各缔约方的共同努力下，为期两天的 COP15 高级别会议顺利闭幕。今天的新闻发布会，我们邀请到《生物多样性公约》秘书处执行秘书伊丽莎白·穆雷玛女士，COP15 大会主席黄润秋先生代表、生态环境部副部长赵英民先生，云南省副省长王显刚先生，介绍高级别会议相关成果，并回答大家关心的问题。

伊丽莎白·穆雷玛：非常感谢！谢谢您，副部长，感谢副省长、主持人、现场和线上的媒体代表，今天在此同我们一起在昆明参加本次会议。我首先要恭喜中国政府成功、卓越地筹办了今天刚刚落幕的高级别会议。副省长王显刚先生，非常感谢您在昆明这座美丽的城市热情款待我们。

遗憾的是，在线参会的人员无法领略昆明的美。此外，我还要感谢习近平主席，感谢他的承诺。我非常期待和缔约方大会主席黄润秋阁下还有副部长赵英民阁下一同工作，你们在生物多样性议程和缔约方大会下一阶段路线图方面引领着世界。

在支持生物多样性议程方面，我们见证了很多承诺和举措。习近平主席宣布建立昆明生物多样性基金。这一宣布加速了对全球环境基金的资金支持，推动了立即开始实施的"框架"。日本环境大臣山口壮先生也宣布对上个十年初建立的日本生物多样性基金的额外资金支持追加拨款。今天结束的圆桌会谈有近百位部长参加。

所有这些都凸显出生物多样性正逐渐成为全球政策制定的核心。今天，与会人员和部长们达成并通过《昆明宣言》。这正是这种政治趋势的简明表达。明年我们将讨论并确定一个有效的"框架"，《昆明宣言》中呼吁的行动也预示了"框架"所需的雄心和动力。

我感到非常鼓舞的是在过去几天中，我们听到了来自多方的声明和陈述。这些声明和陈述整合了自然的保护、土地的管理，还有气候的愿景，这展现了我们协作的效益，不仅是在谈判本身，而且还对接下来的 COP26 谈判很重要，对我们未来持续的工作更加重要。

我很高兴看到公平与正义被纳入自然保护的讨论。这表示，如果我们不关注人权问题，就无法解决生物多样性保护的问题。我们要认识到包括商业、金融、公民社会、当地原住民、青年人、女性和男性所有利益攸关方的需要。此次会议在生物多样性保护和保护行动方面的发言很具启发性。

过去几天，我们的对话为雄心勃勃的"框架"和进一步建设全人类的共同未来铺平了道路。COP15第一阶段会议将于本周五结束，在此之际，让我们撸起袖子开始工作，确保为明年的第二阶段会议做好准备。希望届时能够通过一个有效、具有变革性、雄心勃勃且具有普适性的"框架"，并且让我们准备好随后"框架"的立即实施。谢谢！我期待你们的提问。谢谢！

主持人：谢谢伊丽莎白·穆雷玛女士。下面有请赵英民副部长做介绍。

赵英民：尊敬的穆雷玛女士，王显刚副省长，女士们、先生们，各位新闻界的朋友，大家晚上好！感谢各位媒体朋友出席今天的发布会，借此机会，感谢新闻界的媒体朋友们长期以来对生物多样性和COP15的关心和支持。

为期两天的高级别会议刚刚圆满落幕。会议围绕COP15大会"生态文明：共建地球生命共同体"主题开展高层政治对话，提高认识，谋求共识，展示政治意愿，完善治理举措，增强国际责任，达到了推动全球生物多样性治理进程的目的。会议包括领导人峰会、部长级全体会议、部长级圆桌会议。9位国家政要和联合国秘书长古特雷斯先生出席领导人峰会，119个缔约方，26个国际机构和组织，共计125位部长级代表和24位驻华大使出席了部长级会议和圆桌会议。

领导人峰会上，中华人民共和国主席习近平以视频方式出席并做主旨发言。习近平主席高瞻远瞩地阐述了"要共建什么样的地球生命共同体"这个时代之问，提出构建人与自然和谐共生、经济与环境协同共进、民生福祉多面共赢、世界各国共同发展的地球家园，为全球环境治理指明了方向。同时，宣布了出资 15 亿元人民币成立昆明生物多样性基金等东道国举措，充分展现了中国作为东道国的引领作用和不懈推动生态文明建设的坚定决心，为共建地球生命共同体奠定了坚实的基础。

国务院副总理韩正出席领导人峰会并致辞，俄罗斯总统普京、埃及总统塞西、土耳其总统埃尔多安、法国总统马克龙、哥斯达黎加总统阿尔瓦拉多、吉尔吉斯斯坦总统扎帕罗夫、巴布亚新几内亚总理马拉佩、英国王储查尔斯、联合国秘书长古特雷斯等外国政要，以视频方式共同出席峰会，共同呼吁采取行动应对生物多样性挑战。

部长级全体会议期间，部长们探讨了如何推进全球生物多样性治理和"框架"谈判进程，分享了各自在生物多样性保护和实现可持续利用方面所做出的承诺，号召全社会、跨领域、多部门加强协作，共同保护生物多样性。

会议通过的《昆明宣言》，凝聚了各方共识，体现了各方采取行动、应对生物多样性挑战、共同构筑地球生命共同体的政治决心。会议达到了提振信心，高层引领和推动"框架"磋商的目的。谢谢！

主持人：谢谢赵英民先生。下面请王显刚先生做介绍。

王显刚：尊敬的伊丽莎白·穆雷玛女士，赵英民先生，各位记者朋友，晚上好。我非常高兴参加今天的新闻发布会，向大家再一次介绍云南省生态文明建设和生物多样性保护工作的相关情况。

长期以来，云南省各方面工作得到了新闻界朋友的关心和支持，特别是今年亚洲象北移南归，媒体高度关注，纷纷点赞云南生物多样性保护的成绩。在此，受云南省委书记阮成发、省长王予波的委托，我谨代表云南省委、省政府向多年以来致力于帮助云南省经济社会发展，宣传并支持生物多样性保护工作的媒体记者、各方朋友表示衷心感谢。

云南省的生态地位十分重要，地跨三个生物多样性的热点区域，既有海拔 6 700 m 以上的雪域冰川，又有海拔几十米的热带河谷，气候立体多样，生物资源丰富，是中国重要的生物多样性保护和西南生态安全屏障，素有"植物王国""动物王国""世界花园"的美誉。

近年来，云南省委、省政府始终坚持以习近平生态文明思想为指导，认真贯彻落实习近平总书记考察云南时的重要讲话精神。生态文明建设和生物多样性保护理念贯穿到经济社会发展的各个环节，坚持生态优先、绿色发展，全面打造世界一流"绿色能源""绿色食品""健康生活目的地"三张牌，促进经济发展和生物多样性保护的良性互动，推动生态文明建设排头兵和最美丽省份建设取得实实在在的效果。

当前，云南省生态环境质量全面改善，空气质量保持优良，地表水水质持续改善，生物多样性保护工作取得了积极进展和明显的成效。

一是典型的生态系统得到有效的保护。全省的森林覆盖率超过

65%，草原综合植被盖度达到 88%，草原生态功能持续改善，湿地保护率超过 55%，湿地功能也进一步得到提升。

二是物种保护体系不断完善。全省划定了各类、各级自然保护地 362 处，形成了以就地保护为主、迁地保护和离体保存为辅的物种保护体系。全省 80% 以上的重点保护野生动植物得到了有效的保护，亚洲象、滇金丝猴、华盖木等濒危野生动植物种群数量稳中有升。

三是遗传资源保护成效明显。位于昆明市的中国西南野生生物种质资源库，收集保存各类野生生物种质资源 2.4 万余种、25 万多份，是世界第二大野生植物种质资源库。

四是地方法规政策体系进一步健全。云南省在全国率先出台《云南省生物多样性保护条例》，组织实施极小种群物种保护，发布生物多样性白皮书和生物物种、生态系统、外来入侵物种名录，为生物多样性保护积极贡献云南力量。当然，我们也认识到生物多样性保护不是一蹴而就的，而是一个需要付出长期艰苦努力的过程。

下一步，云南省将按照习近平生态文明思想，推动经济社会发展全面绿色转型，巩固和发展好云南省生态文明建设和生物多样性保护的优势，持续改善生态环境的质量，不断加大生物多样性保护力度，守护好云南的蓝天白云、绿水青山、良田沃土，筑牢中国西南生态安全屏障，为维护区域、国家乃至国际生态安全做出新的更大贡献。谢谢大家。

主持人：谢谢王显刚先生。下面进入提问环节。今天的提问分为两个部分，首先请现场的媒体提问，接下来是线上记者提问时间。

下面我们先请现场的记者朋友提问，提问前请通报所在的新闻机构名称。

人民网记者： 为期两天的高级别会议期间，领导人和部长们围绕如何做好 2020 年后的全球生物多样性治理进行了深入的讨论和交流，能否请您介绍一下本次高级别会议都取得了哪些成果？发挥了哪些作用？有何重大意义？

赵英民： 谢谢你的提问。生物多样性是人类生存和发展的基础，但全球生物多样性丧失速度加快、生态系统退化和生态系统服务下降正在对我们这一辈以及子孙后代的幸福生活造成严重威胁，亟须全面总结过去经验和教训，为未来十年全球生物多样性治理提供指引和路线图。然而，新冠肺炎疫情大流行以来，全球经济受到巨大冲击，国际社会普遍担忧在经济复苏中不可持续的资源开发利用方式抬头，影响生物多样性保护。亟待通过高层政治推动，提振各国和社会各界的信心，寻找遏制生物多样性丧失的新理念和新举措，明确未来生物多样性保护的重点和方向，为今后全球生物多样性治理注入更多、更强的政治动力。

为此，我们在 COP15 第一阶段会议期间举办了高级别会议，并形成了以下三个重要成果：

一是为全球生物多样性治理提供了高级别政治推动力。领导人峰会上，习近平主席强调，国际社会在共建地球生命共同体、开启人类高质量发展新征程的过程中，应以生态文明建设为引领，协调人与自然的关系；以绿色转型为驱动，助力全球可持续发展；以人民福祉为中心，促进社会公平正义；以国际法为基础，维护公平合理的国际治理体系。这四点建议为全球生态环境治理指明了方向。多国领导人和国际组织负责人呼吁各国团结一致，采取务实行动，加强全球生物多样性保护和生态环境治理。部长级会议期间，国际组织负责人和各国部长级代表一致认为要加强国际协作，尽快开始行动，促进知识、创新和惠益分享，并加大资金、技术和能力保障，为开创全球生物多样性保护新局面注入了强大的政治动力。

二是发布了《昆明宣言》。会议期间，与会代表会聚一堂、共商共议、求同存异、凝聚共识。经过充分协商，会议通过了《昆明宣言》草案，这是此次大会的重要成果之一，将为全球环境治理注入新动力，促进全球朝着"人与自然和谐共生"的2050年愿景迈进。

三是宣布了中国生物多样性保护的新举措。在领导人峰会上，习近平主席宣布了出资15亿元人民币设立昆明生物多样性基金，正式设立第一批国家公园，构建以国家公园为主体的自然保护地体系，建立国家植物园体系，为实现碳达峰、碳中和的目标，实施"1+N"政策体系等一系列东道国举措。

本次高级别会议是在全球新冠肺炎疫情形势下的一次特殊会议，圆满完成了各项使命，并在以下三个方面发挥了重要作用：

一是提振了全球保护生物多样性的政治决心。高级别会议期间，习近平主席在领导人峰会上做了主旨发言，韩正副总理现场出席高级别会议并致辞，9个国家领导人和联合国秘书长古特雷斯也视频参会并发言。会议规格之高，出席会议的国家领导人之多，在《生物多样性公约》缔约方大会历史上还是第一次。习近平主席和各国政要的发言表达了共建地球生命共同体、造福地球和人类的共同愿景，极大地激发了各方战胜新冠肺炎疫情，加强生物多样性保护的热情，坚定了国际社会遏制和扭转生物多样性下降趋势的决心。

二是凝聚了全球生物多样性治理合力。高级别会议期间，各国部长级代表以最大的政治决心畅谈交流，为应对生物多样性面临的巨大挑战、共同构筑地球生命共同体贡献智慧和力量。在各国部长级代表的见证下，会议通过了凝聚各方广泛共识的《昆明宣言》，为全球生物多样性保护行动指明了方向，彰显了各国携手并进、砥砺前行、各尽所能的多边主义精神，在全球和国家层面凝聚了生物多样性治理合力。

三是为"框架"制定提供政治保障。高级别会议发布的《昆明宣言》和东道国举措等系列成果，有助于推动制定并实施兼具雄心、务实和平衡的"框架"，强化公平合理、各尽所能、合作共赢的全球生物多样性治理体系。高级别会议针对生物多样性恢复、资源调动、可持续利用、加强科技创新与惠益分享等问题进行了深入讨论，提出了具有远见卓识的政策措施和举措，为"框架"的制定和实施提供了强大的政治保障。谢谢。

路透社记者： 我想问执行秘书一个问题。在 2010 年"爱知目标"未能实现的情况下，您认为怎样才能恢复重振全球生物多样性保护的信心？谢谢！

伊丽莎白·穆雷玛： 非常感谢您的提问，这个问题很有意义。

我们从上一个战略计划的执行失败中，包括"爱知目标"实现的失败中，学到了很多经验。我们现在制定下一次框架的时候，也考虑了此前的不足，以及如何采取应对措施。我可以给大家举几个例子，比如，在制定"爱知目标"的时候，我们期待缔约国各国政府能够承担执行的责任。大家都很清楚，生物多样性是跨领域、跨国界的，绝不可能是单一的某一个政府的责任。

回应您的问题，目前特别是在新冠肺炎疫情期间，我们缔约国的讨论并没有停滞不前，我们采取了联合主持、多方协商的方式来主导下一个框架和协议制定的讨论，并线上咨询了不同的利益攸关方。

我们与原住民群体、当地社区以及青年群体等利益攸关方展开了相关专题讨论会议，尤其是青年群体，他们非常出色，在讨论后他们甚至能够通过咨询各方、提出建议、再反馈给我们相关专题会议主办方和相关商业领域，为所有的利益攸关方提供资金。这是我们学习到的主要经验。

我们在开始落实"爱知目标"的时候有一些时间的延误，"爱知目标"宣布后，许多国家开始重新建立或更新自己国内的生物多样性行动方案。大家都知道，国家级别发展战略和行动计划的制订，需要有一个全国的协商过程，等到协商结束，国家开始执行这个战略，其实已经延后了三四年。

虽然我们说的是十年计划，但是真正执行起来可能只有五六年的时间，所以在我们评估进度的时候，我们其实损失了最开始各国制定国家战略和行动规划的那几年。此外，还有一个因素，许多缔约国做出了符合各国国情的规划和承诺，但这些承诺与全球的目标不完全吻合。

当然，当我们做评估时，看的是全球情况。事实上，在国家层面，各个国家已经做了很多，我们也认为这是非常好的进展，虽然没有一个目标在全球层面上是完全百分之百的落实，但各国在各自的框架内都取得了长足的进步。如果没有这些各个国家内的进步和进展，我们今天的生物多样性将会是另外一个更加糟糕的局面。

我可以给你举几个例子。当我们谈到入侵的外来物种时，尤其是对于岛屿而言，外来物种入侵在过去的十年有了很大的改善。当我们谈到哪些地方实现了有效渔业管理时，我们可以发现，森林得到有效管理的地方，捕捞量和渔获量都得到了改善。森林覆盖率实际上也恢复了 30%。所以，我们已经看到了这些进步。

"爱知目标"的第 11 项是到 2020 年，至少 17% 的陆地与内陆水域以及 10% 的海岸与海洋得到保护。我们原本想把两个标准都定在 10%。但事实上，我们期待到下个月底，或者至多到今年年底，全球 17% 的陆地得到保护的目标就能够实现。而在中国，我们可以看到在这一领域的巨大进步。中国的各类自然保护地面积已经达到陆域国土面积的 18%，领先超过了我们制定的全球目标。所以，在上一个十年，我们必须承认我们是取得了进步的。接下来我们要采取哪些不同的措施呢？

首先，我们要紧急动员全员行动。我的意思是，我们在通过和执行下一个框架的时候，需要来自全方位的政府支持和全方位的社会支持。

在规划时，我们需要的不仅是环境部门，而且还需要农业、渔业、林业以及所有的政府部门都参与进来。社会层面上，所有利益攸关方也需要参与和协商。我们也需要原住民和当地社区有效地参与决策的过程，因为这会影响他们的生活。在这个过程中，我们应当尊重他们的传统，正如我们在云南看到的，当地原住民的土地权受到了保护。这就是我们说的需要全方位的政府支持和全方位的社会支持，这样我们才能够吸取教训，向前进步。

其次，制订"框架"，我们订立的目标要简单、明确、量化。当我们说到自然保护区面积时，只说保护区达到占陆域面积的 17% 是不够的，当我们起草下一个框架目标——到 2030 年保护 30% 的陆地和海洋时，很多部长都认为这是一个全球角度的总体目标，而不是每个国家都要达到的。我们也需要确保对这些扩大的区域进行有效管理，并在这些保护区采取基于区域的保护措施。我们希望，一旦"框架"获得通过，就能立即开始实施。我们很高兴全球环境基金已经认识到了这一点。他们现在与联合国环境规划署和联合国开发计划署两个执行机构合作。他们随时准备启动并提供有利环境，使各国在"框架"通过后能够立即开始实施具体举措。

令人高兴的是，习近平主席也看到了"框架"立即开始实施的重要性，他宣布成立的昆明生物多样性基金就是为了支持发展中国家。我们认为包括日本生物多样性基金和其他即将布局的资源都将帮助发展中国家在"框架"通过后能够立即真正开始实施和执行相关举措。当然，我们希望届时各国的雄心和承诺也将得到实现，并与"框架"的全球目标保持一致。我就说到这。谢谢！

中央广播电视总台央视记者：《昆明宣言》是本次会议最重要的成果之一，请问能否介绍一下这一宣言的主要内容及其发布的意义？

赵英民：谢谢你的提问。作为这次大会的一个重要成果，《昆明宣言》由中方起草，本着开放、透明、包容的态度，各缔约方积极贡献智慧，提出了许多建设性意见和建议，使《昆明宣言》的内容更加充实和完善，体现了各国共同采取行动，遏制和扭转生物多样性丧失趋势的强烈意愿。

《昆明宣言》在全面回顾权威科学研究和国际进程的基础上，重申了《生物多样性公约》缔约方以 2050 年愿景为目标达成的共识和高层对话成果，强调了应对全球环境危机与挑战的紧迫性和必要性，表明了各方为扭转生物多样性丧失趋势做出的政治宣誓与承诺，主要包括：一要做好顶层设计及配套保障措施，推动制定"框架"，展示生物多样性价值，促进其在国家政策、法规、规划、战略等领域的主流化，为各国推进生物多样性保护工作提供基本保障和支撑条件；二要完善环境法律框架，从生态系统、物种和基因角度推进保护和可持续利用生物多样性，促进遗传资源的惠益分享；三要针对导致生物多样性丧失的驱动因素，提出切实可行的解决方案和应对措施；四要强调利益攸关方参与，鼓励相关部门和利益攸关方做出贡献，促进多边环境公约和国际进程的协同增效。

《昆明宣言》呼应了大会"生态文明：共建地球生命共同体"

的会议主题，是联合国多边环境协定框架下首个体现生态文明理念的政治文件。《昆明宣言》凝聚了各方共识，充分展示了各国同舟共济、团结一心、共存共荣的信念。特别是在当前新冠肺炎疫情的严峻形势下，面临诸多不确定因素，更需要国际社会凝聚信心、共识、智慧和力量，推进全球生物多样性保护，共建地球生命共同体。《昆明宣言》对制定和实施兼具雄心、务实和平衡的"框架"将发挥引领作用，为后续的磋商和谈判规划了方向，提供了基础和政治指引。《昆明宣言》呼吁各国采取历史性、转折性的行动，实施更加务实有力的政策举措，以支持"框架"的执行。《昆明宣言》的通过，体现了各国为全球生物多样性保护做出切实贡献、采取有效行动的决心和意愿，将为全球环境治理注入新动力，促进全球朝着"人与自然和谐共生"的 2050 年愿景迈进。谢谢！

中国新闻社记者：前一段时间的云南亚洲象北迁，引起国内外和社会各界的广泛关注。请问王副省长，云南下一步如何更好地应对亚洲象迁移事件和保护亚洲象这一种群？

王显刚：感谢这位朋友。也借这个机会，感谢广大媒体和记者朋友们这几个月以来对云南亚洲象北上及返回之旅的持续关注，这本身就是我们进一步做好亚洲象保护工作的动力。

这次亚洲象北上，一方面是偶然的，恰好是 15 头亚洲象，在COP15 召开之际，向 COP15 举办地昆明走来。另一方面又是必然的，一是近 30 年来，云南对亚洲象实施了最严格的保护措施，亚洲象种群数量由近 150 头增长到现在的 300 多头，分布范围也不断扩大；

二是这些年来云南生态环境质量持续改善、森林面积和森林覆盖率不断增加，形成了几条能够支撑和保障亚洲象北迁数百千米的通道。云南亚洲象北上及返回之旅，是中国人民、云南人民以及各级政府高度重视生态环境、重视野生动物保护、重视生物多样性保护的一个生动缩影。下一步，我们将采取有力措施，继续做好亚洲象保护工作。

第一，广泛凝聚"人与自然和谐相处"的共识。保护亚洲象，政府要有力度，人民也要有"人与自然和谐相处"的共识。只有把政府的政策、多数人的主张转变为更广泛的共识和更务实的行动，才能更好地保护亚洲象。因此，我们将以此次亚洲象北上及返回之旅为契机，继续做好宣传工作，进一步凝聚爱护野生动物、保护生物多样性的共识。

第二，建立健全符合亚洲象生存、生长规律的科学管控长效机制。大象和人类相处在云南总体是比较和谐的，但是这个和谐还需要主动地维护，因此需要建立健全长效管控机制。这个机制的核心是柔性防控，是"人象和谐"，是顺应亚洲象生存、生长的自然规律。我们将在总结提炼此次亚洲象安全防范和科学引导返回经验的基础上，进一步建立健全科学合理的指挥调度、监测预警、信息报送、损失补偿等亚洲象管控长效机制，有效化解人象冲突的潜在风险，坚决确保人象安全。同时，在亚洲象肇事补偿方面进行统筹研究，最大限度地降低人民群众生命财产损失。

第三，力争亚洲象基础性研究取得新突破。虽然我们在亚洲象研究方面取得了许多成果，但是在此次亚洲象北上及返回之旅中，我们依然感觉到对大象的了解和认识还远远不够。此次，国内顶尖专家、学者会聚云南，一线观测采样，一线研究攻关，掌握了大量珍贵的第一手资料。我们将进一步用好云南这个天然实验室，加大亚洲象基础性研究力度，加速成果转换利用，为云南亚洲象保护工作提供科技支撑。

第四，加快推进西双版纳雨林（亚洲象）国家公园创建。昨天，习近平主席在领导人峰会上宣布了我国正式设立的首批国家公园。我们有建设国家公园的条件和信心，将借此机会乘势而上，统筹兼顾热带雨林和亚洲象保护，积极申请创建西双版纳雨林（亚洲象）国家公园，进一步加强亚洲象保护，维护"人象和谐"。谢谢。

主持人：今天，还有不少媒体朋友在线上参加发布会。根据《公约》秘书处的安排，秘书处事先征集了线上媒体的提问，并由《公约》秘书处新闻官员刘思佳女士代为提问。下面有请刘思佳女士代为提问。

日本共同社记者：对于资源动员，中国设立生物多样性基金是向前迈出的重要一步。我非常高兴看到日本的承诺。然而，这只是一小步，为了遏制生物多样性丧失，我们需要动员更多的资源，您和《公约》秘书处有什么想法？将采取什么行动来调动更多的资金，特别是调动私人资金？

伊丽莎白·穆雷玛：非常感谢您的问题。的确，中国和日本的新声明是值得赞扬和赞赏的。但最近也有其他的新声明，我们要在这一背景下看待这一点。记住，在接下来的十年里，我们将从 9 家慈善机构获得 50 亿美元。查尔斯王子也谈到将 30% 的气候资金用于生物多样性。我前面提到全球环境基金与联合国环境规划署和联合国开发计划署一道支持发展中国家在"框架"通过后立即开始实施相关举措。另外，还有一个具体的例子，特别是对于非国家行为体来说，他们可以展示其正在做的努力，联合国《生物多样性公约》第十四次缔约方大会主席国埃及政府就曾率先倡议动员非国家行为体的资源和力量。

中国作为联合国《生物多样性公约》第十五次缔约方大会主席国（与埃及政府一道）发起了"沙姆沙耶赫到昆明"人与自然行动议程，这就允许非国家行为体在这一平台上做出承诺，并与其他国家分享这些承诺。此外，当我们看到特别是来自私营部门的资源时，我们不应忘记每年有 5 000 亿美元用于有害物的补贴。因此，如果这些资源被重新利用、重新定向，从不利于生物多样性的活动转到有利于生物多样性的活动，那么每年我们将有超过 5 000 亿美元的资金来源。

如果这样，那么国家就会真正过渡到我所说的全员各就各位，政府各方、社会各方共同参与，将生物多样性纳入经济和国家各行业的主流，资源就会到位。可开展的共同活动会成倍地影响农业、森林和湖泊。将资源用于包含生物多样性考虑的核心行业是会带来核心利益的，可以避免重复或矛盾。所以，资源是存在的。然后，当然，我希望，特别是通过将生物多样性纳入主流行业，国家政府可以展示出他们在自然资源方面的承诺。我们希望国际资源能够成倍增长和流动，捐资方也会希望看到来自各国的承诺。

因此，如果一些资源能够被重新纳入主流行业，这种承诺将鼓励更多资源的参与。因此，我同意，仅仅强调资源是不够的，我们必须结合其他资源，并在一个更大背景下看待这一问题。我们还要看到不同团体最近做出的承诺。我们已经对自然做出了承诺。我们有一个雄心勃勃的联盟，在 116 个国家中，现在已经有 90 个国家提出了 2030 年保护 30% 的陆地和海洋的"3030"目标。

因此，如果这些国家呼吁"3030"目标，我们希望可以在这30% 的陆地和海洋保护区里也实现有效的保护区管理。如果是这样，那就意味着我们需要国家做出承诺，将资源用于公约的执行。我们还有一个全球海洋联盟。因此，我们需要各国的承诺，以确保海洋不会被塑料堵塞，确保渔业管理的可持续性，从而改善鱼类资源。

《卫报》记者：伊丽莎白·穆雷玛女士，您此前呼吁为那些希望参加日内瓦磋商研讨会和昆明第二阶段会议的人提供更多疫苗，各界对此呼吁反应如何？

伊丽莎白·穆雷玛：的确，下次面对面会议将于明年 1 月在日内瓦举行。所以，我们瑞士政府正在就帮助和支持各国满足卫生健康防疫需求进行磋商。我们将看到接种疫苗的情况。我们也同联合国医疗运营支持部门保持直接联系。这就是联合国所发挥作用的地方。但愿我们也能利用各国国内的相关机构，为那些需要疫苗的人提供疫苗接种支持。我们目前也在向英国政府以及气候变化秘书处的同事学习，因为他们将为那些参加 COP26 并需要接种疫苗的人提供支持和帮助。

因此，我们再次进行磋商，看看我们如何从中学习经验，这也是我们最近会议的结果。特别是在 8 月底和 9 月初，我们主持了关于制订"2020 年后全球生物多样性框架"的第三次会议。我们做了一个关于虚拟会议室和讨论的调查。其中一个问题是调查有多少人已经接种了疫苗。令人惊喜的是，在那些填写了问卷的人中，我们发现实际上 90% 的人已经完全接种了疫苗，除了非洲地区的代表。举个例子，非洲地区代表的接种率只有 63%。但即使是 63%，这也不是一个很小的比例。在这 63% 的非洲地区代表中，有些人已经完全接种了疫苗，有些人还没有完全接种，这是 9 月初的数据。这也就意味着，到明年 1 月，这 63% 的非洲地区代表将完全接种疫苗，整体上 90% 的代表将完全接种疫苗。这个统计数字可能还会增加，尽管如此，我们仍在研究具体的防疫安排。当然，我们很快也会与本届主席国——中国政府磋商，看看我们应如何共同帮助支持参会各国和各国代表，帮助这些人在前往日内瓦之前接种疫苗。

法新社记者：生态环境部副部长赵英民先生，您计划如何让地方社区参与进来，并确保他们从生物多样性保护工作中受益？您如何确保在努力建设巨大国家公园的过程中，不会导致强行驱逐？

赵英民：谢谢！在国家公园等自然保护地管理中，中国十分重视地方社区参与和原住居民权益的保护。通过多年的实践，我们取得了良好的效果，既保护了生物多样性，促进了社区发展，又提高了原住居民的收入，使他们得以脱贫。我们主要做了以下四个方面工作：

一是依法保障社区参与。《自然保护区条例》明确规定，建设和管理自然保护区，应当妥善处理与当地经济建设和居民生产生活的关系。划建自然保护区时要征求当地社区意见，兼顾原住居民的生产生活需要。2019 年，中国出台的《关于建立以国家公园为主体的自然保护地体系的指导意见》明确提出要保护原住居民权益，鼓励原住居民参与特许经营活动，在国家公园内，扶持和规范原住居民从事环境友好型经营活动。我们认真落实这些规定要求，推动社区依法、有序参与国家公园等自然保护地建设，有利促进了生态环境保护和社区可持续发展。

二是鼓励原住居民积极参与保护工作。我们设立了野保员、林保员、湿地保育员等生态公益性岗位，原住居民通过积极参加生态公益活动，从事生态保护工作，越来越多的人从利用者转为保护者，吃上了"生态保护饭"，将保护区与社区由"对手"关系变成"牵手"关系。如自 2016 年以来，西藏、青海累计为群众提供生态岗位 90 多万个，农牧民增收近 80 亿元，其中三江源国家公园通过建立生态管护公益岗位制度，实现生态管护公益岗位"一户一岗"全覆盖，共有 17 211 名生态管护员持证上岗，户均每年可增收 21 600 元，承担日常生态监测、动物救治、反盗猎以及垃圾清理等工作；大熊猫国家公园设置公益岗位 13 278 个，积极吸纳当地居民参与国家公园保护。

三是鼓励社区居民参与特许经营活动。自然保护地秉持"绿水青山就是金山银山"的理念，认真落实相关规定要求，在积极鼓励社区居民参与特许经营活动方面进行了有益的探索和尝试。如三江源国家公园授权当地社区特许经营权，通过组织举办"昂赛国际自然观察节"，仅 4 天时间里，就为当地 21 个示范户带来了 46 万元的收入，在保护前提下，实现了自然资源向自然资本的转化。又如，在湖北省五峰土家族自治县通过建立蜜蜂养殖、蜜源植物种植与保护生物多样性协调的减贫模式，推动全县 3 500 个贫困户脱贫，户均增收 5 000 多元，并于 2019 年入选由世界银行、联合国粮食及农业组织等联合发起的"110 个全球减贫案例征集活动"最佳案例。

四是加大生态补偿力度，促进社区发展。建立森林、草原、湿地等生态保护补偿机制，中央财政安排专项资金支持地方发展，开展生态环境保护。通过不断扩大对重点生态功能区转移支付的覆盖范围和支持力度，实现了生态环境保护和社区发展的双赢。2020 年，中央对地方重点生态功能区转移支付金额达 700 多亿元。

如何处理好生态保护和社区发展的关系，是国际社会在自然保护地建设与生物多样性保护方面共同面临的挑战。我们在这方面做了一些尝试，取得了一些成效，我们也愿意与国际社会分享中国的经验，并与国际社会进行深入交流。谢谢。

法新社记者：伊丽莎白·穆雷玛女士，您对今天达成的《昆明宣言》有什么看法？它是不是足够雄心勃勃呢？

伊丽莎白·穆雷玛：非常感谢。简而言之，我对《昆明宣言》的内容是非常满意的。它的确是一个雄心勃勃的宣言，因为在《昆明宣言》中，它已经提出了在"框架"中需要考虑的东西，这让"框架"也更加雄心勃勃。《昆明宣言》中有关于主流行业的明确要点和段落，例如，政府各个方面，社会的各个方面，补贴的重新定向和转型，资金流动从不利于自然的领域转向有利于自然的领域，以及相关的立法、法治工作，都是关键。我们需要以政策法规为目标来创造有利环境。

《昆明宣言》谈到了原住民和当地社区的全面、有效参与，以及所有利益攸关方包括社会、青年、妇女、非政府组织、金融、企业等的全面、有效参与。更重要的是，它也在审视"框架"，并提出一个有效的监督和审查机制，这对"框架"非常重要，因为这是上一个战略计划中缺失的方面之一。

因此，对我们而言，如果《昆明宣言》中的想法能够落实到"框架"中，这实际上就表明了部长们的政治意愿和政治承诺，并且他们已经准备好采取行动。这给了我们希望，这个"框架"也将是普世的，每个人都可以参与的。它也是变革性的、完全不同的。它从过去的实践中学习，吸取教训并且创新，填补了一些缺失问题。

因此，如果《昆明宣言》的内容能够反映到"框架"中，那么我们就向前迈进了十步。接下来我们衡量的标准就是实际执行情况，因为声明是一个文件。"框架"一旦获得通过，将成为一份文件，关键是要在实地实施"框架"中的相关举措，真正做出变革性的改变。我们希望看到进展。谢谢！

现在，我也在跟部长说，我正等着做明年的"作业"。

　　主持人：谢谢穆雷玛女士，谢谢赵英民先生，谢谢王显刚先生，也谢谢刘思佳女士，谢谢各位记者朋友。今天的发布会到此结束。

国新办发布会实录

GUOXINBAN FABUHUI

SHILU

实录

《中国的生物多样性保护》

白皮书新闻发布会实录

2021 年 10 月 8 日

生态环境部副部长赵英民（左二）正在回答记者提问

国务院新闻办新闻局局长、新闻发言人陈文俊：女士们、先生们，上午好。欢迎出席国务院新闻办新闻发布会。今天，国务院新闻办公室发布《中国的生物多样性保护》白皮书，同时举行新闻发布会，介绍和解读白皮书的主要内容。

这是中国政府发布的第一部生物多样性保护白皮书。白皮书以习近平生态文明思想为指导，介绍中国生物多样性保护的政策理念、重要举措和进展成效，介绍中国践行多边主义、深化全球生物多样性合作的倡议行动和世界贡献。

这部白皮书全文约 1.4 万字，由前言、正文和结束语三个部分组成。其中，正文包括四个部分，分别是秉持人与自然和谐共生理念、提高生物多样性保护成效、提升生物多样性治理能力、深化全球生物多样性保护合作。这部白皮书以中、英、法、俄、德、西、阿、日等 8 个语种发表，由人民出版社、外文出版社分别出版，在全国新华书店发行。

为了帮助大家准确、深入地了解白皮书内容，我们今天邀请到生态环境部副部长赵英民先生，自然资源部总工程师、新闻发言人张占海先生，国家林业和草原局副局长李春良先生出席发布会，介绍有关情况，并回答各位关心的问题。

现在，先请生态环境部副部长赵英民先生介绍情况。

赵英民：谢谢主持人。女士们，先生们，新闻界的朋友们，大家上午好！很高兴有机会向大家介绍刚刚发布的《中国的生物多样性保护》白皮书相关情况。借此机会，真诚感谢新闻界的媒体朋友们长期以来对中国生物多样性保护工作的关心和支持！

生物多样性为人类提供了丰富多样的生产生活必需品、健康安全的生态环境和独特别致的自然景观文化等，是人类赖以生存和发展的重要基础，关系人类的福祉。国际生物多样性日有一年的主题就是"生物多样性就是生命，生物多样性也是我们的生命"。这句话非常形象地说明了我们和生物多样性之间的关系，说明了保护生物多样性的重要意义。

随着人口增长和人类经济活动的扩张，全球生物多样性正面临严重威胁。2019 年 5 月联合国公布的全球评估报告指出，人类活动已经改变了 75% 的陆地环境，66% 的海洋环境受到影响，全球 1/4 的物种正遭受灭绝的威胁。2020 年 9 月 18 日，《公约》秘书处发布了第五版《全球生物多样性展望》，报告指出，尽管在多个领域生物多样性保护取得积极进展，但自然界仍遭受着沉重打击，全球生物多样性情况仍日益恶化。

中国幅员辽阔，陆海兼备，地貌和气候复杂多样，孕育了丰富而又独特的生态系统多样性、物种多样性和遗传多样性，是世界上生物多样性最丰富的国家之一，中国的传统文化积淀了丰富的保护和利用生物多样性的智慧。作为最早签署和批准《生物多样性公约》的缔约方之一，中国一贯高度重视生物多样性保护，不断推进生物多样性保护与时俱进、创新发展，取得显著成效，走出了一条中国特色生物多样性保护之路。《中国的生物多样性保护》白皮书全面总结了我国在习近平生态文明思想的指引下，以建设美丽中国为目标，积极适应新形势、新要求，不断加强和创新生物多样性保护的举措，从四个方面系统阐述了努力促进人与自然、人与人、人与社会和谐共生、良性循环、全面发展、持续繁荣的中国生物多样性保护理念、行动和成效。

COP15 即将召开。《联合国 2030 年可持续发展议程》也已迈入实现全球目标的"行动十年"。与此同时，中国全面建成小康社会，开启全面建设社会主义现代化国家的新征程。国际社会正站在保护生物多样性、实现全球可持续发展的历史性节点，在这个时刻，发布《中国的生物多样性保护》白皮书，旨在向国际社会介绍我国在生物多样性保护领域的理念与实践，增进国际社会对中国生物多样性保护的了解，为全球生物多样性保护贡献中国智慧具有重要的现实意义。

回顾过去、展望未来，保护生物多样性，国际社会必须携手合作。中国将持续加大生物多样性保护力度，积极参与全球生物多样性治理进程，与国际社会一道，共商全球生物多样性治理新战略，开启更加公正合理、各尽所能的 2020 年后全球生物多样性治理新进程。

我先介绍这些。接下来，我们三位愿意回答大家提出的问题。谢谢！

陈文俊：下面欢迎各位提问，提问前请通报自己所在的新闻机构。

中央广播电视总台央视记者：《中国的生物多样性保护》白皮书是我国第一份在生物多样性保护领域的白皮书，接下来马上要在云南省举办 COP15，为什么选择在这个时间节点公布这份白皮书？白皮书的意义是什么？谢谢。

赵英民：刚才我介绍中国是全球生物多样性最为丰富的国家之一，也是最早签署和批准联合国《生物多样性公约》的缔约方之一，中国高度重视生物多样性保护，不断推进这项工作与时俱进、创新发展。党的十八大以来，在习近平生态文明思想的指引下，我们坚持生态优先、绿色发展，法律体系日臻完善、监管机制不断加强、基础能力大幅提升，生物多样性治理的新格局基本形成，生物多样性保护进入了新的历史时期，取得了显著成效，走出了一条中国特色生物多样性保护之路。在 COP15 即将召开之际发布《中国的生物多样性保护》白皮书，向世界展示中国生物多样性保护的理念、举措和成效，为全球生物多样性保护贡献中国智慧，具有非常重要的现实意义，主要有以下四个方面：

一是首次以白皮书形式全面介绍了中国在生物多样性保护领域开展的工作。中国将生物多样性保护作为生态文明建设的重要内容和推动高质量发展的重要抓手，将生物多样性保护的相关要求纳入经济社会发展的各个方面、各个领域，而且动员全社会各个方面的力量共同保护生物多样性。发布生物多样性领域的第一部白皮书，这件事本身就是中国全面深入推进生物多样性主流化的具体表现，因此具有标志性意义。

二是集中展示了中国生物多样性保护的理念、行动和成效，表明中国对全球生物多样性保护的贡献。白皮书详细阐述了中国坚持"人与自然和谐共生"的理念，全面提高生物多样性保护成效、提升生物多样性治理能力以及深化全球生物多样性领域交流合作的创新举措和丰硕成果，向世界展现了中国在生物多样性保护领域的大国担当和决心。同时，也表达了对世界携手应对全球生物多样性挑战的信心和主张。

三是总结提炼了中国生物多样性保护的实践和经验，为共建地球生命共同体贡献中国智慧。作为万物和谐美丽家园的维护者、建设者、贡献者，中国积极探索、勇于实践，走出了一条中国特色生物多样性保护之路。恰逢 COP15 召开之际，通过发布白皮书分享我国生物多样性治理经验，将为全球应对生物多样性丧失和生态系统退化风险挑战树立信心，对推动达成兼具雄心与务实的大会成果，推动形成更加公正合理、各尽所能的全球生物多样性治理体系发挥重要的作用。

四是激发全社会生物多样性保护的积极性，加快推进人人有责、人人尽责、人人享有的生物多样性治理进程。生物多样性为人类提供了赖以生存和发展的重要物质基础，保护生物多样性是每个国家、每个组织、每一个人的责任和义务。中国将以白皮书发布为契机，认真履行国际公约，持续广泛推进生物多样性保护各项工作，动员和凝聚全社会力量参与生物多样性保护，为生物多样性保护提供强大而持久的动力。谢谢大家。

中央广播电视总台国广记者：生物多样性关系到人类福祉，是人类赖以生存和发展的重要基础。请问，中国近年来在生物多样性保护方面做了哪些努力？取得了哪些成效？后续还将采取哪些措施和行动进一步巩固和发展生物多样性的保护成果？谢谢。

赵英民：谢谢你的提问。在习近平生态文明思想的指引下，中国秉持"人与自然和谐共生"的理念，我们积极推进生态文明建设，生态环境保护法律体系日臻完善，监管机制不断加强，基础能力大幅提升。中国的生物多样性保护以建设美丽中国为目标，积极适应新形势、新要求，不断加强和创新生物多样性保护举措，持续完善生物多样性保护体系，形成了政府主导、全民参与、多边治理、合作共赢的机制，推动生物多样性保护取得了显著成效。白皮书从四个方面进行了系统的阐述，概括起来有十个领域的成效。

一是优化就地保护体系。构建以国家公园为主体的自然保护地体系，率先在国际上提出并实施生态保护红线制度，明确了生物多样性保护优先区域，在维护重要物种栖息地方面发挥了积极作用。目前，中国 90% 的陆地生态系统和 71% 的国家重点保护野生动植物物种得到有效保护，大家熟知的大熊猫、朱鹮、亚洲象等濒危物种种群数量都在不断增加。

二是完善迁地保护体系。持续加大迁地保护力度，系统实施濒危物种拯救工程，生物遗产资源收集保存水平显著提高，迁地保护体系日臻完善，成为就地保护的有效补充，多种濒危野生动植物得到保护和恢复。

三是加强生物安全管理。将生物安全纳入国家安全体系，颁布实施《生物安全法》，系统规划国家生物安全风险防控和治理体系建设。外来物种入侵防控机制逐渐完善，生物技术健康发展、生物遗传资源保护和监管力度不断增强，国家生物安全管理能力持续提高。

四是改善生态环境质量。实施系列生态保护修复工程，不断加大生态修复力度，一体推进山水林田湖草沙冰系统保护和治理。生态恶化趋势基本得到遏制，自然生态系统总体稳定向好，服务功能逐步增强。坚决打赢污染防治攻坚战，极大地缓解了生物多样性保护的压力，生态环境质量持续改善，国家生态安全屏障骨架基本构建。

五是协同推进绿色发展。注重以自然承载力为基础，加快转变经济发展方式，倡导绿色低碳生产生活方式。协同推进高水平生物多样性保护和高质量发展，加快行业产业绿色转型，推进城乡建设绿色发展进程，探索生态产品价值实现路径。

六是完善政策法规。中国将生物多样性保护上升为国家战略，纳入各地区、各领域中长期规划，强化组织领导，完善生物多样性政策法规体系，颁布和修订《野生动物保护法》《环境保护法》等20余部与生物多样性相关的法律，我们还调整了国家重点保护野生动物名录。

七是强化能力保障。组织开展全国生物多样性调查和评估，建立完善生物多样性监测观测网络，不断加大资金投入和科技研发力度，推进生物多样性保护重大工程。

八是加强执法监督。开展中央生态环境保护督察，组织开展"绿盾"自然保护地强化监督、"碧海"海洋生态环境保护、打击野生动植物非法贸易等专项执法行动，持续加大涉及生物多样性违法犯罪问题的打击整治力度，始终保持高压态势。

九是倡导全民行动。不断加强生物多样性保护宣传教育和科学知识普及，基本形成政府加强引导、企业积极行动、公众广泛参与的行动体系，公众参与保护生物多样性的方式更加多元化，参与度不断提高。

十是深化全球生物多样性保护合作。认真履行国际公约，促进生物多样性相关公约协同增效。坚定践行多边主义，积极开展国际合作，为发展中国家保护生物多样性提供力所能及的支持和帮助，努力构建地球生命共同体。

下一步，我们将系统谋划、持续推进。在政策法规方面，更新《中国生物多样性保护战略与行动计划》（2011—2030年），完善政策制度保障；推进生物多样性领域法律法规制（修）订，完善法律体系。在行动措施方面，制定和实施《生物多样性保护重大工程十年规划（2021—2030年）》，推进生物多样性保护优先区域本底调查，完善观测网络；优化完善生物多样性保护监管数据和信息平台等，全面提升生物多样性保护能力和治理水平。谢谢。

《北京青年报》记者：2020年9月发布的第五版《全球生物多样性展望》中显示，2010年定下的20个"爱知目标"实现情况并不理想，请问主要原因是什么？另外一个问题，中国在20个"爱知目标"上执行和完成的情况如何？有哪些成果和不足？谢谢。

赵英民：谢谢你的提问。"爱知目标"是 2010 年联合国《生物多样性公约》第十次缔约方大会上，国际社会为了应对生物多样性丧失的严峻形势，制定的 2011—2020 年全球生物多样性保护目标。2020 年 9 月，《公约》秘书处发布的第五版《全球生物多样性展望》指出，虽然大多数缔约方都积极地制定了本国的生物多样性保护政策和行动目标，在生物多样性主流化进程等方面也取得了显著进展，但遗憾的是，"爱知目标"全球实现情况总体不够理想，全球生物多样性丧失趋势还没有根本扭转，生物多样性面临的压力仍在加剧。回顾以往，一些经验和教训也是值得我们吸取的。

一是全球目标设定既需要雄心，更需要务实可行。二是执行机制和保障条件需要完善，特别是要重视发展中国家在履约过程中的资金、技术和人才需求等。三是各缔约方都需要重视和执行，也就是在进一步重视生物多样性保护和执行方面要加强。

即将召开的 COP15 将讨论"框架"，总结过去十年全球生物多样性目标实施进展和经验，为转型变革带来契机。因此，在商定新目标战略时，我们应该充分地吸取"爱知目标"执行过程中的经验、教训，既要提振全球生物多样性保护的雄心和信心，更要脚踏实地、实事求是，充分考虑目标的可达性、可操作性以及世界各国的发展差异，制定兼具雄心和务实的未来十年全球生物多样性保护的目标和指标，提出切实可行的实现路径。"框架"还应该坚持公正、透明、缔约方驱动原则，完善执行机制和保障条件，加强科学技术转让和能力建设，切实提升发展中国家的履约能力和水平，努力推动构建公平合理、合作共赢的全球生物多样性治理体系。全球肆虐的新冠肺炎疫情警示我们，"人与自然是命运共同体"。国际社会需要进一步加强合作，共同面对生物多样性丧失和生态系统退化的重大风险挑战。

作为世界上生物多样性最丰富的国家之一，中国认真落实"爱知目标"，明确各项任务和责任，目标执行取得积极成效，20个"爱知目标"当中，3个目标进展超越了"爱知目标"预期，13个目标取得了关键性进展，4个目标取得阶段性成绩。"爱知目标"执行的总体情况好于全球平均水平。

第五版《全球生物多样性展望》中多次提到中国在生物多样性保护方面的宝贵经验。下一步，我们将进一步强化生物多样性保护顶层设计，完善法律法规和政策规划体系建设，持续深入实施生物多样性保护重大工程，健全外来入侵物种的预警和监测体系，以中央生态环境保护督察为抓手，推动各项生物多样性保护责任的落实，全面提升生物多样性治理的能力和水平。谢谢。

《中国自然资源报》记者：开展生态修复是保护和提升生物多样性的重要手段。自然资源部负责统一行使国土空间生态修复职责，请问目前主要做了哪些工作？下一步还有哪些安排？谢谢。

张占海：谢谢你的提问。自然资源部自组建以来，认真贯彻习近平生态文明思想，坚持以节约优先、保护优先、自然恢复为主的方针，加强国土空间生态修复，并把修复生态环境、保护和提升生物多样性作为生态修复的重要目标，主要开展了两个方面的工作。

一是在相关规划中突出生物多样性保护。2020 年，国家发展改革委、自然资源部联合印发《全国重要生态系统保护和修复重大工程总体规划（2021—2035 年）》，重点开展国家公园、自然保护区、自然公园的建设及濒危野生动植物保护等方面的工作。在这个总体规划中部署了 9 项重大工程、47 项具体任务，其中 23 项涉及生物多样性保护，统筹考虑生态系统的完整性、地理单元的连续性和经济社会发展的可持续性，为生物多样性保护和重要生态系统的保护修复提供了重要保障。

二是实施了一批生态保护修复重大工程。"十三五"期间，在陆域，中央财政投入 500 亿元，在祁连山、贺兰山、长白山、小兴安岭等重点生态功能区开展了 25 个山水林田湖草生态保护修复工程试点。在长江经济带、黄河流域、京津冀、汾渭平原等重要流域和区域开展历史遗留废弃矿山治理修复，全国治理矿山修复面积约 400 万亩①。在海域主要实施了"蓝色海湾"整治行动、海岸带保护修复工程、红树林保护修复专项行动等，"十三五"期间，全国整治修复海岸线 1 200 km、滨海湿地 34.5 万亩。今年已经启动实施"十四五"期间第一批 10 个山水林田湖草沙一体化保护和修复工程、15 个海洋生态修复工程。

下一步，自然资源部将以实施总体规划为主线，以全面提升国家生态安全屏障质量和生态系统良性循环为目标，开展青藏高原生态屏障区、黄河重点生态区、长江重点生态区、东北森林带、北方

---

① 1 亩 ≈ 666.67m²。

防沙带、南方丘陵山地带、海岸带生态保护和修复工作，科学实施各类生态保护修复工程，筑牢我国生态安全屏障，继续为保护和提升我国生物多样性做出贡献。

《中国日报》记者：林草系统作为生物多样性保护的主责部门之一，请问在生物多样性保护方面开展了哪些工作？有什么进展？谢谢。

李春良：谢谢这位记者的提问。此次白皮书的发布，体现了多年来中国生物多样性保护的努力和成果。林草部门是生物多样性保护的主责部门之一，下面我从生态系统多样性、物种多样性和遗传资源多样性三个方面介绍一下林草系统的工作。

第一，在生态系统多样性保护方面，我们主要是在四大生态系统上下功夫。

森林生态系统，重点开展了保护与修复，组织实施了大规模国土绿化、天然林资源保护、退耕还林等多项工程，天然林面积蓄积量大幅增加。森林总碳储量的78%来自天然林，我国森林面积和森林蓄积连续30年保持了双增长，森林生态系统的服务功能持续增加。

草原生态系统，扎实推进草原保护修复，实施退牧还草、草原生态修复治理补助等措施。2020年全国草原综合植被盖度达到56%以上，草原质量稳中向好。

湿地生态系统，"十三五"期间实施湿地保护与恢复项目53个，湿地生态效益补偿补助、退耕还湿等补助项目2 000余个。新增国家湿地公园201处，新增湿地面积304万亩，修复退化湿地701万亩，湿地保护率达到了 50% 以上。湿地生态系统持续向好，水质改善，候鸟种群数量显著回升。

荒漠生态系统，持续开展了 43 年的"三北防护林"建设、21 年的京津风沙源治理、15 年的石漠化治理等重大工程，还采取了划建沙化土地封禁保护区、国家沙漠（石漠）公园等多种措施，我国在遏制荒漠化这一全球面临的重大生态问题上久久为功。据监测，我国沙化土地由 20 世纪末年均扩展 3 436 km² 转变为目前的年均缩减 1 980 km²，创造了荒漠变绿洲、荒原变林海的人间奇迹，为全球生态治理贡献了中国方案。

第二，在物种多样性保护方面，我局从 2001 年开始实施全国野生动植物保护及自然保护区建设工程，将大熊猫、东北虎、金丝猴、朱鹮、苏铁等 15 个珍稀濒危野生动植物种类的保护确定为重点工程，采取拯救措施，全国共建立各类自然保护地近万处，约占陆域国土面积的 18%。90% 的陆地生态系统类型、65% 的高等植物群落和 71% 的国家重点保护野生动植物种类得到有效保护。旗舰物种的伞护效应显著发挥，国家重点保护物种主体稳中有升，麋鹿、普氏野马、朱鹮等野外种群从消失到恢复重建取得了全球瞩目的成效。

第三，在遗传资源多样性保护方面，主要开展了三项工作来推进野生植物遗传资源的保护。一是开展植物园体系建设，已建成 162 个植物园，收集保存了野生植物两万多种，已基本完成苏铁、棕榈和原产我国的重点兰科、木兰科植物等珍稀野生植物的种质资源保存。二是开展林木种质资源库建设，建设国家林木种质资源原地、异地保存库 161 处，建成国家林草种质资源设施保存库山东分库和新疆分库，保存各类林木种质资源 10 万余份。三是开展草种资源库建设，建设完成草品种中心库一处，国家草种质资源圃 11 处，保存以牧草为主的草种质资源 6 万多份。

野生动物遗传资源保护方面，构建和完善野生动物救护繁育机构和种质基因库。支持建设国家濒危野生动植物基因保护中心、猫科动物研究中心、亚洲象保护研究中心等，收集保存了我国珍稀濒危野生动物遗传材料和基因，共计超过 800 个物种 22 万份全基因组的 DNA 样本。

多年来，林草生物多样性保护取得了显著成效。我们将继续努力，从自然生态系统保护、濒危物种拯救繁育和遗传资源收集保存三个方面持续做好工作，为全国乃至全球生物多样性保护做出新的贡献。谢谢。

凤凰卫视记者：我们关注到有不少研究表明，全球生物多样性正在以惊人的速度下降。中国作为生物多样性最为丰富的国家之一，请问在这方面可以为全球提供哪些经验？谢谢。

赵英民：谢谢你的提问。面对全球生物多样性丧失的挑战，世界各国、全人类是同舟共济的命运共同体。作为全球保护生物多样性的重要力量，中国秉持"人与自然和谐共生"的理念，不断加强和创新生物多样性保护举措，在经济快速发展的同时，生物多样性保护取得了令人瞩目的成绩，在这个过程中我们也积累了一些宝贵经验，概括起来有四个方面：

一是坚持尊重自然、保护优先。坚持尊重自然、顺应自然和保护自然的理念，构建了以国家公园为主体的自然保护地体系，率先在国际上提出和实施生态保护红线制度，明确生物多样性保护优先区域，在保护重要生态系统、物种及其栖息地等方面发挥了重要作用。稳步实施天然林保护恢复、退耕还林还草还湿等一大批生态保护与修复工程。实施山水林田湖草沙冰生态保护修复工程试点，有效恢复了重点区域野生动植物生境，野生动物种群不断增加。坚决打赢污染防治攻坚战，生态环境质量显著改善，生物多样性丧失压力得到了缓解。

二是坚持绿色发展、持续利用。推动经济社会发展全面绿色转型，倡导绿色低碳生产生活方式，减少生产生活对生物多样性的压力。将生物多样性保护和扶贫开发、乡村振兴相结合，依托各地生态资源禀赋特点和传统文化特色，不断探索出生物多样性保护和脱贫攻坚双赢的新路子。开展"绿水青山就是金山银山"实践创新基地建设和生态产品价值实现基地试点，推动将自然生态优势转化为经济社会高质量发展优势，激发全社会生物多样性保护的内生动力。

三是坚持制度先行、统筹推进。牢固树立新发展理念，将生物多样性保护上升为国家战略，持续完善法律法规和政策制度，为生物多样性保护和管理提供制度保障。强化生物多样性保护顶层设计，将生物多样性保护纳入国民经济和社会发展五年规划进行统一部署，制定《中国生物多样性保护战略与行动计划》（2011—2030年），指导国家中长期生物多样性保护工作，将生物多样性保护任务纳入各地区、各领域中长期规划。

四是坚持多边主义、合作共赢。坚定支持生物多样性多边治理体系，积极参与全球生物多样性治理进程，切实履行《生物多样性公约》及其他相关条约义务。通过"一带一路"绿色发展多边合作机制、"南南合作"以及其他双多边合作，向其他发展中国家提供力所能及的援助，不断深化生物多样性领域国际合作交流，为推进实现"人与自然和谐共生"的美好愿景贡献中国力量和中国方案。

封面新闻记者： 我们注意到，目前"多规合一"的国土空间规划正在编制过程中，一些城市出现了专门致力于生物多样性保护和生态修复的团队，请问如何在生物多样性保护过程中发挥国土空间规划的作用？我国现在有哪些实践经验？谢谢。

张占海： 谢谢这位记者的提问。按照党中央、国务院"多规合一"改革部署，当前各级、各类国土空间规划正在加快编制，这些国土空间规划都高度重视并强调生物多样性保护工作，研究提出推动生物多样性保护的规划对策。

一是在国土空间规划中优化生态空间布局。统筹布局生态、农业、城镇功能空间，从生态系统、物种、遗传基因三个层面保护，综合利用就地、迁地两种保护方式，加强全球和国家生物多样性关键地区的保护，建设国际候鸟和珍稀野生动物迁徙通道，完善物种迁地保护和基因保存体系格局，建设面向全球的生物多样性保护网络。加快构建自然保护地体系，规划建设数十个国家公园、1 000多个自然保护区、几千个自然公园，有效保护我国重要自然生态系统和生物多样性的富集区域。加强城市生态保护和建设，推动形成连续、完整、系统的生态保护格局，促进维护和恢复生物多样性。例如，上海市在全市重点生态节点布局了 21 个郊野公园，成都等城市大力创建公园城市，构建人与自然相和谐的城市布局。

二是在国土空间规划中统筹划定生态保护红线。按照永久基本农田、生态保护红线、城镇开发边界的优先次序，统筹划定三条控制线，将生态功能极重要区域、自然保护地、生态极敏感脆弱区域以及具有潜在重要生态价值的区域划入生态保护红线，进行严格用途管控。例如，南昌等城市针对鄱阳湖鸟类迁徙路线问题，成立了多个专业的技术团队加强研究，将这些候鸟迁徙路线所经过的地区全部划入生态保护红线进行严格管控。目前，全国初步划定的生态保护红线已经覆盖我国生物多样性分布的关键区域，保护绝大多数珍稀濒危物种及其栖息地。

三是加快建设国土空间基础信息平台和国土空间规划"一张图"实施监督信息系统，将生物多样性保护作为规划实施监督的重要内容。落实"统一底图、统一标准、统一规划、统一平台"的要求，建设全国统一的国土空间基础信息平台，形成统一的国土空间规划"一张图"。加强规划全生命周期管理，定期对规划实施情况进行体检评估，将本地指示性物种等指标纳入规划实施评估体系。健全资源环境承载能力监测预警长效机制，加强对生物多样性保护相关指标的监测和预警，不断完善规划内容和政策措施，促进生物多样性保护工作。谢谢。

红星新闻记者：近期，北移象群的妥善处置反映出中国生态系统整体向好，保护成效明显。保护好野生动物需要长期努力，请详细介绍一下"十三五"时期以来在野生动物保护方面开展的工作，有哪些成效？下一步工作计划是什么？谢谢。

李春良：谢谢这位记者对野生动物保护的关注。野生动物保护是社会各界非常关心的问题。党中央、国务院高度重视野生动物保护事业，习近平总书记多次做出重要指示批示，亲自关心和推动野生动物保护工作。我们主要开展六个方面的工作：

一是推进依法行政，不断完善法律法规和相关配套制度。两次修订《野生动物保护法》，科学系统调整《国家重点保护野生动物名录》。大家可能知道，今年2月1日国务院批准发布了新调整的《国家重点保护野生动物名录》，名录中共列入980种、8类野生动物，其中686种陆生野生动物中，189种列为一级，497种列为二级。

二是组织实施全国第二次陆生野生动物资源调查，并且对东北虎豹、亚洲象等重要物种逐步实现实时监测。

三是实施极度濒危野生动物成就保护，确保物种不灭绝，推进人工繁育技术进步，实现多个物种野外放归以及野外种群的恢复和重建。

四是严厉打击非法贸易。中国政府敢于担当、主动作为，坚持保护优先、规范利用、严格监管的基本原则，不断加大执法监管力度。我局会同27个中央和国家机关等部门单位成立了打击野生动物非法贸易部际联席会议机制，在全国范围内开展打击非法猎杀、经营利用和网络交易珍稀濒危野生动物违法犯罪活动等行动，近期专项部署了春秋季迁徙候鸟保护工作，组织开展了系列专项行动，摧毁犯罪团伙，斩断非法贸易链条，有效遏制了破坏野生动物资源违法犯罪的高发势头。

五是初步构建和完善野生动物疫源疫病监测防控体系，有效防控新冠肺炎疫情扩散。

六是积极参与国际履约事务，加强国际交流合作，推进野生动物跨境保护，切实履行国际义务，对亚非等国家野生动物保护予以积极援助。我国已成为全球生态保护的重要力量，特别是我国停止虎、犀牛及其制品和象牙经营利用等交易活动，妥善处置北移亚洲象群，充分展现了中国负责任大国的良好形象。

我这里有一组具体的数据，在我们发布的白皮书里也有，我还想跟各位记者再说一下。总体来说，通过以上这些措施，大熊猫、朱鹮、亚洲象、藏羚羊等多种濒危野生动物持续下降态势基本扭转并实现恢复。其中，大熊猫野外种群从 20 世纪 80 年代的 1 114 只增至现在的 1 864 只，亚洲象野外种群从 1985 年的约 180 只增加到现在的 300 只左右。高原精灵藏羚羊野外种群由 20 世纪 90 年代末的 6 万～7 万只恢复到现在的 30 万只。我上个月去了西藏羌塘国家级自然保护区，在保护区我看到了大群的藏羚羊、藏原羚、藏野驴、岩羊奔驰在自然保护区内，我感到特别欣慰。海南长臂猿野外种群数量从 40 年前的仅存 2 群不到 10 只增长到现在的 5 群 35 只。朱鹮从 1981 年发现时仅存的 7 只增加到现在种群总数超过 5 000 只。白鹤由 20 世纪 80 年代初的 210 只增加到现在的 4 500 余只。黑脸琵鹭由本世纪初的 1 000 余只增加到现在的 4 000 余只。此外，我们已在野外为灭绝的普氏野马、麋鹿重新建立了野外种群，将大熊猫、朱鹮、扬子鳄、林麝、白颈长尾雉、黑叶猴等一大批野生动物放归自然。

下一步，我局将认真落实党中央、国务院决策部署，有序抢救性保护珍稀濒危野生动物，完善生物多样性保护制度，严格进出口管理与执法，强化疫源疫病监测预警与防控，加强外来物种管控，采取主动引导和调控措施科学处理人与野生动物的冲突，维护生物多样性和生物安全，不断开创野生动物保护新局面，实现人与野生动物和谐共处。谢谢。

陈文俊： 最后一个问题。

中国新闻社记者： 政府在生物多样性保护中发挥了引导作用，同时，社会公众也是生物多样性保护的重要力量，请问在培养普通群众生物多样性保护意识、提高公众参与度方面我们都做了哪些工作？谢谢。

赵英民： 谢谢你的提问。这个问题涉及我们每一个人。生物多样性与我们每一个人息息相关，因为生物多样性维系着我们的生存和发展，它是我们重要的物质基础。根据统计，全球 GDP 总量一半以上要部分或者高度依赖自然资源的贡献。面对全球生物多样性丧失和生态系统退化，中国秉持"人与自然和谐共生"的理念，坚持保护优先、绿色发展，形成了政府主导、全民参与、多边治理、合作共赢的机制。在积极引导社会各界力量广泛参与生物多样性保护工作方面，发布了《公民生态环境行为规范（试行）》《关于推进环境保护公众参与的指导意见》等政策，组织开展"联合国生物多样性十年中国行动"系列活动，大力宣传生物多样性保护理念和法律法规措施等。充分利用"国际生物多样性日""世界环境日""世界地球日"等重要时间节点，宣传生物多样性保护的重要性、取得的成效和参与的途径等，并指导各地开展系列宣传教育以及科普活动。同时，积极和新闻媒体合作，借助新媒体拓展宣传平台、创新宣传模式。

企业、社会组织是生物多样性保护的重要力量，目前越来越多的机构也加入生物多样性保护的宣传、教育行列中来，向公众提供更多便于参与、寓教于乐、形式新颖的环保公益产品和活动，让更多人了解生物多样性保护的知识和理念，使更多人可以参与到生物多样性保护当中来。

应该说保护生物多样性，每一个人都可以从身边的小事做起，以实际行动保护生物多样性，为这个宏大目标贡献自己的力量。比如践行绿色低碳循环的生活方式，倡导"光盘行动"，选择环境友好的服饰，拒绝购买和食用非法野生动物及其制品，共同防止外来物种入侵等。随着新媒体、AI 技术、智能手机、高质量在线数据库的普及和应用，公众参与生物多样性保护的形式也越来越多样化。在 COP15 召开之际，我们也倡导社会各界、社会公众积极参与到生物多样性保护的行动中来，无论是亲身参与生物多样性保护项目，还是和家人、朋友分享生物多样性的小知识，都是为生物多样性保护做贡献。贡献不分大小，汇聚起来的都是力量。谢谢大家。

陈文俊：今天的新闻发布会就到这里，谢谢各位，再见！

《中国应对气候变化的政策与行动》
白皮书新闻发布会实录

2021 年 10 月 27 日

新闻发布会现场

生态环境部副部长叶民

国务院新闻办新闻局副局长、新闻发言人邢慧娜：女士们、先生们，大家下午好！欢迎出席国务院新闻办公室新闻发布会。今天，国务院新闻办公室发布《中国应对气候变化的政策与行动》白皮书，同时我们举行这场新闻发布会，向大家介绍和解读白皮书的主要内容。

白皮书深入贯彻习近平生态文明思想，全面介绍党的十八大以来中国应对气候变化的政策理念、实践行动和成就贡献，介绍中国应对气候变化、推动全球气候治理的倡议主张。白皮书全文约1.9万字，由前言、正文和结束语三个部分组成。正文包括四个部分，分别是中国应对气候变化新理念，实施积极应对气候变化国家战略，中国应对气候变化发生历史性变化，共建公平合理、合作共赢的全球气候治理体系。

白皮书以中、英、法、俄、德、西、阿、日等8个语种发布，由人民出版社、外文出版社分别出版，在全国新华书店发行。

为了帮助大家更好、更准确地了解白皮书的情况，今天的发布会我们邀请到生态环境部副部长叶民先生、生态环境部应对气候变化司负责人孙桢先生，请他们向大家介绍有关情况，并回答大家感兴趣的问题。下面，先请叶民先生做情况介绍。

叶民：女士们、先生们、各位媒体朋友，大家下午好！欢迎大家出席《中国应对气候变化的政策与行动》白皮书新闻发布会。在这里，首先感谢媒体朋友们长期以来对中国应对气候变化工作的关心和支持。

气候变化是全人类面临的严峻挑战，需要世界各国携手努力、同舟共济、共同应对。应对气候变化，事关中华民族永续发展，事关人类前途命运。作为气候行动的积极推动者和坚定践行者，中国始终高度重视应对气候变化工作，将应对气候变化作为生态文明建设的重要抓手，作为推动发展方式转变、实现可持续发展的重要途径。

多年以来，我们坚持以习近平生态文明思想为指导，坚定实施积极应对气候变化国家战略，取得了显著成效。在全面总结应对气候变化工作的基础上，我们组织编制了《中国应对气候变化的政策与行动》白皮书。这也是我国继2011年以来第二次从国家层面对外发布的关于中国应对气候变化白皮书。《中国应对气候变化的政策与行动》白皮书内容包括中国应对气候变化新理念、实施积极应对气候变化国家战略、中国应对气候变化发生历史性变化以及共建公平合理、合作共赢的全球气候治理体系四个方面，全面阐述了党的十八大以来，特别是"十三五"期间我国应对气候变化工作的思想理念和政策行动，充分展示了我国应对气候变化的进展与成效，以及为全球气候治理所做出的突出贡献，系统反映了我国应对气候变化的主张、智慧和方案。

党的十八大以来，中国持续深入推进应对气候变化工作，实现了碳排放强度显著下降，能源结构、产业结构持续优化，低碳发展体制机制不断完善，全国碳排放权交易市场建设扎实推进，各具特色的地方低碳发展模式初步显现，适应气候变化能力不断提高，全社会绿色低碳意识明显增强。

同时，中国政府积极建设性参与全球气候治理。坚持多边主义、共同但有区别的责任等原则，高度重视应对气候变化国际合作，积极参与气候变化国际谈判，深入开展气候变化"南南合作"，推动达成和加快落实《巴黎协定》，以中国理念和实践引领全球气候治理新格局，逐步成为全球生态文明建设的重要参与者、贡献者和引领者。

2020 年习近平主席做出了碳达峰、碳中和的重大宣示，展示了我国走绿色低碳发展道路，与国际社会携手应对气候变化的坚定决心。这是以习近平同志为核心的党中央统筹国内、国际两个大局，经过深思熟虑做出的重大战略决策。下一步，我们将坚决贯彻落实有关决策部署，持续推动应对气候变化取得新进展。

COP26 即将在英国格拉斯哥召开。这次大会将完成《巴黎协定》实施细则遗留问题谈判。与此同时，中国开启全面建设社会主义现代化国家新征程，进入经济社会发展全面绿色转型、实现生态环境质量改善由量变到质变的关键时期，在这个时刻，发布《中国应对气候变化的政策与行动》白皮书，增进国内外对中国气候行动的了解，贡献中国智慧与方案，具有重要意义。

应对气候变化是人类共同的事业。中国将继续深入实施积极应对气候变化国家战略，把碳达峰、碳中和纳入生态文明建设总体布局，全力做好新形势下应对气候变化工作，并愿与国际社会一道，推动《巴黎协定》全面、平衡、有效实施，共建公平合理、合作共赢的全球气候治理体系，开启全球应对气候变化新征程。

下面，我和我的同事愿意回答媒体记者朋友们的提问。谢谢大家！

邢慧娜：好，谢谢叶民副部长的介绍，下面欢迎大家提问，提问前请通报一下所在的新闻机构。

中央广播电视总台央视记者：今天发布的《中国应对气候变化的政策与行动》白皮书跟以往相比有什么不同？另外一个问题，我国目前应对气候变化，您认为最大的机遇是什么？另外面临的挑战又是什么？谢谢。

叶民：谢谢你的提问。关于白皮书，刚才也跟大家通报了，2011 年，国新办就发布了《中国应对气候变化的政策与行动（2011）》白皮书，此后 2012—2020 年，我们每年发布中国应对气候变化的政策与行动年度报告，持续向社会各界通报我国应对气候变化的进展和成效。

党的十八大以来，以习近平同志为核心的党中央高度重视气候变化工作，实施积极应对气候变化国家战略，应对气候变化工作从认识、理念到实践都发生了历史性、转折性、全局性的变化，取得了举世瞩目的成就。此次发布的白皮书，系统阐述了习近平总书记关于我国应对气候变化的新理念、新思想、新战略，全面概述党的十八大以来，特别是"十三五"期间我国所采取的应对气候变化的政策措施和成效，系统梳理了应对气候变化的中国路径与方案，充分体现了我国为应对气候变化做出的重要贡献和付出的巨大努力，展示了我国主动承担应对气候变化国际责任、推动构建人类命运共同体的责任与担当。同时，这次发布的白皮书重申了中国对全球气候治理的立场主张，对国际社会发出倡议和呼吁，推动世界共建公平合理、合作共赢的全球气候治理体系。

关于机遇和挑战。绿色低碳发展既是世界潮流，也是未来新的经济增长点和新的发展机遇。党中央高瞻远瞩，精准布局，牢牢把握战略机遇期，部署应对气候变化中长期目标和愿景，将积极应对气候变化作为推动高质量发展和生态环境高水平保护的重要抓手，体现了我国主动承担应对气候变化国际责任、推动构建人类命运共同体的责任担当。

近年来，我国采取一系列强有力的政策措施，调整产业结构，优化能源结构，节约提高能效，增加森林碳汇，提高适应气候变化能力，取得了显著成效。截至 2020 年年底，我国单位 GDP 二氧化碳（CO_2）排放比 2005 年下降 48.4%，超过了我国向国际社会承诺的 40% ~ 45% 的目标。同时，顶层设计不断完善，市场机制建设不断推进，公众意识不断提高，形成了应对气候变化工作持续推进的良好局面。

但同时，我国应对气候变化也面临着困难与挑战。世界面临百年未有之大变局，单边主义、保护主义抬头，我国在应对气候变化方面面临的国际形势更加复杂。我国计划以 30 年左右的时间实现从碳达峰到碳中和，比主要发达国家用时大大缩短，面临更艰巨的能源和产业转型任务。中国是世界上最大的发展中国家，面临着发展经济、改善民生、治理污染、维护能源安全等多重挑战，而且我国发展不平衡、不充分的问题依然存在。目前，我国有关应对气候变化的认知水平、政策工具、手段措施、基础能力这些方面还存在欠缺和短板。但在党中央的坚强领导下，我们有决心、有能力完成碳达峰、碳中和的艰巨任务。

下一步，我们将立足新发展阶段，坚定不移贯彻落实新发展理念，构建新发展格局，坚持系统观念，处理好发展和减排、整体和局部、短期和中长期的关系，把碳达峰、碳中和纳入生态文明建设整体布局，坚定不移走生态优先、绿色低碳的高质量发展道路，坚定不移实施积极应对气候变化国家战略，推动碳达峰、碳中和目标如期实现，持续为应对全球气候变化做出贡献。我就回答这些，谢谢。

中央广播电视总台央广记者： 中方对于 COP26 解决《巴黎协定》

第六条实施细则的遗留问题是否持乐观的态度，将会做出哪些具体的努力？谢谢。

叶民：谢谢你的问题，这个问题请孙司长回答。

孙桢：谢谢叶部长。感谢记者的提问，COP26 的首要任务还是要完成《巴黎协定》实施细则的谈判，特别是关于市场机制，就是第六条这部分的一些遗留问题，这是各方全面有效实施《巴黎协定》的基础和前提，也是维护国际社会特别是工商界对多边机制信任的重要标志。我们期待各方相向而行，发达国家要充分展现积极建设性的态度，遵循共同但有区别的责任原则，坚持国别目标和政策的国家自主决定属性，避免在已经达成一致的原则问题上，再出现立场倒退，甚至重开谈判。

具体有几个关键问题：

一是希望我们这个市场机制要为发展中国家适应气候变化行动提供资金支持。适应气候变化是发展中国家高度关注的问题，目前发达国家提供的资金远远不能满足发展中国家适应气候变化的需求。中方支持为发展中国家适应气候变化提供稳定可预期的适应资金支持，尤其是希望发达国家展现积极建设性的态度，各方共同找到合理的解决方案。

二是市场机制的减排指标与国家自主贡献之间的关系问题。不应该要求缔约方因为转让来自国家自主贡献范围之外的减排指标，而对国家自主贡献的排放进行调整。但同时，中方也理解，有一些缔约方对这项规定可能有些担忧，因此，我们愿意考虑结合国家自主贡献覆盖的范围等因素设置一个合理的时间期限，并请相关缔约方在参与市场机制的时候，对其国家自主贡献覆盖的范围给予澄清。

三是关于2020年前的减排指标过渡问题。希望维护工商界参与《巴黎协定》下市场机制活动的信心和积极性，应该允许缔约方使用2020年前的核证减排量，完成其国家自主贡献目标，并且参与市场交易。为此，我们也愿意探讨一些妥协的方案。中方愿与COP26主席国——英国一道，坚持公开透明、广泛参与、缔约方驱动、协商一致的多边议事规则，保持密切沟通协调，推动本次大会完成这项议题，以及整个《巴黎协定》实施细则遗留问题的谈判。谢谢。

《人民日报》记者： 叶部长您好，我想问一下咱们国家现在应对气候变化工作的总体进展如何？有哪些成效？对下一步工作有哪些考虑？谢谢。

叶民： 谢谢您的提问。我国高度重视气候变化工作，将应对气候变化作为生态文明建设的重要抓手。近年来，我国实施积极应对气候变化国家战略，采取调整产业结构、优化能源结构、节能提高能效、建立市场机制、增加森林碳汇等一系列政策措施，各项工作取得了积极进展。主要体现在这样几个方面：

一是温室气体排放得到有效控制。2020年中国碳排放强度比2015年降低了18.8%，比2005年降低了48.4%，超过了向国际社会承诺的40%～45%的目标，基本扭转了CO_2排放快速增长的局面。二是能源结构优化取得成效。2020年我国非化石能源占能源消费比重达15.9%，比2005年提升了8.5个百分点，对煤炭消费的依赖显著下降，能源结构优化取得明显成效。三是全国碳排放权交易市场不断完善。2021 年 7 月 16 日，全国碳排放权交易市场正式启动上线交易。全国碳排放权交易市场第一个履约周期纳入发电行业重点排放单位 2 162 家，每年覆盖的碳排放量超过 45 亿 t，是全球覆盖温室气体排放量规模最大的碳排放权交易市场。四是我国低碳试点示范工作不断推进，适应气候变化能力不断提高，全社会低碳意识也不断提升。在做好国内应对气候变化工作的同时，我们还积极参与引领全球气候治理。五是在推动《巴黎协定》达成、生效和实施细则制定上发挥了历史性作用。六是积极开展应对气候变化"南南合作"，帮助其他发展中国家尤其是最不发达国家、非洲国家和小岛屿国家提升应对气候变化能力。

2020 年，习近平主席做出了碳达峰、碳中和的重大宣示，党中央对碳达峰、碳中和相关工作做出重要部署。《中共中央　国务院关于完整准确全面贯彻新发展理念 做好碳达峰碳中和工作的意见》以及《2030 年前碳达峰行动方案》近日刚刚发布，碳达峰、碳中和"1+N"政策体系正在加快形成。

下一步我们将进一步贯彻落实党中央、国务院决策部署。一是积极落实"十四五"应对气候变化目标任务，将"十四五"碳强度下降 18% 的约束性指标分解到地方加以落实。二是推动开展碳达峰行动，推进碳达峰、碳中和"1+N"政策体系落实。推动构建绿色低碳循环发展的经济体系。三是统筹推进应对气候变化与生态环境保护相关工作，实现减污降碳协同增效，加紧编制出台"减污降碳协同增效实施方案"。四是继续完善全国碳排放权交易市场，会同有关部门推动"碳排放权交易管理暂行条例"尽快出台。在发电行业碳排放权交易市场运行良好的基础上，逐步将市场覆盖范围扩大到更多高排放行业。五是加强相关制度建设，实施以碳强度控制为主、碳排放总量控制为辅的制度。推动建立温室气体数据统计核算、数据管理及履约长效机制。六是提升全民低碳意识，持续开展"全国低碳日"活动，推动形成绿色低碳的生产生活方式。七是做好《国家适应气候变化战略2035》的编制落实工作，提升城乡建设、农业生产、基础设施等适应气候变化能力，并加强观测和评估。八是继续积极参与气候变化国际谈判，推动构建公平合理、合作共赢的全球气候治理体系，持续开展气候变化"南南合作"。我就说这些，谢谢。

封面新闻记者：习近平总书记曾经说过，应对气候变化不是别人要我们做，是我们自己要做，请问如何理解这句话，应对气候变化工作对于我国的经济社会发展有什么意义？谢谢。

叶民：谢谢。习近平总书记多次强调，应对气候变化不是别人要我们做，而是我们自己要做，是我国可持续发展的内在要求，是推动构建人类命运共同体的责任担当。应对气候变化是推动我国经济高质量发展的重要抓手。通过建立健全绿色低碳循环发展的经济体系、构建清洁低碳的能源体系、倡导绿色低碳的生活方式，促进经济、产业、能源、运输、消费结构调整，将为经济高质量发展持续注入动力。应对气候变化也是生态环境高水平保护的重要内容。

应对气候变化与污染治理、生态保护等具有显著的协同效益，将从源头上改善环境质量、丰富环境治理手段、提高环境治理效率、节约环境治理成本。应对气候变化还是中国为推动构建人类命运共同体做出的努力和贡献。我国坚持多边主义、共同但有区别的责任等原则，积极参与和引领全球气候治理，推动《巴黎协定》全面平衡有效实施，坚定支持广大发展中国家的合理诉求，不断推进全球气候治理体系更加公平合理、合作共赢，推动构建人类命运共同体。

做好应对气候变化工作对加快形成以国内大循环为主体、国内国际双循环相互促进的新发展格局，探索以生态优先、绿色发展为导向的高质量发展新路子具有重要意义。这既是挑战，更是机遇。

作为最大的发展中国家，我国发展不平衡、不充分问题仍然突出，仍面临着发展经济、改善民生、治理污染等一系列艰巨任务。这就要求我们在应对气候变化，推动实现碳达峰、碳中和的过程中，要实事求是地立足我国国情、发展阶段和实际能力，坚持系统观念，处理好发展与减排、整体与局部、短期与中长期的关系，稳妥有序，科学部署，扎实推进。

同时，我们也要充分认识到，采取更有力度的行动应对气候变化，充分挖掘新经济、新技术、新业态发展以及制度政策创新、各领域改革带来的温室气体减排巨大潜力，是推动高质量发展的重要动力。这将持续形成绿色低碳发展新动能，促进经济社会全面绿色转型，实现发展方式的根本转变。谢谢。

英国天空新闻频道记者：中国的煤炭消耗量比世界其他国家的

总和还要多，中国依然在持续发展煤电产业。在今天的白皮书中提到中国将逐渐削减煤炭的使用和消费。我的问题是，与此同时，中国却在要求其他国家减少煤炭的使用和减少碳排放，中国的煤炭使用什么时候能够达到峰值？中国是否愿意为了地球的未来牺牲一些短期利益？第二个问题，习近平主席是否会出席COP26？如果不去的话，会是什么原因？谢谢。

叶民： 谢谢。习近平主席是否参加COP26，会由我们外交部门来做回应。关于您提的涉及煤炭的消耗和发展，这个问题大家很关注，具体的一些情况和考虑，请我们孙司长做回应。

孙桢： 谢谢叶部长，谢谢这位媒体朋友的提问，这个问题比较长。我想，你主要是关注近期的一些情况，同时也提出了一个近期和远期的关系问题。我简单地做一个回应。

应该说，能源是经济社会发展和群众生活的基础保障、基础条件，从长远来看，也是人类文明进步的动力。同时，对未来来说，实现经济社会可持续发展，能源领域的清洁低碳发展是尤为紧迫的。近年来，中国大力推进能源结构的调整和转型升级，能源生产结构由煤炭为主向多元化转变，能源消费结构日趋低碳化。2020年，我国的煤炭消费量占能源消费总量的比重已经由2005年的72.4%下降到56.8%。同时非化石能源占能源消费总量的比重达到了15.9%。中国大力推进可再生能源的发展，发电装机实现快速增长，规模居全球首位。截至2020年年底，中国非化石能源发电装机总规模达到9.8亿kW，其中风电2.8亿kW，光伏发电2.5亿kW，也分别连续11年、连续 6 年居全球的首位。

习近平主席 2020 年 12 月宣布，中国到 2030 年非化石能源占一次能源消费比重将达到 25% 左右，风电、太阳能发电总装机容量将达到 12 亿 kW 以上。习近平主席在今年 9 月 21 日宣布，中国将大力支持发展中国家能源绿色低碳发展，不再新建境外煤电项目，这充分展示了中国加快能源结构调整，构建清洁低碳、安全高效能源体系的决心和魄力。中国将继续控制煤炭消费增长，同时加大力度发展可再生能源，加快完善电力体制，构建适应高比例可再生能源的新型电力系统。同时，中国作为全球最大的清洁能源设备制造国家，将积极在全球推进清洁能源开发利用和国际合作，帮助发展中国家能源供给向高效、清洁、多元化的方向加速转型。

作为一个发展中国家，我国当前面临着发展经济、改善民生、维护能源安全这些艰巨的任务，调整能源结构仍然存在诸多的现实困难和挑战，不可能一蹴而就。我们要坚持系统观念，坚持防范风险，处理好当前与长远、减污降碳与能源安全、产业链供应安全、群众正常生活的关系，有效应对绿色低碳转型可能伴随的风险，确保安全降碳。谢谢。

凤凰卫视记者：请问中国打算采取什么措施加强应对气候变化的履约和透明度的建设？谢谢。

叶民：谢谢，这个问题请孙司长回答。

孙桢：谢谢叶部长，感谢记者的提问。关于这个话题，还是从公约说起。全球共同应对气候变化应建立在各国团结合作的基础上。

《联合国气候变化框架公约》关于各方提交国家温室气体清单、加强透明度建设的规定既是应对气候变化履约要求，也是一种建立互信、正向激励的合作机制。《巴黎协定》实施细则在信息通报内容、质量和频次等方面提出更高要求，以确保应对气候变化政策行动与效果更加可比和透明。同时，在透明度问题上也明确给予发展中国家一定灵活度，并且要求发达国家为发展中国家提供资金和能力建设支持。

我国作为最大的发展中国家，气候变化的透明度建设受到广泛关注。截至目前，我国共提交了3次国家信息通报和2次两年更新报告，包含5个年度的国家温室气体排放清单。我国发布的清单数据可靠，核算方法科学，受到了国际社会的广泛认可。

温室气体排放统计核算体系是清单编制及透明度建设的基础。我们经过多年努力，建立健全了温室气体排放基础统计制度，提出了涵盖5个大类36个指标的统计指标体系，构建了应对气候变化统计报表制度。在企业层面，出台了24个行业企业温室气体排放核算方法与报告指南，组织开展企业温室气体排放核算报告工作。近期，我国还在碳达峰、碳中和工作领导小组办公室设立碳排放统计核算工作组。

下一步，我国将不断完善温室气体排放统计核算体系，提高应对气候变化支撑保障能力，确保我国应对气候变化统计体系能够满足《巴黎协定》实施细则的新要求，推动我国应对气候变化治理体系和治理能力迈上新台阶。谢谢。

深圳卫视记者：我也是关于 COP26 的问题。请问中方对此次大会总体有何期待？谢谢。

叶民：谢谢。COP26 是《巴黎协定》进入实施阶段之后召开的首次缔约方大会，中方主张此次大会应当发出坚定维护多边主义、尊重多边规则强有力的政治信号，各方要落实《联合国气候变化框架公约》和《巴黎协定》确立的共同但有区别的责任等原则和国家自主决定贡献制度安排，在尊重不同国情的基础上，为应对全球气候变化做出贡献。中方期待与各方一道在本次大会就如下任务取得进展，有以下三个方面：

一是完成《巴黎协定》实施细则遗留问题的谈判。《巴黎协定》已达成近六年，但是有一些实施细则仍然迟迟没有完成谈判。刚才有个问题，是第六条实施细则的相关问题，就是指的这方面。国际社会对于本次大会能够完成此项任务充满了期待。在《巴黎协定》进入全面实施之际，大会应当积极推动完成第六条实施细则核心遗留问题的谈判，这是各方全面有效实施《巴黎协定》的基础和前提，也是维护国际社会对多边机制信任的重要标志。

二是长期以来发展中国家在高度关切的资金、技术、能力建设支持等问题上取得有效进展。在此前的会议上，发展中国家对于一直以来关切的资金和适应问题不能得到认真对待和有效回应感到失望，对发达国家是支持发展中国家共同应对气候变化还是仅向发展中国家转嫁减排责任心存疑虑，这已经成为多边进程持续向前的最大障碍。在《巴黎协定》正式进入实施阶段的背景下，这些问题事关政治互信和发展中国家采取气候行动的现实能力。本次缔约方大会应对此做出安排，全面推进减缓、适应和支持方面的雄心。

三是要在本次大会上突出"落实"。积极倡导各方切实落实目标，将目标转化为落实的政策、措施和具体行动，避免把提出目标或提高目标变成空喊口号或差别化指责。比如，发达国家应当抓紧弥补每年提供1000亿美元资金支持的缺口，这是事关发展中国家与发达国家之间互信的重大问题。多个发达国家在未落实已有承诺的背景下仍推动进一步提升气候目标，对此，各方应认识到不付诸行动的目标无异于空中楼阁，唯有通过共同行动全面落实《巴黎协定》的要求和目标，才能有效应对气候变化带来的危机和挑战。谢谢。

邢慧娜： 大家如果没有新的问题，今天的发布会就到这里，谢谢两位发布人，也感谢各位媒体朋友。大家再见！

启动全国碳排放权交易市场上线交易情况国务院政策例行吹风会实录

2021 年 7 月 14 日

吹风会现场

国务院新闻办新闻局副局长、新闻发言人邢慧娜：各位媒体朋友们，大家上午好！欢迎出席国务院政策例行吹风会。近日，国务院常务会议决定 7 月择时启动发电行业全国碳排放权交易市场上线交易。为了帮助大家更好地了解相关情况，今天邀请到生态环境部副部长赵英民先生、应对气候变化司司长李高先生，请他们为大家介绍相关情况，并回答媒体关心的问题。

首先，有请赵英民先生做情况介绍。

赵英民：各位媒体界的朋友，大家上午好！建设全国碳排放权交易市场，是利用市场机制控制和减少温室气体排放，推动绿色低碳发展的一项重大制度创新，是实现碳达峰、碳中和与国家自主贡献目标的重要政策工具。因此，受到了国际、国内的高度关注和期待。

党中央、国务院高度重视全国碳排放权交易市场建设工作，自 2015 年以来，习近平总书记在多个国际场合就碳排放权交易市场建设做出重要宣示，2021 年 4 月 22 日，在领导人气候峰会上宣布中国将启动全国碳排放权交易市场上线交易。李克强总理多次做出重要批示，在今年《政府工作报告》上强调要加快建设碳排放权交易市场。韩正副总理多次提出要求，并协调推动全国碳排放权交易市场建设工作。生态环境部根据国务院批准的建设方案，牵头组织全国碳排放权交易市场建设工作，目前相关建设任务已经基本完成，各项准备工作已经就绪。7 月 7 日，国务院常务会议审议决定在 7 月择机启动全国碳排放权交易市场，开展上线交易。

中国的碳排放权交易市场建设是从地方试点起步的，2011 年 10

月在北京、天津、上海、重庆、广东、湖北、深圳7省（市）启动了碳排放权交易地方试点工作。2013年起，7个地方试点碳排放权交易市场陆续开始上线交易，有效促进了试点省（市）企业温室气体减排，也为全国碳排放权交易市场建设摸索了制度，锻炼了人才，积累了经验，奠定了基础。2017年年末，经过国务院同意，《全国碳排放权交易市场建设方案（发电行业）》印发实施，要求建设全国统一的碳排放权交易市场。

2018年以来，生态环境部根据"三定方案"新职能职责的要求，积极推进全国碳排放权交易市场建设各项工作。一是构建了支撑全国碳排放权交易市场运行的制度体系，先后出台了《碳排放权交易管理办法（试行）》和碳排放权登记、交易、结算等管理制度，以及企业温室气体排放核算、核查等技术规范。同时，正在积极配合司法部门推进"碳排放权交易管理暂行条例"的立法进程。二是稳妥制定配额分配实施方案。明确发电行业作为首个纳入全国碳排放权交易市场的行业，市场启动初期，只在发电行业重点排放单位之间开展配额现货交易，并衔接我国正在实行的碳排放强度管理制度，采取基准法对全国发电行业重点排放单位分配核发首批配额。三是扎实开展数据质量管理工作。严格落实碳排放核算、核查、报告制度，在企业报告、地方生态环境部门核查的基础上，生态环境部组织专门的督导帮扶，监督指导省级生态环境部门加大核查力度，组织开展核查、抽查，通过对地方督促检查和对企业现场抽查，进一步加强对数据的管理，提升数据质量。四是完成相关系统建设和运行测试任务。利用全国排污许可证管理信息平台，我们建设了重点排放单位温室气体排放信息管理系统，指导推动湖北省、上海市完成了全国碳排放权注册登记系统和交易系统的建设任务，并且通过了系统的测试和验收。五是组织开展能力建设，提升能力水平。我们对各地生态环境主管部门、相关企业、第三方机构等持续开展了全国碳排放权交易市场系统培训，培养了温室气体核查、核算、管理等方面的人才。

我先简要介绍这些情况。下面，我和李高同志愿意回答大家的提问。

邢慧娜： 大家可以开始提问，提问前请通报所在的新闻机构。

中央广播电视总台央视记者： 全国碳排放权交易市场在碳达峰、碳中和过程中发挥了什么样的具体作用？我国碳排放权交易市场的建设工作下一步如何推进？

赵英民： 谢谢你的提问。全国碳排放权交易市场是利用市场机制控制和减少温室气体排放，推动绿色低碳发展的一项制度创新，也是落实习近平主席对外庄严宣示承诺我国 CO_2 排放力争于 2030 年前达到峰值、努力争取 2060 年前实现碳中和的国家自主贡献目标的重要核心政策工具。今年是全国碳排放权交易市场第一个履约周期，纳入碳排放权交易市场的发电行业重点排放单位超过了 2 000 家，我们测算纳入首批碳排放权交易市场覆盖的这些企业碳排放量超过 40 亿 t CO_2，意味着中国的碳排放权交易市场一经启动就将成为全球覆盖温室气体排放量规模最大的碳排放权交易市场。

　　全国碳排放权交易市场对中国碳达峰、碳中和的作用和意义非常重要。主要体现在四个方面：一是推动碳排放权交易市场管控的高排放行业实现产业结构和能源消费的绿色低碳化，促进高排放行业率先达峰。二是为碳减排释放价格信号，并提供经济激励机制，将资金引导至减排潜力大的行业企业，推动绿色低碳技术创新，推动前沿技术创新突破和高排放行业绿色低碳发展转型。三是通过构建全国碳排放权交易市场抵消机制，促进增加林业碳汇，促进可再生能源的发展，助力区域协调发展和生态保护补偿，倡导绿色低碳的生产方式和消费方式。四是依托全国碳排放权交易市场，为行业、区域绿色低碳发展转型，实现碳达峰、碳中和提供投融资渠道。

　　国内外实践表明，碳排放权交易市场是以较低成本实现特定减排目标的政策工具，与传统行政管理手段相比，既能够将温室气体控排责任压实到企业，又能够为碳减排提供相应的经济激励机制，降低全社会的减排成本，并且带动绿色技术创新和产业投资，为处理好经济发展和碳减排的关系提供了有效的工具。

　　下一步，生态环境部将进一步扎实做好全国碳排放权交易市场各项工作，持续完善配套制度体系，推动出台"碳排放权交易管理暂行条例"，进一步完善相关的技术法规、标准、管理体系。在发电行业碳排放权交易市场健康运行的基础上，逐步将市场覆盖范围扩大到更多的高排放行业，根据需要丰富交易品种和交易方式，实现全国碳排放权交易市场的平稳有效运行和健康持续发展，有效发挥市场机制在控制温室气体排放，实现我国碳达峰、碳中和目标中的作用。

红星新闻记者：碳排放权交易的前提是碳排放的准确量化。生态环境部目前在强化排放监测、核查排放数据方面有哪些有效措施？如何保证配额分配公正合理，下一步还将采取哪些措施保证数据质量？

赵英民：谢谢你的提问。的确，市场要进行交易最基本的基础是要确保碳排放数据的真实准确，这也是我们全国碳排放权交易市场建设工作的重中之重。生态环境部高度重视碳排放数据质量工作，在连续多年开展各相关行业碳排放数据核算、报告与核查工作的基础上，为进一步强化全国碳排放权交易市场上线交易前的数据质量管理，我们专门印发了《企业温室气体排放核算方法与报告指南 发电设施》《企业温室气体排放报告核查指南（试行）》，对发电行业重点排放单位的核算和报告进行统一规范，对省级主管部门开展数据核查的程序和内容提出严格要求。按照现在的工作程序，在企业报告数据和省级生态环境部门核查工作完成以后，生态环境部还组织了对地方的督促检查和对企业的现场抽查。同时，我们进一步加强了对企业和第三方机构的信息公开力度，要求企业公开排放情况。省级生态环境主管部门公开核查技术服务机构从业业绩，以信息公开的方式加强行业监督和社会监督。根据核查的情况，总体来说，全国碳排放权交易市场数据质量是符合要求的。

在配额分配的公正性方面，全国碳排放权交易市场配额分配的方法是全国统一、公开透明的。企业根据排放情况可以自行计算，得出应该获得的配额数量。配额分配的基础是经过生态环境主管部门核查后的碳排放相关数据，根据《碳排放权交易管理办法（试行）》的规定，重点排放单位对排放数据的核查结果乃至分到的配额有疑义的还可以复核申诉。在配额分配的合理性上，目前配额采取的是以强度控制为基本思路的行业基准法，实行免费分配。这个方法基于实际产出量，对标行业先进碳排放水平，配额免费分配而且与实际产出量挂钩，既体现了奖励先进、惩戒落后的原则，也兼顾了当前我国将 CO_2 排放强度列为约束性指标要求的制度安排。在配额分配制度设计中，考虑一些企业承受能力和对碳排放权交易市场的适应性，我们对企业的配额缺口量做出了适当控制，需要通过购买配额来履约的企业，还可以通过抵消机制购买价格更低的自愿减排量，进一步降低履约成本。

为了进一步提升全国碳排放权交易市场数据质量，下一步将继续加大工作力度。一是积极推动尽早发布"碳排放权交易管理暂行条例"，加大对数据造假行为的处罚力度，加强执法保障。二是持续加强能力建设，提升碳排放权交易市场参与各方业务能力。三是加强监督指导，持续开展对地方生态环境部门和企业的监督帮扶，狠抓数据管理。四是加强信息公开和信用体系建设，借助全社会力量对数据管理工作进行监督，从而提升全国碳排放权交易市场的数据质量。

《南方都市报》记者：从地方试点到全国碳排放权交易市场上线，我国的探索经过了十年，能否介绍一下这十年间总结了哪些经验？以及全国碳排放权交易市场和地方碳排放权交易市场的运行和管理有什么异同？全国碳排放权交易市场和地方碳排放权交易市场如何保证平稳过渡接轨？

赵英民： 这个问题请李高同志回答。

李高： 谢谢你的提问。我们国家的碳排放权交易市场建设从地方试点起步，从 2011 年 10 月以来，在北京、天津、上海、重庆、湖北、广东、深圳两省五市开展了碳排放权交易地方试点工作，地方试点从 2013 年 6 月先后启动了交易。经过多年发展取得了积极进展，为全国碳排放权交易市场建设积累了经验。几个试点市场覆盖了电力、钢铁、水泥 20 多个行业近 3 000 家重点排放单位，到 2021 年 6 月，试点省（市）碳排放权交易市场累计配额成交量达 4.8 亿 t CO$_2$ 当量，成交额约 114 亿元。成果也体现在两个方面，一是重点排放单位履约率保持很高水平，市场覆盖范围内碳排放总量和强度保持双降，促进企业温室气体减排；二是强化社会各界低碳发展的意识，为全国碳排放权交易市场建设积累了宝贵经验。我想，这些宝贵经验体现在一些制度设计上，包括地方法律法规的建设、配额分配方式、交易方式等方面。此外，在人才队伍方面，为全国碳排放权交易市场建设积累了人才队伍。

全国碳排放权交易市场和地方试点碳排放权交易市场的设计原理是一样的。按照党中央、国务院决策部署，我们在充分借鉴试点碳排放权交易市场经验的基础上，明确以发电行业为突破口，分阶段、有步骤地推动全国碳排放权交易市场建设。在覆盖范围、准入门槛、配额分配方面，全国碳排放权交易市场的制度设计上和试点省（市）碳排放权交易市场有一定的差异。7 个试点省（市）碳排放权交易市场在纳入的行业范围、门槛等方面也是根据各地的产业发展实际情况和各地温室气体控制目标、管理要求来定的。全国碳排放权交易市场从发电行业起步，全国碳排放权交易市场建设以后，我们的工作重点将转向确保全国统一的碳排放权交易市场平稳、有效运行。地方的碳排放权交易市场要逐步向全国碳排放权交易市场过渡。目前，全国碳排放权交易市场以发电行业为突破口，参与全国碳排放权交易市场的发电行业重点排放单位不再参加地方碳排放权交易市场的交易。避免一个企业既参加地方碳排放权交易市场又参加全国碳排放权交易市场的情况。

在具体过渡的时间表、路线图方面，我们还要根据全国碳排放权交易市场发展、地方试点实际情况进一步研究。在全国碳排放权交易市场建立的情况下，我们不再支持地方新增试点，现有试点可以在现有基础上进一步深化，同时做好向全国碳排放权交易市场过渡的相关准备工作。

封面新闻记者：请问在碳排放权交易中，生态环境部门如何对企业和单位进行监管？对于虚假登记和交易等情况，生态环境部门如何处理？

赵英民：这个问题刚才在回答如何强化数据质量的时候，已经涉及一些。碳排放权交易市场的制度基础是强制性的减排履约责任。同时，碳排放权交易市场运行具有操作环节多、规范性要求强、专业要求高的特点，因此必须要在法治轨道上进行。去年年底，生态环境部为了建设全国碳排放权交易市场、推动全国碳排放权交易市场的启动运行，制定发布了一系列有关碳排放权交易市场相关制度，初步构建了全国碳排放权交易市场制度体系。

去年年底，我们出台了《碳排放权交易管理办法（试行）》，对碳排放权交易市场交易主体的条件、交易产品、交易方式、各参与方权利和义务等做出了规定。我们印发了《2019—2020年全国碳排放权交易配额总量设定与分配实施方案（发电行业）》，启动了全国碳排放权交易市场第一个履约周期。今年以来，我们又陆续发布企业温室气体排放核算方法与报告指南、核查指南以及碳排放权登记、交易、结算管理规则等一系列文件，这些制度文件的发布都是为了规范市场运行管理的各个环节。碳排放权登记、交易、结算三个管理规则，针对登记、交易、结算活动各个环节明确了监管主体和责任，细化了监管内容，实现了整个碳排放权交易市场流程各环节的全覆盖，形成闭环，实现了精细化监管，从而有效地防止虚假登记和交易，保护各方交易主体的合法权益，维护整个市场秩序和公平。

下一步，我们将从以下四个方面继续推动相关工作制度的落实。一是指导监督，主要是对市场各参与主体严格按照相关制度规定开展业务进行指导监督。二是能力建设，主要是加强对市场参与主体以及生态环境系统的碳排放权交易市场相关能力建设，推动各单位相关方懂制度、守制度、用制度。三是联合监管，碳排放权交易市场监管涉及多项法律法规，监管职能也涉及国务院很多部门，我们将协调相关部门，依据有关法律法规，组织开展对碳排放权交易市场运行各环节的联合监管。四是立法保障，推动"碳排放权交易管理暂行条例"尽快出台,以更高层次的立法保障碳排放权交易市场各项制度有效实施。

《21世纪经济报道》记者:全国碳排放权交易市场首批纳入的2 000多家企业都是发电企业,这是出于什么样的考虑?其他重点行业领域现在准备情况如何,大概什么时候可能纳入?对于碳排放权交易市场的配套制度,接下来有什么样的规划?

赵英民:全国碳排放权交易市场选择以发电行业为突破口,有两个方面的考虑:一是发电行业直接烧煤,所以这个行业的CO_2排放量比较大。包括自备电厂在内的全国2 000多家发电行业重点排放单位,年排放CO_2超过了40亿t,因此首先把发电行业作为首批启动行业,能够充分发挥碳排放权交易市场控制温室气体排放的积极作用。二是发电行业的管理制度相对健全,数据基础比较好。因为要交易,首先要有准确的数据。排放数据的准确、有效获取是开展碳排放权交易市场交易的前提。发电行业产品单一,排放数据的计量设施完备,整个行业的自动化管理程度高,数据管理规范,而且容易核实,配额分配简便易行。从国际经验看,发电行业都是各国碳排放权交易市场优先选择纳入的行业。既然它的CO_2排放大、煤炭消费多,所以首先纳入这个行业,可以同时起到减污降碳的协同作用。

结合国家排放清单的编制工作,我们已经连续多年组织开展了全国发电、石化、化工、建材、钢铁、有色、造纸、航空等高排放行业的数据核算、报送和核查工作。因此,这些高排放行业,他们的数据核算、报送核查工作也有比较扎实的基础。为做好扩大全国碳排放权交易市场覆盖行业范围的基础准备工作，目前我们已经委托相关的科研单位、行业协会研究提出符合全国碳排放权交易市场要求的有关行业标准和技术规范建议。下一步，我们将按照"成熟一个批准发布一个"的原则，加快对相关行业温室气体排放核算与报告国家标准的修订工作，研究制定分行业配额分配方案，在发电行业碳排放权交易市场健康运行以后，进一步扩大碳排放权交易市场覆盖行业范围，充分发挥市场机制在控制温室气体排放、促进绿色低碳技术创新、引导气候投融资等方面的重要作用。

接下来，碳排放权交易市场启动后还有个磨合、完善、稳定的过程。我们希望在这个过程中，可以为随后行业覆盖面的扩大、交易品种的增多打下基础，积累经验，推动中国碳排放权交易市场健康发展。

《中国日报》记者：目前碳排放权交易市场相关人才队伍建设情况如何？为了满足全国碳排放权交易市场运行的人才需求，生态环境部做了哪些工作？随着全国碳排放权交易市场从发电行业拓展到其他行业，生态环境部将采取哪些措施加快相关人才队伍建设？

李高：谢谢你的提问。碳排放权交易市场建设是一个复杂、系统的工程，专业队伍建设非常重要，我们把加强碳排放领域、碳排放权交易市场相关的专业人才队伍建设、提升相关人员的能力作为全国碳排放权交易市场建设的重要基础性工作。2018 年以来，生态环境部持续开展全国碳排放权交易市场能力建设，我们组织编制了全国碳排放权交易市场系列培训教材，培训教材涵盖碳排放权交易市场运行的各个方面、各个环节，还录制了相关的视频。此外，我们还专门针对省级生态环境主管部门、相关机构，包括技术服务机构、技术支撑机构，包括参与碳排放权交易市场的相关企业开展了能力建设培训，初步计算超过 60 场。2019 年 10—12 月，我们组织相关支撑单位举办了 8 期 17 场次碳排放权交易市场配额分配和管理系列培训活动，也是为了给发电行业的配额分配和碳排放权交易市场启动工作打好基础。配额分配是一个非常重要的环节，对于刚刚接触的企业和相关管理部门来讲也是一个比较复杂的问题。我们专门就配额分配有关内容对省级生态环境主管部门和发电行业企业开展培训，就这一项专项的培训，参训规模超过 6 000 人次。此外，支持相关省（市）碳排放权交易市场能力建设培训中心、行业协会、研究机构积极开展了大量的全国碳排放权交易市场相关能力建设培训工作和活动。

最近，有一个新变化，2021 年 3 月，碳排放管理员列入《中华人民共和国职业分类大典》，也就是说，未来碳排放管理员是我们国家承认的一个职业。下一步，我们要依托职业培训进一步开展相关培训活动，加强碳排放领域、碳排放权交易市场相关人才队伍建设，把这个重要渠道发挥好。

全国碳排放权交易市场很快要上线交易，我们将以上线交易为契机，继续深入开展覆盖发电、建材、有色金属、石油化工、钢铁以及更多行业的能力建设培训活动，设置更有针对性的专门培训课程,推动省级生态环境主管部门、技术服务机构和企业的碳排放管理、碳排放权交易市场管理相关人员进行学习。同时，进一步加大支持和指导力度，支持相关行业协会、支撑单位加快推动规范碳排放管理员新职业的发展，鼓励地方企业开展系统全面、形式多样的碳排放权交易市场能力建设培训活动，全方位加大人才队伍的培养力度。通过各种培训活动，进一步提升包括管理、服务、核查机构在内的碳排放权交易市场从业人员素质，在持续强化碳排放核算报告、核查数据质量方面进一步加强培训，让相关人员更好地理解我们相关的管理要求、管理流程，通过这样一些工作更好地支撑全国碳排放权交易市场建设，为碳排放权交易市场的平稳运行和进一步扩大、深化打好人才基础。我回答到这儿，谢谢。

每日经济新闻记者：碳排放权交易市场启动以后，社会普遍关注的是碳价。全国碳排放权交易市场的碳价如何形成？在起始阶段将处于什么样的水平？如何利用碳排放权交易市场形成合理有效的碳价，从而引导企业减排？

赵英民：碳排放权交易市场将通过价格信号来引导碳减排资源的优化配置，从而降低全社会减排成本，推动绿色低碳产业投资，引导资金流动。这是碳排放权交易市场追求的一个重要效果，因此碳价非常重要。

从微观和近期来看，碳价主要还是由配额供需情况决定。从宏观和长远看，碳价由经济运行和行业发展总体状况和趋势决定。坦率地说，碳价过高和过低都不好。碳价过低，将挫伤企业减排的积极性; 碳价过高, 也将导致一些高碳企业负担过重。因此合理的碳价, 既可以彰显我国实现碳达峰、碳中和目标愿景的决心和力度, 又能够为碳减排企业提供有效的价格激励信号。碳价通过市场交易形成, 因此出现碳价波动是正常的, 如果剧烈波动, 过高、过低都不利于碳排放权交易市场的长期稳定运行。

目前, 全国碳排放权交易市场还没有启动, 所以还不好说碳价是多少。但从全国 7 个地方试点运行情况看, 近两年加权平均碳价在 40 元人民币左右。目前, 在全国碳排放权交易市场相关的制度设计中, 我们考虑通过改进配额分配方法、引入抵消机制等政策措施来引导市场预期, 从而形成合理的碳价。同时, 在碳达峰、碳中和的背景下, 各方对温室气体排放管理预期在逐渐上升, 因此有关企业特别是配额短缺的企业, 关键还是要从推动行业低碳转型的高度正确看待碳价带来的机遇和挑战。碳价的高低是市场信号, 如果企业顺应绿色低碳转型的大趋势, 就会在发展当中占得有利先机。

《环球时报》记者: 请问全国碳排放权交易市场有望在何时何地正式上线? 另外, 根据相关规定, 发电行业在 2020 年的温室气体排放核查数据报送工作应该于 6 月 30 日前完成, 其他行业在年底前完成, 请问目前是否有相关行业的碳排放情况?

赵英民: 根据 7 月 7 日国务院常务会议决定, 全国碳排放权交易市场将在 7 月择机启动上线交易。关于数据核查的情况, 按照工作安排, 今年要完成去年相关排放的核查任务。往年有排放清单的编制, 今年因为有碳排放权交易市场这个因素, 因此对发电行业,也就是参加碳排放权交易市场的行业企业的数据要求更加急迫、刚性，目前相关工作都在正常进行。有关各行业的排放数据、国家排放清单报告，生态环境部网站上都有，欢迎记者朋友们去查询。

香港《紫荆》杂志记者：全国碳排放权交易市场上线以后，中国将拥有全球最大的碳排放权交易市场。相比其他国际成熟的碳排放权交易市场，目前中国的碳价均值还处于比较低的水平。请问，未来随着碳达峰、碳中和时间表的不断推进，中国的碳价是否也会逐渐与国际水平接轨？

赵英民：首先，中国的碳排放权交易市场启动上线交易是全球气候行动的重要一步。中国碳排放权交易市场一启动就将成为全球覆盖温室气体排放量规模最大的市场，因此中国碳排放权交易市场的启动将为全球合作应对气候变化增添新的动力和信心，也将为世界其他国家和地区提供借鉴。根据世界银行的报告，目前全球大概有 61 个区域、国家或者地方实行碳定价机制，其中 31 个是碳排放交易机制，30 个是碳税制度。这些制度都是独立运行的，因此，有一个碳排放权交易市场就有一个碳价，这是很正常的。碳价都是由各自市场交易决定的，相互之间基本不存在显著的碳价影响。落实《联合国气候变化框架公约》《巴黎协定》的目标、原则和要求，降低关税、减少壁垒、促进贸易和投资自由化、便利化，是积极应对气候变化、推动全世界实现可持续发展、构建人类命运共同体的重要保障。

关于你刚才提的问题，碳排放权交易市场在不同市场之间或者不同国家之间如何衔接，这个问题比较复杂。碳排放权交易市场在不同国家和地区间的衔接需要解决一系列复杂的法律、制度、政策、标准、技术等问题。目前，中方正在积极推进《巴黎协定》第六条谈判进程，推动构建《巴黎协定》下的全球碳排放权交易市场机制。我们认为，各方应该在遵守《联合国气候变化框架公约》所规定的公平、共同但有区别的责任和各自能力原则的前提下，坚持多边主义，携手应对气候变化，鼓励和帮助确有需要的缔约方开展包括碳排放权交易市场在内的减缓和适应气候变化行动，引导全球气候行动健康发展。在这个过程中，特别要反对和避免单边主义、单边行动破坏当前来之不易的国际应对气候变化合作氛围，从而保持全球气候治理势头继续向前。

邢慧娜：感谢赵英民副部长，感谢李高司长。今天的吹风会就到这里。感谢媒体朋友们，大家再见！

"全面实行排污许可制
服务生态环境质量改善"
国务院政策例行吹风会实录

2021年2月5日

吹风会现场

国务院新闻办新闻局副局长寿小丽：女士们、先生们，大家上午好！欢迎出席国务院政策例行吹风会。日前，国务院常务会议通过《排污许可管理条例》，文件于近日印发，为帮助大家更好地了解相关情况，今天我们非常高兴邀请到生态环境部环境影响评价与排放管理司司长刘志全先生、生态环境部法规与标准司司长别涛先生、司法部立法四局局长黄祎先生，请他们介绍全面实行排污许可制、服务生态环境质量改善有关情况，并回答大家感兴趣的问题。

下面，我们首先请刘志全先生做介绍。

刘志全：各位新闻界的朋友们，大家好，非常感谢大家参加政策吹风会，也感谢大家长期以来对生态环境保护工作的关注和支持。

2021 年 1 月 24 日，国务院总理李克强签署第 736 号国务院令，公布了《排污许可管理条例》（以下简称《条例》），自 2021 年 3 月 1 日起施行。下面，我就《条例》出台的相关情况向大家做简要介绍。

党中央、国务院高度重视排污许可管理工作。党的十九届四中全会审议通过的《中共中央关于坚持和完善中国特色社会主义制度推进国家治理体系和治理能力现代化若干重大问题的决定》要求，构建以排污许可制为核心的固定污染源监管制度体系。党的十九届五中全会审议通过的《中共中央关于制定国民经济和社会发展第十四个五年规划和二〇三五年远景目标的建议》提出，全面实行排污许可制。党中央把排污许可制定位为固定污染源环境管理核心制度，凸显了这项制度的极端重要性。

近年来，各地区、各部门以习近平生态文明思想为指引，按照党中央、国务院决策部署，持续推进排污许可制改革，完成了《国务院办公厅控制污染物排放许可制实施方案》提出的阶段目标。《条例》在总结近年来改革实践的基础上，借鉴国外经验，广泛听取有关部门、企业和社会各界意见，将实践证明行之有效的改革举措用法规制度固化下来，同时在落实"放管服"改革、减轻企业负担方面进行创新，主要体现在三个方面。一是规范制度。对排污单位实行分类管理，明确实行排污许可管理的范围和管理类别。规范申请与审批排污许可证的程序，明确审批部门、申请方式、材料要求、审批期限，以及颁发排污许可证的条件和排污许可证应当记载的具体内容。二是加强监管。规定排污单位应当按证排污，排污行为必须与排污许可证相符，要求排污单位开展自行监测、如实记录主要生产设施及污染防治设施运行情况，如实提交执行报告并公开排放信息。要求生态环境主管部门应当按证监管，将排污许可证执法检查纳入生态环境执法年度计划。三是强化责任。对未取得排污许可证排放污染物等违法行为，规定了按日连续处罚，责令限制生产、关闭等处罚。对逃避监管违法排污的，依法拘留或者追究刑事责任。

实施《条例》，是推进环境治理体系和治理能力现代化的重要内容，是落实企事业单位治污主体责任、落实精准治污、科学治污、依法治污的有力举措，同时也有利于推动形成公平规范的环境执法守法秩序。下面，我和我的同事愿意回答记者们关心的问题。谢谢大家！

寿小丽：下面开始提问，提问前请通报一下所在的新闻机构。

中央广播电视总台央视记者：我想了解全面实施排污许可制度后，在强化排污者责任方面，排污单位的主体责任和义务主要体现在哪些方面？谢谢。

刘志全：谢谢你的提问。强化排污单位的主体责任和义务，是落实党的十九大报告中强化排污者责任的一个具体体现，核心是排污治理的责任回归企业，改变以往政府"包办式""保姆式"管理的做法，厘清政府部门和市场主体在许可证核发、执法环节的责任边界，落实企业环境治理的主体责任。《条例》在排污许可证申请环节、排污环节规定了排污单位具体的责任和义务。

第一，在申请环节，排污单位应当准备好规定的材料，填报排污许可证申请表，主动到生产经营场所所在地设区的市级以上人民政府生态环境主管部门申请取得排污许可证。规定的材料包括单位的基本信息、环评批准文件或备案手续、污染防治设施、排放口设置、排放方式、自行监测方案等内容。排污单位在提出申请前，应通过全国排污许可证管理信息平台公开基本信息，拟申请许可的事项。

第二，在排污管理环节，排污单位的主体责任和义务体现在：一是建立内部环境管理制度。企业应建立完善环境管理内部控制制度，依法建设规范化的排污口，设置标志牌，加强环境合规的内部防控。二是自行监测和信息的真实承诺义务。排污单位应依法自行开展排放监测，并保存原始监测记录。排污单位应当对自行监测数据的真实性和准确性负责，不得篡改、伪造。三是环境管理台账记录制度。排污单位应当建立环境管理台账记录制度，按照排污许可证规定的格式、内容和频次要求，如实记录主要生产设施和污染防治设施的运行情况，以及污染物排放浓度、排放量等。四是排污许可证执行报告制度。排污单位应当按照排污许可证规定内容、频次和时间要求，向审批部门提交排污许可证执行报告，如实报告污染物排放行为、排放浓度、排放量等。五是信息披露义务。排污单位应当按照排污许可证的规定，如实在全国排污许可证管理信息平台上公开污染物排放信息。谢谢你的提问。

中央广播电视总台央广记者：《条例》规定，企业受到的处罚会纳入国家信用信息系统，并向社会公开，这是信用监管的方式。请问目前我国在环境信用监管体制建设上取得了哪些进展？谢谢。

别涛：这个问题我来回答。谢谢你对环境信用的关心。企业的环境信用监管，我想先说一下它的基本内涵。环境信用监管是指生态环境部门基于企业的环境守法表现，特别是根据企业环境违法信息，尤其是因为违法受到的处罚信息，生态环境部门对这些企业的环境信息进行评判，评定一定的等级，然后将这些信息分享给有关部门，相关部门对环境守信的企业，予以适当褒奖、便利，对失信企业实施联合惩戒，目的是推动形成一种环境守法诚信企业处处便利、失信企业处处不便、处处受阻的良性机制。大家看得出来，这种机制是对违法行为强制惩罚的一种带有市场性的补充性措施。所以，生态环境部门这些年从推动立法和机制构建两个方面，推动企业环境信用机制建设。在推动立法方面，《环境保护法》（2014 年 4 月修订）有专门规定，生态环境部门应当将企业环境违法信息记入社会诚信档案，这个社会诚信档案是社会共享，实行联合约束、联合惩戒的。2018 年制定的《土壤污染防治法》《生物安全法》《固体废物污染环境防治法》（2020 年 4 月修订）也都对企业环境信用的管理做了专门的规定。

刚刚公布的《条例》，针对排污单位和技术服务机构这两类主体环境信用的约束，也做了具体规定，我愿意简单与你交流一下。

第一，针对排污单位。《条例》规定，排污单位在申请排污许可证时提交的材料中，就应当有其统一的企业社会信用代码，目的很清楚，好的要褒奖，坏的要约束。生态环境部门将根据排污单位的信用记录等因素合理确定对排污单位的检查频次和方式。大家知道，我们现在实行精细化管理，对环境表现较好的，我们进行提倡，对环境表现不良的，我们就要加强监管，提高监管频次，就是不让坏人占便宜。此外，《条例》还要求对企业违法行为的处罚决定纳入国家信用管理信息系统，并向社会公开。

第二，针对服务机构。《条例》写到，企业提出申请材料，生态环境部门可能要委托一些专门技术机构对专业化的申请材料做技术评估和审查。这些技术评估机构如果弄虚作假，生态环境部门要解除委托关系，并把其弄虚作假的违法信息纳入社会征信系统，让社会共同约束。同时，去年修改的《刑法修正案》专门针对这类不诚信的环评机构、监测机构、技术服务机构做出规定，如果评估意见弄虚作假，相关单位要承担刑事责任，一般情节的处五年以下有期徒刑，对涉及公共安全的重大工程出具虚假环评证明文件并导致特别重大损失的，处五年以上十年以下有期徒刑，后果非常严重。所以生态环境部对环评单位的违法信息、技术机构的违法信息，都向社会公开，共同约束。

除了推动立法方面，在机制构建方面，生态环境部最近会同有关方面也取得了积极进展。

一是建立健全环境信用评价制度。2013年和2015年，环境保护部会同国家发展改革委等部门分别制定了《企业环境信用评价办法（试行）》《关于加强企业环境信用体系建设的指导意见》，明确企业环境信用评价的技术指标、评级标准、部门之间的信息共享、结果公开以及联合惩戒等要求。

二是建立环境信用的信息共享机制。生态环境部门开展环境信用信息评价结果，与全国信用信息共享平台实现部门之间的信息共享互换并及时更新。目前，生态环境部门已经开始向全国信用信息共享平台自动推送环境违法信息、环评机构和人员的信息、地方开展的环境信用评价数据和信息，我们也可以从这些共享平台下载相关文件，获取参与这些机制的其他部门的信息。

三是构建跨部门环境信用评价的结果运用机制。2016年，环境保护部会同国家发展改革委、中国人民银行等16个部门，优化了关于对环境领域失信生产经营人员开展联合惩戒的合作备忘录，明确对环保领域失信的生产企业和经营管理人员开展联合惩戒。近年来，生态环境部将企业的环境信用信息推送至国家发展改革委、中国银监会、中国保监会、海关总署、国家市场监督管理总局等部门，推动与相关部门依法、依规将企业环境信用评价结果应用于绿色信贷、市场监管等领域，并取得了良好的效果。今后，我们将在企业信用评价方面进一步完善机制，发挥信用在部门之间的共同约束作用，弥补法律的强制性制裁。谢谢。

《人民日报》记者：《条例》经过这么多年的努力终于颁布了，请问《条例》有哪些核心和亮点可以值得说一说？谢谢。

刘志全：我来回答一下这个问题，谢谢你的提问。为贯彻落实党中央、国务院的决策部署，全面实行排污许可制，《条例》提出了一系列新的举措，具体有四个方面：

第一，实现固定污染源全覆盖。一是根据污染物产生量、排放量和对环境的影响程度，实行分类管理，对影响较大的和较小的排污单位，分别实行重点管理和简化管理。对影响很小的排污单位，实行排污登记管理，不需要申请领取排污许可证，仅需要在全国排污许可证管理信息平台上做一个登记便可，大概半小时就能完成。二是管理要素全覆盖。《条例》规定，依照法律规定实施排污许可，依法将水、大气、土壤和固体废物等污染要素纳入许可管理，逐步将噪声等污染要素通过修法全部纳入管理。目前，我们开展水、大气、土壤、固体废物污染防治，《固体废物污染环境防治法》（2020年4月修订）刚刚颁布，2021年，我们准备研究将《固体废物污染环境防治法》（2020年4月修订）要求纳入排污许可制，正在出台相关的指南，最终实现环境要素的全覆盖。

第二，构建以排污许可制为核心的固定污染源环境监管体系。

《条例》以排污许可制为核心，深度衔接融合环境管理的其他制度，如环境影响评价制度、总量控制、环境标准、环境监测、环境执法、环境统计等各项环境管理制度。一是将环评文件、批复文件或者登记表备案材料排污总量控制要求和自行监测方案等纳入排污许可管理，并将其作为颁发排污许可证的条件。二是许可排放浓度衔接了污染物排放标准，许可排放量衔接重点污染物排放总量控制的要求，环境管理的要求衔接环评批复文件等管理的有关要求。三是自行监测数据可以作为行政执法的证据，规定执行报告中的污染物排放量可以作为生态环境统计、污染物排放总量核算或者是污染源清单编制时的依据。通过与有关制度的衔接融合，将分散的环境管理制度整合成为按照源头预防、过程控制、损害赔偿、责任追究的生态环境保护体系，实现固定污染源全过程管理。

第三，进一步落实生态环境保护的责任。《条例》用三成的篇幅明确了生态环境部门、排污单位、排污许可技术机构的法律责任。一是针对违反排污许可证审批和监管行为做出相应的法律责任规定。二是创新设置按次处罚方式，对违反环境管理台账制度和执行报告等行为，规定了按次处以罚款，是生态环境法律领域的首次。三是细化按日连续处罚规定。四是规定了以欺骗、贿赂等不正常手段申请取得排污许可证或伪造、变造、转让排污许可证的，三年内不得再次申请排污许可证。另外，还规定了排污许可技术机构弄虚作假行为需要承担的责任。

第四，严格按证排污和依证监管。《条例》用两章分别规定了排污单位、生态环境主管部门的责任，要求排污单位应当开展自行监测，保存原始记录、建立台账制度和提交执行报告等。执法证据这次也不仅局限于现场监测数据，而且也增加了排污单位污染物排放自动监测设备的数据，包括全国排污许可证管理信息平台上获取的数据，也可以作为执法的证据，大大提高了执法效率和准确性。谢谢你的提问。

红星新闻记者：《排污许可管理条例》如何体现"放管服"改革的要求？如何保证企业的权益，减轻他们的负担？谢谢。

刘志全：谢谢你的提问。应该说，《条例》通过对现行管理和改革实践进行了总结和规范，从制度上保障企业的合法权益，在落实"放管服"、减轻企业负担方面进行了创新，主要体现在四个方面。

第一，严格按照现行法律法规规定，进一步明确企业持证排污的责任和义务，这些责任和义务也是通过全面梳理《环境保护法》（2014 年 4 月修订）、《水污染防治法》（2017 年 6 月修正）、《大气污染防治法》（2018 年 10 月修正）等关于企事业单位排放污染物管理的有关要求，也包括自行监测和达标判断的责任和义务等，将排污许可制度改革的试点经验和做法进一步法律化、制度化、长期化、稳定化。本次《条例》均未超出有关法律法规现行的一些要求。

第二，通过实行分类管理，《条例》专门设立了登记管理制度，为大多数的中小微型企业带来了便利。根据 2020 年全覆盖的统计情况，目前登记管理的排污单位有 236 万家，占固定污染源总数的86.5%，大多数企业是实施登记管理的。通过全国排污许可证管理信息平台，企业半小时即可完成登记，便利性是非常明显的。

第三，设立排污限期整改通知书制度，有利于企业轻装前行，避免出现"一刀切"。特别针对现在已经排污，在《条例》出台前没有达到相关标准的，或者设施不完善的、或者未批新建的，《条例》中给了预留期，要求限期整改，"因企而异"给予整改期限，和企业商量达到相关整改要求，减少了"一刀切"，也是对企业的帮扶，有效扭转了过去只管合法企业、不管违法企业的情况，实际这次对手续不全或者有瑕疵的企业，我们也按照《条例》规定要求限期整改。从去年的实践来看，我们对3.15万家企业下达了限期整改通知书，改革过程中已经试点前行了。

第四，实施"一证式"管理，有利于减少对企业正常生产的扰动，也是借鉴国外排污许可的一些经验，国外是一个要素不同部门监管，我们现在是"一证式"管理、一个平台管理，减少对企业的扰动，减轻企业负担。另外，规范环境执法，减少自由裁量权，依证执法。在全国排污许可证管理信息平台，我们开展"一网通办""跨省通办""全程网办"，已经纳入国务院试点，正在推进相关工作。2020年新冠肺炎疫情期间，我们对两万多张到期的排污许可证进行延期，推动复工、复产。

因此，《条例》的颁布实施有利于维护排污企业的合法权益，减少对排污单位正常生产的扰动，保障排污单位生产经营的稳定预期。谢谢。

上游新闻记者：以往企业之所以甘愿冒着被处罚的危险也要违

法排污，一个重要的原因，就是违法排污成本太小。请问《条例》在强化违法排污者的法律责任方面做了哪些规定？谢谢。

黄祎：这个问题我来回答。借这个机会，首先感谢各位媒体朋友长期以来对生态文明立法工作的关心和支持。《条例》出台对解决刚才那位记者提出的问题做了非常有针对性的规定。应当说，依法严惩重罚，是有效打击违法排污行为的重要手段，《条例》是根据党中央、国务院关于用重典治理环境违法行为的部署，对违法者的相关法律责任做了非常严格的规定，主要体现在以下三个方面：

第一，加大对违法排污行为的处罚力度。《条例》虽然是行政法规，但是在做好与《水污染防治法》（2017年6月修正）、《大气污染防治法》（2018年10月修正）等上位法衔接的前提下，对未取得排污许可证排放污染物、超标排放污染物等违法排污行为，都提高了罚款处罚的力度。

第二，规定了多种处罚措施。比如对情节严重的违法排污行为，规定了责令限制生产、停产整治、停业、关闭等处罚措施，对未建立环境管理台账记录制度、未按照规定提交排污许可证执行报告等违法行为，规定了按次处罚的措施，这是《条例》的一个亮点。另外，对复查发现排污企业继续实施违法行为或者拒绝、阻挠复查的违法行为，规定了按日连续处罚的措施。

第三，加强了与治安管理处罚和刑事处罚相关规定的衔接。与《环境保护法》（2014年4月修订）规定的拘留处罚措施相衔接，规定了对通过逃避监管方式违法排污等行为，可以依法对其负责的主管人员和其他直接责任人员处以拘留，对违反本《条例》规定构成违反治安管理行为的，依法给予治安管理处罚；构成犯罪的，依法追究刑事责任。

这次《条例》通过这几个方面的规定，实际上进一步加大了违法成本，可以起到用重典治理违法排污行为的作用。谢谢你的提问。

凤凰卫视记者：在《条例》出来之后有声音认为排污许可证存在重视发证过程，发证后在监管上是比较弱的。生态环境部会做哪些工作，让排污许可证制度成为一个"有牙的老虎"？谢谢。

刘志全：谢谢你的提问，这个问题非常重要，排污许可证执行的好坏，不仅仅是发，把证拿到手，关键是展示它的效果。怎么展示效果？必须依靠监管，靠强化监管来出效果，所以加强事中事后的监管非常重要，是排污许可制度落到实处的非常重要的保障。《条例》在加强事中、事后监管方面做出了明确规定。

第一，要求生态环境主管部门将排污许可执法检查纳入生态环境执法年度计划。根据排污许可管理的类别、排污单位的信用记录等因素，合理确定检查频次和检查方式。

第二，规定生态环境主管部门可以通过全国排污许可证管理信息平台监控、现场监测等方式，对排污单位的污染物排放浓度、排放量等进行核查，既有现场监测也有远程核查。

第三，要求生态环境主管部门对排污单位污染防治设施运行和维护情况是否符合排污许可证的规定等进行监督检查。《条例》对事中、事后监管提出了明确要求，同时鼓励排污单位采用污染防治可行技术。

下一步，生态环境部将按照《条例》的要求，加大排污许可证的证后监管工作，严格依证监管执法。

一是推动建立以排污许可证为主要依据的生态环境日常执法监督体系，并且作为今后的工作重点，研究出台相关指导意见，研究编制重点行业依证监管的日常执法监督程序、指南等。

二是将排污许可证执法检查按照《条例》要求纳入各级生态环境部门执法年度计划中，生态环境部要统一制定执法手册，统一执法尺度，公开执法信息。此外，重点检查许可事项和管理要求落实情况，通过现场检测、核查台账、执行报告等手段，督促排污单位按证排污。

三是将排污许可制度执行情况纳入强化监督定点帮扶指导工作，严厉打击各类排污许可违法行为，及时曝光一批无证排污的典型案例。

四是开展排污许可执法监督宣贯，加强宣传，针对市场主体，加强对地方相关执法工作的指导，提升监管能力，营造全民守法、公众监督的良好氛围。媒体和公众监督也是非常重要的。谢谢。

北京广播电视台记者：《条例》在社会监督和公众参与方面有哪些制度设计？公众可以通过什么样的方式监督排污企业？如何保障公众监督切实发挥作用？谢谢。

别涛：谢谢你对环境领域公众参与的关注。良好的环境质量是最普惠的民生福祉，这是习近平总书记的话，我们作为北京的市民对此感受尤深。环境监管，我们认为是最基本的公共事务之一，生态环境部门历来格外重视环境领域的公众参与和社会监督，并把它作为行政管理监督、专业执法有益的重要补充。《环境保护法》（2014年4月修订）作为环保领域的基础法律，第五章以信息公开和公众参与为题，集中规定了环境领域里的信息公开、公众参与要求。一方面，专门规定了政府、部门和企业公开环境信息的基本义务，同时也赋予了公众包括环保组织依法实施监督的法定权利。在《环境保护法》（2014年4月修订）的基础上，《条例》也对保障公众的有效参与提供了更为具体的制度设计，包括以下五个方面：

第一，构建信息平台，为公众提供集中统一的信息来源。《条例》规定，国务院生态环境主管部门应当加强全国排污许可证管理信息平台的建设。我昨天晚上还专门上网看了一下全国排污许可证管理信息平台，信息非常详细。如果真是关注环保的，普通市民也好、专业环保组织也好，对已经纳入排污许可管理的370多万家固定源排污单位，无论分布在哪个地方，都可以查询到足够的信息。同时要求生态环境部门应当在该信息平台上公开受理或者不予受理排污许可申请的决定，排污单位提交申请也是在这个平台，环境部门受理或不受理排污许可申请也在这个平台上。对于企业提出的排污许可申请的审查、决定、信息公开，都应当通过该平台办理，并对核发排污许可证的情况，以及不需要发证、仅需填报排污登记表的情况，都在这个平台上统一发布。对于发证的企业，在这个平台上自动生成统一许可证的编号。所以，这充分为公众获取企业排污信息提供了集中、统一、稳定、权威的渠道，便于监督。获取信息是监督的基础。

第二，排污许可制管理的三个方面重要工作均须在征求公众意见的基础上完成：一是制定实施排污许可的范围，包括制定实施排污许可证管理的排污单位的范围、排污实施的步骤和许可管理类别名录。具体涉及三类企业：对环境影响较大的实施排污许可重点管理的企业；对环境影响较小的实施排污许可简化管理的企业；对环境影响很小的实施排污登记管理的企业。二是制定实施排污许可登记管理的企业名录，明确无须申领排污许可证、仅需填报排污登记表的企业的类别。三是制定污染防治可行技术指南。以上三个方面工作都要征求有关部门、行业协会、企业和社会公众的意见。如果没有这个程序，就是违规的，也就是保障公众参与全覆盖。

第三，要求排污单位充分公开环境信息。《条例》规定，排污许可证应当载明对排污单位信息公开的要求，企业没有按照排污许可证的要求公开信息构成违规行为的，就有法律责任。排污单位应该如实、及时地公开排污信息，内容包括所排放污染物的种类、数量、浓度，企业污染防治设施的建设运行情况、台账记录、执行报告、自动监测数据等，如果企业没有按照规定公开排污信息，或者公开不实排污信息的，都将面临严重的处罚，由生态环境主管部门责令改正，处 20 万元以下的罚款，拒不改正的，责令停产整治。这是排污单位不依法公开环境信息的法律后果。

第四，要求生态环境部门公开监管信息。排污单位要公开信息、平台要公开信息，部门也要公开信息。《条例》规定，生态环境主管部门应当加强对排污许可证的事中、事后监管，并在全国排污许可证管理信息平台上记录生态环境部门组织开展执法检查的时间、检查内容和检查结果，检查结果无论合规还是不合规，都要记录下来，记录后就要有处理，这也要公开。违规的处罚决定纳入全国信用信息共享平台。全国排污许可证管理信息平台和全国信用信息共享平台均具有公开特性，人人都可以查、可以获取信息，据以实施监督，甚至向生态环境部门举报或提起公益诉讼。

第五，赋予公众举报的权利。《条例》规定，任何单位、个人对排污单位违反《条例》规定的行为，均有向生态环境部门举报的权利，接受举报的生态环境部门应当依法处理，按照规定向举报人反馈处理结果，并为举报人保密。最近报纸上有一个报道，有人举报环境违规企业，被举报的企业派人殴打举报人，这是极端严重的违法行为，《条例》明确规定不允许。所以《条例》在《环境保护法》（2014年4月修订）的基础上，通过信息公开的制度设计，对保障公众的举报、参与、监督提供了有力的法律保障。《环境保护法》（2014年4月修订）里还有一条，对于环境违法行为，符合条件的社会组织可以依法提起公益诉讼。即使不是本人受到直接损害，发现环境违规、违法行为，社会组织也可以依法提出举报，依法向司法机关提起公益诉讼，或者请求行政部门或者法律监督机关依法履责。所以法律对公众参与、信息公开是提供了足够的程序保障和比较完善的制度设计的，希望社会公众能够关注、运用好这些法律规定，维护公共环境质量的逐步改善。谢谢。

香港《紫荆》杂志记者：我们注意到目前排污许可管理制度在监管方面非常注重和强调排污单位的自行监测，请问如何进一步巩固和加强排污单位的自行监测工作？谢谢。

刘志全：谢谢你的提问。监测是非常重要的基础工作。大家都知道，前几年，尤其是西安市、临汾市发生的空气质量监测数据造假案件，严重干扰了生态环境管理工作，在社会上造成了严重后果。两起案件依法宣判，起到了强烈的震慑作用。这对监测的打假起到了非常好的作用。而且目前从环境质量的监测上，数据质量得到了根本性保障。刚才你提到的针对企业的监测，这次在《条例》里面也明确做出了规定，要求企业开展自行监测，还要进行台账记录，保存原始记录不少于五年等。

《条例》规定排污单位对监测的真实性、准确性负责，不得篡改、伪造，对于篡改、伪造监测数据的行为，除予以处罚外，还要求移送公安机关实施行政拘留，甚至追究刑事责任。这是非常明确的。

另外，《条例》要求重点排污单位安装在线监控设备，对于未安装的，包括安装了未使用、未正常运行的，都提出了相应要求。针对未按照自行监测方案开展监测的，要求企业按照方案落实。另外一种情形就是未保存原始监测记录。对这些情形，《条例》中都予以明确规定，违反这几种情形的要给予罚款，拒不改正的责令停产整治，应该说可操作性强了。过去只是一句话，这次变成可操作的，有处罚，如果拒不执行就要关停。对于自行监测应该说给予了法律法规上的保障。生态环境部在环境监测上一直秉持一个态度，就是对发现造假行为、监测数据不实的，发现一起处理一起，绝不手软，依法、依规执行。

近年来，为了打击监测数据造假，我们主要开展三个方面的工作：

第一，去年以来，生态环境部多次会同公安部、最高人民检察院、最高人民法院研究相关问题，推动在《刑法修正案》第十一条中增加了相关规定，法规与标准司做了很多工作，将环境监测中介组织人员故意提供虚假证明文件的行为入刑，实现打击监测数据弄虚作假行为的重大突破。我们过去对在线自动监测，是按照破坏计算机信息罪处理，比如西安市、临汾市都是这样处罚的。现在，要是弄虚作假、提供虚假证明，就直接入刑，这是很重要的一个法律支撑。目前，生态环境部正在认真研究《刑法修正案》第十一条相关规定，并积极配合最高人民检察院、最高人民法院对《关于办理环境污染刑事案件适用法律若干问题的解释》进行修改完善，进一步织密生态环境保护刑事法律网络。

第二，我们联合市场监管等有关部门开展了三年环境监测数据质量保障行动计划，对涉及自行监测的第三方监测机构定期开展"双随机、一公开"监督抽查，对违规行为依据《检验检测机构资质认定管理办法》给予相应的处罚。实际中也吊销了一批从事监测的单位资质，将其驱逐出这个行业，对人员和单位进行严厉处罚。

第三，我们提高科学化水平，实施大数据监管和甄别，开始应用大数据、区块链技术判别真假。我们也鼓励媒体界的同志和公众加强对这方面的监督。

下一步，我们结合《条例》的学习贯彻和落实，进一步规范企业进行自行监测，规范企业的执行报告、台账记录以及信息公开等方面的要求，进一步加大对监测数据弄虚作假行为的打击力度，确保监测数据真实有效，充分发挥监测数据在日常监管和执法监督中的重要作用。谢谢。

寿小丽：谢谢各位发布人，也谢谢各位记者朋友们，今天的国务院政策例行吹风会就到这里，大家再见。

中国应对气候变化
工作进展情况吹风会实录

2021年4月27日

吹风会现场

国务院新闻办新闻局副局长、新闻发言人寿小丽：各位记者朋友们，大家上午好，欢迎出席国务院新闻办公室的新闻吹风会，近期大家对气候变化都高度关注，今天我们特别邀请生态环境部应对气候变化司司长李高先生，请他为大家介绍中国应对气候变化工作进展的情况，并回答大家感兴趣的问题。下面我们首先请李司长做介绍。

李高：谢谢主持人。各位媒体的朋友们，大家上午好！很高兴今天有机会跟大家进行交流，也感谢大家长期以来对我国应对气候变化工作的关心和支持。按照发布会的安排，我先简要介绍一下我们国家应对气候变化工作的进展情况。党中央、国务院高度重视应对气候变化工作。我们国家在 2015 年向联合国提交了《强化应对气候变化行动——中国国家自主贡献》，提出了包括二氧化碳排放达峰在内的国家自主贡献目标。2020 年应该说是我们国家应对气候变化工作极不平凡的一年，9 月 22 日，习近平主席在第七十五届联合国大会一般性辩论上，对外宣示中国二氧化碳排放力争于 2030 年前达峰，努力争取 2060 年前实现碳中和；在 12 月 12 日的气候雄心峰会上，习近平主席进一步宣布了我国自主贡献的新目标、新举措，显著提高了原有国家自主贡献的目标力度，还提出了一项风电太阳能发电装机的目标，这个目标也很有雄心。

此后，党的十九届五中全会、2020 年中央经济工作会议、今年的两会①，还有中央财经委员会第九次会议，这一系列会议都对碳达

---

① 今年的两会指中华人民共和国第十三届全国人民代表大会第四次会议和中国人民政治协商会议第十三届全国委员会第四次会议。

峰、碳中和做出了非常明确部署。4月22日，习近平主席出席领导人气候峰会并发表重要讲话，强调了坚持人与自然和谐共生、坚持绿色发展、坚持系统治理、坚持以人为本、坚持多边主义、坚持共同但有区别的责任原则，六个坚持，表示愿意与国际社会一道共商应对气候变化挑战之策，共谋人与自然和谐共生之道。

近年来，我们国家采取调整产业结构、优化能源结构、节能提高能效、建设碳排放权交易市场、增加碳汇等一系列举措，应对气候变化和落实国家自主贡献的目标取得积极进展。同时，我们在气候变化多边进程中的影响力和引导力也显著增强。

作为最大的发展中国家，我们还面临着发展经济、改善民生、消除贫困、治理污染等一系列艰巨任务。应该说，我们发展不平衡、不充分的现象还是比较突出的。实现碳达峰、碳中和是一场硬仗、一场"大考"，意味着我国将完成全球最高的碳排放强度降幅，用全球历史上最短的时间实现从碳达峰到碳中和，这样的难度是可想而知的。

碳达峰、碳中和事关中华民族的永续发展和推动构建人类命运共同体，既是我们实现高质量发展的倒逼机制，也是我们生态环境高水平保护的治本之策。我们将言必信、行必果，把碳达峰、碳中和纳入生态文明建设的总体布局，坚定不移加以落实。

去年以来，生态环境部贯彻落实习近平总书记的对外宣示，扎实推动碳达峰、碳中和的相关工作，我们对地方行业的相关工作进行了深入研究并积极推动，突出减污降碳的协同效应。推动制定

2030 年前二氧化碳排放达峰行动方案取得了积极进展。"十四五"期间，我们还要继续深入实施积极应对气候变化国家战略，积极落实好碳强度降低的约束性指标，进一步推动碳达峰、碳中和的相关法律法规和标准体系的建设，与有关部门一道，共同制定并实施好 2030 年二氧化碳排放达峰行动方案。同时，我们还加快推动碳排放权交易市场建设，在"十四五"期间推动全国碳排放权交易市场稳定运行、持续发展。

另外，我们要持续推进全民参与的绿色低碳生活方式。在国际方面，我们要继续发挥积极建设性作用，推动《巴黎协定》全面、平衡、有效实施，继续深入开展气候变化"南南合作"，继续为构建公平合理、合作共赢的全球气候治理体系贡献中国智慧、中国方案，与世界各国一道，携手建立绿色低碳、清洁美丽的世界。

我就简单做以上介绍，谢谢大家。下面我愿意回答大家的问题。

寿小丽：谢谢李司长。下面我们开始提问，提问前还是请通报一下所在的新闻机构。

《中国日报》记者：第一个问题是关于 2030 年前的二氧化碳达峰行动方案的问题。请问方案目前进展如何，是否会考虑二氧化碳排放总量控制？如何去设计？第二个问题是关于气候变化立法的问题，两会期间也有不少代表或委员提到这个问题，我想问一下您如何理解气候变化立法的紧迫性以及目前的进展情况？谢谢。

李高：谢谢您的问题，我先回答第一个问题。

刚才我在介绍里也讲到了，二氧化碳排放达峰行动方案的编制是我们国家推动实现新的碳达峰目标一个非常重要的举措和抓手。前期，生态环境部提出这样的一个建议，现在已经成为党中央、国务院的重大决策。我们之前开展了很多基础性工作，包括围绕制定方案，与相关科研院所、高等院校、行业、重点行业协会、地方进行广泛的座谈交流，听取意见，深入分析地方和重点行业的碳排放总量和趋势。

地方层面，我们为指导地方开展碳达峰行动，研究制定了相关的指南，而且为让地方更好地推动这项工作，去年年底专门举办了生态环境系统的培训班，让地方的同志理解我们国家碳达峰行动的政策导向和要求，地方在编制碳达峰行动方案时，梳理了边界怎么核算、有什么要求、对排放现状趋势怎么判断、对碳达峰怎么判断等问题，还梳理了"十四五"期间的一些重点项目上马的情况。我们希望这些工作能够在地方层面推动下去。

行业层面，我们与电力、钢铁、水泥、电解铝、石化、化工、煤炭、煤化工这些行业协会进行了深入交流。一方面，我们在做研究，另一方面，我们也推动行业协会从行业发展和国家碳达峰统筹考虑的角度，提出行业碳达峰的目标和路线图，以及主要举措。

对于建筑、交通行业，我们也与有关部门和相关研究机构进行深入交流，包括如何推动建筑领域、交通领域的碳达峰，有什么举措。在研究的基础上，形成了相关研究报告成果。我所提到的行业和领域，占到我们国家二氧化碳排放量的80%，这个覆盖面是比较广的。

地方也按照相关要求在积极推动编制地方碳达峰方案，包括考虑地方的实际情况、产业特点，考虑未来的发展要求，考虑国家碳达峰的需要统筹制定地方碳达峰行动，各项工作也都在积极推动过程中。

今后我们还要与有关部门一道，共同把国家二氧化碳排放达峰方案编制好，继续指导地方、指导行业开展相关工作，把地方、行业的工作做好。

关于二氧化碳总量控制的问题。实际上，我们国家从"十二五"时期就开始通过对二氧化碳强度的控制来推动温室气体排放控制工作，应该说也取得了比较好的效果。从强度控制开始，也是符合我们国家的实际情况，实际上，国际上很多国家也都是先提出了一个强度的目标。我们国家的二氧化碳排放还处在一个增长的过程，通过强度的控制能够更好地平衡经济社会发展和减排之间的关系，也能够更好地体现各地区减排工作的力度，在排放还没有达峰的情况下，强度控制是我们主要的一种控制方式，我们认为强度控制还是起到了很好的效果。

下一步，我们考虑怎样把强度控制和总量控制更好地结合起来。这个要求，实际上已经体现在"十四五"规划①中了，文件提出，我们将实施以碳强度控制为主，碳排放总量控制为辅的制度。

我们前一段时间推动地方开展编制地方碳达峰方案，实际上就

①"十四五"规划指《中共中央关于制定国民经济和社会发展第十四个五年规划和二〇三五年远景目标的建议》。

是一个很重要的工作基础，地方的数据积累和他们对各行业、各领域碳排放发展情况、未来趋势的判断和未来产业发展布局、能源调整优化的考虑，对于我们下一步引入碳总量和碳强度"双控"制度、共同做好控制温室气体排放奠定了好的基础。如果我们能够进一步推动碳总量控制，也能够更好地实现我们国家对地方的二氧化碳排放的预算管理。

此外，在推动全国碳排放权交易市场建设方面，我们把高排放行业纳入进来。大家知道，我们先从发电行业入手，下一步还有其他行业，碳排放权交易市场的建设也是控制行业排放总量的一种方式。目前，考虑实际的特点，考虑行业的发展，下一步，对于高排放行业，碳排放权交易市场也能够比较好地发挥排放总量控制的作用。

关于气候变化立法的问题。我们要实施积极应对气候变化国家战略，要推动碳达峰、碳中和工作，把这项工作放到一个法治的框架下，奠定更好的法治基础，对推动有关工作意义重大。实际上，从国际经验看，现在已经有几十个国家制定了与气候变化直接相关的法律，我国的气候变化立法也在推动中。2009年8月，全国人大常委会发布了关于积极应对气候变化的决议，已经提出要研究气候立法的问题，此后我们也在推动相关工作。

气候变化立法要解决几个问题。一是立法的时机，有没有一个很好的时机。二是用法律界人士的话来讲，法眼，就是立法本身解决什么问题。三是法律体系的问题，因为气候变化涉及面非常广，怎么解决专门立法与其他现有法律交叉重复的问题。要避免这些问题，我们要聚焦于提炼主要的制度和政策。

另外，气候变化立法不仅是制定一部专门的应对气候变化法，而且还包括碳排放权交易，要推动国务院出台相关条例。此外，法规标准也是一个组成部分。另外，我们法律体系中的一些现有法律，如可再生能源、污染治理、林业、农业、土地相关的一些法律，与气候变化都有关系，今后这些法律的修订需要更多地把气候变化的因素考虑进去。在新的立法中怎么更好地考虑应对气候变化的减缓和适应要求，我们需要从建立法律体系的角度来考虑立法的问题。

专门立法的问题很重要，现在我们在与有关部门沟通，我们认为现在中央提出的碳达峰、碳中和工作是一项经济社会系统性变革，也是一个长期的过程，需要有专门的应对气候变化法作为支撑，我们认为现在是一个比较好的时机，前期也有一些工作基础。下一步，我们要与有关部门，包括全国人大有关部门进一步沟通合作，希望能够制定一部综合性、专门性的应对气候变化法。我想这样一部法律对国内应对气候变化工作，对推动碳达峰、碳中和工作会有非常积极的作用，同时对外也可以很好地展现中国应对气候变化的负责任大国的形象，也展现我们要以法律的手段来更好地应对气候变化的决心。

新华社记者： 我想请您总结一下，到目前为止中国在应对气候变化方面取得了哪些进展？下一步，我们将会实施哪些具体措施？就"十四五"阶段而言，我们将会有哪些具体应对气候变化的措施？

李高： 谢谢您的提问。党中央、国务院高度重视应对气候变化工作，提出要实施积极应对气候变化国家战略，把应对气候变化作为倒逼经济社会高质量发展和生态环境高水平保护的重要抓手。

前面我也介绍了，我们采取了调整产业结构、优化能源结构、节能提高能效、建设碳排放权交易市场、增加碳汇等一系列重大政策举措，在应对气候变化和落实国家自主贡献目标方面取得了积极进展。

从"十二五"时期开始，我们把碳强度下降作为约束性指标纳入国民经济和社会发展规划纲要，这就意味着我们把应对气候变化和经济社会发展紧密联系在一起。经过努力，碳强度实现了持续下降，"十二五"时期碳强度下降了19.3%，"十三五"时期碳强度下降了18.8%。2009年提出的到2020年比2005年碳强度下降40%～45%的目标和承诺现在是什么情况呢？到2020年年底，碳强度比2005年下降了48.4%，超过了我们对外承诺的目标，应该说提前超额完成了任务，这也体现了我们对应对气候变化工作的重视。在这个过程中，非化石能源占比也有了比较大的提升，2020年非化石能源占能源消费的比重达到15.9%。大家比较关心煤炭，在整个能源结构调整过程中，煤炭始终是重中之重，2005年到2020年煤炭占比大幅下降，从72.4%降到了56.8%。取得这样一个成绩，对我们这样一个以煤炭为主的能源结构国家是非常不容易的。

通过这样的工作，我们扭转了二氧化碳排放快速增长的局面，这是一个很大的进步。前面我也说到了，我们的温室气体排放、二氧化碳排放还没有达到峰值，还会有所增长，但是我们已经扭转了快速增长的局面。

同时，碳排放权交易市场建设稳步推进，我们利用市场机制控制温室气体的排放。我们也积极参与全球气候治理进程。中国对于《巴黎协定》的谈判、达成、快速生效做出了历史性贡献，而且我们积极推动气候变化"南南合作"，为帮助其他发展中国家应对气候变化做出了自己的贡献。

下一步，我们要把应对气候变化工作放到我们整个碳达峰、碳中和整体布局中考虑。从大的方面来讲，我们要进一步推动构建绿色低碳、循环发展的经济体系，要把应对气候变化工作与经济社会发展紧密联系在一起。根本措施还是要加大力度推动能源结构、产业结构转型升级。其中一个延续到"十四五""十五五"时期的重要措施就是制定并实施二氧化碳排放达峰行动方案，鼓励和支持有条件的地方、重点行业、重点企业率先达峰，落实好每一个五年规划中的碳强度约束性指标。整个社会都要参与到碳达峰、碳中和中来，形成绿色生产生活方式，提升公众意识，这是一个非常重要的方面。

前面记者提到的应对气候变化立法以及政策体系、低碳标准体系建设，这些都非常重要。另外，我们同时还要注意气候变化对我们国家造成的影响，怎样减少这种不利影响，这就需要推动适应气候变化工作，提升适应能力，这也是一个很重要的方面。

目前，我们的约束性指标，还有我们国家自主贡献的目标都是二氧化碳，同时我们也要加大对非二氧化碳的其他温室气体的管控。另外，从国际方面我们还要持续积极地参与全球气候治理，推动构建公平合理、合作共赢的气候治理体系。"十四五"时期是我们实现碳达峰的关键期、窗口期。我们将按照党中央、国务院的决策部署抓紧推动相关工作。从生态环境部的角度来讲，"十四五"期间很重要的一项工作就是要编制"十四五"时期应对气候变化专项规划。这个专项规划要与"十四五"国民经济和社会发展规划纲要相衔接，要与生态环境保护规划相衔接。这里很重要的一点就是要采取措施，坚决落实碳强度下降18%的约束性指标，制定各领域的应对气候变化和减排目标。对于地方和行业都要提出相关要求，加大监督、评估、考核力度。二氧化碳排放达峰行动前面我已经介绍了，我们要与有关部门一道，把国家碳达峰行动方案编制好，与各部门形成政策合力，立足各自职能支持碳达峰行动的落实，指导地方以及重点领域、重点行业制定碳达峰目标、路线图、时间表，并且将其深入落实。从生态环境部的角度来讲，我们还要把碳达峰的相关工作纳入中央生态环境保护督察，发挥推动落实的督促作用。

碳排放权交易市场建设方面，我们将以发电行业为突破口，率先实现上线交易。下一步，我们要扩大参与范围，包括扩大行业范围，也包括扩大参与交易主体的范围，目的就是使碳排放权交易市场在平稳运行的基础上实现持续发展，更好地发挥控制重点行业温室气体排放的作用，同时也引导更多的资金流向减排、应对气候变化领域。前面也提到了碳强度控制和总量控制，我们要把这个制度设计好。

另外，科技方面的工作也非常重要，碳达峰、碳中和工作需要强有力的科技支撑，对有重大影响的重大技术进行超前部署。我们要对一些行业的负排放技术、碳移除的技术，比如碳捕集、利用与封存等技术，开展超前部署、试点示范，这些工作也都非常重要。

提高全民低碳意识也非常重要，我们要更好地发挥全国低碳日作为提升公众绿色低碳生活意识，引导居民践行绿色低碳生活方式，营造绿色低碳生活新时尚的作用。

气候变化以及碳达峰、碳中和中的很多政策是公共政策，公共政策能不能有效实施，关键还是取决于整个社会意识，如果我们有效提升了公众应对气候变化的意识，推动碳达峰、碳中和以及应对气候变化工作就有了基础和保障。

《新加坡海峡时报》记者：习近平主席上周在领导人气候峰会上宣布中国将在"十五五"期间逐步减少煤炭消费，我想问的是，生态环境部在这方面的具体工作，是怎么和国家发展改革委、国家能源局协调和合作的？

李高：应对气候变化工作涉及面非常广，需要各个部门共同合作，需要协调形成政策合力。

从生态环境部的角度讲，我觉得有几项发挥我们自身优势的工作。

第一，我们怎么样去推动地方，从落实碳强度目标的过程中加强控制温室气体排放。实际上，控制温室气体排放最根本的举措还是能源结构调整、产业结构调整。通过落实碳强度目标，地方对于他们的能源结构和产业结构调整都要采取强有力的措施，通过这个角度来推动这项工作。

第二，推动相关立法工作。这项工作能够为我们应对气候变化和碳达峰、碳中和工作提供更好的法治基础。在工作过程中，我们要与国家发展改革委、国家能源局，还有其他相关部门共同制定好我们国家的碳达峰行动方案。未来十年，各个部门都要提出自己的相关政策措施。

第三，更好地发展碳排放权交易市场。发展碳排放权交易市场有助于我们推动相关重点行业的技术进步，推动产业升级，为实现国家碳达峰目标做出更大的贡献，在这方面我们生态环境部要着力做好相关工作。

第四，我们有比较强有力的执法监督队伍，还有中央生态环境保护督察。我们要把监督检查作为重要的工作做好，从生态环境部的职能定位出发，与各个部门相互配合、做好工作。国家发展改革委、国家能源局通过产业政策、能源发展政策举措来推动相关工作。其他部门，包括工业领域的主管部门，科技领域的主管部门，财税领域的主管部门，金融领域的主管部门都能够从他们的角度、从他们的职能出发提出支持我们碳达峰、碳中和工作的政策，大家形成合力，共同把这项工作做好。

CGTN 记者：日前，习近平主席同法国、德国领导人举行视频峰会时表示，中国决定接受《〈蒙特利尔议定书〉基加利修正案》加强氢氟碳化物（HFCs）等非二氧化碳温室气体的管控，想请问我国要如何开展这项工作？谢谢。

李高：谢谢您的提问。目前我们国家的自主贡献目标以及我们的碳强度约束性指标主要是针对二氧化碳，但是我们并没有放松对非二氧化碳温室气体排放的控制，包括甲烷、氧化亚氮、氢氟碳化物等在内的非二氧化碳温室气体，有些比二氧化碳增温潜势更大，温室效应更加显著，所以我们在落实好国家自主贡献目标和碳强度约束性指标，将二氧化碳排放控制好的同时，下一步，从"十四五"时期开始，我们将对包括氢氟碳化物在内的非二氧化碳的控制提上重要的议事日程。

习主席表示我们已经接受《〈蒙特利尔议定书〉基加利修正案》，下一步，我们要按照相关的要求加强氢氟碳化物的控制，并且我们将逐步从氢氟碳化物的管控延伸到其他所有的非二氧化碳温室气体的管控。

实际上，前期我们也做了一些工作，对于氢氟碳化物，到2020年年底，我们已经通过财政资金累计减排三氟甲烷（HFC-23）共计6.53万t。因为这种温室气体增温潜势很大，所以6.53万t HFC-23的减排相当于我们减排了7.64亿t CO_2。所以，在非二氧化碳排放控制领域，中国不是没有做事，我们做了很多事。同时，我们在农业领域也有一系列工作，比如，我国开展化肥施用量零增长行动，通过化肥施用减量增效的示范，我国化肥施用量提前实现负增长，有效地减少了氧化亚氮的排放。另外，现在大家也都知道垃圾处理、垃圾填埋都会排放甲烷，我们正在全面推进垃圾分类的工作，这项工作有利于提高垃圾处理能力，在垃圾处理过程中减少甲烷的排放。我想这项工作将来产生的减排效应更大。

另外，我们在农业领域还有一些很重要的工作——建设农村户用沼气，包括中小型和大型的沼气工程，每年减少的温室气体，主要是甲烷，约合 6 000 万 t CO_2。在过去一段时间，我们开始重视煤矿瓦斯等煤层气的开采利用，提高相关工作力度，产生了较好的减排效果。

在油气行业，石油天然气企业也采取相关措施控制甲烷的排放，如油田开采过程中的甲烷泄漏防控，也取得了一定进展。

还有一项工作，就是制度标准体系建设。围绕非二氧化碳温室气体排放控制，我们发布了甲烷、氧化亚氮、六氟化硫相关温室气体自愿减排方法学，从制度层面鼓励企业减少非二氧化碳排放。下一步，我们还要进一步开展系统性工作，包括完善非二氧化碳温室气体监测报告评估技术体系，提高温室气体排放清单编制频率，更好地摸清我们国家非二氧化碳温室气体排放的情况和趋势，加强形势分析判断。

另外，我们准备开展甲烷排放控制行动，包括修订煤层气、煤矿瓦斯的排放标准，与有关省（市）探索甲烷排放区域治理，推动并加强重点矿区甲烷抽取利用示范工程建设，在示范工程建设中进一步完善相关标准，包括技术标准、工程标准。在油气领域，我们要进一步加强排放控制，减少油气开采、收集、加工、运输、储存、配送各个环节的甲烷泄漏，进一步加强放空天然气和煤田伴生气的回收利用。在垃圾处置和大型畜禽养殖场废弃物处理方面，我们要进一步加大沼气利用力度，加大对甲烷排放的控制力度。

我们还要进一步加大对氢氟碳化物、氧化亚氮、六氟化硫的排放控制力度，继续推动 HFC-23 的销毁工作，推动硝酸、己二酸行业开展氧化亚氮的减排，继续推动农业减少化肥施用。目前，我们的电力设施使用六氟化硫作为绝缘气体，下一步，我们将在电网逐步淘汰使用六氟化硫，推广节能、低增温潜势的相关电力设施。另外，对于冰箱制冷行业，我们要提高能效，进一步推动制冷剂替代工作。通过以上措施全方位推动非二氧化碳温室气体排放的控制。谢谢。

CNBC 记者： 我有三个问题。第一个问题是韩国近期承诺不再对国外燃煤发电厂有融资支持，请问中国是否有类似计划？第二是请问新能源占中国整体能源需求有多少，随着中国能源需求的增加，占比会不会有一些变化？最后就是在应对气候变化政策中，中国会优先考虑在哪方面进行调整，比如钢铁、煤炭发电厂或是新能源汽车？

李高： 谢谢，您一口气提了好几个问题。

关于对海外煤电项目提供融资支持，中国应有关发展中国家的要求并结合当地实际需求开展了一些煤电合作项目。实际上，我们也注意到国际上有一些舆论要停止煤电，但是还有很多发展中国家连电都用不上，我们有没有想到怎样去帮助这些发展中国家？在这种情况下，不使用煤电用什么？使用可再生能源发电，也要考虑能不能用得上，能不能用得起的问题。国际社会要基于发展中国家的实际情况来考虑问题，不能够简单地停止对发展中国家煤电厂的支持。应对气候变化应该有助于让发展中国家的人民过上好日子，要把应对气候变化和保障民生、发展经济统筹考虑。中国完全是应这些发展中国家的实际需要支持他们开展有关项目建设的，而且我们也坚持高标准，现在我们的煤电效率已经超过了包括美国在内的一些发达国家。在这个过程中，可能有一些媒体忽视了我们更大的努力是帮助发展中国家来发展可再生能源，实际上在过去的若干年中我们更多的融资增长是来自对发展中国家可再生能源方面的支持。能源转型是一个长期过程，不可能一步到位，特别是对于那些老百姓生活用电都没有保障的发展中国家，更不可能一步到位，这点我们要实事求是。我不知道这位记者朋友有没有注意到，最近中美发表了应对气候危机联合声明，声明中提到双方要努力采取市场行动，最大化支持、帮助那些发展中国家发展可再生能源。我们是从帮助他们发展可再生能源、减少对煤电依赖的角度来考虑这个问题的，你刚才的提问是另一种考虑方式。中国将把更多的力量、资源投入到为发展中国家提供可再生能源，帮助他们实现能源转型。我们开展的气候变化"南南合作"，也是给发展中国家提供光伏电站、节能设备，这都是从发展可再生能源这个角度来考虑的。

您还提到新能源占中国能源整体需求比例的问题。实际上，我们在中国应对气候变化的进展问题中也讲到，我国可再生能源或非化石能源占比是大幅上升的，而煤炭占比是大幅下降的，而且从实现碳达峰、碳中和工作要求来讲，下一步，我们要进一步加大对化石能源的控制，特别是煤炭消费要更少。习近平主席提到我们要严控煤电、严控煤炭消费，就是要以更大的力度发展可再生能源，特别是风电、光伏。新的国家自主贡献目标也提出到 2030 年风电、光伏的装机目标。下一步，在保证安全的前提下，我们还希望进一步通过扎扎实实的工作推动整个能源体系以更快的速度转型。我们的国家自主贡献目标中，有一个指标也涉及非化石能源占比，我们把原来到 2030 年非化石能源占比为 20% 提高到了 25% 左右，显示了中国在未来发展可再生能源的决心。

我国应对气候变化的政策，主要是调整产业结构，淘汰过剩产能（包括高排放、低效的产能），加快整个工业体系、产业体系的低碳化改造，在能源结构调整中，进一步加大非化石能源投资的力度。

煤电厂的定位需要进一步发生变化，以前煤电厂是主力电源，下一步要向保障性电源和提供电网灵活性的角度转变。现在，我们还需要一定的煤电保障基本民生，辅助可再生能源的大力发展。中国即便可能要建一些煤电厂，也不是我们传统意义上满负荷运行的煤电厂，并且关于这些煤电厂的二氧化碳排放标准也不同于以前，这些煤电厂产生的二氧化碳排放量也没有以前那么多。目前，电网的可靠性、储能技术还没有实现革命性的进步，因此，我们还需要煤电来提供一定的电网安全保障。但是我们不会再大规模发展煤电，严控煤电，这个是明确的。

实际上，我们还有很多相关产业将来要进一步运用新技术，例如钢铁行业，要更多利用短流程工艺，将废钢利用起来，减少铁矿石的使用。铁矿石的使用链条很长，不但污染物排放多，而且温室气体排放也多。我们现在也要考虑氢冶金将来可能实现对焦炭的替代，减少煤炭消费，这项技术我们也在考虑。新能源汽车是我们的重点发展对象，过去若干年，中国新能源汽车，特别是电动汽车的发展可以用飞速来形容，现在我们新能源汽车保有量占全球的一半以上，发展势头还是非常好的，未来电动汽车的发展也将是一个持续、快速的势头。

中国新闻社记者：有声音担心实现碳达峰、碳中和会影响经济发展速度，请问中国作为发展中国家如何平衡实现碳达峰、碳中和与经济发展的关系？谢谢。

李高：谢谢提问，您提的问题非常好，我想很多人都非常关心这个问题。

实现碳达峰、碳中和与我们实现经济发展不是对立的关系，我们反复引用习近平总书记的话，应对气候变化，不是别人要我们做，是我们可持续发展的内在要求。从长期来看，实现碳达峰、碳中和要采取调整能源结构、优化产业结构、提升能效、改进工业工艺，通过植树造林提升生态系统碳汇能力等措施，这些都是国家高质量发展和生态环境保护高水平保护所需要做的事情。所以从长期来讲，实现碳达峰、碳中和不会对经济发展产生负面影响。而且我们现在已经进入高质量发展阶段，要素成本上升，传统发展动力减弱，需要培育新的增长动力和模式，形成新优势。做好碳达峰、碳中和工作，对于加快形成以国内大循环为主体、国内国际双循环相互促进的发展格局，探索生态优先、绿色发展为导向的高质量发展新路子，有很重要的意义。这项工作确实有很大的挑战，同时也有很大的机遇。

我们需要处理好发展和减排的关系，短期和中长期的关系，整体和局部的关系。中国是最大的发展中国家，发展不平衡、不充分的问题非常突出，经济增长的需求，改善民生的要求，消除贫困的需要，还有治理污染的一系列艰巨任务都摆在我们面前，所以在实现碳达峰、碳中和的过程中，我们需要实事求是，要立足国情，立足发展阶段和实际能力，坚持系统观念，并处理好这些关系。实现碳达峰目标和碳中和愿景需要一个五年计划、一个五年计划地去落实，要稳妥、合理地设定阶段性目标，科学部署，一步一个脚印地推动碳达峰、碳中和工作取得进展。

推动碳达峰、碳中和工作，需要采取更有力度的措施应对气候变化行动，充分发展新经济、新技术、新业态，充分激发制度、政策、技术创新的潜力、活力和动力，我们对实现碳达峰、碳中和要充满信心。

开展碳达峰、碳中和工作是高质量发展的一个倒逼机制，也是生态环境高水平保护的治本之策，长期来讲，这对于我们加快培育壮大绿色低碳发展的新动能，促进经济社会发展全面绿色转型，实现发展方式、发展路径根本性转变很有意义，我们的目标和方向也是明确的。

实现碳达峰、碳中和，要考虑阶段性要求，要一步一个脚印地往前走。习近平主席在领导人气候峰会上宣布，"十四五"时期要严控煤炭项目，严控煤炭消费增长，"十五五"时期逐步减少。大家可以感受到，我们既有长期目标的雄心，也有实事求是的工作部署和安排。我们加大对煤炭消费控制的同时，也要避免对电力系统相关产业行业造成重大冲击，要减少短期负面影响。

同时，我们要对推动可再生能源发展释放明确强有力的政策信号，对相关产业行业给予稳定的预期。控制煤炭或者化石能源的消费意味着我们要大力发展可再生能源，我们的经济在发展，人民对美好生活的向往需要满足，能源需求还要增长，这个增长需要发展可再生能源来弥补。因此，我们要释放大力发展可再生能源的政策信号。相关金融机构、相关企业开展可再生能源投资对发展可再生能源相关项目很有帮助，对促进产业发展壮大、推动新增长点、创造更多高质量工作岗位很有意义。谢谢。

寿小丽：谢谢李高司长，谢谢记者朋友们的参与，今天的吹风会就到这里，大家再见。

党员代表
中外记者见面会
实录

DANGYUAN DAIBIAO
ZHONGWAI JIZHE JIANMIANHUI
SHILU

"践行'两山'理论　建设美丽中国"

中外记者见面会实录

2021 年 9 月 29 日

见面会现场

中共中央宣传部对外新闻局副局长、新闻发言人邢慧娜：各位媒体朋友们，大家下午好。欢迎出席中共中央宣传部中外记者见面会。蓝天白云，绿水青山，是党中央对人民群众做出的一项庄严承诺，也是我们每一个普通人的切身期盼。今天的见面会我们邀请五位来自生态环境领域的优秀党员代表，请他们围绕"践行'两山'理论建设美丽中国"这一主题和大家进行见面交流。

我先逐一介绍一下，他们是北京市生态环境监测中心大气室主任李云婷女士；生态环境部大气环境司重污染天气应对处处长张昊龙先生；生态环境部环境应急与事故调查中心二级巡视员、应急准备处处长刘相梅女士；浙江省嘉兴市生态环境局桐乡分局党组书记、局长姚伟平先生；四川省凉山州生态环境保护综合执法支队支队长、党支部书记伍华先生。

下面，先请五位代表逐一做自我介绍。首先有请李云婷女士。

李云婷：大家好，我叫李云婷，来自北京市生态环境监测中心，一直从事空气质量监测和预报的一线技术工作，是一名来自基层的共产党员。2013 年开始，为了对标新的国家空气质量标准[①]，我和我的团队逐步建设完善了能够科学、真实地反映大气环境状况的北京市 $PM_{2.5}$ 天地空一体化监测网络，搭建了一套集成先进技术和团队丰富经验的空气质量分析预测系统，还锻炼出一支发挥科技引领作用，敢吃苦、能担当的生态环保铁军。我们手握环境监测数据"指挥棒"，怀揣污染成因"定位器"，头戴预知未来空气质量的"望

---

① 新的国家空气质量标准指《环境空气质量标准》（GB 3095—2012）。

远镜"，这些年持续为北京市大气环境的评价考核、环境监管、污染治理和应急减排等工作提供科学技术支撑。我们一直以习近平生态文明思想为指导，坚持把打赢蓝天保卫战作为重要任务和重大民生工程，全力推进北京市空气质量持续改善。2019 年，北京市 $PM_{2.5}$ 年均浓度已经提前超额完成了"十三五"规划目标，2020 年 $PM_{2.5}$ 年均浓度进一步降低，达到 38 $\mu g/m^3$。

今天我给大家带来一块展板，这个展板从上到下记录了 2013—2020 年北京市每一天的空气质量，颜色越深，表明空气质量越差，颜色越浅越绿，表明空气质量就越好。大家能够看到，经过这么多年持续努力，$PM_{2.5}$ 污染天数越来越少、污染程度越来越轻，优良天数越来越多。像这样的蓝天白云，现在在北京已经非常常见了，市民朋友的蓝天幸福感和获得感也在显著增强。北京作为国际大都市，生活环境越来越舒适、越来越宜人。谢谢大家。

邢慧娜： 谢谢云婷。下面，有请张昊龙先生做介绍。

张昊龙： 大家好，我叫张昊龙，于 2004 年加入中国共产党。我来自生态环境部大气环境司重污染天气应对处，是一名比较年轻的环保"老兵"。我从 2005 年开始从事生态环境工作，到现在已经有 16 年了，目前主要负责的工作是大气污染区域联防联控和重污染天气应对。我想大家应该都听说过大气污染防治重点区域，比如京津冀及周边地区、长三角地区、汾渭平原等，这些区域空气质量的改善，都是我的工作范畴。我的另一项工作任务和在座的每一位都息息相关，就是应对重污染天气，也就是减少雾霾。这些年，我们建立了重污染天气应急减排清单管理制度，并且首次提出了重点行业绩效分级管理思路，这些工作有力推动了污染减排，在治污减排的同时也鼓励了先进企业，达到了促进经济高质量发展的效果。

我想，空气质量的改善大家是有目共睹的，人民群众对蓝天的幸福感也在不断增强。我认为，每一个从事生态环境事业的生态环保人心中都有一份理想、一份情怀，就是建设美丽中国。我想我们每一个生态环保人都会坚守自己的初心使命，为建设美丽中国贡献自己的力量。谢谢。

邢慧娜：谢谢张处。下面，有请刘相梅女士。

刘相梅：大家好，我是刘相梅，来自生态环境部环境应急与事故调查中心，一直从事环境应急和执法工作。我有幸在 1994 年大学期间就加入了中国共产党。在研究生期间，我就设想自己能够成为一名生态环保工作者。2002 年，博士毕业后，我顺利进入国家环境保护总局。我记得当时人们的环境意识和保护环境的能力都没有现在这么强，我和同事们经常明察暗访，很多时候要驱车几千千米，时不时要连夜赶赴突发环境事件现场。像黄河流域、淮河流域、松花江流域的大型流域执法行动，重污染天气督查，我和同事们都是穿梭在污染企业中。处理青海玉树地震、甘肃舟曲泥石流、淇河污染事件、义马爆炸事故等突发环境事件以及连续 100 多天的新冠肺炎疫情防控调度协调都是我们的工作。回首工作 20 年来，我有近一半时间都是出差在外的。工作 20 年，我也切身见证了生态文明建设从认识到实践的深刻变化，天蓝了、地绿了、水清了，老百姓更幸福了，但是我深知，这背后是很多生态环保人面向污染的逆行出征，为的是给大家留下绿水青山。我为能够成为其中的一员而感到自豪。

邢慧娜：下面，有请姚伟平先生做介绍。

姚伟平：大家好，我叫姚伟平。我于1992年加入中国共产党，来自"两山"理论发源地、南湖红船起航地——浙江省嘉兴市桐乡市。桐乡更是世界互联网大会永久举办地，我现在担任嘉兴市生态环境局桐乡分局党组书记、局长。

桐乡是一个典型的江南水乡、鱼米之乡，更是一个工业强市。全市有固定污染源10 250个，我局执法监管队员有33人，相当于每一名执法队员要监管310家单位。真的可以说力量有限，任务和责任无限。我带领团队为解决跨界环境纠纷，连续90天驻厂巡查；为推进行业整治，我们连续83次召开协调会议；为建成污泥处置项目跑遍周边500 km范围内的所有处置项目。作为一名基层生态环境局长，我的岗位职责就是要打通生态环境保护工作的"最后一公里"，着力提升生态环境治理能力现代化水平，有效破解基层人少、事多，执法与服务监管工作不到位、不全面的问题。所以，我们借助世界互联网大会的"强劲东风"，带领团队在"数字环保"改革上大胆探索，先后完成了全国多个数字化改革试点项目。今天，我现场给大家带来的是这几年数字化改革的成果之一，也就是企业排污许可"身份码"，该码主要挂在企业大门口，用于对外进行信息公开，随时接受群众监督，同时也是体现压实主体责任——"持证守法"的一项工作表现。通过这几年的努力，我们也走出了一条生态环境治理数字化转型道路。下一步，我们将为建设好美丽桐乡勇当开路先锋。谢谢大家！

邢慧娜：谢谢。下面，有请伍华先生做介绍。

伍华：大家好，我叫伍华，是四川省凉山州生态环境局综合行政执法支队支队长、党支部书记。我家的门前有条江，它的名字叫作金沙江，我家的屋后有座山，它的名字叫作大凉山。大凉州是长江上游重要的生态屏障和水源涵养地，是四川省三大重点林区之一，也是全国"西电东送"的重要基地和"中国水电第一州"，生态区位十分重要。"CCTV2017 年度法治人物"组委会在给我的颁奖词中写道："为了心中的山水，你选择了翱翔，像一个战士，用法的武器，与污浊较量；像一位医者，以澄澈之心，疗治那片土地的伤痛"。而我是一位彝人，八百里凉山的蓝天白云、高山峡谷、江河湖海、森林原野、浩瀚星空和美丽的月城西昌……都在我的眼里、心里和梦里，我生来就有不可推卸的责任、义务和使命去坚守、建设和美化我们的绿色家园。我们恰逢大时代，身处大舞台，当有"精毫血墨骨作砚，青山绿水书宏卷"的豪情壮志和环保情怀，同心向党、奔赴远方，建设美丽中国有我。谢谢。

邢慧娜：谢谢五位代表的介绍。通过介绍，大家对五位代表的事迹都有了基本的了解。现在大家开始提问，提问前请报一下所在的新闻机构。

中央广播电视总台央视记者：习近平总书记在庆祝中国共产党成立100周年大会上，号召全体中国共产党员牢记初心使命、坚定理想信念，我想请问各位代表，在您从事生态环境保护工作的职业生涯中，提到初心和使命，您最先想到的是哪个时刻呢？

李云婷：谢谢这位记者的提问。我想先谈一点我的感想。作为环境监测技术人员，我觉得我的初心就是满足人民群众对美好生活的向往，而我的使命就是对监测数据负责任，能够真实科学地反映环境状况。说到一个时刻，我首先想到的是每年12月31日到下一年1月1日这两天，年底和年初是我们对上一年度空气质量进行盘点以及开启下一年度工作的重要时刻。这么多年下来，空气质量数据的变化一直牵动着我的神经，早年间污染物浓度跌宕起伏的时候，我感觉非常紧张，这些年优良天数屡创新高，我也感到非常欣慰和满足。作为生态环保人，有很多在一线的生态环保工作者，他们每天都在为每一微克的改善，日夜奋战在治污减排、监测执法的第一线。刚才我也提到了，北京市从2013年到现在空气质量改善非常明显，2013年的$PM_{2.5}$年均值接近$90\,\mu g/m^3$，到2020年已经改善到$38\,\mu g/m^3$。优良天数所占的比例在2013年不到50%，到2020年这个比例上升到75%。这么多年下来，每一年的年终盘点对于我们生态环保人来讲都是风雨之后见彩虹，感受都是非常幸福的。转过头来展望新的一年，展望未来，我们看到空气质量距离公众的向往、距离国家的空气质量标准还有差距，空气质量改善的任务还非常艰巨。所以对于我们生态环保人来说，还要继续展望前方。有一句诗讲，"长风破浪会有时，直挂云帆济沧海"。我觉得这就表述了我们在新一年的一个期望。谢谢。

张昊龙：我接着云婷的继续说一下，因为她刚才说的，我也感同身受。对于每一个从事大气环境治理的工作者而言，我想每一个元旦都是既紧张又兴奋的时刻，有两个元旦在我心中记忆犹新，一个是 2018 年 1 月 1 日的凌晨，另一个是 2021 年 1 月 1 日的凌晨，这两个日子分别是《大气十条》和蓝天保卫战任务完成的最后一天、最后一小时空气质量数据出来的时刻。这两个数据出来以后，我们知道《大气十条》任务圆满完成了，蓝天保卫战任务也圆满完成了。这一刻，我们认为这么多日日夜夜的辛苦没有辜负，我们完成了党中央、国务院部署的任务，我们没有辜负人民群众的期盼。我想，如果说初心和使命的话，共产党人的初心和使命就是为人民谋幸福，为中华民族谋复兴。作为一名奋战在蓝天保卫战一线的共产党员，我的初心和使命就是满足人民群众对蓝天白云、对良好空气质量的向往。所以我觉得，当这两个数据出来的时候，我没有辜负我的初心和使命，并且这更加坚定了我践行生态文明、建设美丽中国的信念，以及完成下一阶段空气质量改善任务的信心和决心。谢谢。

伍华：我最先想到的时刻，既不是日常工作中经历急难险重的感人时刻，更不是职业生涯中接受鲜花掌声的时刻，那是一个让人触目惊心、至今难忘又发人深省的时刻。我的家乡凉山州冕宁县的牦牛坪稀土矿是我国第二大、四川第一大轻稀土资源基地。20 世纪 90 年代，当我第一次走进牦牛坪稀土矿区时，就被这片四川"淘金"之地的开采稀土热潮震惊了，举目望去，漫山遍野全是矿洞，生态环境不断恶化，安全事故时有发生，一度成为无序开采的典型代表。

那一刻，我立志投身于生态环境保护事业的星星之火被点燃了，我毅然决然改行报考冕宁县环境保护局，保护家乡的绿水青山。

近年来，在习近平生态文明思想的引领下，有关部门和企业共同努力，我和同事们执着坚守，冕宁县牦牛坪稀土矿山终于进入了国家绿色矿山库，矿区面貌发生了翻天覆地的变化，真可谓"青山绿水带笑颜"。

这也让我更加坚定地认识到我的初心和使命，让蓝天常在、青山常绿、碧水长流，建设生态凉山，为美丽中国守护好长江上游生态屏障，为创造属于我们党和人民的伟大绿色发展奇迹奋斗终身。谢谢。

刘相梅：我也想说一下我对初心和使命的体会。我认为，每个人在自己的岗位上做到最好，担负起时代赋予的责任，就是我们的初心和使命。谈起首先想到的时刻，我觉得和这场新冠肺炎疫情相关，大家也都感同身受，因为这场新冠肺炎疫情，各位记者朋友们现在不得不戴着口罩。而我想起的时刻就是2020年的春节，大年三十凌晨4点多的电话铃声，是我的值班同事打来的，说有一个有关新冠肺炎疫情的急件需要处理，我和同事急忙赶到办公室来办理文件，其后就开始组建全国新冠肺炎疫情防控调度联络群，一忙就是好几个小时，错过了与家人的团圆饭。但当时没有想到的是，这样的忙碌一直持续了100多天。面对这场突如其来的新冠肺炎疫情，很多生态环保人都是急国家之急、应人民之需，主动站在了战斗前线，面对医疗废物急速增长好几倍的严峻形势，生态环境部的部领导远程指导湖北和武汉，快速提升应急处置能力，全国生态环境系统 50 万人次投入到这场战斗中，100% 收集、转运、处理医疗废物、医疗污水，我想这就是生态环保人践行初心和使命的缩影。谢谢。

姚伟平：提到初心和使命，我最先想到的时刻就是"乌镇蓝"。昨天，2021 年世界互联网大会·乌镇峰会刚刚闭幕，这是我们桐乡第八次承办世界互联网大会。可以这么说，八年来，世界互联网大会环境综合保障工作与互联网大会一样，一年比一年精彩。每年世界互联网大会在乌镇召开时，乌镇蔚蓝的天空给来自世界各国的嘉宾和记者朋友们留下了深刻的印象。而这份"福利"早已融入全市广大人民的日常生活。我的朋友圈经常有人在晒桐乡的蓝天白云，外地朋友一片羡慕。

第二个直观的印象就是水更清了。浙江省在全国率先实行河长制，嘉兴和桐乡的河长制工作一直走在浙江的前列，桐乡有 2 350 条河道，2012 年我们已经实现了市、镇、村三级河长制全覆盖。无论是市长、镇长还是村长，人人都是河长，每个人都有一条包干的河道，巡河、寻找问题、解决问题，这已经成为我们全市党员干部的"家常便饭"。习近平总书记说，"江山就是人民，人民就是江山"。努力满足人民群众对美好生态环境的向往，这就是我的初心和使命。谢谢大家。

邢慧娜：提到初心和使命，大家都有很多话讲。下面，请大家继续提问。

中国新闻社记者：请问张昊龙先生，习近平总书记在庆祝中国共产党成立100周年大会上，对新时代的中国青年提出要以实现中华民族伟大复兴为己任的殷切期盼，请问作为一位"80后"党员，您是如何在生态环境保护工作中践行中国青年的使命担当的？您想对正在从事和有志于从事生态环境保护工作的青年说些什么？谢谢。

张昊龙：谢谢您的提问。习近平总书记对青年工作做出了多次指示，最近一次9月1日在中央党校中青年干部培训班的开班仪式上，习近平总书记又对青年工作做出了最新指示，他指出，年轻干部生逢伟大时代，是党和国家事业发展的生力军，并且他还嘱托青年干部要努力成为可堪大用、能担重任的栋梁之材，不辜负党和人民的期望和重托。我觉得习近平总书记对我们真的是殷殷嘱托，给所有年轻人指出了今后前进的道路。作为一名年轻的共产党员，我想，要践行初心和使命大概体现在以下三个方面。

第一，不怕困难，勇挑重担。刚才回答上一个问题的时候，我前面几位同事都或多或少提到了生态环保人对家庭都是有一些愧疚的，我们总是有一个重要的担子，就是怎么样去权衡工作和家庭之间的关系。确实，这是我们每一个生态环保人身上都肩负的一副重担，我也一样，我们从事重污染天气应对工作可以说随时都在待命，因为重污染天气什么时候来，我们决定不了，它也不管你是不是节假日、是不是双休日，天气不好了，我们就得去备战。我是两个孩子的父亲，我们家的两个孩子对我的存在感几乎是没有，已经习惯了我的"神出鬼没"。现在我的小儿子五岁，看到外面天不好，会非常随意地说一句"爸爸今天又回不来了"。但是我想也正是因为我们有无数的生态环保人挑起了这副担子，无私付出，也有无数的家庭在背后默默支持，我们才能够取得现在空气质量的改善、生态环境的改善。所以我们回到家中，腰板儿还是挺硬的，毕竟蓝天白云就是一份最好答卷，也是给家人无私付出的一种最好回报。

第二，勇于创新，攻坚克难。这也是从我的工作出发。我们现在应对重污染有一个非常好的政策叫绩效分级，我们给所有的行业、每个企业进行评级，鼓励好的企业去发展，相对治理比较差的企业多采取一些减排措施。但是这项政策在刚开始执行的时候，很多行业协会都不支持，认为他们只要执行国家的排放标准就可以了，为什么要再给他们设一个新的指标，还要让他们重新定级，采取更多的措施，他们都很不理解。我们在创新这个政策的时候，恰逢新冠肺炎疫情。在新冠肺炎疫情期间我们开了60多次视频会，与30多家行业协会、200多家龙头企业逐一沟通，给他们讲解我们的工作理念、工作思路，也听取他们的困难，听取他们的意见，也吸纳了很多他们的建议，最后我们的政策顺利实施，也得到了行业的大力支持。从实际效果上来看，这项政策确实鼓励了企业的先进行为，并且也给一些后进企业成长空间，让他们知道怎么去努力，努力的方向在哪里。现在来看，这项政策受到广大行业协会和企业的支持，效果还是不错的。

第三，动真碰硬，实干笃行。我从事重污染天气应对工作，工作有没有效果，重污染天气有没有减少，政策制定得科学不科学是一方面，措施落实没落实也是非常重要的一方面。但改革是否落实了，哪里没有落实，"最后一公里"的问题在哪，我想坐在办公室里是解决不了的。所以我的同事们经常跟我开玩笑说："无论三伏天还是三九天，你上能爬烟囱、下能钻地沟。"我有时候也比较轴，我在企业一耗就能耗10多个小时，不把这个问题"耗"出来我也不罢休。有一次，我们想寻找储油库的相关问题，在每天最热的时候去爬储罐，10天爬了70多个储罐，最后确实把问题都找全了，也为我们下一步的政策制定提供了方法。我想，正是因为这种"咬定青山不放松"的精神，才能发现问题、解决问题。

最后有几句话跟青年党员们共勉，我觉得有多大担当才能干多大事业；尽多大责任才能有多大成就。我想我们每一个从事生态环境保护工作的共产党员，都应该把建设生态文明作为践行初心和使命的"磨刀石"，为建设美丽中国，为满足人民群众对美好生活的向往做出自己应有的贡献。谢谢。

海报新闻记者：姚伟平局长，您刚才提到桐乡实现了生态环境治理数字化转型，生态环境质量和老百姓的获得感不断提升。请问，促使桐乡走"数字环保"改革路子的初衷是什么？进展如何？取得了怎样的成效？谢谢。

姚伟平：谢谢你的提问。2018年以来，我们开始探索如何用数字化手段不断提升环境的监管效率，改善环境质量。我们作为全省排污许可证证后执法的改革县，先行先试、大胆探索，建成了"数字环保"系统，形成了环境监管非现场执法"云模式"，并且这项成果在世界互联网大会举办期间正式发布，这也是浙江省排污许可证证后执法监管数字化改革的一个标志性成果。"数字环保"到底发挥了哪些作用呢？"数字环保"主要是形成了系统、科学的评价体系，来自62项指标的考核，无论是对区域性考核还是对企业工况考核，都进行"赋分量化、分级管控"，通过这个体系，有效压实了管发展必须管环保、管生产必须管环保、管行业必须管环保的"三个必须"主体责任。

我们在落实管发展必须管环保方面，主要是通过镇街道"五色风险图"评价体系，有效压实了各镇街道问题发现、红线管控、绿色发展指标等主体责任。我们在落实管生产必须管环保方面，主要是通过企业"五色生态码"评价体系，压实企业整改问题、及时报告、持证守法等主体责任。我们在落实管行业必须管环保方面，主要是通过智慧预警和报警以及数字执法、线上服务等功能，突出和强化监管执法与服务并重的工作理念。大家都知道，沿海地区台风比较多，台风期间，"数字环保"系统可以及时调阅所有涉污企业的监控数据，进行数据分析、隐患排查、问题研判，及时发出有效信息和预警信息给涉污企业，确保环境安全。

我们现在每个人都有健康码，我们的企业也有个"健康码"，这个"健康码"就是企业排污许可身份码。前面我简单做了介绍，这个身份码也是我们数字改革成果的内容，这个码主要挂在涉污企业的大门口，用于企业的信息公开和群众监督。大家通过现场扫码，就可以知道这个企业的基本情况，比如项目审批情况，治理设施、在线监控是否正常，以及工况运营等相关信息，通过扫码就可以做到"一码了然"。当然，大家发现问题也可以通过大门口的二维码进行"码上投诉"和"码上举报"。我想这也是近几年数字化改革中压实企业主体责任、促进持证守法最基本的表现。

下一步，我们还将对系统进行迭代升级，进一步提升数字化的改革成果和监管效率。谢谢大家。

《中国日报》记者：我的问题想提给刘相梅女士，您在环境应急执法岗位工作了近20年，我们知道这是急难险重的岗位，想请问您在工作中有没有遇到过危险和挑战？能不能和我们分享一下？您又是怎样坚持下来的？谢谢。

刘相梅：谢谢这位记者的提问。环境执法和应急工作，尤其是应急工作，具有时空的不确定性、行动的紧迫性和条件的有限性等特点，与常规行政机关的工作还是有所不同的。给大家举个例子，我记得在2019年7月，当时中原大地是非常热的，室外最高温度接近40℃，当时我带队执行大气监督帮扶工作。工作一整天，晚上回到酒店的时候已经8点多了。9点多的时候，接到单位同事的电话，说200 km外有一个化工厂爆炸了。我当时作为应急处长，需要就近赶赴现场，我就只身租车赶到现场，当时已经是深夜了，漆黑的夜晚，现场也是刺鼻的气味，污水横流，这些污水流到哪里还不知道。我和当地的同志一一排查，直到找到源头并督促当地截住所有污水外排的通道，已经是天光大亮了，我们鞋子和裤子都已经湿透。这是我们从事应急工作的一个场景，类似的事情还有很多，连夜赶路、爬山过河、顶风冒雪，哪里有需要我们就会在哪里。吃不上饭、睡不好觉，泥一身、水一身，这样的事情还是常有的。

您刚才提到了工作 20 年怎么坚持的，作为一名女性，我觉得与很多女同志是一样的，既要对事业负起责任，也要承担社会责任和家庭责任。我记得在这个过程中确实是需要考虑处理好国事和家事之间的关系，有时候也存在一定的矛盾。记得孩子小的时候，由于经常出差，想念妈妈的儿子和我出主意说，如果再安排您出差，您就先偷偷溜走，等派别人了您再回去。我记得十多年前接到老父亲病重的电话时，我在事件现场已经 20 多天。在这个过程中，我确实对家人心存愧疚，但我也特别幸运，有理解我的家人、亲戚和朋友。我的爱人主动承担起很多家庭琐事，孩子小的时候，父母也都过来帮忙，而我也尽可能地去照顾生病的老人，为青春期的孩子做好生活保障。其实我觉得，大家的想法都是很朴素的，工作上的事是最要紧的，在国事面前，家事都是小事。每个和谐的家庭，也组成了我们整个安康稳定的祖国大家庭。谢谢。

伍华：说得真好。作为男同志，我也不禁产生共鸣，想说几句。刚才刘相梅同志的讲述，让我在感慨的同时又感同身受。我们基层环境执法人员通常是环境执法、环境应急、督察等工作职责"一肩挑"，可以说每个人身上都有彰显特别能吃苦、特别能战斗、特别能奉献的故事。

此时此刻，我的脑海里浮现出过往的一张张画面，当依法查封企业被企业方阻拦，要我为一天损失 500 万元担责时，我选择了动真碰硬、迎难而上；当面对涉嫌违法企业的业主及其"保护伞"

不断施压、利诱甚至威胁时，我选择了清正廉洁、违法必究；当面对现场勘验突发环境事件，黄磷车罐体突然爆炸，与死神擦肩而过30 s时，我选择了义无反顾、无怨无悔。而最让我记忆犹新的是，当年5岁的女儿埋怨我的单位领导经常紧急通知两地分居休假在家的我加班加点、应急处置或是出差办案，只要听到电话铃声一响，无论她在玩什么，马上丢掉玩具，慌忙跑来告诉我："爸爸爸爸，快点快点，你关掉手机钻进被窝里，他们就找不到你了。"可是每次要么她被"强制抱离"，要么妈妈对她施以"糖果诱惑"，要么夫妻俩配合上演一出"调娃离山"之戏，我才能金蝉脱壳。如今11岁的女儿，面对同样的情形，她会一边迈着方步郑重其事地对我说："环保尚未成功，爸爸仍需努力。"一边牵着弟弟的手，回到房间玩耍，掩护我悄然离开。这些既承载着酸甜与苦辣、委屈与艰辛、责任与担当，又充满着欢声和笑语的事例，我就不再赘述了。但凡过往，皆为序章，以梦为马，不负韶华。谢谢。

封面新闻记者：这个问题想问一下张昊龙处长，近年来我国的大气环境质量持续改善，请问下一步大气污染治理的重点是什么？"十四五"规划提出，基本消除重污染天气。距离这一目标还有多大差距？如何顺利实现？谢谢。

张昊龙：谢谢您的提问，您问了一个非常关键的问题，我们下一步有一个重要的任务——基本消除重污染天气，这也是"十四五"规划给我们下达的一项非常重要的任务。实际这些年，生态环境部对消除重污染天气这项工作下了非常大的力气，成效也非常显著。

"十三五"期间,全国重污染天气天数的占比从 2015 年的 2.8% 下降到 1.2%,下降幅度达 50% 以上,还是非常有成效的。重点区域下降幅度更大,重污染天气占比从 5% 下降到 1.9%,下降幅度超过 60%。以北京市为例,刚才云婷女士拿的小牌子,这上面大家能看到日历,日历上的红点越来越少,我们能不能想象 2015 年北京市全年有多少天是重污染天气?将近 60 天,近 2 个月的时间都是重污染天气。但是到了 2020 年,北京市还有多少天市重污染天气?一年不到 10 天,应该是七八天的样子。重污染天气的削减工作还是卓有成效的。当然,现在想要基本消除重污染天气有非常大的难度,我们也在积极努力。如果没记错,应该是 8 月 30 日中央全面深化改革委员会第二十一次会议审议通过了《关于深入打好污染防治攻坚战的意见》,这个意见专门提出要制定重污染天气消除攻坚方案,我们现在也在积极研究怎么去制定攻坚方案,把具体措施落实到精准治污、科学治污、依法治污上。简单说有三个方面:

第一方面,要科学设计目标,分类施策。我们应对重污染天气最主要的目标还是保护人民群众的身体健康,所以我们必须要根据不同区域的重污染天气成因,分类指导、制定相应的指导性政策。有的地方是因为工业污染排放,我们就要在这个地方下大力气去进行结构调整;有的地方可能是因为秸秆焚烧,我们就要更精确地指导地方怎样开展综合利用,怎样去改变工作模式、工作习惯;还有的地方可能是自然因素造成的,比如沙尘影响,我们在设置目标、设置考核的时候,就要想办法剔除这些非人为因素。所以我们力争用 5 年的时间，把人为排放造成的重污染天气基本消除掉，我们要科学设定目标。

第二方面，要抓源头减排，从治本上下功夫。关于重污染天气的成因，不利的气象条件是诱因，主要还是因为大气污染排放强度太大，超出环境容量。所以要想彻底消除重污染天气，最根本的还是要源头减排，要在产业结构、能源结构、交通运输结构、用地结构上下大力气调整。下一步，我们将根据"三个协同"原则（$PM_{2.5}$ 和 O_3 协同治理、大气污染物排放和温室气体排放协同控制、空气质量改善与经济发展协同推进）抓源头治理。这是治本方面。

第三方面，要科学应对重污染天气，从治标上下功夫。在应对工作上，这几年我们探索出一些非常好的经验，主要有两个方面：一是增强预测、预报能力，能够越早知道重污染天气什么时候来，我们就可以越早采取相应措施，也给一些企业有预期，能够尽量减少对大家的影响。现在国家层面在预测、预报这一块，基本上能够实现 7～10 天的空气质量预测、预报结果。下一步，我们还会进一步加强预报能力，一方面，把预测、预报时间再延长一点，另一方面，把准确度增加一些，这样可以更好地支撑我们的决策。二是怎么去落实，我们制定了一个非常好的重污染天气重点行业绩效分级措施，分行业、分类进行分级，对最好的企业、最优秀的企业，生产工艺优秀、治理措施水平也优秀的企业，给予非常大的优惠和鼓励政策，在地方政府预警期间尽量不影响它们。对治理措施比较差、还有很大提升空间的企业，我们用倒逼的方式鼓励它们采取更多的措施，鼓励它们增加投入、增加环保治理设施，尽量向好的企业学习。通过这些好的经验我们一方面能够控制重污染天气，另一方面也能够鼓励先进、倒逼后进，促进整个行业的转型。我相信，通过这些努力，我们有能力完成"十四五"规划给我们的目标。谢谢。

红星新闻记者： 我的问题提给李云婷女士。我们看到，近年来北京市空气质量明显改善。想请问李主任，为了改善空气质量，环境监测工作进行了哪些创新？谢谢。

李云婷： 谢谢这位记者的提问。我作为一名从事环境监测事业的技术人员，这么多年我们一直在探索寻求找到新的方向和手段，大胆创新尝试，发挥科技引领作用。大家都知道，北京市的空气污染治理已经逐渐转向精细化的方向，为了实现这样的目标，北京市这些年也做过很多尝试。我给大家介绍一下我一直亲身参与的北京市开展的基于小型传感器高密度监测网络的整个实践过程。我记得从 2014 年开始，我们开始接触这种小型传感器，但当时我们对它的性能和应用场景都非常陌生，不过监测人员最擅长的就是解剖，我们当时把所有拿到的设备拆到小螺丝级别进行研究，并且设计了很多实验来评估它们的性能。当时我们也做了很多技术上的创新，申请了发明专利。经过一段时间的准备后，2015 年，我们决定将高密度监测网络正式纳入北京市大气环境监测体系。应该说，高密度监测网络在后来的工作中成为精细化管理工作的主要技术担当。

一方面，这套高密度监测网络帮助我们实现了从市一级到区一级再到街道（乡镇）一级的三级空气质量点位部署。以往我们在北京市各区设立 1 ~ 2 个标准监测站,全市标准监测站总数是二三十个。高密度监测网络中,我们部署了 1 000 多个小型传感器,对全市 300 多个街道(乡镇)实现了全覆盖,能提供的空气质量监测结果可以精确到千米级别。这个数据我们对街道(乡镇)都是开放的,基层环境管理人员能够非常迅速地拿到第一手数据资料,使得生态环境保护责任下沉的效率和效果都获得了很大的提升。

另一方面,高密度监测网络也给我们提供了海量的数据,我们把这些数据与气象、地理信息、污染源、社会大数据等相结合,建立了一套从污染结果追溯到污染成因的溯源体系。举一个例子,我们通过这个体系能够精准识别出北京本地排放的高值区,并将它们暴露出来,为精准执法、靶向治污提供直接的依据。

我们这套高密度监测体系在国际上也是比较领先的,联合国环境规划署也邀请我们在联合国"科学—政策—商业"论坛上进行了主题发言,向国际社会进行经验介绍。应该说,我们借助高密度监测网络正式迈向了大数据时代。这些年,我们在积极探索建设更加精准、更加智能的溯源体系,希望能够为北京市大气环境精细化管理持续发力,也希望能够为生态环境治理体系和治理能力的现代化贡献我们技术人员的力量。谢谢。

《北京青年报》记者:我的问题提给伍华先生,凉山地区是经济欠发达地区,请问如何在环境执法过程中平衡经济发展与环境保护之间的关系?作为一线工作者,在环境执法过程中,是否遇到过企业对执法有抵触情绪以及不理解、不配合的情况,您又是怎么去处理的？谢谢。

伍华：谢谢这位记者朋友的提问。虽然凉山属于经济欠发达地区，我们要发展，但坚决不要带污染的 GDP，而要清洁、绿色、高质量的 GDP。具体到环境执法过程中，一方面我们坚持监管与服务并举，优化执法方式，精准执法、科学执法、依法执法；另一方面我们坚持处罚与教育结合，分类执法，精准施策，查处一件、震慑一片、教育一类。在这当中，我们更是让企业自觉认识到：生态环境部门依法实施环境行政处罚不是目的。以牺牲环境为代价，允许环保不达标的企业违法生产，这是对环境守法企业的不公平。为了防止"劣币驱逐良币"的现象发生，我们必须对环境违法行为"零容忍"，持续保持高压执法监管的态势。只有这样，才能真正营造一个公平、公正、良好的营商环境。

我爱我家乡的山山水水，作为一名环境执法人，守护良好生态环境这个最普惠的民生福祉是我的分内职责。特别是通过党史学习教育，也进一步坚定了我继续为群众办实事、解难题的决心。

我为大家讲一件我亲身经历的事情：为了切实解决群众身边的热点投诉环境问题，我曾经带领执法人员在凉山州一家排污大户深入摸排和调查取证，并对企业实施行政处罚和教育。之后这家企业投资 2 亿元进行污染治理改造，并且每年面向群众举办"环保开放日活动"。随着这些年来企业的环境守法意识越来越强烈，渐渐地，企业从不理解到理解、从不配合到配合，而且实现了扭亏为盈，尝到了甜头。近年来，当看到企业荣获"全国绿化模范单位""清洁生产、环境友好企业"等荣誉称号的时候，我也收获了满满的成就感。谢谢。

上游新闻记者： 在座的各位都是工作了十年以上的"老环保"，从自身岗位出发，你们认为这些年来，生态环境保护工作取得了哪些效果？对未来有什么样的期许？谢谢。

李云婷： 我先说两句。作为一名环境监测技术人员，我觉得这些年我们就好像有了三头六臂、火眼金睛一样，这首先得益于环境监测技术的不断进步，得益于环境管理思路的不断拓宽，得益于这一支能吃苦、敢啃硬骨头的生态环保铁军的拼搏精神，也得益于环境信息公开透明的程度越来越高。

还有很重要的一点就是这些年公众的参与程度、环境意识和素养都有很明显提升。我们单位是北京市环境教育基地，也是环保设施公众开放单位。这些年主动申请来我们单位参观的公众越来越多，从80多岁的老人到几岁的孩子都有，他们都非常积极地给我们建言献策，希望能为北京市的生态环境保护出一份力，这让我们觉得特别感动。生态环境保护是一项特别需要公众参与的事业，所以我们也一直倡导"同呼吸、共责任、齐努力"。

说到对未来的期待，我相信通过进一步完善环境监测体系，提升智慧环保比重，提升监测数据转化利用的含金量，我们能够为首都的高质量发展增添更多的绿水青山底色，为市民朋友们提供更多蓝天白云、繁星闪烁的优美生态环境。谢谢。

张昊龙： 回想我国大气污染治理的历程，我们一直都是在党中央、国务院的坚强领导下，按照正确的治理方针路线，遵循科学规律，实事求是、循序渐进、持久发力。也正因为这种方式，大气质量才有了非常显著的改善。我想在座各位，无论是生活在北京还是天津或石家庄等全国其他城市，大家都应该有一个感受，就是我们的天确实是越来越好了，蓝天白云确实越来越多了，空气质量一天一天在变好。这些年我们实施了很多重大工程举措，比如电力行业的超低排放改造、钢铁行业的超低排放改造、北方地区清洁取暖工程等。这些工程都是世界瞩目的。也正是因为这些工程的支持，我们的空气质量才有了显著的提升。

如果说有什么变化，我想，应该是近些年来我们对形势的研判越来越精准、制定的政策措施越来越科学、遵循的法律法规越来越完善、拥有的治理手段和治理技术也越来越丰富。可以这么说，我觉得我们当前的大气污染治理能力和治理水平得到了巨大的提升。虽然我们现在距离世界发达国家和世界卫生组织的标准还有一定的差距，距离人民群众的期盼还有一定的差距，但是我相信，随着大家的共同努力，随着我们认识的逐步提高、技术的不断进步、政策的持续推行，久久为功，空气质量一定会越来越好。我也相信，我们一定能够实现人民群众期盼的"常态蓝"。谢谢。

伍华：我来接着说。18 年的生态环境保护工作生涯，让我越来越深刻地感受和认识到，中央生态环境保护督察是深入贯彻落实习近平生态文明思想的一项具有里程碑意义的重大举措，从根本上全面推动了我国生态环境环境保护工作实现历史性转变。总体而言，党委政府要求高，人民群众期盼高，产排污企业环境守法意识不断增强，各地生态环境质量持续稳定和改善。具体来讲，在执法岗位上，我感到四川的生态环境保护工作特别强调问题导向，把发现问题作为环境保护"第一能力"，始终坚持"四不两直"的方式；在解决问题上，我们坚决贯彻落实铁心布置、铁面检查、铁腕执法的"三铁"要求；在执法手段上，进一步实现从人力执法到科技执法、从现场巡查到在线监控、从环境执法到综合执法的三大提升。与此同时，我们要清醒认识到，生态环境保护如逆水行舟不进则退，只有起点没有终点，只有更好没有最好，生态环境执法永远在路上。

我对未来的期待有两点：第一点，对生态环境保护事业的期待。凝聚环保力量，践行铁军精神，建设美丽中国。第二点，对未来的我和生态环保铁军战友们的期待和共勉，清心为治本，直道是身谋，秀干终成栋，精钢不作钩。谢谢。

姚伟平：这个问题我也说一下。习近平总书记在浙江提出"绿水青山就是金山银山"的理念，始终指引着我们持续打好污染防治攻坚战，努力打造天蓝、地绿、水清、土净的良好人居环境。我感觉到变化的方式和内容有很多。

第一个转变，生态环保铁军队伍，他们甘当人民群众的守护人，用他们的辛苦指数换来了老百姓的幸福指数，也正因为有了这么一支特别能吃苦、特别能战斗、特别能奉献的队伍，使我们的生态环境质量得到了改善。老百姓的获得感、参与度、认知度进一步得到了提升。就像我们市这三年来，在全省生态满意度排名连续提升 40

位。

第二个转变，现在的生态环境保护已经形成了多部门协同共治的态势。包括浙江、嘉兴和桐乡，一大批民间河长、民间闻臭师活跃在基层治理的第一线。

第三个改变，现在的环境监管方式也发生了改变。从过去的"人工管"到现在的"数字管"，也就是说让"数字跑"代替了"人工跑"。我们的"数字环保"指挥大厅已经成为全市环境决策部署的"超级大脑"。

我想，未来在"绿水青山就是金山银山"理论和实践中，我们要一张蓝图绘到底，以更大的力度、更实的举措，努力建设蓝天常在、绿水长流、鱼翔浅底、繁星闪烁的美丽中国。谢谢大家。

刘相梅：这个话题我也有很多体会。工作 20 年来，我几乎跑遍了全国各地，大企业去过，小企业也看过，与政府、部门、企业、老百姓也经常交流和沟通，这么多年，最直观的感受就是生态环境的变化体现在方方面面。从直观上讲，前面几位同志也介绍了，原来四处冒烟的场景现在越来越少了，污水横流的场面也不多见了，原来各种刺鼻的气味也不容易找到了。我们的工作内容也发生了很大的变化，从原来强调污染的末端治理，到现在系统推进绿色生产生活，生态环境保护向各领域、各环节深入推进。

在数字上也有很多变化，我们的污染物排放总量"一减再减"，而我们的环境质量"一提再提"，由违法排污导致的突发环境事件的数量也持续减少，最终反映在老百姓的口碑上，从原来不太知道环保是干什么的，到现在举手为我们点赞，更多的人加入生态环境保护的大军中。我觉得这些变化都是在悄然发生的，但是确实来之不易。说到未来，作为一名应急人，我希望我们的国家能够无急可应、无线需守，底线思维能够普遍建立，环境风险可知、可控，依法、科学、精准应急得到彰显。

今年是建党百年，再过一天将迎来建党百年后的第一个国庆。时值"两个百年"奋斗目标交会之际，我也有幸参加建党百年庆典活动。庆典结束之后，我写下了"环保铁军，战甲铿锵，马嘶剑寒，无畏征程"这样的体会。我相信，在中国共产党的坚强领导下，我们一定能够建设好"美丽中国"，守护好"中国美丽"。谢谢大家。

邢慧娜：感谢五位代表的分享。人民群众对美好生活的向往，就是中国共产党人的奋斗目标，人民群众期待青山常在、绿水长流、空气常新。我相信，这份期待也是五位代表日日夜夜付出的最大动力。守护好世代生活的美好家园是我们的一份历史责任，为了这份责任，他们和他们的家庭都牺牲很多。我们能够体会到了其中的酸甜苦辣，也感受到了家的甜蜜和温馨。

在见面会的最后，我们也希望他们为了大家继续努力，也祝愿他们的小家更加幸福美满。今天的见面会就到这儿。

例行新闻发布会实录

LIXING XINWEN FABUHUI SHILU

1月例行新闻发布会实录
——聚焦生物多样性保护

2021年1月28日

1月28日，生态环境部举行1月例行新闻发布会。生态环境部自然生态保护司司长崔书红出席发布会，介绍生物多样性保护工作情况。生态环境部新闻发言人刘友宾主持发布会，通报近期生态环境保护重点工作进展，并共同回答了大家关心的问题。

1月例行新闻发布会现场（1）

1月例行新闻发布会现场（2）

刘友宾：新闻界的朋友们，新年好！欢迎参加生态环境部 2021 年首场例行新闻发布会。

今天新闻发布会的主题是"生物多样性保护"。这也是我们首次以"生物多样性保护"为主题召开的新闻发布会。我们邀请到生态环境部自然生态保护司崔书红司长介绍有关情况，并回答大家关心的问题。

今天的发布会采用视频连线方式举行。

下面，我首先通报生态环境部近期四项重点工作。

一、全国生态环境保护工作会议安排部署 2021 年重点工作

生态环境部近日在京召开 2021 年全国生态环境保护工作会议，总结 2020 年和"十三五"时期生态环境保护工作，分析当前生态环境保护面临的形势，谋划"十四五"时期工作，安排部署 2021 年重点工作。

2020 年，生态环境系统深入贯彻习近平生态文明思想，认真落实党中央、国务院决策部署，污染防治攻坚战阶段性目标任务圆满完成，生态环境质量持续改善，人民群众生态环境获得感显著增强，厚植了全面建成小康社会的绿色底色和质量成色。

"十三五"时期，我国生态环境保护取得历史性成就，"十三五"规划纲要确定的生态环境 9 项约束性指标均圆满超额完成，其中，全国地级及以上城市优良天数比率为 87%（目标 84.5%）；$PM_{2.5}$ 未达标地级及以上城市平均浓度相比 2015 年下降 28.8%（目标 18%）；全国地表水优良水质断面比例提高到 83.4%（目标 70%）；劣 V 类水体比例下降到 0.6%（目标 5%）；二氧化硫（SO_2）、氮氧化物（NO_x）、

化学需氧量（COD）、氨氮（NH$_3$-N）排放量、单位 GDP 二氧化碳（CO$_2$）排放强度的下降幅度均超过既定目标，为"十四五"时期深入打好污染防治攻坚战探索积累了成功做法和宝贵经验。

立足新发展阶段，当前我国生态文明建设仍处于压力叠加、负重前行的关键期，保护与发展的长期矛盾和短期问题交织，生态环境保护结构性、根源性、趋势性压力总体上尚未根本缓解，污染防治攻坚战还存在思想认识不够深、改善水平不够高、工作成效不够稳、涉及领域不够宽、治理范围不够广等问题。

"十四五"时期生态环境保护工作将把握好"五个坚持"的总体思路，即坚持新发展理念，以生态环境高水平保护促进经济高质量发展，坚持以改善生态环境质量为核心，推动生态环境综合治理、系统治理、源头治理，坚持突出精准治污、科学治污、依法治污，深入打好污染防治攻坚战，坚持深化改革创新，完善生态环境监督管理制度体系，坚持稳中求进总基调，推动重点领域工作取得新突破。

2021 年，生态环境部将坚定不移贯彻新发展理念，系统谋划"十四五"生态环境保护，编制实施 2030 年前碳排放达峰行动方案，继续开展污染防治行动，持续加强生态保护和修复，确保核与辐射安全，依法推进生态环境保护督察执法，有效防范化解生态环境风险，做好基础支撑保障工作，推进生态环境治理体系和治理能力现代化，为"十四五"生态环境保护起好步、开好局，以优异成绩庆祝中国共产党建党 100 周年。

二、禁止洋垃圾入境推进固体废物进口管理制度改革圆满

收官

自 2017 年国务院印发《禁止洋垃圾入境推进固体废物进口管理制度改革实施方案》以来，生态环境部会同海关总署等 14 个部际协调小组成员单位，认真贯彻落实习近平总书记重要指示批示精神和党中央、国务院决策部署，经过三年多的不懈努力，全面完成各项改革任务。

2017 年、2018 年、2019 年、2020 年，我国固体废物进口量分别为 4 227 万 t、2 263 万 t、1348 万 t 和 879 万 t，相比改革前（2016 年），分别减少 9.2%、51.4%、71.0% 和 81.1%，累计减少进口固体废物约 1 亿 t。自 2021 年 1 月 1 日起，我国已全面禁止进口固体废物。

下一步，生态环境部将会同相关部门巩固改革成果，持续强化监管，严厉打击洋垃圾走私，大力提升国内固体废物回收利用水平，健全固体废物管理长效机制。

三、生态环境部发布新版《建设项目环境影响报告表》

为落实新形势下生态环境领域"放管服"①要求，优化营商环境，深化建设项目环评改革，服务中小企业，生态环境部印发《关于印发〈建设项目环境影响报告表〉内容、格式及编制技术指南的通知》。新版报告表将在规范报告表编制、审批、提高环评有效性方面起到积极作用。

与旧版相比，新版报告表在内容、格式和编制技术要求上进行

---

① "放管服"指简政放权、放管结合、优化服务。

了较大调整，主要体现在以下三个方面。一是分类管理，将报告表分为污染影响类和生态影响类两种格式，根据两类项目不同环境影响特点设置有针对性的编制内容和格式，并配套相应的编制技术指南，突出不同类型评价关注重点。二是优化简化，明确了专项设置原则和数量限制，简化了一般项目环境质量现状监测要求，取消了评价等级判定等程序，聚焦生态环境影响和保护措施。三是注重衔接，与规划环境影响评价联动，充分利用规划环境影响评价成果、结论和现状评价数据；污染影响类建设项目内容与排污许可衔接，便于企业后续申请排污许可证；增加"生态环境保护措施监督检查清单"，为后续监管提供明晰依据。

新版报告表自 2021 年 4 月 1 日起正式实施。

四、发布 2021 年环境日中国主题

6 月 5 日是环境日。生态环境部确定 2021 年环境日中国主题为：人与自然和谐共生，旨在进一步唤醒全社会生物多样性保护的意识，牢固树立尊重自然、顺应自然、保护自然的理念，建设人与自然和谐共生的美丽家园。

去年 9 月，习近平主席在联合国生物多样性峰会上指出，生物多样性关系人类福祉，是人类赖以生存和发展的重要基础。我们要站在对人类文明负责的高度，尊重自然、顺应自然、保护自然，探索人与自然和谐共生之路，促进经济发展与生态保护协调统一，共建繁荣、清洁、美丽的世界。

中国政府高度重视生物多样性保护工作，成立了中国生物多样性保护国家委员会，制订《中国生物多样性保护战略与行动计划》（2011—2030 年），划定生态保护红线，建立以国家公园为主体的自然保护地体系，实施生物多样性保护重大工程，有效保护了野生动植物种群及其栖息地安全。

今年，中国政府将作为东道国举办联合国《生物多样性公约》第十五次缔约方大会（以下简称 COP15），各国将聚首昆明，共商全球生物多样性保护大计，制定"2020 年后全球生物多样性框架"，绘制未来 10 年生物多样性保护蓝图。

刘友宾：下面，请崔书红司长介绍情况。

生态环境部自然生态保护司司长崔书红

一年以来，我国着力提高生物多样性管理水平，取得了积极进展和明显成效

崔书红：新闻界的朋友们，一年未见了，大家好！今天，我很高兴出席生物多样性保护专题例行新闻发布会，并回答各位朋友的提问。

2020 年是极不寻常的一年。在全球生物多样性丧失加速、新冠肺炎疫情对经济社会带来全面冲击的背景下，我们一路走来、风雨同舟、共克时艰，艰辛的历程、取得的经验，都值得总结、值得借鉴、值得自信。

习近平总书记高度重视，亲自推动国际社会加强生物多样性保护合作。2020 年 9 月，习近平主席出席联合国生物多样性峰会并发表重要讲话，向世界介绍了中国生物多样性保护的经验，提出了扭转生物多样性下降趋势的中国方案，引领了世界建设生态文明、保护生物多样性的潮流，展示了负责任环境大国的形象，为凝聚各国生物多样性保护共识、携手应对生物多样性挑战、推动共建地球生命共同体注入了强劲活力和动力，引起国际社会强烈反响。峰会前夕，生态环境部和外交部联合发布了中国生物多样性国家立场文件，共同举办了全球部长级圆桌会议。我们在这方面的努力和贡献得到了国际社会的赞许。

一年以来，我们认真贯彻落实习近平生态文明思想，不断健全生物多样性相关政策法规体系，划定并严守生态保护红线，建立以

国家公园为主体的自然保护地体系，实施生物多样性工程，持续开展生态保护修复，加大生物多样性保护监督和执法力度，着力提高生物多样性管理水平，取得了积极进展和明显成效。

一年以来，我们积极筹备 COP15，积极同各国加强合作，共商全球生物多样性保护大计，共建地球生命共同体。大会主题"生态文明：共建地球生命共同体"契合了《生物多样性公约》人与自然和谐共生的愿景，彰显了习近平生态文明思想的世界意义。国际政要表达了强烈的政治意愿，要下决心扭转生物多样性丧失的局面。生物多样性宣传、动员力度从未如此之大、意愿从未如此之强、雄心从未如此之高、前景从未如此光明。当然，我们面临的形势和挑战也从未如此复杂、艰巨。

2021 年是"十四五"开局之年，是十九届五中全会确定的"生态文明建设实现新进步""建设人与自然和谐共生的现代化"的开局之年。我们将以习近平新时代中国特色社会主义思想为指导，坚决贯彻落实习近平生态文明思想，按党中央、国务院的决策部署，加大生物多样性保护力度，推动生物多样性领域共建、共治、共享体系建设。2021 年，是国际生物多样性"超级年"，以 COP15 筹办为契机，深化国际交流与合作，宣传中国生态文明建设方面的突出成就，为 2020 年后全球生物多样性治理做出积极贡献。

下面，我愿意回答大家的提问。

刘友宾：下面，请大家提问。

我国绝大部分重要物种和重要生态系统在生态保护红线内得到了有效保护

《光明日报》记者：去年习近平主席在联合国生物多样性峰会上发表了重要讲话，引起强烈反响。中国生物多样性保护工作也因此受到广泛关注。请问崔司长，生态环境部在生物多样性保护方面开展了哪些工作，积累了哪些经验？作为 COP15 的缔约国，中国将如何进一步发挥主体作用，促进国际生物多样性保护工作的有效开展？谢谢！

崔书红：感谢您的提问。

我国是生物多样性大国。"大国要有大国的样子"。党的十八大以来，在习近平生态文明思想的指引下，我们认真履行生物多样性保护国际义务，国内生物多样性保护成绩有目共睹，积累了宝贵的经验，体现在以下五个方面：

一是政府高度重视。习近平总书记主持审议通过了《生态文明体制改革总体方案》，亲自谋划安排部署生物多样性保护重大工程，将生物多样性作为生态文明建设的重要内容，上升为国家战略。国务院成立了中国生物多样性保护国家委员会，由副总理任主任、23个国务院部门组成，审议并发布实施了《中国生物多样性保护战略与行动计划》（2011—2030 年），生物多样性主流化成效显著。

二是创新保护方式。建设具有中国特色的以国家公园为主的自然保护地体系。创造性提出并建立生态保护红线制度。初步划定的生态保护红线面积占陆域国土面积的 25% 以上，我国绝大部分重要物种和重要生态系统在红线内得到了有效保护。我国提出的"划定生态保护红线，减缓和适应气候变化案例"成功入选联合国"基于自然解决方案"全球 15 个精品案例。

三是加大保护力度。全国人大 ① 发布《关于全面禁止非法野生动物交易、革除滥食野生动物陋习、切实保障人民群众生命健康安全的决定》。长江流域实行重点水域十年禁捕。生态保护修复取得历史性成就，森林面积、草原面积不断扩大，湿地减少和荒漠化面积扩张趋势得到遏制，我国是世界上绿色覆盖增长最快的国家。濒危野生动植物就地和迁地保护成效十分显著，朱鹮濒危等级由极危降为濒危，野生大熊猫从濒危等级降为易危。

四是全社会共同参与。我国将生物多样性保护作为生态文明建设的重要内容，纳入政治建设、经济建设、社会建设、文化建设和生态建设的方方面面。经过长期的实践，形成了"政府引导、企业担当、公众参与"的生物多样性保护机制。

五是认真履行国际义务。坚定支持和践行多边主义，积极参与全球生物多样性治理，推动生物多样性保护国际合作。我国是联合国《生物多样性公约》信托基金的第一大出资国。20 个"爱知目标"完成情况好于或优于国际水平。

中国获得 COP15 主办权，体现了国际社会对中国生物多样性保护成就的高度认可。中国是全球生物多样性保护的重要参与者和贡

---

① 全国人大指中华人民共和国全国人民代表大会。

献者，为全球提供了可资借鉴解决之策，在全球生物多样性治理中发挥了积极作用。

首先，倡导生态文明，实现发展理念的变革。深入贯彻落实习近平生态文明思想，划定生态保护红线，建设以国家公园为主体的自然保护地体系，开展"三区三线"国土空间规划，把生物多样性保护放在生态文明建设突出地位，走出了一条生产发展、生活富裕、生态良好的文明发展道路。

其次，生物多样性主流化，实现发展方式的变革。各有关部门坚持保护优先、绿色发展，制定政策、编制规划、安排资金等都高度重视生物多样性保护，着力转变发展方式，提高生物资源使用效率，有效减轻对生物资源的过度利用。

再次，动员全社会参与，实现生活方式的变革。重视公众宣传教育，利用"世界环境日""世界地球日""国际生物多样性日"等重要时间节点，举办系列宣传活动，引导人们养成简约、绿色的生活习惯，最大限度地减少对生物多样性的消耗。

最后，加强国际合作，实现合作共赢的变革。坚持多边主义，在公开、透明、缔约方驱动等原则的基础上，与国际社会充分讨论和磋商，共同应对生物多样性、应对气候变化、应对荒漠化，促进经济增长、保障民生福祉等全球挑战，为全球生物多样性治理注入新动力。

谢谢！

基本摸清了我国生物多样性状况，构建了生物多样性保护监管数据库

《第一财经日报》记者： 我们注意到，在中央"十四五"规划和近期生态环境部主要领导的讲话中，多次提到要组织实施、扎实推动生物多样性保护重大工程。另外，《生物多样性保护重大工程实施方案（2015—2020年）》也到了时间节点。能否详细介绍一下这些重大工程的情况？包括投资建设情况、工程进展以及效果？

崔书红：《生物多样性保护重大工程实施方案（2015—2020年）》由国务院有关部门和地方政府共同实施。其中，生态环境部负责组织实施生物多样性调查与评估、观测网络建设两项任务，累计投入中央财政资金近4亿元，共267家科研院所2 000余名科研人员参加，取得了显著的成绩。

一是基本摸清了我国生物多样性状况。全国划定的32个陆地、3个海域共35个生物多样性保护优先区域，约占我国陆地国土面积的29%，维管植物数占全国总种数的87%，野生脊椎动物占全国总种数的85%。同时，还发现了新种和新纪录种50余个，健全和丰富了中国生物多样性"家谱"。

二是支撑了生物多样性相关政策法规制定。完成了重大决策咨询报告8篇。支撑了《生物安全法》《野生动物保护法》等法律法规的制（修）订。发布生物多样性调查、观测和评估的技术导则、规范20余项。组织500余名专家，完成了34 450种高等植物、

4 357 种脊椎动物和 9 302 种大型真菌濒危状况评估，与中国科学院联合发布《中国生物多样性红色名录—高等植物卷》《中国生物多样性红色名录—脊椎动物卷》《中国生物多样性红色名录—大型真菌卷》。

三是构建了生物多样性保护监管数据库。构建了全国 2 376 个县级行政单元、观测样线长超过 3.4 万 km 的物种分布数据库，数据总量达 3.5TB。该数据库是目前国内较为全面和准确的野生动植物空间分布数据库。

四是初步形成了全国生物多样性观测网络。在全国建立 749 个以鸟类、两栖动物、哺乳动物和蝴蝶为主要观测对象的观测样区，布设样线和样点 11 887 条（个），每年获得 70 余万条观测数据，动态掌握了典型区域物种多样性变化第一手数据。

五是提升了生物多样性研究科研能力和水平。重大工程推动了一批新技术在生物多样性调查、观测领域的应用。比如，采用环境 DNA 技术完成对采集困难的生物种类的大范围调查。重大工程实施以来，仅生态环境部南京环境科学研究所、中国环境科学研究院培养相关领域领军人才 3 人、青年拔尖人才 3 人、研究生 50 余名，30 人晋升高级技术职称；近两年发表论文 130 余篇，其中 SCI 论文 71 篇，在 *Science* 等期刊发表论文 8 篇。

六是支撑提升我国生物多样性履约能力。完成了《中国履行〈生物多样性公约〉第六次国家报告》《中国履行〈卡塔赫纳生物安全议定书〉第四次国家报告》等。同时也有力支撑了 COP15 成果的谈判和全球磋商工作。

下一步，我们要在总结经验的基础上，全面落实十九届五中全会精神，加强部际联动和"央地"合作，深化重大工程组织实施，不断完善生物多样性保护监管数据和信息平台，建立以定位观测站与观测样区相结合的长期观测网络。建立并完善生物多样性保护与恢复成效的标准规范体系，推动建立生物多样性保护相关的绩效考评制度，定期发布生物多样性评估报告。

谢谢。

「 "生态文明：共建地球生命共同体"成为 COP15 大会主题，是大会的一个亮点

人民网记者： COP15 目前筹备情况进展如何？本届大会的亮点有什么？大会上将会有哪些成果值得期待？

崔书红： 谢谢。您这个提问很短，但内容却十分丰富，覆盖了COP15 大会的方方面面。这次大会十分重要，举世瞩目，会议筹备正有序推进，大会成果可期，"亮点"多多。

中国政府高度重视 COP15 筹备工作，习近平总书记多次在重要国际场合提出要加强双边、多边合作，努力将 COP15 办成一届圆满成功、具有里程碑意义的大会。总书记亲自推动成为中国办会的最大"亮点"。

"生态文明：共建地球生命共同体"成为大会主题。联合国首

次以生态文明为题召开全球性会议，彰显了习近平生态文明思想的世界意义。大会主题的确立是目前大会筹备最鼓舞性、最具感召性、最具标志性的成果，是大会的一大"亮点"。

国际社会认为，"爱知目标"实施并不理想，全球生物多样性丧失形势十分严峻，直接威胁到人类的食品、健康、安全等福祉。国际社会期待COP15能够制定一个新的具有雄心勃勃的"2020年后全球生物多样性框架"（以下简称"框架"），建立有效的资源调度、执行机制和考核机制，彻底扭转全球生物多样性下降的趋势。"框架"是本次大会的"热点""难点""看点""亮点"。

《生物多样性公约》秘书处已经有了一个关于"框架"的初步案文，但距雄心勃勃还有很大差距。关于"框架"，我们的设想和主张：一是"框架"应平衡体现《生物多样性公约》确定的生物多样性保护、持续利用和惠益分享三大目标；二是"框架"应兼具雄心和务实，既要为未来提供高瞻远瞩的指导，同时又要在借鉴"爱知目标"经验基础上，确保目标的科学性、合理性和可执行性；三是"框架"应照顾发展中国家关切，在目标设定上要考虑全球，特别是发展中国家的能力，在资源调度、执行机制和考核机制等方面要加强对发展中国家的支持。

中国是COP15的东道国和主席国，做好会议筹备、保障大会顺利进行是首要任务。大会期间，中国政府将举办高级别会议，按惯例将发布政治性宣言文件和东道国举措，这是大会的又一"亮点"，国际社会对此非常期待。

在坚持公正、透明、缔约方驱动的前提下，我们将充分发挥主席国的政治领导力，在"框架"执行所需资源调度、执行机制和考核机制以及审查机制，将国家生物多样性战略与行动计划作为审查缔约方履约的重要手段等方面推动各国政要凝聚共识，表现出政治决心和诚意，保障大会取得圆满成功。

谢谢。

嘉陵江及其支流水质已经达标，下一步将开展事件调查和生态环境损害评估

澎湃新闻记者：近日，因长江上游嘉陵江及其支流青泥河出现铊浓度异常情况，甘肃省陇南市、陕西省略阳县分别启动环境污染Ⅲ级、Ⅳ级应急响应。请问目前事件调查进展如何？下一步，生态环境部将采取哪些措施应对？

刘友宾：2021年1月20日19时，嘉陵江入川断面水质自动监测站数据显示铊浓度超标。获悉消息后，生态环境部高度重视，立即启动应急响应，第一时间将有关情况通报嘉陵江上游的甘肃、陕西两省，并派出工作组连夜赶赴甘肃、陕西、四川三省，指导督促当地开展应急处置，查清污染源，确保群众饮水安全。

三省生态环境部门迅速组织开展应急监测、污染源排查等工作。经排查，污染来自嘉陵江两条支流，基本确定甘肃厂坝有色金属有限责任公司成州锌冶炼厂、陕西略阳钢铁有限责任公司分别造成嘉

陵江支流青泥河、东渡河铊浓度异常。当地生态环境部门已责令涉事企业采取断源措施，确保污染水体不再外排。

为保障群众饮水安全，甘肃、陕西两省当地政府分别在青泥河、东渡河构筑拦截坝，分段拦截受污染水体，并投加沉淀剂、絮凝剂进行处置。甘肃、陕西两省还铺设管道，将涉事企业排污口上游清水引流至下游安全区域。经处置，自1月21日20时起，东渡河水质持续达标；1月27日2时起，青泥河入嘉陵江水质达标。

下一步，生态环境部将指导甘肃、陕西、四川三省继续做好污染水体处置工作，确保群众饮水安全。同时，及时组织开展事件调查和生态环境损害评估。

近年来，我国生态环境质量持续向好，但生态环境事件多发、频发的高风险态势没有根本改变，对此，我们必须始终保持清醒认识。生态环境部将深入贯彻落实习近平总书记关于统筹发展和安全、防范化解重大风险的重要论述，坚持"有事没事当有事准备、大事小事当大事对待"的态度，不断提升环境应急准备水平，指导和督促地方人民政府及其生态环境部门，妥善处置突发环境事件，有效保障人民群众生命财产和生态环境安全。

生态保护红线评估调整取得进展，国家生态保护红线监管平台已上线运行

《南方都市报》记者：请问我国的生态保护红线制度目前取得

了哪些效果？实践中发现了哪些问题？接下来还将如何调整？十九届五中全会提出，要守住自然生态安全的底线。您如何理解？下一步有什么举措？

崔书红：感谢您的提问。党中央、国务院将生态保护红线作为生态文明体制改革的一项重点任务，划定并严守生态保护红线工作取得积极进展。

一是进一步明确了生态保护红线管控政策。中共中央办公厅、国务院办公厅（以下简称中办、国办）印发《关于在国土空间规划中统筹划定落实三条控制线的指导意见》，对生态保护红线做出总体部署，确定生态保护红线管控要求，明确了允许生态保护红线内存在的九类有限人为活动。

二是生态保护红线评估调整取得进展。生态环境部协同自然资源部，组织各省开展生态保护红线评估调整工作已经完成，形成了生态保护红线划定调整方案。方案待进一步审核和完善后将按程序报批。

三是有序推进生态保护红线监管体系建设。聚焦"生态功能不降低、面积不减少、性质不改变"的监管目标，生态环境部印发《生态保护红线监管指标体系（试行）》，出台《生态保护红线监管技术规范 保护成效评估（试行）》等七项监管标准规范，对生态保护红线的日常监管、年度评价、定期评估等业务做出技术规定。同时，探索建立生态保护红线生态破坏问题监管机制，启动生态保护红线监管试点，在实践中逐步完善制度。

四是建设国家生态保护红线监管平台。国家投资建设的生态保护红线监管平台已经在生态环境部"生态环境综合管理信息化平台"上线试运行。正式运行后，生态保护红线监管就有了"千里眼""顺风耳""预警机"。根据"边建设、边应用"的要求，生态环境部基于平台，开展了秦岭、川藏铁路沿线、海南岛岸线、环渤海岸线等重点区域的遥感监测工作，发挥了很好的监督支撑作用。

尽管生态保护红线工作取得了进展，但生态保护红线面临的形势依然严峻，监管任务繁重，法律法规还不完善，技术标准体系有待进一步健全，监管能力还比较薄弱，亟须在"十四五"时期和今后更长时期继续完善监管制度。

下一步，生态环境部将协同有关部委，完成生态保护红线划定（调整）方案报批。以国家生态保护红线监管平台为依托，继续完善生态保护红线监管制度，推动生态保护红线监管试点，建立生态保护红线监管流程，及时发现生态破坏问题并监督整改落实，保障生态保护红线持续提供优质生态产品，维护国家和区域生态安全。

您提到的第二个问题，十九届五中全会提出，要守住生态安全底线，生态安全是国家安全的重要组成部分，而且是非常基础、非常长远的部分。十九届五中全会将保障生态安全纳入生态文明建设总体布局，事关党的宗旨，事关民生福祉，事关中华民族永续发展，凸显了生态安全在建设社会主义现代化国家中的极端重要性。

国有国界，自然生态安全也有边界。守住自然生态安全边界，就是要守住国家生态安全底线。一是要守住"山水林田湖草"空间

分布面积，确保面积不减少。二是要守住生态服务功能，让"绿水青山"颜值更高。三是要守住自然生态系统承载力，制划定"三线一单"①，打击各种破坏生态和污染环境的行为。

我国已经建立了比较完备的守住自然生态安全边界的体系。在生态空间保护方面，一方面，基本形成类型比较齐全、布局基本合理、功能相对完善的自然保护地体系。另一方面，生态保护红线划定取得积极进展。中国对全球绿化增量的贡献居全球首位。在守住生态承载力方面，以"三线一单"优化空间布局，不断加大监管执法力度，严厉打击涉及野生动物非法养殖、贸易犯罪行为；开展"绿盾"专项行动，严厉查处涉自然保护区非法开采、筑坝、建工厂等活动；在长江流域重点水域实行为期十年的禁捕政策。

我国生态安全依然面临多方面的挑战，自然生态空间遭受挤占、生态系统质量不高、无序开发破坏生态现象仍屡有发生、生态安全监管能力还有待提升、法律体系不够健全等问题依然存在。

下一步，我们将以习近平生态文明思想为指导，认真贯彻落实十九届五中全会精神，坚持尊重自然、顺应自然、保护自然，完善生态保护监管体系，提升生态保护监管能力，切实加强生态保护红线、自然保护地和生物多样性等重点领域监管，不断提升生态系统质量和稳定性，坚决守住自然生态安全边界。

谢谢。

---

① "三线一单"指生态保护红线、环境质量底线和资源利用上线以及生态环境准入清单。

坚决遏制生态保护修复形式主义、官僚主义问题

路透社记者：鉴于近期新冠肺炎疫情在全球多地暴发，形势十分严峻，请问中国是不是会考虑继续推迟原定 5 月的 COP15 大会？在面对生态环境考核和绿色政绩等压力下，部分地区存在不同程度的违背自然规律搞保护和修复等"生态形式主义"问题，生态环境部将采取什么方式来遏制这种现象？

崔书红：感谢您的提问。新冠肺炎疫情对 COP15 的筹备确实带来了一定的困难，但 COP15 各项筹备工作一直保持有序推进，工作总体目标不变，工作力度不减。大家已经注意到了 COP15 原定会期为去年 10 月，受新冠肺炎疫情影响，《公约》秘书处及时调整并向国际社会发布了新的会议时间，暂时调整为今年 5 月召开。目前，新冠肺炎疫情的发展对 COP15 的筹备仍存在很大的不确定性，我们与《公约》秘书处保持密切的沟通和协商，对大会会期、会议召开形式等进行重新商议和评估，届时《公约》秘书处将及时向国际社会发布新的安排。

党的十八大以来，在习近平生态文明思想指引下，各地持续推进生态保护修复工作，生态环境质量明显改善，取得了历史性成就。正如您提到的，部分地方违背规律搞保护和修复等"生态形式主义"问题不同程度存在。"生态形式主义"本质上是官僚主义。一方面，有些地方不能坚持"山水林田湖草是生命共同体"的系统观，违背自然地带分布规律，简单捆绑"林草项目"、搞"错位建设"；有

些地方政绩观扭曲，急功近利，重人工建设，轻自然修复，热衷人工造景，"大树进城"，河流砌底，简单快干；有的地方重建设轻管护，平时对项目建设不闻不问，项目验收走过场，一验了之，等等。另一方面，生态保护修复从项目立项论证、项目实施监理到项目验收防止"生态形式主义"相关标准规范还不够完善，指导还不够到位。

下一步，生态环境部将坚持以习近平生态文明思想为统领，坚持"山水林田湖草是生命共同体"的整体系统观，坚持正确的政绩观，坚持尊重自然、顺应自然、保护自然的科学自然观，坚持宜林则林、宜草则草、宜荒则荒，坚决遏制"生态形式主义"问题，具体也是从两个方面发力：

一方面，结合中央生态环境保护督察、"绿盾2020"专项行动和黑臭水体整治强化监督检查等工作中实施"双查"机制，继续严厉查处"生态形式主义"问题，继续紧盯"生态形式主义"问题整改。

另一方面，完善和建立贯穿全过程的生态保护修复监管标准技术规范体系，建立生态保护修复全过程监督评估机制，强化生态修复工程环境影响评价，强化项目实施跟踪监测，开展生态保护修复成效评估。

谢谢。

倡议尽量不放或少放烟花爆竹，绿色健康过年

《每日经济新闻》记者：近日，昆明市恢复春节期间燃放烟花

爆竹的消息引起社会广泛关注。请问燃放烟花爆竹对于城市空气质量的影响有多大？环境容量较大的一些城市是否可以恢复春节期间燃放烟花爆竹？

刘友宾：春节期间燃放烟花爆竹有着悠久的历史传统，也是很多人小时候的共同回忆，和许多传统习俗一样，随着时代的变迁，特别是人口的激增，城市化步伐的加快，燃放烟花爆竹也面临新的情况。

环境质量监测表明，烟花爆竹集中燃放对城市空气质量影响明显，会导致 $PM_{2.5}$ 浓度快速上升，空气质量在短时间内迅速恶化，特别是在城市建成区人口密集、大气扩散条件不好的情况下，集中燃放烟花爆竹会加剧空气污染，不利于群众身体健康。

从近几年春节看，基本上每年除夕到元宵节都会发生 2 ~ 3 次区域性重污染过程，其中的原因除气象条件不利因素外，烟花爆竹燃放快速推高污染物浓度也是一个关键因素。以除夕夜到大年初一为例来看，2017 年全国 66 个城市 $PM_{2.5}$ 重度污染，其中 26 个城市 $PM_{2.5}$ 严重污染；2018 年全国 52 个城市 $PM_{2.5}$ 重度污染，其中 7 个城市 $PM_{2.5}$ 严重污染；2019 年全国 51 个城市 $PM_{2.5}$ 重度污染，其中 8 个城市 $PM_{2.5}$ 严重污染。2020 年，全国 30 个城市 $PM_{2.5}$ 重度污染，其中 19 个城市 $PM_{2.5}$ 严重污染。

近年来，随着全社会生态环境意识的不断提高，越来越多地方加强烟花爆竹禁放限放措施，越来越多的公众自觉选择少放或不放烟花爆竹，自觉践行绿色生活方式，春节期间全国空气质量较往年有所好转，2020 年除夕夜间全国 337 个城市 $PM_{2.5}$ 最大小时平均浓度较 2019 年除夕夜下降了 11.5%，较前三年平均下降了 28.1%。特别是实施禁放限放措施并且落实到位的城市，除夕夜间 $PM_{2.5}$ 浓度基本未出现明显上升现象。

还有十几天，一年一度的传统佳节春节就要到了，我们倡议尽量不放或少放烟花爆竹，减轻空气污染，过一个安全、祥和、绿色、健康的春节。

中国推动生物多样性保护全球合作、共建绿色“一带一路”取得积极进展

香港《紫荆》杂志记者：生物多样性保护合作一直是“一带一路”高质量发展的重要内容。请问近年来我国在推动生物多样性保护全球合作、共建绿色“一带一路”方面做了哪些工作？取得了怎样的成效？

崔书红：2019 年，习近平主席在第二届“一带一路”国际合作高峰论坛上强调，我们要坚持开放、绿色、廉洁理念，要把绿色作为底色，推动绿色基础设施建设、绿色投资、绿色金融，保护好我们赖以生存的共同家园。“一带一路”沿线国家积极响应绿色“一带一路”建设倡议，高度重视生物多样性保护国际合作，取得了积极的进展。

一是中国政府有关部门发布《对外投资合作环境保护指南》《关

于推进绿色"一带一路"建设的指导意见》和《"一带一路"生态环境保护合作规划》，规范企业共商、共建绿色"一带一路"环保行为。

二是 40 余个国家的 150 多家合作伙伴参与成立了"一带一路"绿色发展国际联盟。联盟下设"生物多样性保护和生态系统"等 10 个专题伙伴关系，已开展了 10 余场（次）活动。

三是建设"一带一路"生态环保大数据服务平台，目前已经纳入 100 多个国家的生物多样性相关数据，为"一带一路"绿色发展提供决策和数据支持。

四是与发展中国家共同加强环保能力建设，先后为 120 多个共建国家培训生态环境保护官员、专家和技术人员 2 000 余人（次），其中涉及生物多样性的培训 600 多人（次）。

五是依托"一带一路"绿色发展双边、多边合作交流机制，分享生态文明理念和实践，尤其是在生态保护红线划定、国家公园体系建立等方面的经验。继续推动绿色基础设施建设，关注基础设施建设项目在生物多样性保护等方面的影响，逐步推动环境风险评估并制定绿色解决方案。

此外，还开展了《"一带一路"生物多样性重要区域识别及影响分析》等专题研究。"一带一路"绿色发展国际研究院也正式启动。未来，我们将充分发挥研究院在绿色发展领域的高端国际智库作用，为绿色"一带一路"建设提供决策支撑。

谢谢！

"绿盾 2020" 专项行动对 4 398 个问题整改开展实地核实

封面新闻记者： 近年来，党中央高度重视自然保护地事业，生态环境部等部门持续开展"绿盾"专项行动等监管工作，请问取得了哪些成效？"十四五"期间，还将从哪些方面加强监管？

崔书红： 建立自然保护地是最有效保护生物多样性的举措。党中央、国务院高度重视自然保护地生态环境保护工作，通报了甘肃祁连山国家级自然保护区生态破坏和秦岭北麓违建别墅问题，坚决查处破坏生态违法、违规行为。

2020 年，生态环境部联合有关部门和单位开展了"绿盾 2020"自然保护地强化监督工作，累计派出 8 批共 136 人（次），对全国 29 个省（自治区、直辖市）的 196 个自然保护地 4 398 个"绿盾"台账问题整改进展情况开展实地核实；对 17 省 79 个自然保护地开展了联合巡查，向地方反馈发现问题，有力推动整改。全面完成台账更新，对典型问题进行了通报。截至 2020 年年底，国家级自然保护区内的 5 503 个重点问题点位，已整改完成 5 038 个，整改完成率 92%，较 2019 年年底提高了 21 个百分点；长江经济带 11 省（市）国家级自然保护区的 1 388 个重点问题点位，已整改完成 1 217 个，整改完成率 87%，较 2019 年年底明显提升。

经过不懈努力，国家级自然保护区内新增人类活动问题总数和面积实现了明显"双下降"，基本扭转了侵占破坏自然保护地生态环境的趋势，压实了各级政府及其部门的责任，强化了全社会对自然保护地生态环境保护工作的重视，形成了自然保护地一旦划定就"不敢越雷池一步"的氛围。

"十四五"时期，将是我国自然保护地实现从速度规模型向质量效益型转变的关键期，是解决自然保护地历史遗留问题的窗口期，是提升自然保护地保护成效的机遇期，也是自然保护地事业发展的攻坚期。生态环境部将立足生态环境监管职能，重点从以下四个方面开展工作：

一是持续开展"绿盾"专项行动，继续深化工作机制，加大对国家级自然保护区、国家公园和国家级风景名胜区等自然公园的监管力度，严肃查处各类违法、违规行为。

二是会同有关部门加强监管，确保自然保护地调整工作科学合理，实事求是，为解决自然保护地历史遗留问题、推进自然保护地改革当好"卫士"。

三是积极推动自然保护地相关立法的进程，完善自然保护地生态环境监管制度、标准和技术规范。

四是推动国家自然保护地生态环境监测网络建设，升级自然保护地生态环境监管系统，开展成效评估，及时预警生态风险，定期发布自然保护地生态环境状况报告。

谢谢。

已对敦煌公益防护林遭砍伐问题开展现场调查

中央广播电视总台央视记者：近日，有媒体曝光敦煌万亩沙漠防护林被毁问题后引发舆论关注，请问目前事件调查进展如何？生态环境部对此将采取哪些措施？

刘友宾：媒体报道敦煌万亩沙漠防护林遭砍伐问题后，生态环境部高度重视，孙金龙书记、黄润秋部长第一时间做出批示，要求迅即组织调查组赴现场查明情况；翟青副部长带队，中央生态环境保护督察办公室已赴事发地开展现场调查。

调查组充分运用卫星遥感、无人机航拍等科技手段，综合运用现场勘察、走访问询、调阅资料、座谈交流等方式，对有关问题逐一进行调查核实。目前，现场调查工作已经基本结束，调查组正在梳理汇总分析，形成调查报告。

下一步，生态环境部将按程序向甘肃省反馈调查核实情况，并向媒体公开。如发现存在明显失职、失责问题，生态环境部将督促甘肃省有关方面进一步调查核实，厘清责任，并依法、依纪严肃问责。

刘友宾：中国人民的传统佳节春节即将到来，提前祝各位记者朋友新春快乐！阖家安康！

今天的发布会到此结束，谢谢大家！

1 月例行新闻发布会背景材料

2020 年 9 月 30 日，习近平总书记在联合国生物多样性峰会上发出了"昆明之约"，邀请全世界人民齐聚春城，共商全球生物多样性保护大计。中国是生物多样性大国，也是 COP15 的东道国和候任主席国，承担大会成功举办和"框架"成果达成的双重使命。在此背景下，准确把握全球生物多样性变化趋势、了解中国生物多样性保护成就，对于展示我国负责任大国形象，举办一届成功的 COP15，具有重要的现实意义。

一、深刻把握当前全球生物多样性保护形势

生物多样性关系人类福祉，是人类赖以生存和发展的重要基础。全球 GDP 的一半以上（约合 44 万亿美元）部分或高度依赖自然资源的贡献。全球有 40 亿人主要依靠天然药物治疗疾病，在贫困人口中，至少有 70% 的人通过农业、渔业、林业等依赖自然资源的活动维持生计。森林、草地和湿地等生态系统可减缓气候变化，还可以帮助减轻自然灾害的影响。

当前，全球物种灭绝速度不断加快，生物多样性丧失和生态系统退化对人类生存和发展构成重大风险。生物多样性和生态系统服务政府间科学政策平台（IPBES）2019 年 4 月提交的报告指出，到 2020 年，20 个"爱知目标"仅有 4 个目标部分取得了进展，大多数目标无法实现。中国生物多样性保护形势也不容乐观。我国脊椎动物濒危程度高于全球平均水平；生物多样性的丧失和生态系统的脆弱化，将侵蚀我们经济、生计、粮食安全、健康和生活质量的基础。

二、我国生物多样性保护取得积极进展

党和国家高度重视生物多样性保护，成立了中国生物多样性保护国家委员会，发布实施了《中国生物多样性保护战略与行动计划》（2011—2030 年），开展"联合国生物多样性十年中国行动"系列活动，实施生物多样性保护重大工程，我国生物多样性保护取得积极进展。

一是政策法规体系不断健全。我国先后出台了《生态文明体制改革总体方案》《关于划定并验收生态保护红线的若干意见》等文件。2020年，我国颁布《生物安全法》，修订《动物防疫法》《湿地保护法》《野生动物保护法》《渔业法》等法律法规，全国人大表决通过《关于全面禁止非法野生动物交易、革除滥食野生动物陋习、切实保障人民群众生命健康安全的决定》，生物多样性法规体系日趋完善。

二是生态空间保护力度不断加大。我国划定并严守生态保护红线，为至少25%的陆地和海洋面积提供了严格保护，涵盖了95%珍稀濒危物种及其栖息地，近40%的水源涵养、洪水调蓄功能以及32%的防风固沙功能，固碳量约占全国的45%。中办、国办先后印发《建立国家公园体制总体方案》，推动建立以国家公园为主体的自然保护地体系。截至目前，12个省份已开展了国家公园试点，总面积超过22万km^2，覆盖陆域国土面积的2.3%。

三是生物多样性调查观测体系初步建立。依托实施生物多样性保护重大工程、科技基础资源调查专项等项目，组织开展全国重要区域、重点物种和遗传资源调查、观测与评估。收集整理覆盖全国2 376个县域37 960种动植物物种，调查记录超过210万条，发布《中国生物多样性红色名录—高等植物》《中国生物多样性红色名录—脊椎动物》《中国生物多样性红色名录—大型真菌卷》。

四是生态系统保护和修复成就显著。实施山水林田湖草生态保护修复、天然林资源保护、退耕还林还草等重大生态保护与修复工程，森林覆盖率已由20世纪70年代初的12.7%提高到2018年的22.96%。2020年7月，联合国粮食及农业组织（FAO）发布报告称，中国森林净增长量世界第一，是全球森林资源增长最多的国家。我国还在重点生态功能区实施了25个山水林田湖草生态保护修复试点工程，为一体化保护和修复做出了有益探索和示范。

五是我国重点野生动植物保护取得积极成效。我国先后实施了大熊猫等濒危物种和极小种群野生植物的系列专项保护规划或行动方案，建立250处野生动物救护繁育基地，促进了大熊猫、朱鹮等 300 余种珍稀濒危野生动植物种群的恢复与增长。大熊猫野生种群从 20 世纪七八十年代的 1 114 只增加到 1 864 只，藏羚羊野外种群恢复到 30 万头以上，濒临灭绝的野马、麋鹿重新建立起野外种群。同时，基本完成了苏铁、棕榈和原产我国的重点兰科、木兰科植物等珍稀野生植物的种质资源收集保存。

三、COP15 筹备有条不紊地推进

自筹备工作启动以来，我们始终坚持以习近平生态文明思想和习近平外交思想为指导，认真贯彻落实党中央、国务院有关决策部署，积极履行东道国义务，努力将大会举办成一届圆满成功、具有里程碑意义的缔约方大会。

一是加强高层政治推动。习近平主席、李克强总理、韩正副总理在多个外交场合多次提及生物多样性、COP15。多国政要已明确表示希望赴中国参加 COP15。2020 年 9 月 30 日，习近平主席出席联合国生物多样性峰会并发表重要讲话，外交部和生态环境部共同牵头，组织召开 17 国部长级在线圆桌会，为增强政治引领、推动各方关注并支持 COP15 的举办做出了积极努力。

二是建立健全大会组织机构。2019 年 7 月，国务院批复《关于成立 COP15 筹备工作组织机构的请示》，组建由中央和地方 32 个部门和单位组成的 COP15 筹备工作组织委员会（以下简称组委会）和 COP15 筹备工作执行委员会（以下简称执委会），并设立执委会办公室（以下简称执委办），负责落实各项具体工作。组委会和执委会召开会议，集体研究重大事项，并对工作进行安排部署，扎实推进会议筹备的各项工作。

三是确定并发布大会主题、会标和会期。2019 年 9 月，生态环境部与《公约》秘书处共同发布 COP15 主题："生态文明：共建地球生命共同体"，这是生态文明首次被写入联合国系统的重要会议主题。2020 年 1 月，COP15 会标发布，会标以不同元素组成"水滴"形状，充分体现了生物多样性和文化多样性。受全球新冠肺炎疫情影响，COP15 时间从 2020 年 10 月 15—28 日调整至 2021年召开。

四是扎实推进会务保障。目前，已初步完成会场规划，有序推进会务和后勤服务保障工作，确定接待酒店，制定交通保障、通信保障、志愿者工作等方案；正在积极推进 COP15 综合网站服务平台建设，统筹谋划外事礼宾工作，筹备东道国边会、展览等活动，支持《公约》秘书处举办常规平行论坛及边会。

五是参与并推动会议预期成果国际磋商。2020 年，谈判团队组织参与 27 项公约下机制性会议和"框架"正式磋商会议，对外配合《公约》秘书处、"框架"不限名额工作组共同主席开展目标谈判，同时与关键缔约方建立定期沟通机制；对内联合相关部委成立国内谈判专题工作小组，积极寻求建设性方案。

六是统筹谋划大会宣传工作。制订并实施《COP15 宣传工作方案》，已陆续启动中国生物多样性保护系列片摄制、COP15 宣传口号征集、系列科普丛书出版等工作。

COP15 召开在即，《2030 年可持续发展议程》也将迈入实现全球目标的"行动十年"，我们站在了保护生物多样性、实现全球可持续发展的十字路口。面对生物多样性危机，全人类是一荣俱荣、一损俱损的命运共同体，国际社会必须携手合作，把生物多样性保护全面纳入可持续发展战略，全力扭转全球生物多样性丧失趋势，开拓人与自然和谐发展新格局。

2月例行新闻发布会实录

——聚焦大气污染防治

2021年2月25日

2月25日，生态环境部举行2月例行新闻发布会。生态环境部大气环境司司长刘炳江出席发布会，介绍2020年大气污染防治工作成效及2021年和"十四五"时期大气污染防治工作安排部署。生态环境部新闻发言人刘友宾主持发布会，通报近期生态环境保护有关重点工作进展，并共同回答了大家关心的问题。

2月例行新闻发布会现场（1）

2月例行新闻发布会现场（2）

刘友宾：新闻界的朋友们，大家上午好！欢迎参加生态环境部2月例行新闻发布会。

今天发布会的主题是"大气污染防治"。我们邀请到生态环境部大气环境司司长刘炳江，介绍大气污染防治工作情况，并回答大家关心的问题。

今天的发布会采取视频连线方式举行。

下面，我先介绍三项生态环境部近期重点工作。

一、2020年生态环境部承办全国两会建议提案全部办结

2020年，生态环境部承办全国两会建议提案849件，包括建议532件、提案317件，其中牵头办理232件，已全部办结，继续实现主办件沟通率、按期办结率、代表委员满意率三个百分之百。

从建议提案内容看，一方面，代表委员积极围绕打好污染防治攻坚战，包括水、大气、土壤、固体废物污染防治等建言献策；另一方面，代表委员更多将生态环境保护工作融入经济社会发展全局，紧密结合国家重大发展战略和经济社会热点问题，围绕制定"十四五"规划、完善环境经济政策、实施生态补偿制度、推进黄河流域生态环境保护与高质量发展、统筹做好疫情防控和经济社会发展生态环保工作等方面，提出建设性的意见建议。这些意见建议对生态环境保护工作具有积极的指导和借鉴意义。

办理过程中，生态环境部密切与代表委员沟通联系，通过电话、微信、远程视频、见面座谈等形式，与代表委员沟通约600人次。此外，

加大政策转化力度，采纳代表委员意见建议约 150 条，出台政策措施近 60 项。在牵头办理的 232 件建议提案中，代表委员所提问题已解决或建议已采纳的占到 60% 以上。在编制出台《黄河生态环境保护总体工作方案》《关于在疫情防控常态化前提下积极服务落实"六保"任务　坚决打赢打好污染防治攻坚战的意见》《2020 年挥发性有机物治理攻坚方案》《关于进一步规范城镇（园区）污水处理环境管理的通知》等政策文件中，都充分借鉴和吸纳了代表委员的意见建议，最大限度地把他们的真知灼见转化为统筹推进生态环境保护与经济社会高质量发展的政策举措。

今年全国两会召开在即，我们将进一步提高政治站位，加强与代表委员的沟通联系，不断提高办理质量，加强政策转化，汇聚众智持续改善生态环境质量，助力"十四五"开好局、起好步，以优异成绩庆祝建党 100 周年。

二、生态环境部等 6 部门发布《"美丽中国，我是行动者"提升公民生态文明意识行动计划（2021—2025 年）》

为深入学习宣传贯彻习近平生态文明思想，引导全社会牢固树立生态文明价值理念，着力推动构建生态环境治理全民行动体系，日前，生态环境部、中央宣传部、中央文明办、教育部、共青团中央、全国妇联等六部门共同制定并发布《"美丽中国，我是行动者"提升公民生态文明意识行动计划（2021—2025 年）》（以下简称《行动计划》）。

《行动计划》以习近平新时代中国特色社会主义思想和十九届五中全会精神为指导，从深化重大理论研究、持续推进新闻宣传、广泛开展社会动员、加强生态文明教育、推动社会各界参与、创新方式方法等六个方面提出了重点任务安排，部署了研习、宣讲、新闻报道、文化传播、道德培育、志愿服务、品牌创建、全民教育、社会共建、网络传播等十大专题行动，培育生态道德和行为准则，不断增强公民生态文明意识，倡导践行绿色生产生活方式，把建设美丽中国转化为全社会自觉行动。

六部门将定期对《行动计划》实施情况进行督导评估，总结典型经验，推广成熟模式，为社会各界参与生态文明建设提供榜样示范和价值引领。

三、渤海综合治理攻坚战核心目标任务圆满完成

生态环境部会同有关部门和环渤海"三省一市"①，全面推进《渤海综合治理攻坚战行动计划》各项工作任务，攻坚战核心目标任务已经圆满完成。

2020年，渤海近岸海域优良水质比例达到82.3%，同比增加4.4个百分点，高于渤海近岸海域优良水质比例达到73%的任务目标；纳入渤海入海河流劣V类国控断面整治专项行动的10个重点断面完成"消劣"；入海排污口排查整治工作采取"试点先行与全面铺开相结合"的方式推进，试点城市均已初步完成监测、溯源工

---

① 渤海湾"三省一市"指辽宁省、河北省、山东省、天津市。

作和部分项目整治；累计完成滨海湿地整治修复 8 891 hm^2（目标
6 900 hm^2）；整治修复岸线 132 km（目标 70 km），渤海生态环境
质量持续向好。

下一步，生态环境部将继续会同有关部门和环渤海"三省一市"
在巩固已有成效的基础上，协同推进渤海生态环境保护相关工作，
为"十四五"渤海生态环境质量持续改善开好局、起好步。

刘友宾：下面，请刘炳江司长介绍情况。

生态环境部大气环境司司长刘炳江

大气污染防治超额实现"十三五"时期提出的总体目标和量化目标

刘炳江：各位新闻界的朋友，大家上午好！

首先，我谨代表生态环境部大气环境司，对大家长期以来对大气污染防治工作的关心和支持表示衷心感谢！借此机会，我就大气污染防治有关情况做简要介绍。

一、主要工作进展

近年来，生态环境部会同各地各相关部门，深入贯彻党中央、国务院关于打赢蓝天保卫战的决策部署，狠抓责任落实，全面完成各项治理任务，超额实现"十三五"提出的总体目标和量化指标，《打赢蓝天保卫战三年行动计划》圆满收官，具体如下。

一是加快重点行业深度治理。积极推进钢铁、煤炭、煤电、水泥行业化解过剩产能。持续推进燃煤电厂超低排放改造，累计达 9.5 亿 kW，钢铁行业超低排放改造产能 6.2 亿 t。重点区域"散乱污"实现动态"清零"。大力开展工业炉窑排查治理和 VOCs 污染综合整治。

二是稳步推进能源结构调整优化。煤炭占一次能源消费比重持续降低，2017—2020 年，全国煤炭消费比重由 60.4% 降至 57% 左右。淘汰治理无望的小型燃煤锅炉约 10 万台，重点区域 35 蒸吨／小时以下燃煤锅炉基本"清零"。中央财政支持北方地区清洁取暖试点实现"2+26"城市和汾渭平原全覆盖，累计完成散煤替代 2 500 万户左右。

三是深入推进运输结构调整优化。自 2015 年年底以来，全国淘汰老旧机动车超过 1 400 万辆，新能源车保有量 492 万辆，新能源公交车占比从 20% 提升到 60% 以上。2020 年全国铁路货运量较 2017 年增长 20% 以上。全国范围实施轻型汽车国六标准[①]，全面供应国六标准车用汽柴油。

四是持续开展秋冬季大气污染综合治理攻坚行动。自 2017 年起，连续 4 年开展重点区域秋冬季大气污染综合治理攻坚行动。组织开展重点行业重污染天气应急减排措施绩效分级，覆盖钢铁、焦化等 39 个行业，以差异化管控鼓励"先进"，促进行业转型升级，重点区域共 27.5 万家涉气企业纳入应急减排清单。2020 年四季度，京津冀及周边地区、汾渭平原 39 个城市 PM$_{2.5}$ 平均浓度为 62 μg/m³，比 2016 年同期下降 39%；重污染天数比 2016 年同期下降 87%。

五是摸清重污染天气成因。组建国家大气污染防治攻关联合中心，经过 3 年的努力，在成因机理、影响评估、精准治理、预测预报等方面实现了一批关键技术突破，摸清了区域秋冬季大气重污染的成因，组织专家团队深入"2+26"城市和汾渭平原开展"一市一策"技术帮扶，圆满完成总理基金大气重污染成因与治理攻关项目。

二、2020 年全国环境空气质量状况

2020 年，全国空气质量总体改善，主要呈现以下特点：

一是"十三五"时期约束性指标均全面超额完成。2020 年，全国地级及以上城市优良天数比率为 87%，比 2015 年上升 5.8 个百分

---

① 国六标准一般指国家第六阶段机动车污染物排放标准。

点（目标 3.3 个百分点）；全国 $PM_{2.5}$ 平均浓度为 33 $\mu g/m^3$，$PM_{2.5}$ 未达标城市平均浓度比 2015 年下降 28.8%（目标 18%），均超额完成"十三五"目标要求。

二是 6 项主要污染物平均浓度同比均明显下降。2020 年，全国 $PM_{2.5}$、PM_{10}、O_3、SO_2、NO_2、CO 平均浓度同比分别下降 8.3%、11.1%、6.8%、9.1%、11.1%、7.1%。其中，O_3 浓度自 2015 年来首次实现下降；NO_2 浓度在连续几年基本维持不变的情况下明显下降。

三是京津冀及周边地区和汾渭平原污染相对较重。从重点区域看，长三角地区空气质量总体基本达标；京津冀及周边地区和汾渭平原 $PM_{2.5}$ 和 O_3 浓度仍然超过国家二级标准[①]。

四是个别地区、个别时段重污染天气仍有发生。全年重度及以上污染天数主要发生在冬春交替时段，集中在京津冀及周边地区、汾渭平原、东北地区、西北地区等。"十四五"时期完成"基本消除重污染天气"的目标任重道远。

下一步，我们将会同各地、各有关部门，坚持稳中求进工作总基调，坚持系统观念，突出精准治污、科学治污、依法治污，推进全国空气质量持续改善。

下面，我很高兴接受大家的提问。

刘友宾： 下面，请大家提问。

---

① 国家二级标准指《环境空气质量标准》（GB 3095—2012）二级标准。

今年力争全国 $PM_{2.5}$ 平均浓度达 $34.5\,\mu g/m^3$，优良天数比率达 85.2%

央视新闻记者： 我们知道 2020 年全国空气质量相比 2019 年有明显改善，请问生态环境部对今年以及"十四五"时期空气质量改善目标如何考虑，是否有硬性的指标来约束，是否有新的大气污染防治行动计划？谢谢。

刘炳江： 谢谢您的问题。第一是"十三五"时期约束性指标完成情况。按照"十三五"规划纲要要求，2020 年，未达标地级及以上城市 $PM_{2.5}$ 平均浓度比 2015 年下降 18%，全国优良天数比率比 2015 年提高 3.3 个百分点。现在可以告诉大家，这两个目标全面超额完成，监测数据显示，2020 年，未达标地级及以上城市 $PM_{2.5}$ 平均浓度比 2015 年下降 28.8%，全国优良天数比率比 2015 年上升 5.8 个百分点，完成率分别超出"十三五"时期约束性指标的 60%、76%。这个成绩的取得，主要得益于党中央、国务院的坚强领导，以及各地、各有关部门深入推进大气污染治理，推动大气污染物排放量大幅下降。

需要说明的是，2020 年是"十三五"收官之年，受新冠肺炎疫情影响，排放强度有所降低，对完成目标起到了一定的"助推"作用。国家大气污染防治攻关联合中心通过国际通用的空气质量模型，科学评估了新冠肺炎疫情对空气质量的影响；结果显示，新冠肺炎疫情对 $PM_{2.5}$ 浓度影响为 $2\,\mu g/m^3$，对优良天数比率影响为 2.2 个百分点。

扣除新冠肺炎疫情影响后，全国未达标城市 $PM_{2.5}$ 浓度为 35 $\mu g/m^3$，比 2015 年下降 25.0%；优良天数比率为 84.8%，比 2015 年上升 3.6 个百分点，仍然超额完成"十三五"约束性指标。

第二是关于"十四五"指标目标设置。我们仍然坚持 $PM_{2.5}$ 和优良天数这两个指标，其中 $PM_{2.5}$ 这个指标针对全国所有地级及以上城市，不仅指未达标城市；原来的两个总量指标是 SO_2 和 NO_x，现在把 SO_2 换成 VOCs。因此，"十四五"指标包括 $PM_{2.5}$、优良天数、NO_x 和 VOCs，以及基本消除重度污染天数五项指标。

"十四五"期间，我们会编制空气质量全面改善行动计划，相当于大气污染防治第三阶段行动计划。关于目标设置，按照十九届五中全会坚持稳中求进的工作总基调、持续改善环境质量的总体要求，我们初步考虑全国地级及以上城市 $PM_{2.5}$ 平均浓度下降 10%，相当于未达标城市要下降 15%；优良天数比率从 87% 提高到 87.5%，表面看只提高了 0.5 个百分点，但扣除新冠肺炎疫情影响后，相当于从 84.8% 提高到 87.5%，提高了 2.7 个百分点。这两项指标与"十三五"要求大体相当。

第三是今年的目标。在"十四五"总目标的基础上，按照每年完成 20% 的时序进度要求，并考虑 2021 年新冠肺炎疫情后产能释放等因素影响，提出了今年的目标，即全国 $PM_{2.5}$ 平均浓度下降 0.5 $\mu g/m^3$，达到 34.5 $\mu g/m^3$；优良天数比率提高 0.4 个百分点，达到 85.2%。从字面上看，2021 年空气质量目标比 2020 年有所退步，但扣除新冠肺炎疫情影响后，空气质量仍是要求持续改善的。因此，无论是"十四五"

的指标，还是今年的指标，都还是比较积极的，而且上述目标也不是轻易就能实现的，需要付出大量的艰辛和努力，谢谢。

在继续强化 $PM_{2.5}$ 污染防治的同时，加快补齐 O_3 污染治理短板

每日经济新闻记者： 我的问题是，近年来我国 $PM_{2.5}$ 污染逐渐减轻，但是 O_3 浓度却呈整体上升的趋势，有声音认为是 $PM_{2.5}$ 下降导致了 O_3 上升，您怎么看待这种观点？现阶段我国 O_3 污染形势究竟如何，下一步将采取何种措施来推动 $PM_{2.5}$ 和 O_3 的协同控制？谢谢。

刘炳江： 谢谢您的问题。近年来，我国 $PM_{2.5}$ 大幅下降的同时，O_3 浓度没有同步得到改善，而呈上升趋势。针对这种情况，我们组织了相关专家对 O_3 污染形势和成因进行了全面分析。

从目前我国 O_3 污染形势看，我国 O_3 浓度近年来总体呈缓慢上升态势。O_3 超标天以轻度污染为主，2020 年全国 O_3 浓度超标天次比例为 4.9%，其中超过 90% 都是轻度污染。近年来，全国 337 个地级及以上城市 O_3 浓度每年小幅增长。其中，2017 年为 137 $\mu g/m^3$，2018 年为 139 $\mu g/m^3$，2020 年为 138 $\mu g/m^3$，基本保持稳定。唯有 2019 年，因南方地区（主要是安徽省、江西省、湖南省、湖北省）连续三个月干旱少雨，出现高温热浪，带动全国 O_3 浓度上升 9 $\mu g/m^3$，这是极端气象条件，将其扣除以后，总体看我国的 O_3 呈缓慢上升状态。从重点区域看，京津冀及周边地区、汾渭平原等重点

区域 O_3 浓度明显高于欧美发达国家和地区，也比国内其他地区高出 25% ~ 49%。O_3 已成为仅次于 $PM_{2.5}$，影响空气质量的重要因素，给下一阶段大气污染防治工作带来了新的挑战。

近年来，O_3 浓度逐渐上升的原因主要有以下三个方面：一是 O_3 的主要前体物 NO_x 和 VOCs 排放量居高不下。2020 年，形成我国大气复合型污染的四种主要大气污染物的排放量中 SO_2 和一次 $PM_{2.5}$ 的排放量已降至百万吨级，而 NO_x 和 VOCs 的排放量仍然是千万吨级。而这两项千万吨级排放水平的污染物恰是 O_3 污染的前体物，居高不下，尤其是在京津冀及周边地区和长三角等重点区域，涉 VOCs 排放的产业高度集中，11 省（直辖市）面积占国土面积的 13%，排放量却占了全国排放量的 47%；原油加工量占全国的 49%，原料药、化学农药原药、家具、船舶制造等行业企业数量多、规模小，合计产量分别占全国的 50% ~ 88%，产业布局调整难度很大。二是高温少雨的气象条件有利于 O_3 生成。从有统计数据以来，2013—2019 年的 7 年间有 5 个最暖年份，我们尽力削减 NO_x 和 VOCs 抵消 O_3 的形成，但温度的上升把这一部分抵消掉了。三是观测表明全球 O_3 背景值不断提升。近几十年来，全球 O_3 以每年近 1 $\mu g/m^3$ 的速度上升，欧洲、美国、日本等北半球国家 O_3 浓度近几年也呈逐年上升趋势。

此外，有声音认为我国 O_3 浓度上升是 $PM_{2.5}$ 浓度下降幅度过大导致的，这种观点也是不科学的。科学研究表明，$PM_{2.5}$ 浓度下降通常会导致近地面辐射增强，有利于夏季 O_3 生成，但影响较小，不是 O_3 浓度升高的主要原因，不存在 $PM_{2.5}$ 浓度下降、O_3 浓度必然上升的因果关系。近年来，我国 O_3 污染的根源还是 NO_x 和 VOCs 两项前体污染物排放量过大、过于集中造成的，这是科学家研究得出来的结论。

下一步，我们要坚决贯彻落实党中央、国务院决策部署，深入打好污染防治攻坚战，在继续强化 $PM_{2.5}$ 污染防治的同时，加快补齐 O_3 污染治理短板，坚定不移地推进 NO_x 和 VOCs 协同减排，推动钢铁行业超低排放改造和水泥、焦化、玻璃等行业深度治理，强化机动车污染管控，深入开展 VOCs 综合治理和源头替代，推动 $PM_{2.5}$ 与 O_3 浓度共同下降，实现协同控制，谢谢。

农村散煤治理工作还将向外扩展，重点地区将着重加强清理工作

《南方都市报》记者：散煤治理是能源结构调整中一块比较"难啃"的"硬骨头"，请问目前的治理进展如何？还有一些群众反映清洁取暖烧不起，请问生态环境部怎么看？下一步清洁取暖试点城市范围是否会进一步扩大？谢谢。

刘炳江：谢谢您的问题。推进北方地区冬季清洁取暖是党中央、国务院做出的重大决策部署，也是能源消费革命的一项重要举措，更是解决雾霾的重要举措。散煤治理可以说是我们工作中最"难啃"的"一块骨头"，一直受到社会各界的高度关注，一方面好评如潮，另一方面争论、质疑的声音也从未停止。这几年来，国家发展改革委、国家能源局、生态环境部、财政部、住房和城乡建设部等部门团结

协作，建立部际联席会议，坚持以问题为导向，坚持以气定改、以供定需，扎实推进清洁取暖各项工作，取得积极成效。截至2020年年底，京津冀及其周边"2+26"城市和汾渭平原累计完成散煤替代2 500万户左右，相当于减少散烧煤五六千万吨。

以北京市为例，我们这代人实现了第一代环保人追求首都不烧煤的目标。现在大家在北京市及通道城市基本上闻不到烧煤的味道，我们感到很自豪。对于散煤的治理，我们是坚定不移的，再大的困难、再多的矛盾也要完成，因为这是解决大气污染的重要措施，实现经济效益、社会效益、环境效益的多赢。

有些群众说散煤价格高，可能存在烧不起的问题、返煤的问题，这在一定程度上是存在的，但随着工作一年一年推进，问题解决得比较不错。在今年秋冬季，返煤只是个别问题。从"煤改气""煤改电"的角度看，不可否认，若不考虑环境效益、社会效益，改造后的成本确实会提高。我从两个方面着重强调一下。

第一个方面是农村居民用清洁能源的习惯要靠培养。纵观世界大气治理史，遭受过空气严重污染，甚至出现几千人死亡事件的国家和地区，无一不对城镇和农村居民散煤采取天然气、电力替代的技术措施。我们到地方调研的时候，绝大部分老百姓都认同清洁能源替代，而且原来农村居民家里烧煤做饭取暖，室内$PM_{2.5}$浓度每天都在200 μg/m³以上，相当于重度污染的程度，长期暴露在这种环境中严重影响人体健康。所以散煤治理是顺民心、得民意，让群众告别了烟熏火燎的时代。

第二个方面是财政补贴的问题。2019 年开始，我们已经在大气污染防治专项中拿出一部分资金，对"煤改气""煤改电"进行运营补贴，在一定时期内，中央财政和地方财政还将适当给予清洁取暖运营支持。我们还将配合财政部等部门进一步完善清洁取暖稳定运行的长效机制，研究完善农村地区清洁取暖运行补贴政策，指导各地更加精准施策，更多地照顾低收入户和困难户。补贴的同时，协调配合相关部门进一步研究完善采暖气价、电价优惠政策等，不能补贴完了价格再上去，让终端的农村居民用得起、用得好。

下一步，我们还会继续推进相关工作。农村散煤治理工作还要向外扩展，首先是重点地区，像京津冀地区一直到上海市，这中间所有区域都要打通，并将散煤清理掉，在"十四五"规划中将有明确要求。我们也在配合财政部研究扩大清洁取暖试点城市范围。我们也非常高兴地看到，今年中央发的一号文件中也明确提出要实施乡村清洁能源建设工程，加大农村电网建设力度，推进燃气下乡。推进这些基础工作将更有利于我们推动农村散煤清洁替代工作，比我们刚开始干这个工作的时候条件要好得多，谢谢。

"十四五"突出以"减污降碳协同增效"为总抓手，把降碳作为源头治理的"牛鼻子"

人民网记者：我的问题是，习近平总书记在中央经济工作会议上明确指出过，要继续打好污染防治攻坚战，实现"减污降碳"协同效应，请问生态环境部做了哪些工作？下一步如何推进"减污降碳"的协同治理？

刘炳江：谢谢您的问题。我国能源结构是以高碳的化石能源为主，化石能源占比约为85%。化石能源消费比例高，体量巨大，是造成空气污染的主要原因之一，当然也是温室气体排放的主要来源。与能源活动相关的 CO_2 排放与大气污染物排放具有同根、同源、同过程的特点，减少大气污染物排放的措施也是减少 CO_2 排放的措施。"减污降碳"在推动结构性节能、遏制"两高"行业的扩张、助推非化石能源的发展等方面"同频共振"，同向发力。

我举几个例子，在能源领域，2013年全国有62万台燃煤锅炉，我们通过采取热电联产替代以及电、天然气替代等措施，现在仅剩下不到10万台燃煤锅炉；重点地区完成2 500万户的散煤替代，这些措施其实都是去煤炭的过程。在产业领域，我们会同主管部门加大重点行业淘汰落后和化解过剩产能力度，淘汰落后和化解过剩钢铁产能约2亿t、1.4亿t地条钢全部"清零"，全国范围内打击"散乱污"企业。在交通运输领域，积极推动"公转铁"，自运输结构调整政策提出以来，全国铁路货运量连续三年提升，彻底扭转了自20世纪80年代以来，铁路货运占比不断下降的趋势。"十三五"期间，淘汰了1 400万辆机动车，2018—2020年，京津冀及周边地区、汾渭平原90多万辆国三标准及以下重型运营货车提前淘汰，长江禁渔近11万艘船舶淘汰。新能源汽车大幅增长，电动公交车2015年占比为20%，现在占比已达到60%。

这些成绩大家都可以看到，我不再一一列举。我们初步测算了一下，这些结构调整的硬措施减少煤炭消费量5亿t以上，减排SO_2 1 100万t以上、NO_x 500万t以上，协同减少CO_2排放10亿t以上，这就是我说的"同频共振"，同向发力。

"十四五"时期，我们突出以"减污降碳协同增效"为总抓手，把"降碳"作为源头治理的"牛鼻子"，指导各地统筹大气污染防治与温室气体减排。

一是强化顶层设计。现在生态环境部在牵头制定2030年前CO_2排放达峰行动方案，制定"十四五"空气质量全面改善行动计划等一系列专项规划，我们也跟有关部委对接能源规划、交通规划等，在"十四五"各个规划中，均体现"减污降碳"的总体思路，突出源头控制、系统控制。

二是严格控制增量。碳达峰不是攀高峰，"十四五"期间乃至很长一个阶段，如果对化石能源的增长尤其是煤炭的增长不进行遏制，可以想象这将对碳达峰、空气质量改善产生巨大的压力。因此，我们要坚决遏制高耗能、高排放项目盲目发展，严格落实产能置换要求，严控新增量。

三是加强存量治理。我刚才已给大家举了几个例子，有效的措施我们仍然要坚持推行下去。再举一个例子，"十三五"时期增加了大约1 500亿m^3的天然气，大气污染防治取得成效的关键就是"煤改气"，所以"十四五"时期还是要坚持增气减煤同步，如果天然气全部用来发电，对NO_x和CO_2都只带来新增量，只有用来替代煤才能"减污降碳"。另外一个方向就是推动"煤改电",今后新增电力主要是清洁能源发电,因此"煤改电"也是同步"减污降碳"。在交通领域,我们要持续优化交通运输结构,提升轨道化、电动化和清洁化的水平。谢谢。

生态环境部专门成立了气候变化事务办公室

路透社记者:近日有消息传出,生态环境部气候变化事务特别顾问解振华出任中国气候变化事务特使,并将设立气候变化事务办公室,请问该消息是否属实?如果消息属实,解振华特使将发挥哪些作用?生态环境部承担什么责任?对中国履行应对气候变化承诺意味着什么?

刘友宾:谢谢您的提问。经中央批准,解振华同志担任中国气候变化事务特使,具体履职事务由生态环境部负责。

解振华特使长期从事气候变化领域工作,曾担任中国气候变化事务特别代表、生态环境部气候变化事务特别顾问,主持我国加入《巴黎协定》谈判。此次任命,体现了中国高度重视应对气候变化工作,致力于与国际各方加强交流、携手合作应对气候变化挑战,共同构建合作共赢、公平合理的气候治理体系。

生态环境部专门成立了气候变化事务办公室,由生态环境部分管副部长兼任办公室主任,为特使履职提供支撑保障。外交部、国家发展改革委等部门也提供很大支持。

重污染原因很清楚，过程也能预测，采取的应对措施还是要治本

《新京报》记者：春节期间发生大规模重污染过程，想问一下具体原因是什么，都采取了哪些措施？谢谢。

刘炳江：谢谢您的问题。北京市春节期间发生了 3 天的重度污染，上一个春节也有类似的情况，原因也非常清楚，具体如下。

第一，大量不可中断工序的钢铁、玻璃、焦炭、耐火材料、石化、电力等企业仍在持续生产，尤其是采暖都停不下来。这些企业排放量很高，而且今年无论是电力的发电还是钢铁的产量和其他高耗能、高排放的产品产量同比去年有两位数的百分比上升，基础排放量仍然在这儿。

第二，极端天气条件。我们做了复盘，为什么出现这种情况，和去年相比，今年的复盘结果显示，今年的气象条件确实比去年的气象条件还差，一般哪里静稳、低压辐合、湿度大、贴地逆温，哪里就会出现重度污染，这次这个情况又出现在北京市及周边几个城市，和去年类似。今年更差的是湿度，几乎达到饱和，尤其是下雪之前。

今年与去年相比有一个更大的区别，今年是就地过年，其实今年的商业、交通、各种各样的餐饮还大量存在，不像去年新冠肺炎疫情期间停的比较多。针对 3 天的重度污染，我们已经提前启动了重污染应急，北京市启动了黄色预警，其余 74 个城市共同启动了橙色预警。河北省、河南省、山东省重污染应对的效果很好，但在不

利气象条件作用下污染物都堆积在北京市及周边城市，所以出现了3天的重度污染。

重度污染原因很清楚，过程也能预测，采取的应对措施还是要治本。京津冀及周边地区布局了大量"两高"行业企业，区域污染程度重，并且污染物互相传输、互相影响。复盘显示北京市大年三十污染物主要是从南边来的，大年初一下午受偏北气流影响，大家可以感觉到空气质量稍微好一点，但晚上污染又有所加重，污染物主要又从东边传输过来，经过复盘这些情况我们都非常清楚。

因为"十四五"时期的一项重要任务是基本消除重度污染天气。重污染一而再、再而三地发生给我们很大的警示，我们还是要加大能源结构调整、产业结构调整、交通运输结构调整，对高排放行业企业开展超低排放改造，强化监督。在京津冀及周边等重点地区还是要着重用力，谢谢。

科学制定"十四五"重污染天数下降指标，减少人为造成的重污染天气

大众网记者：问一个问题，"十四五"规划提出要基本消除重污染天气，请问生态环境部将如何实现这一目标，重难点在哪些方面？谢谢。

刘炳江：谢谢您的问题。重污染天气是当前人民群众最关心的大气问题之一，党的十九届五中全会通过的《中共中央关于制定

国民经济和社会发展第十四个五年规划和二○三五年远景目标的建议》，提出基本消除重污染天气，我们的压力比较大。"十三五"期间我们取得一定成效，全国重度及以上污染天数占比从 2015 年的 2.8% 下降到 2020 年的 1.2%，重点地区改善更明显，重度及以上污染天数从 5.0% 下降到 1.9%，北京市重度及以上污染天数从 2015 年的 58 天下降到现在一年只有几天，成绩还是比较明显的。而且现在的重度污染天气过程特征改变也比较明显，持续的时间相对较短，浓度值不像原来动辄爆表，峰值大幅降低，范围相对集中，并且基本消除了严重污染天气。

如何完成"十四五"规划提出的艰巨任务，我们分析了全国重污染天气的构成，长江以南基本上没有重污染天气，黄河到长江之间还有个别城市有重污染天气，主要频发的区域包括京津冀地区、汾渭平原、东北地区和西北地区这 4 个地方，而且是局地的。不同地区重污染的成因不尽相同，京津冀地区和汾渭平原主要是燃煤多，工业集聚，车也多，三大结构问题比较突出。东北地区重点是焚烧秸秆，现在三月又快到烧秸秆的季节，东北地区秸秆量比较大，烧秸秆的窗口期短，往往和不利气象条件重叠，容易出现重污染，人民群众的意见也比较大，我们正在做这方面工作。同时，东北地区散煤的治理还在路上。西北地区就是部分城市产业布局不合理的问题，还有沙尘暴的影响。

结合上述分析，主要有三个方面工作。

第一个是科学制定"十四五"各地的重污染天数下降指标，严

格考核。根据各地形成重污染的成因不同下达不同目标，减少人为因素造成的重污染天气。对于沙尘暴、森林大火等因素，我们将排除在外。

第二个是标本兼治，强化治本措施。京津冀和周边地区重污染天气的治理卓有成效，大家可以看到很多治本措施实施后，确实是有成效的，主要还是产业结构、能源结构、交通运输结构的调整。东北地区要把秸秆综合利用率提上来，西北地区要加强产业布局的调整。基本消除重污染天气的难点还是在京津冀地区和汾渭平原，"十三五"时期行之有效的措施我们会继续坚持下去。

第三个是科学开展重污染天气应急，积极治标。重污染应急已经形成了一套固定的"打法"，比较有成效。重点地区27.5万家涉气企业，均坚持行业绩效分级、分类施策，每家企业都明确了重污染应急时需要采取的差异化应急减排措施。我们预测到了将发生重污染天气以后，地方政府向社会发布预警，并将减排措施落实到位，污染持续的时间或者是峰值浓度都会有好转，某种程度上大家会认为污染没有想象的这么严重，这其实是应急减排应对有效的成果。

同时，"十四五"期间我们也会指导东北、西北等地区，完善好重污染应急减排清单，将涉气企业全部纳入清单，着力指导地方做好重污染应对工作，同时，也要提高预测预报的水平，大家共同努力，尽可能地消除人为造成的重污染天气。谢谢。

要坚持严格管控秸秆露天焚烧现象

封面新闻记者：东北春季的秸秆焚烧造成重污染的现象多次发生，请问今年生态环境部针对这一问题有何对策？谢谢。

刘炳江：谢谢您的问题。正如您说，东北地区秸秆焚烧确实比较突出，严重影响区域空气质量。2017 年、2018 年、2019 年、2020 年连续四年，东北地区春季大量秸秆露天焚烧，多个城市出现重污染天气。中央生态环境保护督察对此开展调查，地方政府也采取了很多措施，问责很多人，并投入了大量的资金来推进解决这个问题。但是东北地区土地辽阔，秸秆产生量大，综合利用率显著低于全国平均水平。而且东北地区冬季严寒，秸秆还田、离田的时间窗口短，最关键的是长期以来形成的耕作习惯，要全面禁止焚烧秸秆确实是一件比较困难的事。但如果落实好管控措施，效果也会很明显，京津冀地区秸秆禁烧工作就做得比较好。

十九届五中全会审议通过的《中共中央关于制定国民经济和社会发展第十四个五年规划和二〇三五年远景目标的建议》中明确要求，"十四五"期间要基本消除重污染天气。再过一段时间东北地区又到整地备耕时期，秸秆焚烧现象随时可能发生，我也希望通过新闻朋友传递出明确的信息，要早部署、早宣传、早行动，要严格管控秸秆露天焚烧现象，在静稳天气时绝不允许集中焚烧秸秆。

生态环境部将会同有关部门，一是利用卫星监控等科技手段，监控各地尤其是东北地区焚烧秸秆的情况，及时发出预警信息；二是适时派专业团队赴东北地区开展秸秆禁烧督导，并组织地方气象、农业、生态环境等部门开展会商，强化不利扩散条件下的禁烧管控，规范有利扩散条件下的有组织焚烧；三是加大支持力度，大幅提高秸秆综合利用率，现在已经有非常成功的案例，有些企业已经做得比较成功，所以要推广一些成功的模式，尽可能提高秸秆利用率，从根本上解决秸秆焚烧导致重污染天气的问题。谢谢。

坚决打击环境影响评价文件弄虚作假，31 家单位和 17 人被列入限期整改名单和"黑名单"

澎湃新闻记者： 我们注意到，山东一家环境影响评价公司唯一一名环境影响评价工程师 4 个月负责编制了 63 本环境影响评价报告书和 1 541 本环境影响评价报告表，有评论认为这种环境影响评价成了形式主义，工程师的这种行为也成了"签字机器"，请问生态环境部如何评价此事？

刘友宾： 生态环境部坚决反对环境影响评价工作中的形式主义。我们已注意到上述情况，经与全国环境影响评价审批系统数据比对，该单位填报的环境影响评价文件大多数尚未报批。对其中已经完成编制并报批的环境影响评价文件，生态环境部将对其报告书按照100% 的比例全部进行复核。如果发现存在环境影响评价质量问题，将依法、依规严肃处理。

生态环境部高度重视环境影响评价文件质量问题，坚决打击环境影响评价文件弄虚作假和粗制滥造行为。2020 年以来，生态环境部对全国环境影响评价业务量的监控工作实现制度化。全国累计对 733 家单位和 671 人实行失信记分；将 31 家单位和 17 人列入限期整改名单和"黑名单"，实施限制和禁止从业的惩戒。

下一步，生态环境部将继续严格落实《环境影响评价法》（2018 年 12 月修正）各项要求，鼓励社会监督，严肃责任追究，坚决维护环境影响评价市场秩序。

机动车等移动源已经成为我国大中城市 $PM_{2.5}$ 污染的主要来源

《中国青年报》记者：我注意到 2015—2020 年汽车保有量从 1.63 亿辆增长到 2.81 亿辆，增长了 1 亿多辆，但 $PM_{2.5}$ 未达标城市浓度也下降了，是否意味着机动车排放量并不是大气污染的主要来源？

刘炳江：谢谢您的问题。回答 $PM_{2.5}$ 浓度下降与机动车车排放量有没有关系这个问题，需要讨论一下 $PM_{2.5}$ 浓度是怎么下降的。"十三五"期间 $PM_{2.5}$ 浓度下降了 28.8%，根据专家评估结果，主要得益于"治煤"成效显著。重点地区 2 500 万户散煤治理，燃煤电厂超低排放、钢铁超低排放改造迅速推进，锅炉下降至不到 10 万台，SO_2 排放量从最高值的 2 588 万 t 下降至不到 700 万 t，酸雨问题基本解决，SO_2 浓度全国全面达标，"十四五"时期 SO_2 退出约束性指标。而相比 SO_2 排放，燃油导致的 NO_x 和 VOCs 治理虽有一定成效，

但无论力度还是效果，远远不如 SO_2 治理。

2020 年年底最新公布的数据，全国机动车保有量 3.72 亿辆，其中汽车保有量 2.81 亿辆，每年汽车都增加 2 000 多万辆，"十三五"期间增加了 1 亿多辆。为防治机动车污染，我们做了大量工作。一是"十三五"期间全国淘汰了 1 400 万辆老旧汽车，2018—2020 年京津冀及周边地区、汾渭平原 90 多万辆的国三标准及以下运营重型柴油卡车提前淘汰。二是持续推进新车排放标准升级，轻型车国六标准全面实施，国五标准[①] 和国六标准车辆保有量从 2015 年的 2% 提高到 45%，单车排放量大幅下降。三是车用汽柴油质量快速提升。车用油品标准从国四标准[②] 到国六标准实现三连跳，车用柴油、普通柴油、部分船用燃料油三油并轨，汽柴油最重要的生态环境保护指标——硫含量达到 10×10^{-6}，与欧美发达国家水平接轨。另外，新能源汽车保有量快速增加，公交车、出租车、垃圾清扫车、邮政车、轻型物流车等公共领域新能源汽车越来越多。最近，我们发现 NO_x 浓度开始出现比较好的态势。"十三五"时期的前 4 年 NO_2 浓度都不怎么下降，去年 NO_2 浓度首次下降，这是非常好的态势。

回到您的问题上来，$PM_{2.5}$ 污染与机动车排放量有没有关系？答案是确定的，我们对重污染进行了大量科学监测和分析，重污染发生过程——空气质量从优到良，轻度，中度到重度，持续重度，拉抬 $PM_{2.5}$ 浓度上升的主要成分是硝酸盐，即 NO_x 转化成硝酸盐。尤其

---

① 国五标准指国家第五阶段机动车污染物排放标准。
② 国四标准指国家第四阶段机动车污染物排放标准。

北京市特别明显，硫酸盐基本不会拉动 $PM_{2.5}$ 浓度上升，主要是硝酸盐拉动 $PM_{2.5}$ 浓度上升。现在看来，NO_x 已经成为减排的重点，也就是说因为前期燃煤治理卓有成效，所以当前汽车的排放问题更加凸显。汽车污染减排将是"十四五"时期的重点，谢谢。

努力确保冬奥会环境空气质量

《新加坡联合早报》记者：我的问题是与冬奥会[①]大气污染防治有关的问题。今年春节北京市出现了 3 天的重污染天气，明年冬奥会也是在农历新年期间，距离冬奥会不到一年的时间，请问生态环境部会采取哪些措施来保障冬奥会期间的大气质量，谢谢。

刘炳江：谢谢您的问题。北京冬奥会、冬残奥会[②]将于 2022 年 2 月 4—20 日、3 月 4—13 日在北京市、张家口市两地举办。冬奥会赛期时间跨度很长，又正值我国冬季采暖期，气象条件相对不利，重污染天气高发、频发，空气质量形势较为严峻，实现中国政府对冬奥会的承诺压力很大。目前看来，崇礼赛区空气质量形势较好，张家口市一般会有几天轻度污染情况，北京市每年都会出现超标天气甚至重污染天气。

我们组织科研机构和专家对过去几年这个季节每次重污染过程进行了复盘，详细分析污染传输路径和影响范围。目前看，确保冬

---

① 冬奥会指冬季奥林匹克运动会。
② 冬残奥会指冬季残疾人奥林匹克运动会。

奥会环境空气质量，单靠北京市自身无法解决，一定要靠区域联防联控。现在最大的传输影响还是"2+26"城市，另外还有辽宁城市群，秦皇岛市、唐山市的传输影响；对张家口市影响比较大的有山西省大同市、朔州市的传输影响，以及内蒙古自治区呼和浩特市、包头市、鄂尔多斯市、乌兰察布市的传输影响。

我们会借鉴以往成功经验，重点做好以下工作：一是加快推进各项大气污染治理任务。指导各地加快推进产业结构、能源结构、运输结构调整和企业污染深度治理等工作，有序推动管控措施落实到位，严防各种形式的"一刀切"。二是加强监测预警研判。对赛区近年来大气污染特征及传输规律进行研究分析；对明年冬奥会和冬残奥会期间赛区的大气形势进行中长期预测研判，做好监测预警，动态更新。三是加强区域联防联控。扎实推进京津冀及周边地区开展大气污染防治协作，做好重污染天气应对工作，对重点行业应急减排实施绩效分级、差异化管控。四是加强环境执法监管。强化重点行业企业和污染源监管，加大查处力度，严厉打击偷排漏排、超标排污等环境违法行为。

中国政府对外的承诺，向来是坚定履行的，我们会尽一切努力确保冬奥会空气质量，兑现承诺，谢谢。

对违纪违规行为坚持"零容忍"，绝不护短

《北京青年报》记者： 近日，河南省周口市扶沟县居民匿名举

报环境问题遭污染企业报复，经查明是内部人员泄露举报者个人信息。请问生态环境部对此有何评论？

刘友宾：事件发生后，生态环境部高度重视，立即责成河南省生态环境厅进行调查核实，并依法、依规严肃处理。

为充分发挥这起案件的警示教育作用，生态环境部已在全国生态环境系统进行了通报，要求各级生态环境部门提高政治站位，严格遵守案件调查要求和程序，将办理好投诉举报案件作为提高政府公信力的重要举措，对违纪、违规行为坚持"零容忍"，发现一起、查处一起、通报一起，绝不护短，绝不姑息。

刘友宾：各位记者朋友，明天就是中国人民的传统佳节元宵节，提前祝大家节日快乐，阖家幸福安康，今天的发布会到此结束，谢谢大家。

2月例行新闻发布会背景材料

一、主要工作进展

近年来，在党中央、国务院坚强有力的领导下，各地区、各部门深入贯彻《打赢蓝天保卫战三年行动计划》，完善政策措施，狠抓责任落实，全面完成各项治理任务，超额实现"十三五"提出的总体目标和量化指标，打赢蓝天保卫战圆满收官，具体如下。

（一）党中央、国务院对打赢蓝天保卫战进行统筹部署

国务院印发实施《打赢蓝天保卫战三年行动计划》，明确大气污染防治工作的总体思路、基本目标和主要任务，确定打赢蓝天保卫战的时间表和路线图。国务院成立京津冀及周边地区大气污染防治领导小组，长三角地区将大气污染防治协作作为区域一体化发展的重要内容和突出抓手，建立汾渭平原大气污染防治协作机制。各省（自治区、直辖市）分别结合自身实际制定《打赢蓝天保卫战三年行动计划》实施方案，统筹开展各项治污工作，将目标任务逐级分解落实。各部门积极推进《打赢蓝天保卫战三年行动计划》重点任务细化分工方案，出台配套政策措施40余项。

（二）加快推进产业结构调整优化

积极推进钢铁、煤炭、煤电、水泥行业化解过剩产能。全国超低排放煤电机组累计达9.5亿kW，钢铁行业超低排放改造产能6.2亿t。基本完成"散乱污"企业排查和分类整治，重点区域"散乱污"实现动态"清零"。累计治理工业炉窑7万余台。发布实施VOCs无组织排放以及制药、农药、涂料油墨胶黏剂等行业排放标准，建立较为完善的VOCs排放标准体系。

（三）稳步开展能源结构调整优化

继续实施重点区域煤炭消费总量控制，煤炭占一次能源消费比例持续降

低。2017—2020 年，全国煤炭消费占一次能源消费的比重由 60.4% 下降至 57% 左右；非化石能源消费占比从 13.8% 提高至 15.8%。积极推动燃煤锅炉综合整治，重点区域 35 蒸吨 / 小时以下燃煤锅炉基本"清零"，全国县级以上城市建成区 10 蒸吨 / 小时以下燃煤锅炉基本"清零"。大力推进北方地区清洁取暖，中央财政支持北方地区冬季清洁取暖试点城市范围覆盖京津冀及周边地区和汾渭平原，累计完成散煤替代 2 500 万户左右。

（四）深入推进运输结构调整优化

全面落实《推进运输结构调整三年行动计划（2018—2020 年）》《柴油货车污染治理攻坚战行动计划》各项任务措施，统筹"油、路、车"污染治理。持续推进"公转铁"运输结构调整，2020 年全国建成或开通铁路专用线 92 条，全国铁路货运量较 2017 年增长 20% 以上。2015 年年底以来，全国淘汰老旧机动车超过 1 400 万辆，新能源车保有量 492 万辆，新能源公交车占比从 20% 提升到 60% 以上。2020 年 7 月 1 日起，全国范围实施轻型汽车国六标准，全面供应国六标准车用汽柴油，推动车用柴油、普通柴油、部分船舶用油"三油并轨"。积极开展油品质量监督检查专项行动，严厉打击黑加油站、流动加油车。

（五）积极推进用地结构调整优化

持续推动城市施工工地做到"六个百分之百"[①]，全国 23 万多个施工工地开展扬尘整治，重点区域城区道路机扫率超过 90%。逐步提升秸秆综合利用率，加强秸秆露天焚烧监管力度，2020 年全国秸秆焚烧火点数比 2017 年下降 30.5%。

（六）持续实施秋冬季攻坚行动

自 2017 年起，连续 4 年开展重点区域秋冬季大气污染综合治理攻坚行动，印发行动方案，细化每个城市的改善目标和治污项目，实现精准施策，严禁各种形式的"一刀切"行为。逐月通报目标进度，督促措施落实到位。

---

① "六个百分之百"指施工工地周边 100% 围挡，物料堆放 100% 覆盖，出入车辆 100% 冲洗，施工现场地面 100% 硬化，拆迁工地 100% 湿法作业，渣土车辆 100% 密闭运输。

2020 年四季度，京津冀及周边地区、汾渭平原 39 个城市 $PM_{2.5}$ 平均浓度为 62 $\mu g/m^3$，比 2016 年同期下降 39%；重污染天数比 2016 年同期下降 87%。

（七）积极有效应对重污染天气

组织开展重点行业重污染天气应急减排措施绩效分级，目前已覆盖钢铁、焦化等 39 个行业，以差异化管控鼓励"先进"，促进行业转型升级。指导全国落实应急减排清单修订工作，针对京津冀及周边地区和汾渭平原，逐市评估审核重污染天气应急减排清单。京津冀及周边地区、汾渭平原、长三角地区、苏鲁豫皖交界地区共有 27.5 万家企业纳入应急减排清单，其中涉及实施绩效分级的重点行业共 12.4 万家。积极组织相关省（市）开展重污染天气应对，及时推送预警提示信息，推进区域应急联动，有效减少区域污染物排放，起到"削峰减速"的作用。

（八）强化环境督察执法

将大气污染防治作为中央生态环境保护督察的重要内容；建立预警、约谈、问责工作机制，对未完成空气质量改善目标、大气问题突出、污染反弹的城市及时预警提醒，情况严重的进行约谈，交由地方政府问责。自 2017 年起，每年组织开展监督帮扶工作，打好排查、交办、核查、约谈、专项督察"组合拳"。2020 年从全国抽调人员 6 555 人次，开展 12 轮次累计 170 余天的重点区域监督帮扶工作，紧盯夏季 O_3 和秋冬季 $PM_{2.5}$ 两项重点指标，现场检查企业（点位）30.6 万个，帮助地方发现和推动解决大气污染问题 11.8 万个。

（九）全面提升能力水平

中央大气污染防治专项资金财政累计投入资金 700 亿元，支持各地大气污染治理。完成"十四五"国家城市环境空气质量监测网点位优化调整，点位数量增加至 1 734 个，实现地级及以上城市和国家级新区全覆盖。建立大气光化学监测网，初步摸清我国 VOCs 状况及组分。13 677 家涉气重点排污单位安装污染源自动监控设施，并同生态环境部门联网，依法公开排污信息。全国 8 847 家机动车排放检验机构实现国家—省级—城市三级联网监控，各地安装机动车遥感（含黑烟抓拍）检测设备超过 3 000 台（套）。

（十）切实加强科技支撑

圆满完成总理基金大气重污染成因与治理攻关项目，组建国家大气污染防治攻关联合中心，集中全国近 3 000 名科技工作者，经过 3 年努力，在成因机理、影响评估、预报预测、决策支撑、精准治理等方面实现了一批关键技术突破，弄清了区域秋冬季大气重污染的成因，精准识别了区域污染排放特征和重点问题，提出了深化大气污染防治工作的方案建议。组织专家团队深入"2+26"城市和汾渭平原开展"一市一策"技术帮扶，边研究、边产出、边应用，针对性地提出大气污染成因和解决方案，助力地方精准治污、科学治污。

二、2020 年全国环境空气质量状况

2020 年，全国空气质量总体改善，主要呈现以下特点：

一是"十三五"约束性指标均全面超额完成。2020 年，全国地级及以上城市优良天数比率为 87%，同比上升 5 个百分点，比 2015 年上升 5.8 个百分点（目标 3.3 个百分点）；$PM_{2.5}$ 未达标城市平均浓度同比下降 7.5%，比 2015 年下降 28.8%（目标 18%）。两项指标均超额完成"十三五"约束性指标要求。

二是 6 项主要污染物平均浓度同比均明显下降。2020 年，全国 $PM_{2.5}$ 浓度为 33 μg/m³，同比下降 8.3%；PM_{10} 浓度为 56 μg/m³，同比下降 11.1%；O_3 浓度为 138 μg/m³，同比下降 6.8%；SO_2 浓度为 10 μg/m³，同比下降 9.1%；NO_2 浓度为 24 μg/m³，同比下降 11.1%；CO 浓度为 1.3 μg/m³，同比下降 7.1%。6 项主要污染物浓度均同比下降。其中，O_3 浓度自 2015 年来首次实现下降；NO_2 浓度在连续几年基本维持不变的情况下明显下降。

三是京津冀及周边地区和汾渭平原污染相对较重。2020 年，全国空气质量达标城市 202 个，占比 59.9%。从重点区域看，长三角地区 $PM_{2.5}$ 和 O_3 平均浓度基本达标，但京津冀及周边地区和汾渭平原 $PM_{2.5}$ 浓度分别为 51 μg/m³、48 μg/m³；O_3 浓度分别为 180 μg/m³、161 μg/m³，均超过国家二级标准。

四是个别地区、时段重污染天气仍有发生。全年重度及以上污染1497天次，主要发生在冬春交替时段，集中在京津冀及周边地区、汾渭平原、东北地区、西北地区等。其原因除秸秆焚烧、沙尘等因素外，主要由于冬季采暖和工业（特别是钢铁、焦化、玻璃、石化等不可中断工序）排放所致。"十四五"完成"基本消除重污染天气"的目标任重道远。

三、2021年工作安排

2021年是"十四五"的开局之年。我们将会同各地、各有关部门，坚持稳中求进工作总基调，坚持系统观念，更好统筹常态化新冠肺炎疫情防控、经济社会发展和生态环境保护，更加突出精准治污、科学治污、依法治污，推进全国空气质量持续改善。

一是系统谋划"十四五"大气污染防治工作。编制实施"十四五"空气质量全面改善行动计划，聚焦 $PM_{2.5}$ 和 O_3 污染协同控制，着力推进大气多污染物协同减排，从源头防控、结构优化、末端治理等方面，加快补齐 VOCs 和 NO_x 污染防治短板，推动实施一批大气污染减排工程项目，推动 $PM_{2.5}$ 和 O_3 浓度同时下降，实现"减污降碳"协同效应。

二是持续深化大气污染治理工作。坚持落实"减污降碳"总要求，结合 CO_2 排放达峰行动，推动能源结构优化调整，稳步推进北方地区清洁取暖，扩大试点城市范围；稳步推进产业结构调整，化解淘汰落后产能，优化产业布局，持续推动钢铁等行业超低排放改造，继续实施重点行业 VOCs 和工业炉窑大气污染综合治理；优化调整运输结构，推动铁路专用线建设，以柴油车和非道路移动机械为重点，加大移动源环境监管力度，大力推广新能源车；深入推进面源污染治理，着力解决恶臭、油烟等污染扰民问题。

三是加强区域联防联控和重污染天气应对。深化重点区域大气污染防治协作机制，指导其他跨省交界地区、城市群逐步建立区域协作机制；以基本消除重污染天气为导向，研究差异化重污染天气应急启动标准，指导各地开展应急预案修订，严格落实重污染天气应急响应机制，进一步提升 $PM_{2.5}$ 和 O_3 污染预测预报能力水平。

四是强化大气污染防治督察执法。继续将大气污染防治作为中央生态环境保护督察重要内容，紧盯中央高度关注、群众反映强烈、社会影响恶劣的大气环境问题，视情开展专项督察；优化调整监督帮扶工作覆盖区域范围和任务，探索实施"重点专项帮扶＋远程监督帮扶"结合的工作模式，指导相关地方根据不同时段的污染特征组织开展有针对性的监督执法。

3月例行新闻发布会实录
——聚焦水生态环境保护
2021年3月30日

　　3月30日，生态环境部举行3月例行新闻发布会。生态环境部总工程师、水生态环境司司长张波出席发布会，介绍水生态环境保护工作进展和下一步安排部署。生态环境部新闻发言人刘友宾主持发布会，通报近期生态环境保护重点工作进展，并共同回答了大家关心的问题。

3月例行新闻发布会现场（1）

3月例行新闻发布会现场（2）

刘友宾：新闻界的朋友们，上午好！欢迎参加生态环境部3月例行新闻发布会。根据新冠肺炎疫情防控新形势，本月发布会改为现场举办。很高兴在春暖花开的日子和大家再次见面。

生态环境部高度重视例行新闻发布工作，孙金龙书记、黄润秋部长多次做出指示，刚才，发布会召开前，赵英民副部长还亲临发布会现场检查，要求我们努力为记者朋友们提供周到服务。

今天新闻发布会的主题是"深入打好碧水保卫战"。生态环境部总工程师、水生态环境司司长张波先生出席发布会，介绍有关情况，并回答大家关心的问题。

下面，我先通报近期生态环境部四项重点工作。

一、COP15筹备工作有序推进

中国政府高度重视《生物多样性公约》第十五次缔约方大会（COP15）筹备工作。习近平总书记在2020年9月30日联合国生物多样性峰会上发表重要讲话，同各方分享中国生物多样性保护和生态文明建设经验，向世界发出诚挚邀请，欢迎各国领导人和国际组织负责人聚首美丽的春城昆明，共商生物多样性保护大计。

COP15大会原定延期至2021年5月召开。由于受新冠肺炎疫情影响，综合考虑COP15相关前序会议所需时间、其他国际会议时间安排等因素，经中国政府与《生物多样性公约》秘书处确定，COP15再次延期至2021年10月11—24日，举办地点在云南省昆明市，同期将举行《卡塔赫纳生物安全议定书》《名古屋遗传资源议定书》缔约方会议。

目前，各项筹备工作有序推进。经反复沟通，已就东道国协议全部 215 项条款与《生物多样性公约》秘书处基本达成一致。各方正在积极磋商"2020 年后全球生物多样性框架"。初步拟定以我国政府名义举办的高级别会议方案。确定举办包括"生态文明论坛"在内的 8 个平行活动。确定采取线上线下相结合的方式举办大会。云南省政府为做好会务保障开展了大量周密、细致的工作。

中方将同《生物多样性公约》秘书处继续保持密切合作，共同致力于高效推进各项筹备工作，确保举办一届圆满成功、具有里程碑意义的大会。

二、31 省（自治区、直辖市）完成"三线一单"编制工作

编制实施"三线一单"是全国生态环境保护大会部署的重点任务。生态环境部高度重视、全力推进。目前，全国 31 个省（自治区、直辖市）已完成"三线一单"的编制与发布，"三线一单"全面进入实施应用阶段。

在"三线一单"的编制发布过程中，不少成果已经在地方综合决策、区域规划、项目准入等方面得到有效应用。2021 年 3 月 1 日实施的《长江保护法》将生态环境分区管控方案和生态环境准入清单作为重要内容；目前已有 15 个省份通过将"三线一单"纳入当地环境保护条例或环境影响评价法实施办法等法律法规的方式，明确了"三线一单"编制主体、制度建设和应用的有关要求，为"三线一单"

的实施提供了制度保障。

下一步，生态环境部将持续做好成果应用实施工作指导，推动建立跟踪评估、动态更新调整工作机制，实现成果共享、共用。

三、生态环境部开展"以案促建 提升环境应急能力"专项活动

为充分发挥环境应急典型案例经验借鉴和警示教育作用，着力提升基层环境应急能力，生态环境部党组决定今年在全国生态环境系统组织开展为期一年的"以案促建 提升环境应急能力"专项活动。

专项活动分为案例剖析、集中培训、自查整改、总结提升四个阶段。目前，第二阶段集中培训已圆满结束。专项活动针对近年来各地发生的有代表性的突发环境事件案例，从信息报告和发布、应急处置、应急监测、应急准备、风险隐患、评估调查六个方面，系统梳理事件发生的背景和影响、处置过程，针对剖析暴露出的问题，深入分析产生原因，提出同类事件预防和妥善应对的措施意见。

下一步，生态环境部将重点从加强信息调度、现场督导调研、组织编制生态环境应急能力建设指导文件等方面，系统推进活动开展，督促地方查找整改问题和不足，提升基层环境应急能力。

四、《督察整改看成效》典型案例汇编出版发行

根据党中央、国务院决策部署，中央生态环境保护督察于2015年12月至2018年年底完成了第一轮例行督察全覆盖，并对20个省

（自治区）督察整改情况开展了"回头看"。2019 年 7 月—2020 年 12 月，中央生态环境保护督察对 9 个省（直辖市）、4 家中央企业进行了例行督察，同时对 2 个国务院有关部门启动探讨式督察试点。

各地、各部门积极做好督察整改"后半篇文章"，切实解决突出生态环境问题，明显改善生态环境质量，有力促进经济高质量发展，有效提升群众生态环境获得感，涌现出一批督察整改典型案例。

为充分发挥典型案例的示范作用，中央生态环境保护督察办公室聚焦习近平总书记重要批示件整改落地、压实整改责任、创新工作方法、健全长效机制等方面的先进经验，汇编了 63 个督察整改典型案例，为各地、各部门督察整改提供借鉴。典型案例汇编已于近日正式出版发行。

刘友宾： 下面，请张波总工程师介绍情况。

生态环境部总工程师、水生态环境司司长张波

长江干流首次全线达到Ⅱ类水体

张波： 新闻界的朋友，上午好！大家长期以来都十分关心、支持并且积极参与水生态环境保护工作，为全国水生态环境保护事业做出了宝贵贡献，借此机会向大家表示崇高敬意和衷心感谢。下面，我简要通报全国水生态环境保护情况并回答大家的问题。

近年来，在习近平生态文明思想的指引下，全国各级、各部门认真贯彻党中央、国务院决策部署，统筹新冠肺炎疫情防控和经济社会发展，坚决打赢打好碧水保卫战，我国水生态环境保护发生历史性、转折性、全局性变化。截至2020年年底，全国地级及以上城市2 914个黑臭水体消除比例达到98.2%，全国省级及以上工业园区全部建成污水集中处理设施，2 804个县级及以上城市集中式饮用水水源地10 363个问题完成整改，为老百姓饮水安全建立了更加可靠的保障。长江流域、环渤海入海河流劣Ⅴ类国控断面基本消除，长江干流首次全线达到Ⅱ类水体，实现了历史性突破，黄河干流全线达到Ⅲ类水质标准，其中部分河段达到Ⅱ类水质标准，应该说所有这些成绩都是很了不起的！

我们也清醒地看到，当前还存在着不少问题和短板。一是一些地方发展方式依然比较粗放，城市建成区、工业园区以及港口码头等环境基础设施欠账还比较多。二是生态破坏问题比较突出。从国际比较来看，我国在水生态方面的差距明显，已经成为建设美丽中国的突出短板，这一点要引起高度的重视。三是水环境风险不容忽视。

企业生产事故引发的突发环境事件频发，一些地方底泥污染严重，对环境安全造成了隐患。太湖、巢湖、滇池等重点湖泊蓝藻水华居高不下，成为社会关注的热点和治理难点，水生态环境保护依然任务艰巨。

"十四五"期间，我们将继续坚持山水林田湖草沙系统治理，坚持精准治污、科学治污、依法治污，以水生态保护为核心，统筹水资源、水生态、水环境等流域要素，巩固深化碧水保卫战成果，编制实施重点流域水生态环境保护"十四五"规划，积极推进美丽河湖保护与建设，不断提升治理体系和治理能力现代化水平，力争在关键领域和关键环节实现突破，为 2035 年美丽中国建设目标基本实现奠定良好基础。

今年，我们将重点做好以下五个方面工作：

一是深入打好碧水保卫战。巩固深化城市黑臭水体治理成效，持续打好水源地保护攻坚战，深入推进长江、黄河等重点流域生态保护修复。

二是推动重点行业、重点区域绿色发展。指导地方制定差别化的流域性环境标准和管控要求，以高水平保护引导推动高质量发展。

三是编制实施重点流域水生态环境保护"十四五"规划，开展美丽河湖优秀案例征集活动，宣传推广先进经验，引导各地深入实施美丽河湖保护与建设。

四是鼓励有条件的地方先行、先试，力争在面源污染防治、水生态恢复等关键领域和关键环节实现突破。

五是提升水生态环境治理体系和治理能力现代化水平。建立完善更加精准科学的流域生态环境空间管理体系、责任管理体系和污染源管理体系。坚持问题导向,积极稳妥改进地表水环境质量评价方法。完善问题发现和推动解决工作机制。力争通过 5 年的努力为 2035 年基本实现美丽中国建设目标打下一个更好的基础。

谢谢大家!

刘友宾: 下面,请大家提问。

我国在水环境、水生态、水资源方面还有短板,将围绕三条主线发力

人民网记者: "十四五"规划提出到 2025 年地表水达到或者好于Ⅲ类水体比例要达到 85%,目前我国的水生态环境总体状况怎么样? 水污染治理目前还存在什么短板? 生态环境部将从哪些方面着手来推进完成这个目标?

张波: 刚才我重点介绍了成绩,接下来我谈谈短板在哪里。

水环境方面,一些地方历史欠账比较多,表面上污水处理厂建起来了,但是收集管网质量不行,一些城市管理比较混乱,旱季垃圾、污水排入雨水管网里面,雨季就一股脑出来了。这里既有基础设施不健全的原因,也有我们一些城市管理混乱的原因。种植业、养殖业的氮磷污染始终没有很有效的治理办法,这导致长江流域等很多地方首要污染物已经不再是 COD、NH_3-N,而是

总磷（TP）。

水生态方面，目前江河湖泊生态破坏现象比较普遍，有的地方还相当突出。前段时间，云南省的几位老渔民跟我说，20 世纪六七十年代湖边每到一定季节常常看到抗浪鱼、马鱼、菠萝鱼等土著鱼产卵，白花花一片，现在看不到了。西太湖的老渔民对我说，20 世纪七八十年代西太湖水草还是很茂盛的，他们常常用罩网捉鳜鱼，鳜鱼是吃鱼的鱼，渔民在船上就能看见在水底守株待兔的鳜鱼，将罩网往下一扣就能捉住鳜鱼。由此判断 20 世纪七八十年代西太湖水的透明度应该在 1m 左右，而现在不行了。这些变化跟生态破坏是有直接关系的。我们很多河湖生态系统失衡，外因是营养源问题，内因是生态失衡问题，一些关键生物链条断掉了。

水资源方面，我们多年来重视生产用水、生活用水，但生态用水没有"地位"，过去也不怎么统计生态用水。生态用水保证不了，何谈水生态呢？一些地方严重缺水与高耗水现象并存，河流湖泊断流干涸现象比较普遍，以高耗水为代价的发展方式尚未根本转变。

"十四五"时期，我们将坚持目标导向、问题导向，努力实现由污染治理为主向水资源、水生态、水环境等要素协同治理、统筹推进转变。"十四五"时期，我们要扎扎实实把这一新格局构建起来，再经过"十五五""十六五"的努力，为 2035 年美丽中国建设奠定坚实的基础。具体工作我刚才也讲了，主要是三条主线，一是继承发扬"十三五"时期的好经验，深入打好攻坚战；二是编制实施重点流域水生态环境保护"十四五"规划；三是指导鼓励有条件的地方先行、先试，力争在若干难点和关键环节上实现突破，及早实现这些突破对带动全国水生态环境保护迈上新台阶非常重要。

"有河有水、有鱼有草、人水和谐"成为"十四五"时期的治水目标

海报新闻记者： "十四五"期间水生态环境保护工作提出要更加重视人水和谐，水生态环境治理千头万绪，问题非常复杂，您认为水生态环境治理的"牛鼻子"是什么？

张波： "十四五"我们提出了 12 个字："有河有水、有鱼有草、人水和谐"，这就是我们的治水目标。

"有河有水"代表水资源，我们要努力把生态用水摆在一个更加突出的位置，改进水资源管理的基础制度，梳理重要水体的生态用水底线，逐步推动满足这些底线要求。"有鱼有草"代表生物多样性，实现有鱼有草了，生态功能才能逐步恢复。"人水和谐"是水环境问题，我们人类要严格约束自己的行为，减少排放，减少对环境的破坏。

人不负水，水定不负人。进入新的阶段，我们一定要通过坚持山水林田湖草沙系统治理，逐步实现这样的目标。

要说工作上有什么"牛鼻子"，我想这个"牛鼻子"就是编制实施"十四五"规划。我们非常重视"十四五"规划的编制，后面会专门和大家谈一谈我们是怎么推动这项工作的。

沿江化工园区整治初步取得成效，接下来我们要努力啃"硬骨头"

《小康杂志》记者： 长江经济带聚集了化工、能源、机械制造、冶金、建材等大量重化工企业，全流域治污形势非常严峻。当前，长江经济带化工围江的治理进展如何，解决化工围江难点有什么？

张波： 长江是"黄金水道"，水运成本较低，加上这一带矿产资源比较多，运输原料和产品相对方便，因此长江经济带成了我国重化工的产业基地。整治化工园区是长江保护修复攻坚战一项重要任务，两年来，生态环境部积极配合相关部门开展化工园区的整治，初步取得了积极的成效。

一是把住准入关。生态环境部指导地方生态环境系统严把环评关，禁止在长江干支流 1 km 范围内新建扩建化工园区和化工项目，坚决管住源头。

二是推进现有沿江化工企业实施"搬改关"，列入"搬改关"计划的企业到去年年底有 79% 完成了整治任务，其中，沿江 1 km 范围内落后化工产能已经全部淘汰。

三是指导沿江 7 个省份出台化工园区认定管理办法，这样就可以进一步规范化工园区的开发建设。

虽然沿江化工园区的整治初步取得了积极成效，但是现在剩下的任务难度比较大，可以说都是难啃的"硬骨头"。过去我们对这个问题重视不够，即便像长江这样重要的母亲河，很多企业也直接

建到长江边上，码头建得也比较随意。企业建起来了，对当地的经济社会发展做出了很大的贡献，相应地也就加快了城区建设和人口集聚，现在要这些企业退出成本就会比较高，代价就会比较大。

长江保护修复给了我们一个启示，就是一定要加强源头治理。我们中国的河湖无论大小都应该有缓冲带，生产活动不能紧挨着水边，要给河湖留出一定的缓冲距离。一方面我们要克服困难，积极稳妥继续推进这项工作；另一方面各地都要以此为鉴，对当地重要的河湖，要及早划定生态缓冲带，缓冲带的大小可由各地从实际出发确定，缓冲带一旦划定就要严格保护起来，不允许新的破坏生态的项目进入缓冲带。如果一开始就加强源头治理，成本就会小很多。

《长江保护法》把生态用水摆在突出位置，对全国生态用水保障发挥了很大作用

凤凰卫视记者：目前，长江流域首次全面消除了劣 V 类水质标准，干流达到 II 类水质标准，下一步长江保护重点工作是否会发生改变，将如何安排？您认为《长江保护法》在长江流域生态保护方面起到了什么作用？

张波：《长江保护法》是我们国家第一部流域性的保护法，最重要的意义就是为长江保护修复提供了一个坚强的法律保障。有了这部法律法规，我们就可以依法保护长江。这部法律也为我国其他重点流域保护提供了很好的借鉴。

过去我们讲"九龙治水"，《长江保护法》在这个问题上有突破，《长江保护法》规定要建立长江流域统一指导、监督长江保护的协调机制。我理解这相当于长江要有一个总河长，建立一个总协调机制，我们的各部门、各地方在这个机制下协同开展工作，这是一个重要突破。

《长江保护法》对生态用水也第一次做了法律上的表述，第二十九条规定，优先满足城乡居民生活用水、保障基本生态用水，并统筹农业、工业用水以及航运等需要。第一次把生态用水摆在了很突出的位置上，这对于长江流域乃至全国生态用水保障一定会发挥很大的作用。

下一步，生态环境部门将认真学习贯彻好这部法律，努力用法律的手段破解长江保护的热点问题、难点问题和痛点问题，推动长江保护修复不断取得新成效。

生态环境部严厉打击重污染天气应急减排措施不落实等环境违法行为

中央广播电视总台央视记者： 近日，生态环境部部长黄润秋赴唐山市检查时，发现有 4 家企业均存在环境违法行为，后续处理如何？请问，这些违法行为是个案还是带有一定普遍性？

刘友宾： 3 月 11 日，生态环境部部长黄润秋一行采取不打招呼、直奔现场的方式，对唐山市钢铁企业重污染天气应急减排措施落实情况开展检查，发现唐山不锈钢有限责任公司、唐山金马钢铁集团有限公司、唐山市春兴特种钢有限公司和唐山东华钢铁企业集团有限公司在重污染天气应急响应期间高负荷生产，未落实相应减排要求，并普遍存在生产记录造假问题，有的甚至互相通风报信、删除生产记录应对检查，性质十分恶劣。

生态环境部、河北省对这一案件高度重视，联合督促指导唐山市从应急预案和责任体系深挖细查，对 4 家企业生产环节、排污环节进行全流程监督执法。唐山市举一反三，开展全市钢铁行业企业环境违法问题整改攻坚，对全市其他在产的长流程钢铁企业，从在线监测、污染防治设施运行、排放标准执行、重污染天气应急响应等方面开展全面检查。

检查发现，少数企业串通第三方运维人员，干扰自动监测设施，使生产期间监测数据失真；部分企业伪造生产记录，不落实应急减排措施，并从烧结到炼铁，再到转炉炼钢和出厂磅房等多个环节生产记录进行"一条龙"造假，应付执法检查；一些企业环境管理还比较粗放，未按规定采取集中收集处理、密闭等措施控制污染物排放。

目前，唐山市已建立生态环境、公安、检察机关联合办案机制，依法严惩重处相关企业。对涉嫌环境违法企业依法启动行政处罚，同时暂扣排污许可证，重污染天气绩效评级全部降为最低的 D 级；情节严重的，公安机关依法对相关责任人予以行政拘留；涉嫌污染环境犯罪的，已移交公安机关立案侦查，有关案件正在侦查办理中。

下一步，生态环境部将继续跟踪督导，推动整改落实，并持续保持高压态势，坚持"零容忍"，严厉打击重污染天气应急减排措施不落实甚至造假、自动监测弄虚作假等突出环境违法行为，形成依法治污的有力震慑。

碳达峰、碳中和目标的提出将促进城市污水处理厂再生水和污泥循环利用

《南方都市报》记者：在"减污降碳"背景下，碳达峰、碳中和目标对水污染防治有什么影响？

张波：实现碳达峰、碳中和的目标是我国经济社会深刻的系统性变革。总体来看，碳达峰、碳中和目标的提出对水污染防治至少有两个方面的重要影响：

第一，污染治理的过程本身也是耗能的，甚至耗能还比较大。大家知道污水处理厂有一个曝气的过程，垃圾有一个焚烧的过程，这本身都是高耗能的。碳达峰、碳中和目标的提出有利于在污染治理领域出现一些新工艺、新产品，这是一个重要的影响。

第二，碳达峰、碳中和目标的提出会促进城市污水处理厂再生水和污泥的循环利用。中国很多地区缺水，污水处理达标之后排放掉，太可惜了。在确保安全的前提下，如果将这些再生水循环利用起来，则每一个城市就有了一个巨大、稳定的再生水水源。在确保安全的前提下实现污水再生利用，一方面可以进一步减少污染物排放，为保障生态用水创造条件；另一方面也可以减少新鲜水处理过程的能耗，进

而减少碳的排放。在自然状况下，人的排泄物是要回到农田的。但是，大城市建设之后，这些排泄物通过管网进入污水处理厂，用高耗能方式进行处理，处理后的污泥还要送去焚烧厂焚烧，这显然是不合理的。随着碳达峰、碳中和目标的提出，一些地方正在探索污泥回归农田的路径。

一旦再生水循环利用、污泥综合利用的路径被打通，我想中国的污染治理工艺一定会发生革命性的变化，对此我们充满着期待！

"十四五"时期进一步加强饮用水水源地规范化管理

澎湃新闻记者：近日，多家环保组织联合发布一份长江流域县级以上饮用水水源地报告，水源地整体状况有所改善，但是依然存在风险源，名录没有发布，保护区内存在垂钓、游泳等情况。我们下一步如何就水源地进行精细化管理？

张波：水源地涉及千家万户的健康安全，始终是水生态环境保护的重中之重。应该说，"十三五"时期我们坚决打赢打好水源保护攻坚战，解决了一批突出的问题，在饮用水水源安全保障方面我们前进了一大步。

进一步加强饮用水水源地的规范化管理，我们将主要开展以下三个方面工作：

第一，开展全国集中式饮用水水源地基础信息调查和环境状况的评估，健全完善水源地信息管理档案，定期评估区域流域水源地管理状况。

第二，强化水源地水质达标管理，指导地方综合采取污染治理、深度处理、水源替代等方式加强不达标水源的治理。

第三，推进集中式饮用水水源地的规范化建设，在巩固水源整治专项行动的基础上重点加强水源地监控、风险防控和应急能力建设，筑牢水源水质安全防线。

强沙尘天气对我国环境空气质量带来严重影响

封面新闻记者： 今年 3 月，中国北方地区出现多次范围广、强度大的沙尘暴天气，请介绍一下今年沙尘暴的来源及影响范围，频发的沙尘暴天气对我国优良天数比例产生了哪些影响？

刘友宾： 今年 3 月 14—19 日、27—29 日，我国北方地区先后经历了两次大范围的强沙尘天气过程。风云气象卫星监测显示，这两次沙尘天气过程主要起源于蒙古国，受蒙古气旋和冷高压影响，蒙古国首先出现了大范围沙尘暴天气，之后随着蒙古气旋东移南下，形成了影响我国北方大部分地区的沙尘天气过程。

根据中央气象台数据，3 月 14—16 日的沙尘天气过程强度为近 10 年来最强，沙尘天气影响面积超过 380 万 km^2，影响我国西北、华北大部、东北地区中西部、黄淮、江淮北部等地，约占国土面积的 40%；17—19 日，受沙尘回流影响，华北地区又出现了短暂的沙尘天气；27—29 日，北方地区再次出现大范围沙尘天气，强度略弱、范围略小、影响位置偏东。

强沙尘天气对我国环境空气质量带来严重影响。根据国家环境空气质量监测网数据，沙尘过境期间，我国北方多地空气质量达到严重污染。从沙尘影响程度看，全国共计 177 个地级及以上城市受到两次强沙尘天气过程影响，导致空气质量超标 702 天，按全年计算，全国优良天数比例下降约 0.6 个百分点。

虽然这次沙尘暴的起因主要是自然因素，但这也再次提醒我们，人类只有一个地球，人与自然是命运共同体，良好的生态环境是最普惠的民生福祉，必须高度重视生态保护和建设，加强国际合作，共建万物和谐的美丽家园。

"十四五"时期基本消除县级城市建成区黑臭水体

江苏广电总台荔枝新闻记者："十三五"期间各省（自治区、直辖市）消除城市黑臭水体方面做出了非常多的努力，并建立了河长制。"十四五"期间指出要基本消除城市的黑臭水体，目前在黑臭水体治理过程当中还存在什么问题，接下来会有什么部署和举措来进一步消除城市的黑臭水体？

张波：黑臭水体是老百姓身边的水环境问题，打好城市黑臭水体治理攻坚战，实际上就是围绕着老百姓最期盼的事情开展污染防治工作。这里，我给大家介绍一个小花絮，2018 年年初的时候，我们有一个数字没有向媒体公开，因为连我们自己也不相信。当时从各地调度上来的黑臭水体治理完成率已经达到了99.1%，这是2018年年初的数字。大家还记得我刚才开场白讲到的，截至去年年底全国地级及以上城市黑臭水体消除率在98.2%，我们打了三年攻坚战，完成比例不仅没有升高反而还下降一个百分点，但是我们更喜欢这个98.2%。2018年我们会同住建部门组织开展攻坚战，通过群众举报、卫星遥感等手段，发现有很多的黑臭水体并没有真正消除，有的是加了盖板，有的是撒了药，有的是调水冲污，有的甚至把黑臭水体填掉了等，应该说当时的形势还是十分严峻的。在这个过程当中，媒体发挥了很好的作用，2018年、2019年媒体的报道很多，央视《焦点访谈》就报道三次，谁搞形式主义就曝光谁，谁治标不治本就曝光谁。今天在座的很多媒体朋友都为黑臭水体治理做出了宝贵贡献。

2018年年底黑臭水体治理完成率是66%，比地方上报的99.1%下降了约33个百分点，虽然是下降了，但是我们心里有底了。黑臭水体治得好不好，群众都能理解、判断和监督，容不得半点弄虚作假。到了2019年年底黑臭水体治理完成率达到84%，2020年年底黑臭水体治理完成率是98.2%，虽然三年努力还不及2018年年初的99.1%，但是98.2%是比较真实的，老百姓是比较满意的，到目前为止老百姓关于黑臭水体的投诉已经越来越少了。

虽然黑臭水体治理取得了明显成效，但是依然存在很多短板。一是城市污水管网质量不高，一些地方污水处理厂进水浓度特别低，几乎不加处理就快接近达标了，处理的相当一部分水不是污水而是地下水、雨水。二是初期雨水污染严重，一些地方雨水管网旱季"藏污纳垢"，雨季"零存整取"，一些地方城乡接合部存在垃圾随意倾倒现象，这就导致汛期污染比较严重。三是一些城市河道搞"三面光"，加上又没有生态补水，水体自净能力很差，久而久之，水就变黑变臭了。

"十四五"规划明确要求基本消除城市黑臭水体，这就意味着只要是城市建成区的黑臭水体都要纳入我们攻坚战的范围。县级城市治理黑臭水体还是比较复杂的，有的县级城市经济实力比地级市还要发达，有的县级城市经济实力就很弱，有的是历史古城，有的是新城，情况比较复杂。

为了打好攻坚战，我们今年首先要做调研，在调研的基础上精准科学制定黑臭水体攻坚战方案，力争在"十四五"时期基本消除县级城市建成区的黑臭水体。同时也需要特别指出，地级及以上城市黑臭水体治理并没有结束，还要努力实现长治久清。如果这些城市黑臭水体反弹了，依然会进入生态环境部的"黑名单"，我们依然会一抓到底去督促治理。

刘友宾：今天的发布会到此结束。谢谢大家！

3月例行新闻发布会背景材料

近年来，在习近平生态文明思想的指引下，全国各级、各部门认真贯彻党中央、国务院决策部署，在全面做好新冠肺炎疫情防控的基础上，坚决打赢打好碧水保卫战，我国水生态环境保护发生历史性、转折性、全局性变化。

一、2020年水生态环境保护工作情况

（一）坚决打赢打好碧水保卫战

一是推进长江保护修复攻坚战。强化劣Ⅴ类国控断面整治、工业园区污水处理设施整治等重点工作。按季度调度29个部门和企业以及沿江11省（市）工作进展，推动攻坚战行动计划各项任务落地见效。截至2020年年底，长江保护修复攻坚战确定的12个劣Ⅴ类国控断面全部"消劣"。二是强化饮用水水源监管。加强水源水质目标管理，加快治理改造或替换不达标水源。深入开展集中式饮用水水源地规范化建设。全国地级及以上城市集中式饮用水水源水质达到或好于Ⅲ类的比例为94.5%，2 804个县级及以上城市集中式饮用水水源地10 363个问题完成整改，10 638个农村"千吨万人"水源地全部完成保护区划定。三是持续开展城市黑臭水体治理。督促重点城市做好长治久清工作，对进度严重滞后的城市加大监督指导力度。全国地级及以上城市2 914个黑臭水体消除比例达到98.2%。四是加强工业园区和城镇污水处理厂监管。印发《关于进一步规范城镇（园区）污水处理环境管理的通知》，落实工业园区和城镇污水处理中政府、运营单位和纳管企业三方的责任义务。

（二）做好流域生态环境保护工作

一是组织编制重点流域水生态环境保护"十四五"规划。组织开展廊坊、铜川、湖州等10个城市规划试点工作。组成32个工作组，下沉一线，对各地市规划要点编制进行督导。制定公众参与方案，在生态环境部网站设置"我为

'十四五'水生态环境改善献计策"专栏，落实"开门编规划"要求。二是开展重点湖库生态环境保护。逐月开展重点湖库水环境形势分析和水华形势研判，以太湖、巢湖、滇池等为重点，指导做好水华预警防控。组织对23个典型湖库及主要入湖河流开展生态调查与安全评估。三是加强南水北调水生态环境保护。将南水北调水质安全保障纳入日常工作，开展水环境形势分析，准确识别并推动地方及时解决存在的突出问题。

（三）完善水生态环境综合督导机制

一是开展月度分析预警。识别水生态环境突出问题和工作滞后地区，共发出预警通报函11次，责成各地限期开展问题、症结分析及整改。二是开展水环境达标滞后地区环境形势调度会商。通过水环境达标滞后城市政府负责同志表态发言、水环境改善先进城市政府负责同志交流经验的方式，传导压力，压实责任，督促引导达标滞后地区学习先进地区经验。三是组织流域局开展独立调查。针对久拖未决的突出问题，流域局开展独立调查，搞清楚问题、症结、对策，落实"四个在哪里"，并及时交办地方。四是精准制定断面整治方案。紧盯长江流域和环渤海地区劣Ⅴ类国控断面整治，要求各省按照"一个断面，一个方案"的原则编制完成整治工作方案，定期分析跟踪劣Ⅴ类国控断面的水质改善情况。

此外，新冠肺炎疫情发生后，及时印发医疗和城镇污水监管工作通知和配套技术方案。组织对医疗和城镇污水收集处理情况开展全面排查。组织专家和一线人员开展双向交流，进行技术帮扶，累计发现各类问题500余个，全部完成整改，圆满实现医疗机构及设施环境监管和服务100%全覆盖，医疗废水及时有效收集和处理100%全落实的目标。

二、当前存在的主要问题

尽管水生态环境保护取得了显著成效，但对标2035年美丽中国建设目标，仍然存在不少突出问题和短板：一是水环境治理任务艰巨。一些地方发展方式比较粗放，城市建成区、工业园区以及港口码头等环境基础设施欠账较多。一些地方入河排污口底数不清，管理不规范，违法排污现象时有发生；一些地方氮磷上升为首要污染物，城乡面源污染防治"瓶颈"亟待突破。二是水生态破坏问题比较普遍。一些河湖水域及其缓冲带水生植被退化，水生态系统严重失衡。一些地方水资源过度开发，生态用水难以保障，河湖断流干涸现象比较普遍。三是水环境风险不容忽视。一些地方高环境风险工业企业密集分布，与饮用水水源犬牙交错，企业生产事故引发的突发环境事件居高不下；一些地方河湖底泥污染较重，存在环境隐患。太湖、巢湖、滇池等重点湖泊蓝藻水华居高不下，成为社会关注的热点和治理难点。

三、"十四五"工作思路

以习近平新时代中国特色社会主义思想为指导，深入贯彻落实党中央、国务院决策部署，坚持山水林田湖草沙系统治理，坚持精准治污、科学治污、依法治污，以改善水生态环境质量为核心，统筹水资源、水生态、水环境等要素，巩固深化碧水保卫战成果，编制实施重点流域水生态环境保护"十四五"规划，积极推进美丽河湖保护和建设，不断提升治理体系和治理能力现代化水平，力争在一些关键领域和关键环节实现突破，为开创水生态环境保护新局面，实现2035年美丽中国建设目标奠定良好基础。

重点把握好三个方面：一是衔接。既要衔接好"十三五"，特别是党的十八大以来的好经验、好做法要在"十四五"巩固深化，又要锚定2035年美丽中国建设目标，谋划阶段性目标任务，深入打好碧水保卫战。二是创新。"十四五"是落实习近平生态文明思想的重要时期，要着力推动水生态环境保护由污染治理为主向水资源、水生态、水环境等要素协同治理、统筹推进转变。三是做实。突出精准治污、科学治污、依法治污，搞清楚问题、症结、对策，落实"四个在哪里"，从各地实际出发，突出重点，有限目标，确保各项目标任务落地见效。

四、2021年重点工作

一是巩固深化碧水保卫战成果。巩固提升地级及以上城市黑臭水体治理成效，开展县级城市及县城建成区黑臭水体治理情况调研，印发实施"十四五"

黑臭水体治理攻坚战行动方案。加快治理改造或替换不达标水源，持续打好水源保护攻坚战。巩固深化劣 Ⅴ 类断面、工业园区综合整治、"三磷"① 行业污染治理、排污口排查整治等专项工作，深入开展长江、黄河等重点流域生态环境保护。

二是推动重点行业、重点区域绿色发展。组织开展重点行业、重点区域发展方式和生产过程调查研究，指导地方统筹水环境、水生态、水资源等要素，精准、科学制定差别化管控要求，合理设置过渡期，分阶段依法落实管控，以高水平保护引导推动高质量发展。

三是谋划推动"十四五"水生态环境保护。锚定 2035 年美丽中国建设远景目标，统筹水资源、水生态、水环境等要素，编制实施重点流域水生态环境保护"十四五"规划。组织编制人工湿地水质净化、河湖生态保护修复等系列技术指导文件，引导各地深入实施美丽河湖保护与建设。开展美丽河湖优秀案例征集活动，宣传推广先进经验。

四是鼓励指导有条件的地方先行、先试，力争在水生态环境保护关键领域和关键环节实现突破。开展通量监测试点，分清行政辖区面源污染责任，探索建立面源污染防治环境管理体系；开展规模化种植业、养殖业污染防治试点，探索建立符合行业特点的环境管理体系；在湖泊开放水域开展水生植被恢复试点，探索建立人水和谐的生产生活方式和相应的环境管理体系。指导有条件的地方在重要排污口下游、河流入湖口等流域关键节点因地制宜建设人工湿地水质净化工程，协同推进区域再生水循环利用。

五是提升水生态环境治理体系和治理能力现代化水平。推动出台排污口监督管理改革顶层设计文件，建立完善污染源管理体系。会同有关部门建立国家重要水体清单，推动建立包括全国—流域—水功能区—控制单元—行政辖区五个层级的流域生态环境空间管理体系和行政辖区责任管理体系。完善形势分

---

① "三磷"指磷矿、磷化工企业、磷石膏库。

析、调度通报、独立调查、跟踪督办相结合的问题发现和推动解决工作机制。

坚持问题导向，积极稳妥改进地表水环境质量评价方法。

4月例行新闻发布会实录
——聚焦生态环境执法

2021 年 4 月 28 日

4月28日，生态环境部举行4月例行新闻发布会。生态环境部生态环境执法局局长曹立平出席发布会，介绍生态环境执法工作进展及下一步工作安排。生态环境部新闻发言人刘友宾主持发布会，通报近期生态环境保护相关重点工作进展，并共同回答了大家关心的问题。

4 月例行新闻发布会现场（1）

4 月例行新闻发布会现场（2）

刘友宾：新闻界的朋友们，上午好！欢迎参加生态环境部4月例行新闻发布会。

生态环境执法工作，事关人民群众的环境权益，事关生态环境质量改善，事关高质量发展。今天，我们邀请到生态环境部生态环境执法局曹立平局长，介绍我国生态环境执法情况，并回答大家关心的问题。

下面，我先通报三项近期重点工作。

一、第二轮第三批中央生态环境保护督察已基本完成省级层面和下沉阶段督察工作

根据《中央生态环境保护督察工作规定》（以下简称《规定》），在每届党的中央委员会任期内，应当对各省（自治区、直辖市）党委和政府，国务院有关部门以及有关中央企业开展例行督察。

为深入贯彻习近平生态文明思想，落实《规定》，2019年和2020年，我们陆续完成第二轮第一批中央生态环境保护督察、第二批中央生态环境保护督察，对上海、福建等9个省（直辖市），中国五矿、中国化工、中国铝业、中国建材等4家中央企业，以及国家能源局、国家林草局2个部门开展督察。

今年，经党中央、国务院批准，第二轮第三批中央生态环境保护督察对山西、辽宁、安徽、江西、河南、湖南、广西和云南8个省（自治区）开展督察。截至目前，各督察组已基本完成省级层面和下沉阶段督察工作。

督察进驻以来，各督察组紧紧围绕督察重点，坚持系统观念，坚持问题导向，坚持精准、科学、依法，切实发挥了生态环境保护的引导和倒逼作用。在省级层面督察阶段，通过听取情况介绍、调阅资料、个别谈话、走访问询、受理举报等方式，掌握了一批问题线索。在下沉督察阶段，深入基层、深入一线、深入现场，督察地市级党委、政府生态环境保护工作推进落实情况。其间，针对重点问题线索开展了现场勘察和调查取证，并就是否存在"一刀切"方式消极应对督察的情况开展检查。目前，已曝光三批共 24 个典型案例。

各督察组牢固树立以人民为中心的理念，督促被督察地方有力、有序推进边督边改，以整改实际成效来取信于民，不断增强人民群众的获得感、幸福感、安全感。

二、我国淘汰消耗臭氧层物质履约工作取得积极进展

我国认真履行《保护臭氧层维也纳公约》《关于消耗臭氧层物质的蒙特利尔议定书》（以下简称《蒙特利尔议定书》）规定的义务，高度重视消耗臭氧层物质（ODS）的监督管理，履约工作取得积极进展。

在完善政策法规方面，推动修订《消耗臭氧层物质管理条例》，加大对非法行为的处罚力度，提高法律震慑力。编制完成中国含氢氯氟烃（HCFCs）生产和消费共 7 个行业的第二阶段（2021—2026年）淘汰管理计划，谋划"十四五"履约规划；在监督执法方面，

继 2018 年、2019 年后，2020 年继续组织开展了全国 ODS 执法专项行动，始终保持对违法行为的高压态势；在源头管控方面，向全国所有在产的四氯化碳（CTC）副产企业持续派驻驻厂监督帮扶工作组，开展源头管控，目前所有在产企业均已全部安装可核查、可定量的 CTC 在线生产监控系统，并联网至国家监控平台，实现对 CTC 的国家在线生产监控；在检测监测方面，制定硬质聚氨酯泡沫、组合聚醚、气态制冷剂、液态制冷剂和工业清洗剂中 ODS 的检测标准方法，完成 9 家工业产品 ODS 检测实验室建设，并制定大气中 ODS 浓度监测规划，计划在 2021 年建设 ODS 背景浓度监测站点；在进出口管理方面，利用联合国环境规划署建立的"ODS 出口前预先知情机制"，国家消耗臭氧层物质进出口管理办公室累计驳回 55 批出口审批单，防止约 1 984 t ODS 的潜在非法贸易，得到国际机构和进口国的高度赞赏。

下一步，生态环境部将进一步完善履约协作机制和政策法规体系，继续加大监管执法力度，深入开展国际合作与交流，强化科技支撑和能力建设，为构建全球环境治理体系做出中国贡献。

三、启动 2021 年美丽河湖、美丽海湾案例征集活动

为深入宣传贯彻习近平生态文明思想，积极推动美丽中国建设，去年生态环境部印发了《美丽河湖、美丽海湾优秀案例征集活动方案》"十四五"规划明确提出推进美丽河湖、美丽海湾保护与建设。

美丽河湖优秀案例，要求在水资源、水生态和水环境等方面具

有显著治理成效；美丽海湾优秀案例，要求在海湾环境质量、海湾生态系统和亲海环境品质等方面具有显著治理成效，两类案例均要在全国范围具有明显的示范价值。近年来，各地认真贯彻党中央、国务院决策部署，在美丽河湖、美丽海湾保护与建设方面，涌现出一大批成效好、可持续、能复制的好经验、好做法。

为发挥各地先进经验和典型示范的引领作用，生态环境部近期全面启动了 2021 年优秀案例征集活动，并进行宣传推广，让各地"学有榜样、行有示范、赶有目标"，让群众直观地感受到治理成效、河湖海湾之美，记得住乡愁。

刘友宾：下面，请曹立平局长介绍情况。

生态环境部生态环境执法局局长曹立平

今年全国生态环境执法队伍都将陆续换上新的制式服装

曹立平：感谢记者朋友参加今天的发布会。长期以来，新闻媒体积极参与和支持生态环境执法工作，及时反映群众关切，深入开展舆论监督，促进解决了一大批突出生态环境问题，为推动生态环境执法工作的进步和发展、提高全社会环境守法意识创造了良好的舆论环境。借此机会，我谨代表生态环境部生态环境执法局，向大家表示崇高敬意和衷心感谢。

党的十八大以来，以习近平同志为核心的党中央把生态环境保护摆在治国理政的重要位置，对加强生态环境执法做出一系列重要批示、指示，研究部署了省以下生态环境机构监测监察执法垂直管理制度改革、生态环境保护综合行政执法改革等重大事项，为做好生态环境执法工作提供了根本遵循和行动指南。特别是生态环境执法队伍正式列入国家综合行政执法序列，具有里程碑式的重大意义。

4月20—21日，全国生态环境保护执法工作会在福建召开。这次会议是生态环境部组建以来召开的第一次全国性生态环境保护执法工作会。会前，孙金龙书记主持召开党组会，专题听取生态环境执法工作汇报，要求从战略和全局的高度，把生态环境执法摆在更加突出的位置。黄润秋部长出席这次工作会并做重要讲话，深刻阐述了新形势下做好生态环境执法的重大意义，全面部署"十四五"时期生态环境执法工作。翟青副部长在总结讲话中，对坚持严的主基调、加强新技术运用、增强执法新动力等重点工作进一步做出安排部署。

按照会议要求，"十四五"期间，面对深入打好污染防治攻坚战、持续改善生态环境质量的新目标、新任务，生态环境执法工作坚决贯彻习近平生态文明思想和习近平法治思想，坚持方向不变、力度不减，突出精准治污、科学治污、依法治污，坚持严的主基调，保持加强生态环境保护的战略定力，不断优化执法方式、提高执法效能，严厉打击生态环境违法行为，着力打造生态环境保护铁军的主力军，坚决守护好祖国的绿水青山。

近期，生态环境执法工作的重点任务就是抓好本次会议的落实，做到"五抓五强"。

一抓严格执法，强化严的主基调。持续保持生态环境执法高压态势，敢于亮剑、铁腕执法，深化生态环境行政执法与司法衔接，坚决制止和惩处环境污染及生态破坏行为。

二抓改革落地，强化体制机制。深化落实生态环境执法体制改革部署，强化排污许可证后监管，推动生态环境综合执法"重心下移"落到实处、走向深入。

三抓执法方式，强化执法效能。全过程规范执法行为，强化新技术运用，推进移动执法建设应用和非现场监督执法手段，提高发现问题的能力，推动规范执法、智慧监督水平再上新台阶。

四抓突出问题，强化攻坚任务。紧盯群众身边突出的生态环境问题和深入打好污染防治攻坚战的重点任务，扎实做好重点领域监

督执法，强化压实各方责任，持续改善生态环境质量。

五抓基层一线，强化队伍建设。推进生态环境执法机构规范化示范建设，全面加强队伍建设，力争实现机构规范化、装备现代化、队伍专业化、管理制度化，全力打造生态环境保护铁军的主力军。

在这次执法工作会上，集中展示了生态环境保护综合执法队伍的新制式服装。今年，全国生态环境执法队伍都将陆续换上新的制式服装，这是生态环境保护综合行政执法队伍规范化建设迈出的历史性一步，体现了党中央、国务院对生态环境执法工作特别的关心和厚爱。我们将以此为契机，进一步推进规范执法、文明执法，积极投身攻坚一线，依法打击环境违法行为，努力建设一支让党中央放心、人民群众满意的综合执法队伍。谢谢。

刘友宾：下面，请大家提问。

按照"五个精准"的要求，协同推进"减污降碳"

人民网记者：在打好蓝天保卫战、碧水保卫战、净土保卫战的过程中，生态环境执法发挥了哪些作用？取得哪些成效？下一步的工作中，在努力实现"碳达峰，碳中和"的背景下，生态环境执法又将如何发力？谢谢。

曹立平：谢谢您的提问。正如记者所说，"十三五"以来，在部党组的领导下，我们团结和带领全国执法队伍发挥"主力军"的作用，充分利用全国"一盘棋"、集中力量办大事的制度优势，采取"一竿子插到底"的方式，深入现场看实情、查实效，全力打好蓝天保卫战、碧水保卫战、净土保卫战。

主要体现在以下三个方面：

一是全面摸清了重点任务的真实底数。对京津冀及周边地区、汾渭平原等重点区域开展常态化的大气监督帮扶，建立了"散乱污"企业整治、燃煤锅炉整治等一批台账清单，摸清了重点区域、重点领域治理措施的落实情况，形成了监督执法"一本账"。按照"有口皆查、应查皆查"的原则，对长江、渤海入河、入海排污口进行了排查，找到影响长江、渤海水生态环境质量的"病灶"，实现了入河、入海排污口的"一张图"。

二是有力促进了攻坚措施的落实、落地。连续四年走村入户，累计核查"煤改电""煤改气"村庄（社区）12 万多个（次）、燃气公司 3 356 家（次），有力推动 2 000 多万户散煤替代任务顺利完成，保障群众清洁采暖、温暖过冬。开展排污许可证专项排查，检查企业 10 万余家，推动排污许可证制度落实到位。核查钢铁产能压减，火电、水泥等企业的超低排放（或特排）达标，"公转铁"重点项目进展等重点攻坚任务，对发现的问题建立清单，督促整改落实，搭建起政策制定"最前一公里"和落地实施"最后一公里"之间的桥梁，切实解决压力不传递、责任不落实、工作不接地气等问题。

三是推动解决了一大批突出的生态环境问题。"十三五"期间，大气监督帮扶累计检查企业（点位）210 万个，帮助地方发现问题27.2 万个，推动完成 6.2 万家涉气"散乱污"企业清理整顿，有力推动重点区域环境空气质量改善，实现了社会效益、经济效益、环境效益的共赢。开展集中式饮用水水源地环境保护专项行动，完成全国2 804个水源地10 363个问题整治，累计取缔涉及水源保护区的违法排污口6 402个，搬迁治理工业企业1 531家，一批过去想解决而长期未解决的历史遗留问题得到解决。持续开展垃圾焚烧发电行业达标排放专项整治，推动556家垃圾焚烧发电企业、1 302家垃圾焚烧炉完成"装、树、联"，全行业实现基本稳定达标排放。开展"洋垃圾"专项行动，检查企业2 396家，推动企业违法率和废物进口量持续"双降"，成为实现全国固体废物"零进口"的关键一招。

在打好污染防治攻坚战的实践中，生态环境执法队伍担当作为，发挥了不可替代的重要作用，并积极探索形成了一整套成熟的经验和"打法"，这既是"十三五"的宝贵经验，也是"十四五"深入打好污染防治攻坚战的坚实基础。今后一个时期，在努力实现碳达峰、碳中和的背景下，生态环境执法工作将坚持方向不变，力度不减，突出精准治污、科学治污、依法治污，按照"五个精准"的要求，协同推进"减污降碳"，继续保持严的主基调，聚焦深入打好污染防治攻坚战目标任务，聚焦突出生态环境问题，久久为功，以生态环境高水平保护推动经济社会高质量发展。

一是在工作导向上，突出"减污降碳协同增效"，既要聚焦重点任务，又要落实"五个精准"[①]。既要聚焦基本消除重污染天气、O_3和$PM_{2.5}$协同治理、排污口排查整治等重点任务，又不搞"大水

---

① "五个精准"指问题精准、时间精准、区位精准、对象精准和措施精准。

漫灌""齐步走"，实施差异化精准帮扶，落实"五个精准"。

二是在工作方法上，全面加强统筹融合，既要"一竿子插到底"，又不断优化组织方式。统筹全系统之力开展重点区域的空气质量改善以及黄河、赤水河等重点领域排污口排查等攻坚任务监督帮扶，又要做到"计划、任务、时间、地域、人员、方式"六个统筹，突出专业人干专业事，不断提高工作效能。

三是在工作机制上，既要压实地方责任，又要调动地方工作积极性。既要寓监督于帮扶之中，压实地方党委、政府改善环境质量和企业污染治理的主体责任，对问题整改一盯到底、闭环管理，又要坚持帮扶的主基调，送政策，送技术，送服务，充分调动地方政府和企业的积极性，不断提高治理水平。

四是在手段措施上，既要充分运用科技手段，也要下笨功夫。在空气质量改善监督帮扶、排污口排查、饮用水水源地整治等领域，加强卫星遥感、大数据、无人机、走航车等科技手段的应用，实现高效监管。同时，又要坚持深入一线开展帮扶，查风险、核问题、摸情况、对清单，真正掌握第一手资料，确保攻坚任务落地见效，促进经济社会发展全面绿色转型。

全国省、市、县级执法机构基本完成组建，改革"前半篇文章"基本到位

荔枝新闻记者：当前生态环境执法队伍被纳入国家行政执法序

列，正规化建设进入关键阶段，我想请问我们执法队伍的正规化建设体现在哪几个方面？我们也关注到 4 月 20 日，生态环境执法全新的制式服装首次亮相，请问什么时候可以配发到全国？

曹立平：谢谢您的提问，生态环境执法队伍规范化建设是一个非常重要的问题。近年来，通过生态环境保护综合行政执法改革，有力促进了生态环境执法队伍的规范化、制度化。在此我着重介绍一下有关改革的进展情况。

深化生态环境保护综合行政执法改革，是以习近平同志为核心的党中央深入推进生态文明体制改革的重大举措。按照中央部署，生态环境部与有关部门认真落实改革要求，全力推进有关改革工作取得积极成效，体现在以下三个方面：

第一方面是"整合"。截至 2020 年 12 月底，全国共有 2 883 个生态环境保护综合行政执法机构，比改革前减少 765 个。省一级出台的改革实施方案中，均将自然资源、农业、水利、林业等部门的生态环境保护相关执法事项纳入生态环境护综合行政执法范围。一些地区还将内部职责与跨部门执法职责一并整合。天津、黑龙江、江苏等地将涉及核与辐射、机动车、固体废物的执法工作一并归入综合执法，实现综合行政执法职责上的规范。

第二方面是"规范"。全面梳理了执法事项，印发了《生态环境保护综合行政执法事项指导目录》（2020 年版），指导各省制定、公布省级生态环境保护综合行政执法事项清单目录（以下简称省级目录），明确职责范围。目前，已有 15 个省份报经省政府同意完成了省级目录的制定和社会公开,其余省份基本已报省政府等待批复,预计于 6 月底完成省级目录制定、公布。

第三方面是"加强"。推进执法力量下沉,执法向一线倾斜。县级执法队伍在整合相关部门人员后,随同级生态环境部门被设区的市上收,由设区的市生态环境局统一管理、统一指挥,大大增强市级的综合统筹、指挥和调度能力。县级执法队伍普遍实施"局队合一"模式,提高基层执法能力。

截至目前,全国省、市、县级执法机构基本完成组建,改革的"前半篇文章"基本到位。在改革落实过程中也存在一些问题,一些地方在基层执法方面该加强的没有加强,基层人员关心的岗位、编制、人员力量等还没有完全落实到位。接下来,在前期基础上,我们要继续做好"后半篇文章",着力推进改革部署落地见效,并全面提升机制运行、能力建设、人才队伍、制度规范和能力素质等方面,为生态文明建设提供体制保障。

生态环境执法队伍统一着装是生态环境综合执法改革进程中的一件大事,生态环保人多年的期盼变成现实。作为一名从事生态环境执法工作 20 多年的老兵,对此倍感振奋、备受鼓舞。这是几代环保执法人的努力结果,作为一名生态环境执法人员,能深刻体会到荣誉感和使命感,同时也感到生态环境执法肩负的责任更加重大、使命更加光荣。从早期的环境监理到生态环境保护综合行政执法,特别是党的十八大以来,生态环境执法的体制机制、基础能力、队伍建设都发生了历史性变化,归根到底是党中央的坚强领导和亲切关怀，同时也离不开广大生态环境执法人员在一线岗位的辛勤劳动和默默奉献。

经国务院同意，财政部、司法部印发了《综合行政执法制式服装和标志管理办法》，明确生态环境保护、交通运输、农业、文化市场、市场监管及应急管理六支综合行政执法队伍实行统一着装。在不久前的全国生态环境保护执法工作会上，新的生态环境制式服装已经正式与大家见面，应该说充分展现了执法队伍良好的精神风貌，各方反响很好，各级执法队伍也非常期待。我们将积极推进全国生态环境执法队伍的统一着装，力争今年尽早让符合着装条件的一线执法人员穿上新的制式服装，展现新面貌。

需要指出的是，新的着装不是简简单单换套衣服，而是意味着新起点、新责任，还意味着更高的要求，统一制式服装的根本目的是要求我们进一步规范执法，进一步转变作风，进一步严守纪律，更好地服务生态文明建设和生态环境保护大局。为此，黄润秋部长在全国生态环境保护执法工作会上，对全国生态环境执法人员提出了四点要求：

一要对党忠诚，增强"四个意识"、坚定"四个自信"、做到"两个维护"，坚决听从党的号令。

二要服务人民，全心全意为增强人民群众生态环境获得感、幸福感、安全感而努力工作。

三要规范公正，把严格、规范、公正、文明执法的要求落到实处。

四要纪律严明，严守纪律规矩，秉持服从命令听指挥、敢打敢

327

拼勇担当的优良作风，全力打造生态环境保护铁军中的主力军。

按照部署，我们正在制定关于加强生态环境保护综合行政执法队伍建设的指导意见，将以统一着装为新起点，加快推进执法队伍规范化建设，进一步增强基层力量配备，加大人员激励保障力度，推动建立立功受奖制度，健全生态环境执法容错、纠错机制，让广大生态环境执法人员更加珍惜荣誉，践行使命，为美丽中国建设不懈奋斗，谢谢。

认真做好垂直管理和综合执法改革的"后半篇文章"

每日经济新闻记者： 近日，第二轮第三批中央生态环境保护督察工作曝光不少典型案例，不少环境问题是多年长期存在的问题。请问一下曹局长，为什么这些问题在地方日常的环境执法中没有被发现和解决，今年将在哪些方面加强生态环境执法的监管，将采取哪些手段和措施来惩处相关环境违法行为？谢谢。

曹立平： 谢谢您的提问。执法的目的就是查处环境违法行为，维护群众的环境权益，环境违法问题在现阶段是客观存在的，中央生态环境保护督察和执法工作都是为了解决生态环境突出问题，推动生态环境保护和高质量发展。"十三五"期间，生态环境执法持续保持高压态势，全国共实施环境行政处罚案件 83.3 万件，罚款金额 536.1 亿元，分别较"十二五"期间增长 1.4 倍和 3.1 倍。全国适用《环境保护法》（2014 年 4 月修订）配套办法案件达到 14.7 万件，有力地震慑了环境违法犯罪行为。尽管生态环境执法工作取得积极进展和成效，但也要看到，我们对深入打好污染防治攻坚战的认识还不够到位，我们的执法体制机制还不够健全，我们的执法方法还不够优化，我们的执法能力与任务要求还不够匹配，我们发现问题的能力还有待提升。

今年是"十四五"的开局之年，抓好生态环境执法工作对于深入打好污染防治攻坚战，推动生态环境保护工作开好局、起好步至关重要。我们要按照习近平总书记"精准治污、科学治污、依法治污""方向不变、力度不减"的要求，做到"三个坚持""三个聚焦"，采取"五个方面"的措施。

"三个坚持"就是坚持严的主基调，坚持执法为民，坚持问题导向。"三个聚焦"就是聚焦影响群众环境权益和环境质量的突出问题，聚焦污染防治攻坚战的重点领域，聚焦环境问题多发、频发的重点行业。具体来说，在国家层面要组织四项专项行动：

一是联合公安部和最高人民检察院开展危险废物环境违法专项行动，重点打击跨行政区域非法排放、倾倒、处置危险废物等环境违法犯罪行为；二是联合公安部和最高人民检察院开展针对监测数据造假的专项行动，严厉打击篡改、伪造自动监测数据的环境违法犯罪；三是开展大气监督帮扶专项行动，针对问题突出的行业开展专业化监督，针对问题严重的区域进行机动化帮扶；四是开展自然保护地专项行动，即"绿盾"专项行动。

为将各项要求落到实处，我们主要采取以下"五个方面"的措施：

一是优化监督帮扶，保障攻坚成效。我们将按照"五个精准"的要求，优化组织形式，创新实施"重点专项帮扶＋远程监督帮扶"相结合的工作模式。继续坚持帮扶主基调，各地要针对突出的区域性、流域性、行业性生态环境问题，充分发挥交叉检查监督帮扶等方式的优势，统筹调用区域内的精锐力量，破解地方保护，保障执法行动效果。

二是强化司法联动，严惩污染犯罪。我们将进一步加强与公安、检察、司法等部门协同配合，建立健全联席会议制度，持续举办跨部门联合业务培训，强化"两法衔接"①，切实形成严惩重罚的执法合力。对跨区域、跨流域的重特大环境污染案件，我们将和公安部、最高人民检察院一起，联合挂牌督办、联合现场督导，确保案件查办到位。

三是优化执法方式，提高执法效能。今年，生态环境部印发的《关于优化生态环境执法方式　提高执法效能指导意见》，提出了18项制度和措施，通过深化"双随机、一公开"、强化非现场监管、健全举报奖励制度、探索第三方辅助执法等方式，提升问题发现能力；通过建立专案查办制度、完善自由裁量权制度、提高执法服务水平等方式，提升问题查处能力；通过完善正面清单、强化守法激励、开展普法教育等方式，鼓励更多的企业提升自主守法能力。

四是创新执法手段，提升执法能力。我们将积极探索新技术在生态环境执法中的应用，持续创新提升执法能力。研究实施用电监

①"两法衔接"指行政执法与刑事司法衔接。

控、视频监控和关键工况参数监控，将监管范围扩展到企业的生产、治理和排放全过程；深化实施"千里眼"计划，加大对工业园区、企业集群周边微环境的实时监测力度，强化大气污染精准溯源和重点污染源远程监管能力；积极推进移动执法建设使用，实现环境执法流程式、网络化、智能化操作。

五是深化体制改革，加强队伍建设。我们将认真做好垂直管理和综合执法改革的"后半篇文章"，在推动各地完成组织体系调整并按新体制运行的基础上，确保运行机制、能力建设、法治保障全面到位，实现"真垂管""真综合"。继续紧盯监测执法协同和县级执法权等改革过程中需要进一步完善的重大问题，抓紧推动解决。结合改革的相关要求，综合推进落实机构规范化、装备现代化、队伍专业化、管理制度化，持续加强队伍建设，打造名副其实的生态环境保护铁军主力军。谢谢。

全面实施排污口"户籍"管理，排污口排查整治需要久久为功、持续推进

封面新闻记者：今年，整治入河、入海排污口被列为政府工作报告中的重点工作，生态环境部如何抓好后续工作？除了长江、渤海、黄河流域，全国其他的入河、入海排污口是否会继续被纳入排查整治？谢谢。

曹立平：谢谢您的提问。入河、入海排污口是连接岸上和水里

的关键节点和最后一道闸口。生态环境部将入河、入海排污口排查整治作为推进水生态环境质量改善的重要举措，这是一项打基础、利长远的工作，也是需要久久为功、持续推进的任务。

2019年起，生态环境部会同相关省（市）相继启动了长江、渤海和黄河排污口排查整治工作，通过无人机航测、人工徒步排查、专家质控核查"三级排查"的方式，运用高科技，下足笨功夫，基本摸清了长江、渤海和黄河试点地区排污口底数，为精准整治提供了方向。

排污口虽小，但涉及管网建设、污水处理能力、农业面源管理等多个方面，与城乡工业、生活布局和产业发展等都息息相关。我们需要按照系统治理的思路，根据各地实际情况，紧盯突出问题，对症下药、分类施策、精准治理，针对性补齐基础设施短板，不断提升环境治理能力，推动优化产业布局，才能真正从源头解决水环境问题。

近期，我们将重点抓好以下三个方面工作。

一是完成排污口监测溯源，掌握排污状况，了解污水来源，找准污染"症结"。

二是制定整治方案，将排查发现的各类排污口纳入管理，明确治理措施、责任单位和进度安排。

三是实施分类整治，立行立改和长期整治相结合，对能够立即解决的，迅速采取措施解决；对涉及管网建设、污水处理厂建设等需要时间的，明确阶段目标，由易入难，分步推进，不搞"一刀切"。

2021年年底前，完成长江、渤海和黄河试点地区排污口命名编码并竖立标志牌，全面实施排污口"户籍"管理，确保将整治责任及要求落到实处。

今年，整治入河、入海排污口被列入政府工作报告，充分表明了这项工作的重要性和紧迫性。生态环境部将把排污口整治工作作为一项长期任务来抓，持之以恒、久久为功、务求实效，力争在解决一个个具体问题中，让群众看到变化，见到成效。

除了长江、渤海、黄河流域，其他流域、海域也在有序开展排污口排查整治工作，比如，江苏、山东、广东、贵州、四川等地开展了具有地方流域特色的排污口排查整治工作。

按照中央有关改革部署，生态环境部有关司局正会同相关部门，研究起草排污口监督管理改革顶层设计文件，该文件将进一步对全国入河、入海排污口排查整治工作提供全面指导和支撑。同时，生态环境部将总结提炼长江、渤海和黄河排查整治工作中形成的有效经验，指导各地推进工作、取得实效。

进一步加大对钢铁行业等重点行业的帮扶力度

路透社记者：生态环境部3月对唐山钢铁企业开展了环保督查，想请问一下生态环境部接下来是否还有计划对钢铁行业其他主要生产地进行督查？具体有什么计划？什么时候开展？选择什么样的地区？对其他地方的重点行业，生态环境部今年还有什么别的规划？谢谢。

曹立平：刚才，我向大家做了介绍，从国家层面，今年重点开展四个专项行动。钢铁行业是我国主要的大气污染排放源之一，产污环节多，污染排放量大，一直都是污染防治的重点行业，也是我们各级生态环境执法队伍执法监管的重点。

对于钢铁行业，刚才介绍的四个专项行动里，大气监督帮扶专项行动确实有这个考虑。我们将进一步加大对包括钢铁行业在内的重点行业的帮扶力度，组织专业力量开展专项执法检查，督促落实法律法规和标准要求，严肃打击伪造或篡改监测数据、偷排偷放等违法行为。

至于什么时间，到什么区域，到哪个企业，执法既有计划性也有机动性，我们正在筹划之中。至于还有没有其他的行业，大气监督帮扶将开展夏季臭氧污染防治监督帮扶，会涉及一些 VOCs 排放企业，对于涉及氮氧化物的重点排放行业和企业，也会被纳入相关的专项监督帮扶之中。谢谢。

主张国际原子能机构尽快成立包括中方等在内的福岛核废水处理技术工作组

《北京青年报》记者：有消息称，国际原子能机构正积极筹建日本福岛核事故废水处理相关的技术工作组，将邀请中国专家加入。请问生态环境部目前是否接到相关邀请？对此有何评论？

刘友宾：日本福岛核事故废水处置不仅涉及本国环境安全，也

事关区域和全球环境安全，必须慎之又慎。日本政府不顾本国民众反对和国际社会质疑，在未穷尽安全处置手段的情况下，未与周边国家和国际社会充分协商，单方面做出废水排海决定。作为日本近邻和利益攸关方，我们对此表示严重关切。

中方主张国际原子能机构尽快成立包括中方等利益攸关方在内的技术工作组，就日本福岛核事故废水处置方案、后续落实与国际评估和监督等开展工作。

4月26日，外交部发言人在回答记者提问时表示，国际原子能机构正积极筹建相关的技术工作组，并向中方确认，将邀请中国专家加入工作组。

生态环境部将与外交部、中国国家原子能机构保持密切联系，就技术工作组有关事宜进行沟通，配合做好相关工作。日方在启动核废水排海之前，应及时全面公开相关信息，切实满足利益攸关方和国际社会的关切。

进一步强化非现场执法，着力提升监督执法的精细化、科学化

《中国日报》记者：请问生态环境部采取了哪些先进的技术手段助力非现场执法？这方面未来还有哪些计划？谢谢。

曹立平：谢谢您的提问。非现场执法是随着技术发展在执法方式上的一种重大转变和优化，本质上是一种既不干扰企业正常生产，

又能精准发现违法线索的监管手段，并发挥了越来越重要的作用，目前各地都有很多不同的实践。我们将非现场监管作为日常执法检查的重要方式，通过非现场执法提高违法问题的发现能力，不断提高执法效能。

"十三五"时期，通过探索应用新技术、新手段，非现场执法工作取得了积极进展。

在提高监管效能方面，出台《生活垃圾焚烧发电厂自动监测数据应用管理规定》等文件，垃圾焚烧发电成为首个实现在线实时管控的行业，可以对排放情况进行 24 h 全面监控，成为探索非现场执法监管的成功实践。2020 年以来，垃圾焚烧发电行业污染物日均值达标率及炉温达标率均稳定在 99% 以上，率先实现了全行业基本稳定达标排放。如山东省完善自动监测数据行政处罚工作机制，2020 年对 600 余家违法企业罚款 4 400 余万元。

在应用新技术方面，卫星遥感、无人机、水下机器人等科技手段在监督执法实践中得到普遍应用。例如，排污口排查中应用无人机新技术实现了"天上看、地上查、水里测"，水源地整治、"清废行动"中运用"卫星遥感 + 大数据"提升了发现问题的效能。如广西壮族自治区针对辖区山多林密、河流纵横等地形困难，充分利用无人机，严厉打击"捉迷藏、打游击"等违法行为。

在融合大数据方面，将用电数据、视频监控和关键工况参数等大数据运用到监管执法中，提高了日常监管的精准度和执法效率。如江苏省通过用电监控发现污染防治设施不正常运行的违法行为，

及时锁定线索、精准打击违法行为。

"十四五"时期，我们以精准治污、科学治污、依法治污为指导，进一步强化非现场执法，着力提升监督执法的精细化、科学化。

一是在制度上，要强化法治保障。细化《行政处罚法》（2021年1月修订）和《排污许可管理条例》关于电子证据、监控数据用于行政处罚的相关规定，解决法律依据和证据有效性的问题，进一步明确监测数据质量保障的具体要求以及执行措施，并在相关标准中落实自动监测数据适用细则。

二是在方法上，要拓展新技术的应用。在总结应用无人机、无人船、走航车以及卫星遥感等科技手段的基础上，探索物联网、新型传感器、知识图谱、人工智能等新技术在执法监管领域的应用，不断创新非现场监管方法，规范监管手段。现在一些违法行为出现新手段、新情况，我们也要及时创新执法手段，有效履行监管执法的职责。

三是在手段上，要推行全流程信息化。统筹移动执法系统建设、管理和应用，推进移动执法、"双随机、一公开"、行政处罚、环境信用以及其他信息系统的共享互通，将现场执法和处理处罚的全过程纳入系统留痕管理，充分利用大数据分析精准识别环境违法问题。2022年年底前，力争实现全国移动执法系统应用全覆盖、全使用、全联网，推动规范执法智慧监督水平再上新台阶。以垃圾焚烧发电行业为例，我们现在通过监管平台对垃圾焚烧发电企业的工况数据和排放数据进行分析，能及时发现数据逻辑的问题线索，然后根据问题线索到现场进行检查，提高了执法效率。

"COD 去除剂"干扰水质监测数据是数据造假的典型案例

《南方都市报》记者： 此前，生态环境部通报了全国首例污水处理厂使用 COD 干扰水质监测数据的案例，我们了解到这种方法的专业性和隐蔽性很强，基层执法人员很难在执法上发现，请问生态环境部如何看待这种造假手段，后续是否会进一步跟进处置？谢谢。

曹立平： 谢谢您的提问。近年来，各地在日常监督执法中，依法查处了一批监测数据造假案件，其中使用"COD 去除剂"干扰水质监测数据是一个比较典型的案例。

2020 年 5 月，我们会同陕西省生态环境厅开展现场检查，采取随机检查以及暗查、暗访的方式，发现神木污水处理厂使用"COD 去除剂"处理污水。通过实验和法律研判，发现该物质没有污水处理的实际效果，只是干扰和影响了在线监测过程。随后，我们督促地方环境部门依法严肃查处，追究了相关人员的责任，并向全国公开通报，要求各地举一反三，加大类似案件的查处力度，严肃打击数据造假行为。

从这个案例看，对于生态环境执法领域出现的新问题，我们要善于运用新技术，加强调查研究，通过现场勘查、水质监测、物料衡算、资金往来、运营记录等查找发现蛛丝马迹，切实提升执法的针对性、时效性。对于类似数据造假问题，要发现一起、查处一起，同时公开通报，发挥警示作用，形成有力震慑。

目前，我们正在与相关部门协调，推动加强生产、销售、使用等环节的监管，共同加大对违法行为的查处力度，切实维护公平竞争的市场环境。

六五环境日将首次采取"1"个主会场+"N"个配套活动模式

澎湃新闻记者： 六五环境日就要到了，请问今年的六五环境日活动有何安排？

刘友宾： 6月5日是环境日。今年环境日主题是"人与自然和谐共生"，旨在进一步唤醒全社会生物多样性保护的意识，牢固树立尊重自然、顺应自然、保护自然的理念，建设人与自然和谐共生的美丽家园。

6月5日，生态环境部将会同中央文明办、青海省人民政府在青海省西宁市举办2021年六五环境日国家主场活动，首次采取"1"个主会场+"N"个配套活动的模式，开展主会场活动，举办"坚定不移走高质量发展之路""生态文明 志愿同行""繁荣生态文学 共建美丽中国"三个专题论坛，以及生物多样性主题摄影展览、新闻采访、"大地文心"作家采风等一系列活动。

届时，将现场揭晓"'美丽中国，我是行动者'提升公民生态文明意识行动计划"十佳公众参与案例、十佳环保设施开放单位、百名最美生态环保志愿者，发布第二届"公众最喜爱的十本生态环境好书",聘请 2021 年度生态环境特邀观察员,公布 2022 年六五环境日国家主场活动举办地,并与地方六五环境日活动现场连线互动。

今年六五环境日国家主场活动将践行绿色低碳理念,组织碳中和公益行动,落实大中型活动碳中和有关要求。

下一步监督执法正面清单管理将坚持严的主基调,进一步引导企业守法

红星新闻记者: 去年,根据新冠肺炎疫情防控常态化和服务"六稳"① "六保"② 的要求,环境执法工作做出了一些调整,比如实施监督执法正面清单制度,对守法企业无事不扰。随着新冠肺炎疫情防控成效进一步显现,去年特殊时期提出的环境执法要求还能不能得到延续?会做出哪些调整?谢谢。

曹立平: 谢谢您的提问。为统筹做好新冠肺炎疫情防控和经济社会发展生态环境保护工作,2020 年 3 月,生态环境部建立实施了监督执法正面清单制度。截至 2021 年 3 月底,各地将 8.45 万家企业纳入监督执法正面清单。各地通过在线监控、视频监控、用能监控、无人机巡查、大数据分析等科技手段开展非现场检查,在保持监督执法方向不变、力度不减的基础上,尽可能减少对企业正常生产经

---

① "六稳"指稳就业、稳金融、稳外贸、稳外资、稳投资、稳预期。
② "六保"指保居民就业、保基本民生、保市场主体、保粮食能源安全、保产业链供应链稳定、保基层运转。

营活动的干扰，受到社会的广泛好评，也受到党中央、国务院的肯定。

总结起来，主要成效体现在"三个提升"。

一是差异化执法监管水平得到提升。各地按照分类监管原则，对守法企业无事不扰，审慎采取查封、扣押和限制生产、停产整治措施。

二是非现场执法能力得到提升。监督执法正面清单实施以来，各地积极利用各种科技手段开展非现场检查，及时发现和锁定环境违法线索。截至2021年3月，各地开展非现场检查49.24万次，发现环境问题1.2万个。

三是监督执法正面清单规范化水平得到提升。各省级生态环境部门全部出台监督执法正面清单实施方案，部分地方制定监督执法正面清单管理办法和减免处罚的具体规定，细化管理措施，固化实践成果，为监督执法正面清单制度化、常态化奠定基础。

从各地实践和社会反映看，监督执法正面清单这项制度有必要从为应对新冠肺炎疫情采取的"应急性措施"转化为执法监督的常态化、制度化措施，作为优化执法方式的重要举措长期坚持。为此，生态环境部于近期印发了《关于加强生态环境监督执法正面清单管理推动差异化执法监管的指导意见》（以下简称《指导意见》），对监督执法正面清单工作提出了进一步要求。相比新冠肺炎疫情期间的监督执法正面清单工作，《指导意见》体现出"一个坚持、三个创新"的特点。

"一个坚持"是指坚持严的主基调。监督执法正面清单制度是对企业的差异化监管措施，目的是解决当前执法能力和执法需求之间的突出矛盾，将有限的执法资源集中投放到主观恶意强、环境影响大的企业，更好地履行执法职责。对守法企业的"无事不扰"也不等同于"不管不问""降低要求"，而是通过非现场执法等方式督促企业履行法定职责。如果发现监督执法正面清单企业存在故意违法行为，我们更要严惩不贷。

这项制度的设置是将守法情况好的企业列入监督执法正面清单，通过非现场监管的方式对这些企业进行管理。企业自己发现有环境不当的行为要及时报告，如果没有造成严重后果，我们会从轻处理；对于不及时报告的企业，我们将依法从重处理。

"三个创新"是指体现了执法理念的创新、执法方式的创新和执法程序的创新。

一是执法理念的创新，进一步引导企业守法。新冠肺炎疫情期间出台的监督执法正面清单制度具有一定的应急属性，但实践中我们发现它有效激发了企业自主守法的意愿。我们对监督执法正面清单企业制定充分信任和支持的政策，同时建立动态调整机制，将违法企业及时移出清单，都是对外释放的正向激励信号，有利于鼓励越来越多的企业争入监督执法正面清单，扩大环境守法的"统一战线"，推动构建多方共治的大格局。

二是执法方式的创新，进一步强化精准执法。《指导意见》要求各地建立起常态化的监督执法正面清单制度，进一步明确管理职责、细化纳入条件、规范工作程序，同时提出了开展非现场执法的具体要求。我们希望，通过实施监督执法正面清单制度，能够推动各地更加合理地调配执法资源，科学实施分类监管，强化科技化、非现场的执法方式，提升精准执法水平，把有限的执法资源投入到更需要的地方，不断优化执法对象、区域、手段，推动环境治理体系和治理能力现代化。

三是执法程序的创新，进一步规范执法行为。《指导意见》明确了对监督执法正面清单企业开展现场检查的启动条件和报批程序，推动建立非现场监管程序规范，推动规范、文明执法。

谢谢。

刘友宾：今天的发布会到此结束。谢谢大家！

4月例行新闻发布会背景材料

党的十八大以来，以习近平同志为核心的党中央把生态环境保护摆在治国理政的重要位置，对加强生态环境执法做出一系列重要指示和重大部署，为做好生态环境执法工作提供了根本遵循和行动指南，推动生态环境执法思想认识、体制机制、队伍建设、地位作用发生了历史性、转折性、全局性变化。特别是生态环境执法队伍正式列入国家综合行政执法序列，具有里程碑式的重大意义。

一、"十三五"生态环境执法工作取得重要进展

"十三五"时期，各级生态环境执法队伍认真贯彻中央各项决策部署，全面落实各项改革要求，以改善生态环境质量为核心，以打赢打好污染防治攻坚战为主线，以解决突出生态环境问题为重点，持续加大执法力度，切实加强执法队伍建设，努力提升执法效能，推动生态环境执法工作取得重要进展。

（一）创新体制机制，构建生态环境监督执法体系实现新突破

协同推进综合行政执法与环保机构监测监察执法垂直管理制度改革，重塑生态环境执法新体制，综合考虑机构规格、编制管理、人员配备和执法保障等改革事项，切实巩固和提升基层生态环境监管执法履职能力。落实统一实行生态环境执法要求，发布《生态环境保护综合行政执法事项指导目录》（2020年版），整合执法事项248项，从国家层面厘清了生态环境综合行政执法的职能和定位，进一步强化落实生态环境执法职责。

（二）坚持严格执法，推动生态环境法律法规落地见效取得新成绩

完善法律法规体系，持续保持高压态势。制定印发按日计罚、查封扣押、限产停产、信息公开等四个《环境保护法》（2014年4月修订）配套办法，连续开展"环保法实施年"活动，清理整顿常年累积的违法、违规建设项目

64.1 万个，关停取缔污染严重单位 2 万余家，废除阻碍环境监管执法的"土政策" 206 件。"十三五"期间，全国实施环境行政处罚案件 83.3 万件，罚款金额 536.1 亿元，分别较"十二五"期间增长 1.4 倍和 3.1 倍。全国适用《环境保护法》（2014 年 4 月修订）配套办法案件达到 14.7 万件。

畅通"两法衔接"，切实形成执法合力。联合公安部、最高人民检察院印发《环境保护行政执法与刑事司法衔接工作办法》，2020 年首次联合开展严厉打击危险废物环境违法犯罪行为活动。5 年间全国累计移送行政拘留案件 2.9 万余件，移送涉嫌环境污染犯罪案件 1 万余件，有力震慑了环境违法犯罪行为。

突出重点专项行动，持续强化重点领域监管。会同多部门，开展水泥、玻璃行业淘汰落后产能的专项督查，推动有效化解 2 492 万 t 水泥和 1 456 万箱平板玻璃落后产能。连续三年开展严厉打击涉消耗臭氧层物质（ODS）违法行为专项行动，查处 102 家违法企业，对 19 家四氯化碳（CTC）副产企业实行驻厂监督帮扶。

（三）聚焦核心任务，助力打赢打好污染防治攻坚战标志性战役收获新成效

持续开展重点区域监督帮扶，有力推动蓝天保卫战取得历史性成效。自 2017 年 4 月起，连续四年对京津冀及周边地区、汾渭平原等重点区域开展常态化大气监督帮扶。累计检查企业（点位）210 万个，帮助地方发现问题 27.2 万个，推动完成 6.2 万家涉气"散乱污"企业清理整顿，有力推动重点区域环境空气质量改善，实现经济效益、社会效益、环境效益共赢。2020 年 $PM_{2.5}$ 未达标城市平均浓度为 37 $\mu g/m^3$，比 2015 年下降 28.8%，超额完成"十三五"约束性指标要求。

全面"啃下"水源地整治、排污口排查等"硬骨头"，有效推动碧水保卫战取得阶段性成果。2016 年以来，连续 4 年开展集中式饮用水水源地环境

保护专项行动，完成31个省（自治区、直辖市）和新疆生产建设兵团2 804个水源地10 363个问题整治，累计取缔涉及水源保护区的违法排污口6 402个，搬迁治理工业企业1 531家，一批过去想解决而长期未解决的历史遗留问题得到解决。按照"有口皆查、应查尽查"的原则，对长江、渤海入河、入海排污口开展"拉网式"排查，分别发现排污口6万多个和1.8多万个，比此前掌握的数量分别增加30倍和25倍，找到了影响长江、渤海水生态环境的"病灶"，形成长江、渤海入河、入海排污口"一张图""一本账"。

强力推进垃圾焚烧整治、"清废行动"和"洋垃圾"专项行动，推动净土卫战取得关键性进展。连续四年开展垃圾焚烧发电行业达标排放专项整治，关停28家，推动556家垃圾焚烧发电厂、1 302台焚烧炉实现"装、树、联"。连续三年的"清废行动"累计发现问题点位3 252个，推动3 221个点位完成整改，清理各类固体废物5 676.1万t，立案查处违法案件4 734件。连续四年开展"洋垃圾"专项行动，共检查企业2 396家，成为实现全国固体废物"零进口"的关键一招。

（四）夯实基础能力，推进生态环境执法队伍建设迈上新台阶

着力推进行政执法"三项制度"，不断规范执法行为，明确工作要求，强化责任落实。全面推行"双随机、一公开"，有力维护公平竞争秩序。累计开展执法检查293.2万家次，发现并查处环境违法问题15.6万个。及时出台监督执法正面清单，积极服务"六稳""六保"。将8.4万家企业纳入监督执法正面清单。不断加强综合行政执法队伍标准化建设，进一步提升装备标准化水平。连续五年开展"全年、全员、全过程"生态环境执法大练兵。全国举办培训班915期，培训执法人员近12万人次。

二、持续推进"十四五"生态环境执法工作迈上新台阶

未来五年，生态环境执法工作总体思路是以习近平新时代中国特色社会主义思想为指导，全面落实习近平生态文明思想和习近平法治思想，深入贯彻党的十九大和十九届二中、三中、四中、五中全会精神，立足新发展阶段，贯

彻新发展理念，构建新发展格局，坚持方向不变、力度不减，突出精准治污、科学治污、依法治污，以生态环境保护综合行政执法改革为动力，以队伍能力建设为保障，以优化执法方式、提高执法效能为手段，保持严的主基调，不断完善严格规范公正、文明的生态环境执法体系，着力打造生态环境保护铁军的主力军，为深入打好污染防治攻坚战、推动生态环境质量持续改善、促进经济社会高质量发展发挥重要的支撑保障作用。

（一）聚焦健全体制机制，推进生态环境执法治理体系和治理能力现代化再上新台阶

不断深化生态环境执法体制改革。在完成组织体系调整并按新体制运行的基础上，确保各地运行机制、能力建设、法治保障全面到位，实现"真垂管""真综合"，彻底解决好地方干预执法、多头执法、多层执法的"老问题"。积极构建以排污许可制为核心的固定污染源监督执法体系，持续巩固"大执法"格局。以《排污许可管理条例》为主要依据重塑生态环境执法格局，为构建新的固定源监督执法体系夯实了法律基础。

（二）聚焦主业、铁腕执法，持续保持执法从严的高压态势

坚持依法严惩重罚，牢固树立生态环境执法的权威性、严肃性。对违反生态环境法律法规，特别是暴力抗法、屡查屡犯的生态环境违法行为，各级生态环境部门要一以贯之坚持"零容忍"，并向社会公开曝光，遏制环境违法多发、高发的态势。扎实做好重点领域执法检查。围绕事关群众生态环境权益的突出问题进行重点整治，持续增强人民群众生态环境的获得感。

（三）聚焦突出生态环境问题，助力深入打好污染防治攻坚战再上新台阶

着力优化重点区域大气监督帮扶。按照"五个精准"的要求，创新实施"重点专项帮扶＋远程监督帮扶"相结合的工作模式，助力重点区域空气质量改善。持续强化水生态环境攻坚任务。统筹推进长江、渤海、黄河入河、入海排污口排查整治工作，建立部—省—流域局协同配合的排污口排查整治技术包帮扶机制，压实地方主体责任，循序渐进推进协同治理。形成"天空地一体化"的

科技支撑体系，优化饮用水水源地环境监管方式，提高监管效能。开展"三磷"行业整治"回头看"，持续抓好长江经济带涉磷重点企业、重点案件的环境监管。不断深化垃圾焚烧和"清废行动"。各级生态环境部门要督促新投运的生活垃圾焚烧发电厂按时完成"装、树、联"，公开自动监测数据。全面遥感排查黄河流域沿岸非法倾倒、堆放的固体废物，及时将发现的问题转交给地方。

（四）聚焦转方式提效能，推动规范执法智慧监督水平再上新台阶

完善行政处罚案件办理程序规定，进一步提高生态环境执法的规范化和标准化。推进移动执法、"双随机、一公开"、行政处罚、环境信用等信息系统共享互通，充分利用大数据分析精准识别环境违法问题，提升现场执法的精准化、智能化水平。利用科技手段，创新非现场监管方法，规范非现场监管工作程序。

（五）加强队伍能力建设，全力打造生态环境保护铁军的主力军

统一着装是生态环境保护综合行政执法队伍规范化建设迈出的历史性一步。站在新的历史起点上，要着力提升四项能力，担负起主力军的历史重任。一是强化政治能力。不断提高政治判断力、政治领悟力、政治执行力。二是强化依法行政能力。落实执法责任、遵循执法程序、严守办案规范、依法固定证据、正确适用法律，提高依法行政水平，做到对守法者无事不扰，对违法者处罚到位。三是强化业务能力。熟练掌握执法技能，综合运用传统检查手段和现代科技手段，练就火眼金睛，精准发现问题。四是强化执行落实能力。紧盯党中央、国务院重大决策部署和群众关心的突出生态环境问题，一抓到底、扭住不放，确保各项违法问题查处整改到位。

5月例行新闻发布会实录

——聚焦 2020 年中国生态环境状况

2021 年 5 月 26 日

  5 月 26 日，生态环境部举行 5 月例行新闻发布会。生态环境部生态环境监测司司长柏仇勇，中国环境监测总站首席科学家、副总工程师李健军出席发布会，介绍 2020 年中国生态环境状况。生态环境部新闻发言人刘友宾主持发布会，通报近期生态环境保护重点工作进展，并共同回答了大家关心的问题。

5 月例行新闻发布会现场（1）

5 月例行新闻发布会现场（2）

刘友宾：新闻界的朋友们，上午好！欢迎参加生态环境部 5 月例行新闻发布会。

按照《环境保护法》（2014 年 4 月修订）和《海洋环境保护法》（2017 年 11 月修正）的规定，生态环境部会同有关部门编制了《2020 中国生态环境状况公报》和《2020 年中国海洋生态环境状况公报》。今天的发布会，我们邀请到生态环境监测司司长柏仇勇先生，中国环境监测总站首席科学家、副总工程师李健军先生介绍两份公报和生态环境监测的有关情况，并回答大家关心的问题。

下面，我先通报两项生态环境部近期工作。

一、启动重点区域夏季臭氧污染防治监督帮扶

为贯彻落实党中央、国务院关于深入打好污染防治攻坚战的决策部署，有力推动重点区域环境空气质量持续改善，生态环境部印发了《关于开展 2021—2022 年重点区域空气质量改善监督帮扶工作的通知》，并于近日全面启动重点区域大气监督帮扶工作。

今年的大气监督帮扶在工作方式上进行了全面优化创新，深入落实精准治污、科学治污、依法治污，按照"五个精准"的要求，组建专业组和常规组两支队伍，紧紧围绕 $PM_{2.5}$ 和 O_3 的协同治理、NO_x 和 VOCs 的协同减排，统筹开展专项监督和常态帮扶，实行两支队伍、两种方式，协同配合，一体化作战。一方面，对重点行业、重点园区和产业集群、重点企业开展机动化、点穴式的专项监督，着力发现典型案件和突出问题，压实地方党委、政府改善环境质量

的主体责任，强化落实企业污染治理主体责任，有效传导监督压力。另一方面，对空气质量改善压力较大的重点城市，开展"有温度"的常态帮扶，送政策、送技术、送服务，推动地方提升环境管理水平，帮助企业解决污染治理难题，充分发挥帮扶效能。

根据统一部署，生态环境部已派出 11 个专业组，紧盯钢铁、焦化、石化、化工、玻璃等重点行业开展专项监督，从工艺全流程到治污各环节深挖细查，切实加大对环境违法行为的打击力度；派出 28 个常规组开展常态帮扶，重点对京津冀及周边地区污染物浓度较高的"热点网格"开展监督检查，帮助地方发现问题，寓监督于帮扶之中。同时，我们旗帜鲜明地反对地方政府和企业动辄停产关闭、先停后治等简单粗暴的"一刀切"行为。对于监督帮扶发现的"一刀切"问题，发现一起、纠正一起，严肃处理，绝不姑息。

二、扎实推进全国碳排放权交易市场上线交易准备工作

2020 年年底，生态环境部以部门规章形式出台《碳排放权交易管理办法（试行）》，规定了各级生态环境主管部门和市场参与主体的责任、权利和义务，以及全国碳排放权交易市场运行的关键环节和工作要求；印发了《2019—2020 年全国碳排放权交易配额总量设定与分配实施方案（发电行业）》，公布包括发电企业和自备电厂在内的重点排放单位名单，正式启动全国碳排放权交易市场的第一个履约周期。全国碳排放权交易市场覆盖排放量超过 40 亿 t，将成为全球覆盖温室气体排放量规模最大的碳排放权交易市场。

今年以来，生态环境部又陆续发布了《企业温室气体排放报告核查指南（试行）》《企业温室气体排放核算方法与报告指南 发电设施》等技术规范，印发了《碳排放权登记管理规则（试行）》《碳排放权交易管理规则（试行）》《碳排放权结算管理规则（试行）》等市场管理规则，并组织开展温室气体排放报告、核查、配额核定等工作。

近期，按照《碳排放权交易管理办法（试行）》和《关于印发〈2019—2020 年全国碳排放权交易配额总量设定与分配实施方案（发电行业）〉〈纳入 2019—2020 年全国碳排放权交易配额管理的重点排放单位名单〉并做好发电行业配额预分配工作的通知》的有关要求，各省级生态环境主管部门已通过全国碳排放权注册登记系统基本完成配额预分配工作。生态环境部已组织有关单位完成上线交易模拟测试和真实资金测试，正在组织开展上线交易前的各项准备工作，拟于今年 6 月底前启动全国碳排放权交易市场上线交易。

刘友宾： 下面，请柏仇勇司长介绍情况。

生态环境部生态环境监测司司长柏仇勇

2020 年，全国 337 个城市平均优良天数比例为 87.0%，同比上升 5.0 个百分点

柏仇勇：新闻界的各位朋友，大家上午好。

六五环境日前夕，非常高兴在这里与大家如期相约。我代表生态环境部生态环境监测司，对大家长期以来给予生态环境监测工作的关心、支持和参与表示衷心感谢！

借此机会，我就 2020 年全国生态环境状况和近年来生态环境监测工作进展向大家做简要介绍。

一、全国生态环境状况

按照《环境保护法》（2014 年 4 月修订）和《海洋环境保护法》（2017 年 11 月修正）规定，生态环境部会同国家发展改革委、自然资源部等 11 个部门，共同编制了《2020 中国生态环境状况公报》和《2020 年中国海洋生态环境状况公报》，两份公报今天正式发布。公报显示：2020 年和"十三五"生态环境重点目标任务均圆满超额完成，全国生态环境质量明显改善。

2020 年，全国 337 个城市平均优良天数比例为 87.0%，同比上升 5.0 个百分点；$PM_{2.5}$ 浓度为 33 $\mu g/m^3$，同比下降 8.3%。全国地表水国控断面水质优良（Ⅰ～Ⅲ类）断面比例为 83.4%，同比上升 8.5 个百分点；劣Ⅴ类断面比例为 0.6%，同比下降 2.8 个百分点。地级及以上城市在用集中式生活饮用水水源达标率为 94.5%。海洋生态环境状况整体稳定，管辖海域一类水质海域面积同比基本持平，近岸海域水质总体稳中向好。全国农用地土壤环境状况总体稳定。全国生态环境质量优良县域面积占国土面积的 46.6%。全国辐射环境质量和重点设施周围辐射环境水平总体良好。经初步核算，单位国内生产总值 CO_2 排放比 2019 年下降 1.0%，比 2015 年下降 18.8%，超额完成"十三五"下降 18% 的目标。

二、生态环境监测工作进展

4 月 30 日，习近平总书记主持中共中央政治局第二十九次集体学习并发表重要讲话，强调指出，党的十八大以来，生态文明建设从认识到实践都发生了历史性、转折性、全局性的变化。认真学习习近平总书记重要讲话，回顾党的十八大以来，特别是"十三五"时期的工作历程，我们深刻感受到，在习近平生态文明思想的科学指引下，在服务支撑生态文明建设和生态环境保护的工作过程中，生态环境监测事业也取得了一系列重大突破、重大进展、重大成果。

一是以贯彻落实中央监测改革部署为主线，监测网络建设取得显著成效，监测数据质量稳步提高，政府环境质量监测数据更加真实准确。深入落实中央深化改革领导小组审议通过的《关于省以下环保机构监测监察执法垂直管理制度改革试点工作的指导意见》《生态环境监测网络建设方案》《关于深化环境监测改革提高环境监测数据质量的意见》等重要文件。坚持全面设点、全国联网、自动预警、依法追责，建成陆海统筹、天地一体、上下协同、信息共享的生态环境监测网络，国家层面统一布设环境空气、地表水、地下水、海洋、土壤环境等监测点位，重点排污单位自动监测数据加快联网共享，生态质量监测网络初具规模。深化推进监测垂改和生态环境质量监测事权上收，健全国家—区域—机构三级质控体系；实施生态环境监测质量监督检查三年行动，环境监测弄虚作假行为入刑，严肃查处、严厉打击监测弄虚作假行为，监测数据公信力和权威性显著提升。

二是以支撑打赢打好污染防治攻坚战为中心，服务"精准治污、科学治污、依法治污"，为蓝天保卫战、碧水保卫战、净土保卫战提供全力支持。建成国家—区域—省级—城市四级空气质量预报体系，中重度污染过程预报准确率达到 90% 以上；加强长江经济带、黄河流域、白洋淀、渤海入海河流等水生态环境质量监测；强化土壤污染重点风险监控点监测；做好应对新冠肺炎疫情应急监测。实时发布地级及以上城市环境空气质量监测数据、国家地表水水质自动监测数据，每半个月发布全国空气质量预报会商结果，每月发布大气和地表水环境质量排名以及"2+26"城市、汾渭平原降尘监测结果，推动压实地方党委、政府责任，引导全社会共同改善生态环境质量。

三是以推进监测体系与监测能力现代化为导向，统一监测评估取得显著进展，监测队伍建设取得可喜成绩。认真落实党中央、国务院赋予生态环境部的"统一监测评估"职责，加强法制建设和顶层设计，加快推进"生态环境监测条例"制定，出台《生态环境监测规划纲要（2020—2035年）》《关于推进生态环境监测体系与监测能力现代化的若干意见》。加强与自然资源部、水利部、农业农村部、中国气象局、中国科学院等沟通合作，推进网络共建和数据共享，加快形成"一张网、一套数"。提升便携、快速、自动监测仪器设备装备能力，强化卫星遥感、人工智能、大数据等高新技术应用。每年召开全国生态环境监测系统行风建设座谈会；联合人力资源和社会保障部、全国总工会等六部委，共同举办全国生态环境监测专业技术人员"大比武"活动。在全国先进工作者、全国五一劳动奖章、全国三八红旗手等国家级荣誉表彰中，处处闪耀着监测人的身影和风姿。

2021年是"十四五"开局之年。把握新发展阶段，贯彻新发展理念，构建新发展格局，我们将深入贯彻习近平生态文明思想，深刻领会习近平总书记在中共中央政治局第二十九次集体学习时的重要讲话精神，全面有力支撑污染治理、生态保护、应对气候变化，为促进生态环境持续改善，完成"十四五"生态文明建设目标任务做出新的贡献。

下面，我愿意接受各位记者朋友提问。

刘友宾：下面，请大家提问。

全国近岸海域优良水质海域面积比例为 77.4%，比 2015 年提升 9.0 个百分点

中央广播电视总台记者：有一个问题请问柏司长，刚才您介绍了 2020 年全国生态环境质量状况和海洋生态环境的状况，通过这些状况可以看到我们国家生态环境还存在哪些主要的问题？下一步有什么打算？请您介绍一下。

柏仇勇：谢谢您的提问。从国家生态环境质量监测网监测结果来看，"十三五"期间，我国生态环境明显改善，是迄今为止生态环境质量改善成效最大、生态环境保护事业发展最好的五年，全国各地环境"颜值"普遍提升，人民群众的生态环境获得感、幸福感、安全感显著增强。

概括来说，就是"三升三降"：

一是环境空气达标城市数量、优良天数比例提升，重污染天数比例、主要污染物浓度下降。2020 年，全国 337 个城市中，202 个城市环境空气质量达标，占比为 59.9%，比 2015 年提升 30.5 个百分

点；优良天数比例为 87.0%，比 2015 年提升 5.8 个百分点；重污染及以上天数比例为 1.2%，比 2015 年降低 1.6 个百分点；$PM_{2.5}$ 年平均浓度为 33 μg/m^3，比 2015 年下降 28.3%，首次低于国家二级标准（35 μg/m^3）。

二是地表水水质优良（Ⅰ～Ⅲ类）断面比例持续提升，劣Ⅴ类断面比例持续下降。2020 年，全国地表水 1 940 个水质断面中，Ⅰ～Ⅲ类比例为 83.4%，比 2015 年提升 17.4 个百分点；劣Ⅴ类比例为 0.6%，比 2015 年下降 9.1 个百分点。地级及以上城市集中式饮用水水源水质达到或优于Ⅲ类比例为 94.5%，比 2015 年提升 4.2 个百分点。

三是水质优良海域面积比例持续提升，劣四类水质海域面积比例持续下降。2020 年，符合第一类海水水质标准的海域面积占管辖海域的 96.8%，比 2015 年提升 2.0 个百分点；全国近岸海域优良（一类、二类）水质海域面积比例为 77.4%，比 2015 年提升 9.0 个百分点；劣四类水质海域面积比例为 9.4%，比 2015 年下降 3.6 个百分点。

同时，我们必须清醒地认识到，由于"三个没有根本改变"，我国生态环境质量的改善成效还不稳固，生态环境保护工作仍然任重道远。

一是我国城市空气质量总体上仍未摆脱"气象影响型"，全国尚有 1/3 左右的城市 $PM_{2.5}$ 浓度达不到国家二级标准，O_3 浓度呈波动上升趋势，区域性重污染天气过程时有发生；

二是辽河、海河流域，太湖、巢湖、滇池水质仍为轻度污染；

三是全国地下水水质不同程度超标；

四是全国近岸海域有 8 个海湾春、夏、秋三期监测均出现劣四类水质；

五是重点流域水生态状况和典型海洋生态系统的健康状态总体上仍不乐观，生态系统质量和稳定性有待提升。

下一步，生态环境监测工作将围绕深入打好污染防治攻坚战、提升生态系统质量和稳定性，为"提气、降碳、强生态，增水、固土、防风险"提供全面有力的支撑，推进美丽中国建设取得新的更大成效。谢谢！

坚持多部门齐抓共管，打好严惩弄虚作假的"组合拳"，加快实现"不敢假"

中央纪委国家监委新闻传播中心记者：我们注意到近日生态环境部通报多起重点排污单位自动监测弄虚作假的问题，请问针对弄虚作假的现象怎样进一步加大惩治力度？

柏仇勇：谢谢您对这一问题的关注。

生态环境监测数据是评价生态环境质量状况、评估污染治理和生态保护成效、实施生态环境管理与决策的基本依据。党中央高度重视生态环境监测数据质量。2017 年 5 月，习近平总书记主持召开中央全面深化改革领导小组第三十五次会议，审议通过《关于深化环境监测改革　提高环境监测数据质量的意见》（以下简称《意见》）。生态环境部对监测数据弄虚作假行为"零容忍"，坚决贯彻《意见》

要求，把依法监测、科学监测、诚信监测摆在突出位置，会同有关部门一手抓"保真"，一手抓"打假"，确保生态环境监测数据全面、准确、客观、真实。

第一，以严格的质控手段保障数据真实准确。一是体制机制改革顺利完成。完成环境质量监测事权上收，建立"谁考核，谁监测"运行机制。二是质量管理体系更加健全。联合国家市场监督管理总局印发《检验检测机构资质认定生态环境监测机构评审补充要求》，建立从布点采样到报告编制全程质量管理体系。三是质量监管能力不断提高。建立并有效运行国家—区域—机构三级质量控制体系和6个区域生态环境监测质量控制中心。

第二，以规范的科学方法支撑监测工作。一是标准规范体系日趋完善。累计发布监测标准1200余项，形成领域覆盖到位、体系协调统一、质量把关严格的监测标准体系。二是量值溯源体系逐步健全。成立生态环境监测计量中心，建立全国生态环境监管专用计量测试技术委员会。三是高新技术成果广泛应用。研制生态环境监测技术装备，持续推动卫星遥感数据应用。

第三，以严厉的惩戒措施打击监测弄虚作假行为。一是法律法规持续完善。《刑法》及相关司法解释规定，环境监测弄虚作假适用污染环境罪、提供虚假证明文件罪、破坏计算机信息系统罪。二是监督检查力度不断加大。实施《生态环境监测质量监督检查三年行动计划（2018—2020年）》，对生态环境监测机构、运维机构、排污单位开展监督检查。三是惩治弄虚作假保持高压态势。

严肃查处陕西省西安市环境空气自动监测数据造假、山西省临汾市环境空气自动监测数据造假，浙江省乐清市地表水自动监测数据造假等案件，对涉案监测机构人员分别判处1年8个月至6个月不等有期徒刑。

国务院发展研究中心调查表明，政府特别是中央政府的环境质量监测数据真实性大幅提升，公众主观感受和客观环境数据基本一致。但是，当前排污单位自行监测数据质量，特别是重点排污单位自动监控数据质量还不尽如人意，成为监测质量管理中的突出短板。

前不久发生的唐山钢铁企业环境违法案件，核心是三句话：一是违法生产，二是违法排污，三是弄虚作假。弄虚作假方面，包括生产设施记录的弄虚作假，监控系统的弄虚作假和监测数据的弄虚作假，都是全过程的弄虚作假。

下一步，我们将深化巩固环境质量监测数据保真成效，进一步加大监管执法力度，加快提高排污单位自行监测数据的质量。一是督促地方党委、政府切实落实领导责任。建立健全防范和惩治环境监测数据弄虚作假的责任体系和工作机制。二是压实排污单位主体责任。落实法律有关"排污单位应当对自行监测数据的真实性、准确性负责"的要求。三是强化生态环境监测机构直接责任。建立"谁出数谁负责、谁签字谁负责"的责任追溯制度，监测机构及其负责人对数据的真实性和准确性负责。四是坚持多部门齐抓共管，综合施策。综合运用法律、经济、技术、行政等多种手段，打好严惩弄虚作假的"组合拳"，加快实现"不敢假"。

日前，生态环境部、最高人民检察院、公安部联合印发通知，在全国集中开展严厉打击排污单位自动监测数据弄虚作假违法犯罪专项行动，严厉打击监测违法犯罪行为。谢谢！

全国优良天数比例下降约 2.4 个百分点，蒙古国沙尘天气贡献了 62.5%

封面新闻记者： 今年春节以后受蒙古国的影响，我国北方地区出现大范围沙尘天气，给我国空气质量造成严重影响，请问对于沙尘天气污染物如何监测？如何区分 PM_{10} 是本地污染还是外地传过来的污染？谢谢。

柏仇勇： 这个问题有请中国环境监测总站的首席科学家李健军来解答。

中国环境监测总站首席科学家、副总工程师李健军

李健军：谢谢您的提问和关注。

首先，我简要介绍今年以来对空气质量产生影响的沙尘天气情况和相关特点。今年以来，我国北方地区经历了多轮大范围沙尘天气，波及西北、华北、东北甚至黄淮、长三角等地区。截至目前（5月23日），北方地区已发生21次沙尘天气过程。其中，3月中下旬出现近10年最强沙尘天气过程。

客观来讲，沙尘天气原本就是自然界的一种气象过程。但是，今年出现频次之高、风沙强度之大、影响范围之广，在近些年仍属罕见。今年沙尘天气的特点是，来自西北路径的境外蒙古国沙尘暴影响空气质量非常显著。根据中央气象台数据，今年2月下旬以来，上述沙尘天气过程主要沙源地蒙古国以及我国内蒙古西部的气温异常偏高 2～6℃，导致积雪提前融化，沙源地裸露，为沙尘天气的产生提供充足的"沙源"。同时，今年蒙古气旋、冷空气活动与常年同期相比偏强，也有利于沙尘天气的出现和向南发展。

接下来，我向大家介绍沙尘监测预报情况，以及沙尘判别对空气质量的影响。生态环境部高度重视沙尘监测预报工作，目前覆盖339个地级及以上城市的国家环境空气质量监测网和其他省（市）地方网的颗粒物 PM_{10} 和 $PM_{2.5}$ 监测，能够及时反映沙尘对城市空气质量的影响。针对沙尘影响，为了提前开展沙尘天气影响空气质量的预警，生态环境部在开展日常空气质量监测预报会商的基础上，建立了沙尘预报快速响应机制。在3—5月沙尘多发季，我们通过国内外卫星影像资料及气象观测实况资料，掌握沙源地区的降水量、土壤湿度、温度和积雪覆盖等地表条件和气候条件，同时结合内蒙古中西部、甘肃等地区环境空气监测站点有关 PM_{10} 浓度变化情况等资料，每日开展预测研判。当卫星遥感观测到沙尘或监测站点的 PM_{10} 浓度急剧上升时，我们将及时组织开展加密会商，研判沙尘发展趋势和影响范围，并及时向公众发布相关信息。

判断沙尘天气对空气质量的影响是一个专业问题。我们有相关专家团队会根据相关判别技术规定，进行专业判定。一般来讲，当监测到上游沙源地发生起沙，并导致沙尘传输路径中下游城市 PM_{10} 小时浓度急剧上升、$PM_{2.5}$ 与 PM_{10} 比值急剧下降时，即认定为受到沙尘天气影响，以与本地大风扬尘污染相区别。毫无疑问，今年频发的强沙尘天气对我国环境空气质量造成严重影响。根据国家环境空气质量监测网的数据，我们初步判断全国共计 240 余个地级及以上城市受沙尘天气影响出现超标天，导致空气质量超标 3 000 余天，按全年计算，全国优良天数比例下降约 2.4 个百分点，其中境外蒙古国沙尘天气影响 1.5 个百分点，贡献了 62.5%。

我国高度重视防沙、治沙和荒漠化治理，新增绿化面积位居全球第一。最近几年，无论是监测数据还是公众切身感受，我国境内产生的沙尘天气都明显减少。今年出现多次大范围沙尘天气过程说明我们在环境治理国际合作方面还有很大空间，我们愿继续同各邻国和国际社会一道，携手推进本地区和全球环境治理保护。同时，希望我们各级地方政府切实加大本地扬尘管控力度，提高城市精细化管理和绿化美化水平，为公众营造宜居环境，不断提升人民群众幸福感。谢谢！

首次将生物多样性指标纳入综合评价指标框架

中国日报社记者：请问一下全国生物多样性监测网络的建设情况目前进展如何？谢谢。

柏仇勇：感谢中国日报社记者的提问。生物多样性关系人类福祉，是人类赖以生存和发展的重要基础。我国历来高度重视生物多样性保护工作，成立中国生物多样性保护国家委员会，制定实施《中国生物多样性保护战略与行动计划》（2011—2030年），划定生态保护红线，建立以国家公园为主体的自然保护地体系，实施生物多样性保护重大工程，有效保护野生动植物种群及其栖息地安全，正在积极筹备联合国《生物多样性公约》第十五次缔约方大会。

党的十九届五中全会提出，要开展生态系统保护成效监测评估。其中，评估生物多样性保护成效是重要方面。为落实党中央、国务院的决策部署，生态环境部会同中国科学院等单位，开展集中研究、集体攻关，提出了"十四五"期间监测评估的初步思路，可以概括为"三个一"，即"建设一张网""制定一个办法""强化一项机制"。

"建设一张网"，即推进国家生态质量监测网络建设。根据《生态环境监测规划纲要（2020—2035年）》的要求，按照天地融合、资源共享、全面覆盖、服务监管的原则，建立"天地一体化"生态质量监测网络。通过部门共享、"央地"共建、升级改造等途径，优先在生态保护红线区、重点生态功能区、生物多样性保护优先区域、自然保护地等重要生态空间建设生态质量监测综合站和监测样地样带，实现生态系统格局、生物多样性等多维度协同监测。

"制定一个办法"，即研究提出并试行生态质量评价办法。构建以生态格局、生物多样性、生态功能、生态胁迫为框架的生态质量综合评价指标体系。我们原来叫环境保护部，主要做环境质量的监测评价，现在，我们在积极构建生态质量综合评价指标体系。需要特别强调的是，在指标体系设计中，我们首次将生物多样性指标纳入综合评价指标框架，以引导各级地方党委、政府加强生物多样性保护，遏制生物多样性丧失和生态系统退化趋势，为全球生物多样性治理做出中国贡献。

"强化一项机制"，即进一步强化国家重点生态功能区县域生态环境质量监测与评价。对纳入国家重点生态功能区转移支付的810个县域开展生态环境质量监测，相关结果作为转移支付资金下达的重要依据，引导地方改善环境和加强生态保护。需要向大家报告的是，国家重点生态功能区的810个县承担着生物多样性保护、水源涵养等重要生态功能，广泛分布于全国29个省份和新疆生产建设兵团，覆盖了全国陆域国土面积的50.4%，对保护生物多样性、维护国家生态安全战略具有重要意义。谢谢！

提前7～10天预测重污染过程，中重度污染过程预测准确率达到90%以上

大众日报海报新闻记者：生态环境部2019年9月出台的《生态

环境监测规划纲要（2020—2035 年）》中提到 2025 年基本建成统一的生态环境监测网络，统一监测评估的工作机制也能基本形成。想问一下到目前为止这项工作的进展如何？希望介绍一下，谢谢。

柏仇勇：谢谢这位记者的提问。党中央、国务院高度重视生态环境监测工作，"十三五"期间，我国生态环境监测网络建设取得前所未有的显著成效，基本实现了"全面设点、全国联网、自动预警、依法追责"的建设目标，生态环境监测能力显著提升，生态环境监测数据质量稳步提高，监测数据的"真、准、全"得到有力保障，主要体现在以下四个方面：

一是"全面设点"。建成符合我国国情并与国际接轨的生态环境监测网络，基本实现了"环境质量—生态质量—污染源"要素全覆盖，"陆—海—空—天"范围全覆盖，"全国—区域—城市—区县"不同尺度全覆盖，通过定期或实时监测，能够说清全国生态环境状况和变化趋势。

二是"全国联网"。地方和企业约 3.3 万个监测站点的数据与国家联网共享，正在构建全国生态环境监测大数据平台，监测数据逐步从分割向汇集转变。各类监测数据报告及时权威发布，排污单位加强自行监测信息主动公开，公众环境质量知情权、参与权和监督权得到有效保障。

三是"自动预警"。国家层面实现对重点区域、重点流域和重点城市的空气、地表水环境质量实时自动监测预警，地方自动监测进一步向污染较重区（县）、重要水体和饮用水水源地延伸。从无

5月

到有建立空气质量预测预报体系，提前 7 ~ 10 天预测重污染过程，中重度污染过程预测准确率达到90%以上，在重污染天气"削峰降速"和重大活动空气质量保障中发挥重要作用。

四是"依法追责"。建立基于监测结果的环境质量评价、排名、通报、预警制度，为面向地方政府的环境质量考核与生态环境保护督察提供支撑；建立污染源监测与环境执法同步的"双随机"执法监测机制，基本实现"测管"联动，为查处排污单位环境违法行为提供支撑。

下一步，我们将深入落实党中央、国务院赋予生态环境部的"统一监测评估"职责，坚定不移推进生态环境监测的"统一组织领导、统一规划布局、统一标准规范、统一数据管理、统一信息发布"。一是加强法制建设和顶层设计。加快推进"生态环境监测条例"制定，推进落实《生态环境监测规划纲要（2020—2035 年）》《关于推进生态环境监测体系与监测能力现代化的若干意见》。二是大力推进部门合作。持续加强与自然资源部、水利部、农业农村部、中国气象局、中国科学院等部门沟通合作，推进网络共建和数据共享，加快形成"一张网、一套数"。三是统一发布生态环境监测信息。实时发布环境空气、地表水水质自动监测数据，每月发布大气和地表水环境质量排名以及重点城市降尘监测结果，每季度发布大气和地表水环境质量改善情况排名。会同相关部委编制发布年度中国生态环境状况公报以及中国海洋生态环境状况公报，做到"一个出口，一个声音"。谢谢！

对监测弄虚作假行为，生态环境部保持打假高压态势

第一财经记者：有关环境监测数据造假的事我再追问一下，根据生态环境部门的通报，近年来不但排污企业有篡改伪造监测数据的案例，而且第三方运维公司也有不少数据造假的案例。请问生态环境部对此有哪些制裁措施？

柏仇勇：谢谢这位记者的提问。监测数据质量是生态环境监测的"生命线"。依法监测、科学监测、诚信监测，是对各级、各类生态环境监测机构的统一要求，没有例外，也决不允许有例外！生态环境部始终高度重视生态环境监测机构监管工作，确保生态环境监测数据"真、准、全"，主要体现为"四个强化"。

一是强化落实主体责任。通过严格执法、强化监管，贯彻《环境保护法》（2014年4月修订）、《大气污染防治法》（2018年10月修正）、《排污许可管理条例》等法律法规，推进"监测机构、排污单位对监测数据真实性、准确性负责"的相关规定落实落地，不断健全"谁出数，谁负责"的责任追溯机制。

二是强化全程联合监管。发挥生态环境、市场监管各自部门的优势，实行"事前、事中、事后"全链条监督管理。在事前准入方面，联合出台《检验检测机构资质认定 生态环境监测机构评审补充要求》。在事中、事后监管方面，联合出台《关于加强生态环境监测机构监督管理工作的通知》，建立两部门监管信息共享机制；实施《生

态环境监测质量监督检查三年行动计划（2018—2020年）》。

三是强化依法规范监管。不断健全法制，基本实现严惩弄虚作假"有法可依"，特别是在《刑法》和"两高"①司法解释中，均明确了监测弄虚作假要承担刑事责任。根据《刑法修正案（十一）》，承担环境监测职责的中介组织的人员故意提供虚假证明文件的，可处五年以下有期徒刑。根据最高人民法院、最高人民检察院有关司法解释，对相关监测弄虚作假行为，可适用污染环境罪、破坏计算机信息系统罪。此外，生态环境部出台了《环境监测数据弄虚作假行为判定及处理办法》，明确了伪造、篡改监测数据的相关情形。

四是强化严惩造假行为。依法查处陕西省西安市环境空气自动监测数据造假案、山西省临汾市环境空气自动监测数据造假案（以下简称临汾案件）和浙江省乐清市地表水自动监测数据造假案（以下简称乐清案件），以破坏计算机信息系统罪，对涉临汾案件的某公司两名员工分别判处有期徒刑8个月和6个月，对涉乐清案件的某公司负责人和有关员工，分别判处1年8个月至6个月不等有期徒刑。近期，生态环境部公布了7起重点排污单位自动监控弄虚作假典型案例。

经过努力，虽然我国环境质量监测数据总体真实可靠，但排污单位自行监测、第三方污染源监测运维机构弄虚作假的情形依然存在。下一步，我们还将着力做好以下两个方面工作。一是推动加快出台"生态环境监测条例"。明确生态环境部门的法定监管主体地位，

---

① "两高"指最高人民法院和最高人民检察院。

细化监督检查内容和监管权限，对违反规定的生态环境监测机构或排污单位等视情节给予责令改正，没收违法所得，罚款，限期或者终身禁止从业，责令限制生产或停产整治，责令停业、关闭等处罚。二是保持打假高压态势。对符合污染环境罪、提供虚假证明文件罪、破坏计算机信息系统罪的造假行为，严格依法予以惩处，形成强大震慑。同时，用好环境保护税、生态环境损害赔偿、信用评价等经济手段，让造假者付出难以承受的代价，营造"不敢假"的氛围。日前，生态环境部、最高人民检察院、公安部已联合印发通知，在全国集中部署开展严厉打击排污单位自动监测数据弄虚作假违法犯罪专项行动，严厉打击监测违法犯罪行为。谢谢！

环境监测点位建设将由"规模化扩张"向"高质量发展"转变，实现全国"一张网"智慧感知

红星新闻记者： 近年来我国环境监测点位建设取得了哪些成果？下一步有何考虑？是否有进一步加强县级环境监测力量的打算？谢谢。

柏仇勇： 谢谢这位记者的提问。习近平总书记高度重视生态环境监测网络建设工作。2016 年 8 月，在考察青海省生态环境监测中心时指出，保护生态环境首先要摸清家底、掌握动态，要把建好、用好生态环境监测网络这项基础工作做好。我们牢记习近平总书记的嘱托，深入贯彻落实中央深化改革领导小组审议通过的《生态环

境监测网络建设方案》，坚持全面设点、全国联网、自动预警、依法追责，建成陆海统筹、天地一体、上下协同、信息共享的生态环境监测网络。

"十四五"期间，国家层面统一布设了环境空气、地表水、地下水、海洋、土壤环境等监测点位。在环境空气方面，城市空气自动监测站从 1 436 个增加至 1 734 个，实现地级及以上城市填平补齐；在地表水方面，将 2 050 个国家地表水环境质量考核评价断面和 5 071 个水功能区断面整合优化为 3 646 个地表水监测断面，实现十大流域干流及重要支流、地级及以上城市、重要水体省（市）界和重要水功能区"四个全覆盖"；在地下水方面，首次优化调整并形成地下水考核点位 1 912 个；在海洋方面，将海洋水质监测点位整合优化到 1 359 个，实现近岸与近海统筹；在土壤方面，土壤监测点位优化调整到 22 427 个，其中背景点 2 364 个、基础点 20 063 个。

下一步，环境监测点位建设将由"规模化扩张"向"高质量发展"转变，力争实现全国"一张网"智慧感知。同时，大力推动全国生态环境监测数据及关联信息集成联网，大幅增强数据信息整合利用，提高深度挖掘能力，一体推进监测、评价、监督、预警，全力提升监测信息发布的及时性、普惠性、亲民性。

您提的第二个问题，关于县级监测能力建设。我们常说，基础不牢，地动山摇。区（县）级监测站是我们"监测大厦"的重要基础。我们将深入贯彻《关于省以下环保机构监测监察执法垂直管理制度改革试点工作的指导意见》，推进监测垂直管理改革成果巩固提升，全面落地见效。一是明确定位。改革以后，县级环境监测机构的主要职能调整为执法监测，随县级生态环境局一并上收到市级，由市级承担人员和工作经费，具体工作接受县级生态环境分局领导。二是提升能力。按照改革要求，逐步补齐县（区）监测人员、技术装备、业务能力的短板，确保全面承接执法监测职能，并按要求做好生态环境质量监测的相关工作。三是加强支持。鼓励省级生态环境部门制定出台基层监测机构能力建设标准；通过生态补偿、污染防治等资金渠道支持基层监测能力建设；建立执法和监测机构联动机制，大力推进综合执法，支持有条件的地方探索"局队站合一"的运行方式。谢谢！

到 2025 年，基本建成碳监测评估体系，监测网络范围和监测要素基本覆盖

中国新闻社记者：中国在实现碳达峰和碳中和过程中，环境监测如何发挥作用？下一步在中国实现低碳发展过程中，环境监测的工作是怎样的？谢谢。

柏仇勇：谢谢这位记者的提问。现在碳达峰、碳中和是一个热点。气候变化是当今人类面临的重大全球性挑战。温室气体排放与大气污染物排放具有同根、同源、同过程的特点，对于"减污降碳"一体谋划、一体部署、一体推进、一体考核，是"十四五"期间生态环境保护工作的重要战略方向，这对监测体系及时跟进支撑也提出了新的更高要求。

生态环境部在碳监测方面具有一定的工作基础。一是环境浓度监测。从 2008 年起，国家陆续建成 16 个大气背景值监测站，其中部分站点能够实时监测 CO_2 和甲烷（CH_4）。部分省份开展了城市尺度温室气体试点监测。二是点源排放监测。电力等重点行业骨干企业，在现有废气连续自动监测系统的基础上，开展了温室气体排放监测试点，与核算结果进行比对。三是遥感监测。针对 CO_2、CH_4 等温室气体，初步形成了不同尺度温室气体空间分布、碳排放反演等业务化遥感监测评估能力。

为积极响应碳达峰、碳中和对监测工作提出的新需求，我们会同中国科学院等相关单位，开展了碳监测评估体系构建研究，总体原则是以服务支撑碳排放核算为基本定位，立足当前、兼顾长远、全面设计、重点推进，科研先行、业务融合。总体目标是到 2025 年，基本建成碳监测评估体系，监测网络范围和监测要素基本覆盖，碳源、碳汇评估技术方法基本成熟。

当前，我们正在抓紧研究制定碳监测试点工作方案，准备开展三项试点。一是排放源监测试点。鼓励电力、钢铁等重点行业内有条件的企业，开展能源和工业过程温室气体集中排放监测先行、先试，加快技术标准研发与监测结果比对，探索实测结果在企业排放量核算与交易、减排监管等方面的应用。上周，我们召开了 10 个行业和部分重点企业的先行、先试座谈会，加快推进相关工作。二是重点城市监测试点。结合现有城市空气质量监测基础，选取有代表性的城市开展 CO_2、CH_4 等温室气体浓度监测试点，组建城市温室气体监测网，探索自上而下的碳排放反演。三是区域监测试点。推进国家大气背景监测站温室气体监测设施提标改造，结合卫星和无人机遥感监测，提升区域和背景尺度温室气体监测能力。谢谢！

今年 7 月 1 日，我国汽车标准全面进入国六时代，基本实现与欧美发达国家接轨

《北京青年报》记者：据了解，2021 年 7 月起，我国将全面实施重型柴油车国六标准，请介绍一下相关情况。

刘友宾：据测算，我国重型车保有量 1 100 多万辆，仅占我国汽车保有量的 4.4%，但其排放的 NO_x 和颗粒物分别达到汽车排放总量的 85% 和 65%。为强化重型车排放源头控制，2018 年 6 月，生态环境部与国家市场监督管理总局共同发布国家标准《重型柴油车污染物排放限值及测量方法（中国第六阶段）》（GB 17691—2018），规定自 2021 年 7 月起，全国范围实施重型柴油车国六标准。

我国已经于 2019 年 7 月 1 日实施了重型燃气车国六标准，2020 年 7 月 1 日实施了轻型车和公交、环卫、邮政等重型城市车辆国六标准。今年 7 月 1 日，重型柴油车国六标准的实施，标志着我国汽车标准全面进入国六时代，基本实现与欧美发达国家接轨。与国五标准相比，重型车国六标准要求进一步加严，NO_x 和颗粒物限值分别减低 77% 和 67%。在降低污染排放的同时，排放标准的升级，也促进了我国排放控制技术与世界标准接轨升级，助力我国汽车和相

关零部件行业对外发展。

为推进标准顺利实施，我国汽车生产企业和相关零部件配套企业开展了大量准备工作，已有38家发动机生产企业的922款发动机、735家汽车生产企业的23 744个车型按照重型车国六标准要求完成了开发和验证，能够满足市场需求。

对于车主来说，购买符合国六标准车辆（以下简称国六车）将具备长期的优势。一是重污染天气应急期间，国六车和新能源车一样具有通行优势。另外越来越多的大型优质企业，为了履行社会责任，优选国六车进行运输。二是使用成本更低。国六标准中首次增加质保要求，后处理装置等部件发生故障或损坏而导致排放超标，由生产企业负责维修，无须车主承担费用。国六标准提出了排放和油耗联合管控要求，不会产生油耗增加的问题。三是车辆年检省时、省事。国六标准要求重型车生产企业安装排放远程监控设备。对于远程监控排放合格的车辆，可以根据地方政策免于环保上线检验，这将有效降低检测时间和费用。

"十四五"国家环境空气、地表水、海洋等监测网络已完成优化调整并有序运行

人民网记者：请问"十四五"时期，生态环境监测工作的重点将从哪几个方面来提升？谢谢。

柏仇勇：谢谢人民网记者的提问。生态环境监测是生态环境保

护的基础，是生态文明建设的重要支撑。"十四五"时期，把握新发展阶段，贯彻新发展理念，构建新发展格局，必须系统回答好生态环境监测"为什么、干什么、怎么干"的问题，持续完善顶层设计，全面推进生态环境监测事业高质量发展。2020 年 4 月以来，生态环境部会同国家发展改革委、财政部、自然资源部、交通运输部、水利部、农业农村部、国家市场监督管理总局、中国气象局等，深入研究、加快推进"十四五"生态环境监测规划编制，目前主要思路已基本成熟。概括起来，就是"四个提升"。

一是提升整体性，构建"大监测"格局。厘清各方责任义务，形成政府主导、部门协同、企业履责、社会参与、公众监督的监测工作合力。积极履行主责部门职能，加强统筹协调和分工协作，充分发挥相关部门优势。深化"谁考核、谁监测"的运行机制，统筹建设国家和地方生态环境监测网络，推进监测数据信息互联共享。压实排污单位自行监测主体责任，规范推进监测服务社会化，凝聚公众监督力量，弘扬"依法监测、科学监测、诚信监测"的行业文化。

二是提升系统性，建立"全覆盖"网络。着眼"提气、降碳、强生态，增水、固土、防风险"，统一规划建设环境质量、生态质量、污染源监测全覆盖的生态环境监测"一张网"。目前，"十四五"期间国家环境空气、地表水、地下水、海洋、土壤等监测网络已完成优化调整并有序运行，正在重点推进生态质量监测网络建设和碳监测试点工作。

三是提升协同性，加快"高质量"转型。坚持组网高质量，网络布局坚持"支撑管理、注重绩效、实事求是、可增可减"的原则，提升点位布设的科学性、代表性、有效性，强化 $PM_{2.5}$ 和 O_3 协同控制监测，水资源、水环境、水生态统筹监测和新污染物试点监测等。保障数据高质量，持续完善生态环境监测质量监督管理体系、标准规范体系和量值溯源体系，严厉打击监测数据弄虚作假。实现评价高质量，做好生态环境质量评价排名、信息公开、预警监督，提升大数据分析应用能力，形成覆盖现状评价、污染溯源、预测预报、成效评估的全链条支撑。

四是提升创新性，夯实"现代化"能力。运用"天地一体化"技术手段，大力提升监测网络感知能力、技术实验能力、质量管理能力和智慧分析应用能力，推进监测"产学研用"创新体系的建设，实施一批重点工程项目，加快推进监测体系与监测能力现代化。谢谢！

黄河流域水质总体呈逐年好转趋势，水质状况从轻度污染改善为良好

《每日经济新闻》记者：近年来生态环境部不断加大对黄河流域的生态环境治理，我想请问目前黄河流域水质断面的监测情况如何？目前黄河流域主要存在的环境问题是什么？在监测数据上是否有所体现？谢谢。

柏仇勇：谢谢这位记者的提问。黄河是中华民族的母亲河。黄河流域生态保护和高质量发展是重大国家战略。"十三五"期间，

生态环境部在黄河流域共布设 137 个国控断面（其中干流 31 个、主要支流 106 个）。从监测数据看，黄河流域水质总体呈逐年好转趋势，水质状况从轻度污染改善为良好。2020 年，黄河流域Ⅰ～Ⅲ类断面比例为 84.7%，比 2016 年提高 25.6 个百分点；无劣Ⅴ类断面，比 2016 年下降 13.9 个百分点。其中，黄河干流水质为优，2018 年以来Ⅰ～Ⅲ类断面比例均为 100%；黄河主要支流水质由轻度污染改善为良好，Ⅰ～Ⅲ类断面比例达 80.2%，比 2016 年提高 31.2 个百分点，已全面消除劣Ⅴ类断面。

虽然黄河流域水污染治理取得积极进展，但水生态环境形势依然严峻。一是水环境改善态势并不稳固。流域内环境基础设施欠账较多，部分地区化肥农药过量施用，农业农村面源污染防治"瓶颈"亟待突破。二是生态用水严重不足。黄河流域水资源开发利用率高，河湖断流干涸与流域高耗水问题并存。三是河湖生态服务功能退化。黄河上游地区天然草地退化，黄河中、下游河流湿地面积减少，黄河三角洲自然湿地萎缩。

为支撑黄河流域生态保护和高质量发展，生态环境部组织编制了黄河流域水生态环境监测能力建设方案。"十四五"期间，将统筹黄河流域环境质量、生态质量和污染源监测，优化黄河流域生态环境监测网络体系整体布局，提升监测网络的智能化和现代化水平，全力支持黄河流域"共同抓好大保护，协同推进大治理"。

一是拓展生态环境监测，支撑系统治理。融合卫星、航空、地面等监测手段，对黄河上、中、下游的重要干流、支流、重要湖库、重点功能区开展生态基流监测、环境质量监测、生态质量监测、水生生物监测，搭建覆盖黄河流域的"天空地一体化"生态环境质量监测网络。

二是深化污染源监测，支撑源头治理。在充分利用地方工业污染和城镇生活污染监测能力的基础上，通过遥感和地面结合的手段，对全流域重点区域开展面源污染监测评估和验证。在黄河上、中、下游分别建设一个水质自动监测超级示范站，组织开展主要污染因子、重点污染河段走航监测，整体掌握水质变化和污染扩散规律，逐步说清"岸上"对"水里"的影响。

三是强化监测数据分析，支撑综合治理。推动建立黄河流域生态环境监测数据集成共享机制，基于国家生态环境监测大数据平台，构建流域生态环境监测信息"一平台"和"一张图"，实现各类监测数据统一存储、综合分析和共享发布，提升监测数据综合应用服务能力。谢谢！

刘友宾： 各位记者朋友，再过十天，一年一度的六五环境日即将来临，届时生态环境部、中央文明办和青海省人民政府将共同在青海省西宁市举办今年的六五环境日国家主场活动，目前各项筹备工作正在紧锣密鼓地有序推进，同时全国各地也将围绕"人与自然和谐共生"的主题，开展丰富多彩的活动，我们欢迎媒体朋友多报道六五环境日的相关活动，在全社会传播生态文明理念，提升生态文明意识，动员公众自觉践行绿色低碳生产生活方式，共同建设美丽中国。

今天的发布会到此结束！

5月例行新闻发布会背景材料

一、《2020 中国生态环境状况公报》

2020 年，是我国"十三五"收官之年。在以习近平同志为核心的党中央坚强领导下，各地区、各部门以习近平新时代中国特色社会主义思想为指导，深入贯彻习近平生态文明思想，全面落实党的十九大和十九届二中、三中、四中、五中全会精神，按照党中央、国务院决策部署，统筹做好新冠肺炎疫情防控和经济社会发展生态环境保护工作，助力推动高质量发展，圆满完成蓝天保卫战、碧水保卫战、净土保卫战三大污染防治攻坚战阶段性目标任务，"十三五"规划纲要确定的生态环境 9 项约束性指标均圆满超额完成。人民群众生态环境获得感显著增强，厚植了全面建成小康社会的绿色底色和质量成色。

2020 年，全国生态环境质量持续改善、稳中向好。主要污染物排放总量大幅减少，环境风险得到有效管控，生物多样性下降势头得到基本控制，生态系统格局整体稳定，生态安全屏障基本形成，生态环境领域国家治理体系和治理能力现代化取得重大进展。

为全面反映 2020 年我国生态环境状况，根据《环境保护法（2014 年 4 月修订）》，生态环境部会同自然资源部、住房和城乡建设部、水利部、农业农村部、应急管理部、国家统计局、中国气象局、国家林业和草原局等相关部门，共同编制完成《2020 中国生态环境状况公报》。公报重点介绍 2020 年大气、淡水、海洋、土壤、自然生态、声环境、辐射、气候变化与自然灾害、基础设施与能源状况等内容。

（一）大气环境

空气：全国 337 个地级及以上城市平均优良天数比例为 87.0%，同比上升 5.0 个百分点；$PM_{2.5}$ 浓度为 33 $\mu g/m^3$，同比下降 8.3%。PM_{10} 浓度为 56 $\mu g/m^3$，同比下降 11.1%。

京津冀及周边地区"2+26"城市平均优良天数比例为 63.5%，同比上升 10.4 个百分点；$PM_{2.5}$ 浓度为 51 μg/m³，同比下降 10.5%。北京市优良天数比例为 75.4%，同比上升 9.6 个百分点；$PM_{2.5}$ 浓度为 38 μg/m³，同比下降 9.5%。

长三角地区 41 个城市平均优良天数比例为 85.2%，同比上升 8.7 个百分点；$PM_{2.5}$ 浓度为 35 μg/m³，同比下降 14.6%。

汾渭平原 11 个城市平均优良天数比例为 70.6%，同比上升 8.9 个百分点；$PM_{2.5}$ 浓度为 48 μg/m³，同比下降 12.7%。

酸雨：全国酸雨区面积约 46.6 万 km²，占国土面积的 4.8%，同比下降 0.2 个百分点；酸雨污染主要分布在长江以南—云贵高原以东地区，总体仍为硫酸型。

（二）淡水环境

地表水：全国地表水国控断面水质优良（Ⅰ～Ⅲ类）断面比例为 83.4%，同比上升 8.5 个百分点；劣Ⅴ类断面比例为 0.6%，同比下降 2.8 个百分点。

长江、黄河、珠江、松花江、淮河、海河、辽河七大流域和浙闽片河流、西北诸河、西南诸河的 1 614 个国控断面中，Ⅰ～Ⅲ类水质断面比例为 87.4%，同比上升 8.3 个百分点；劣Ⅴ类断面比例为 0.2%，同比下降 2.8 个百分点。

监测的 112 个重要湖泊（水库）中，Ⅰ～Ⅲ类水质湖泊（水库）比例为 76.8%，同比上升 7.7 个百分点；劣Ⅴ类比例为 5.4%，同比下降 1.9 个百分点。110 个监测营养状态的湖泊（水库）中，贫营养占 9.1%，中营养状态占 61.8%，轻度富营养占 23.6%，中度富营养占 4.5%，重度富营养状态占 0.9%。

地下水：自然资源部门 10 171 个地下水水质监测点（平原盆地、岩溶山区、丘陵山区基岩地下水监测点分别为 7 923 个、910 个、1 338 个）中，Ⅰ～Ⅲ类水质监测点占 13.6%，Ⅳ类水质监测点占 68.8%，Ⅴ类水质监测点占 17.6%；水利部门 10 242 个地下水水质监测点（以浅层地下水为主）中，Ⅰ～Ⅲ类水质监测点占 22.7%，Ⅳ类水质监测点占 33.7%，Ⅴ类水质监测点占 43.6%，主要超标指标为锰、总硬度和溶解性总固体。

集中式生活饮用水水源：全国地级及以上城市 902 个在用集中式生活饮用水水源监测断面（点位）中，852 个全年均达标，占 94.5%。其中地表水水源监测断面（点位）598 个，584 个全年均达标，占 97.7%；地下水水源监测点位 304 个，268 个全年均达标，占 88.2%。

重点水利工程水体：三峡库区水质为优；南水北调东线、中线取水口水质为优，输水干线水质均为优良。

内陆渔业水域：江河重要渔业水域主要超标指标为总氮和总磷；湖泊（水库）重要渔业水域主要超标指标为总氮、总磷和高锰酸盐指数；40 个国家级水产种质资源保护区（内陆）水体中主要超标指标为总氮。

重点流域水生态：2020 年生态环境部在长江、黄河、淮河、海河、珠江、松花江和辽河等七大流域开展水生态状况调查监测试点工作。507 个断面（点位）评价结果显示，全国重点流域水生态状况以中等—良好状态为主，优良状态断面（点位）占 35.7%，中等状态断面（点位）占 50.4%，较差及很差状态断面（点位）占 14.0%。

（三）海洋环境

管辖海域：夏季一类水质海域面积占管辖海域面积的 96.8%，与 2019 年基本持平；劣四类水质海域面积为 30 070 km²，比 2019 年增加 1 730 km²。主要超标指标为无机氮和活性磷酸盐。

近岸海域：近岸海域水质总体稳中向好，优良（一类、二类）海水比例为 77.4%，比 2019 年上升 0.8 个百分点；劣四类海水比例为 9.4%，比 2019 年下降 2.3 个百分点。

入海河流：监测的 193 个入海河流断面中，Ⅰ～Ⅲ类断面比例为 67.9%，劣Ⅴ类断面比例为 0.5%。

（四）土壤

土壤环境质量：土壤污染状况详查结果显示，全国农用地土壤环境状况总体稳定，影响农用地土壤环境质量的主要污染物是重金属，其中镉为首要污染物。完成《土壤污染防治行动计划》确定的受污染耕地安全利用率达到 90% 左右和污染地块安全利用率达到 90% 以上的目标。

耕地质量：截至 2019 年年底，全国耕地质量平均等级为 4.76 等。其中，一至三等、四至六等和七至十等耕地面积分别占耕地总面积的 31.24%、46.81% 和 21.95%。

水土流失：2019 年，全国水土流失面积为 271.08 万 km²，与 2018 年相比，减少 2.61 万 km²。其中，水力侵蚀面积为 113.47 万 km²，风力侵蚀面积为 157.61 万 km²。

全国土地荒漠化和沙化情况：根据第五次全国荒漠化和沙化监测结果，全国荒漠化土地面积为 261.16 万 km²，沙化土地面积为 172.12 万 km²。根据岩溶地区第三次石漠化监测结果，全国岩溶地区现有石漠化土地面积 10.07 万 km²。

（五）自然生态

2020 年全国生态质量优和良的县域面积占国土面积的 46.6%。

中国具有地球陆地生态系统的各种类型，其中森林 212 类、竹林 36 类、灌丛 113 类、草甸 77 类、草原 55 类、荒漠 52 类、自然湿地 30 类；有红树林、珊瑚礁、海草床、海岛、海湾、河口和上升流等多种类型的海洋生态系统；有农田、人工林、人工湿地、人工草地和城市等人工生态系统。

中国已知物种及种下单元数 122 280 种。其中，动物界 54 359 种，植物界 37 793 种，细菌界 463 种，色素界 1 970 种，真菌界 12 506 种，原生动物界 2 485 种，病毒 655 种。

全国已发现 660 多种外来入侵物种，其中，71 种对自然生态系统已造成或具有潜在威胁并被列入《中国外来入侵物种名单》，219 种已入侵国家级自然保护区。

全国已建立国家级自然保护区 474 处，总面积约为 98.34 万 km²。国家级风景名胜区 244 处，总面积约为 10.66 万 km^2。国家地质公园 281 处，总面积约为 4.63 万 km^2。国家海洋公园 67 处，总面积约为 7 370 km^2。

（六）声环境

2020 年，324 个地级及以上城市开展了昼间区域声环境监测，平均等效声级为 54.0 dB，声环境质量总体达到二级。324 个地级及以上城市开展了昼间道路交通声环境监测，平均等效声级为 66.6 dB。311 个地级及以上城市开展了功能区声环境监测，昼间达标率为 94.6%，夜间达标率为 80.1%。

（七）辐射环境

全国辐射环境质量和重点设施周围辐射环境水平总体良好。环境电离辐射水平处于本底涨落范围内，环境电磁辐射水平低于国家规定的相应限值。

（八）气候变化与自然灾害

气候变化：2020 年，全国平均气温 10.25℃，比常年偏高 0.7℃，略低于 2019 年。全国平均降水量 694.8 mm，比常年偏多 10.3%，比 2019 年偏多 7.6%。

中国沿海海平面总体呈波动上升趋势。2020 年，中国沿海海平面较常年高 73 mm，为 1980 年以来第三高。过去 10 年，中国沿海海平面均处于近 40 年来高位。1980—2020 年，中国沿海海平面上升速率为 3.4 mm/a。

初步核算，单位国内生产总值 CO_2 排放比 2019 年下降约 1.0%，比 2015 年下降 18.8%，超额完成"十三五"下降 18% 的目标。

自然灾害：2020 年，我国气象灾害总体偏轻。其中暴雨洪涝灾害偏重，全国共出现 37 次暴雨过程，汛期雨区重叠度高；旱情比常年偏轻，台风生成和登陆偏少，强对流天气时空分布相对集中。

（九）基础设施与能源

基础设施：全国设市城市污水处理能力为 1.90 亿 m^3/d，污水处理总量为 559.2 亿 m^3。全国城市生活垃圾无害化处理能力为 89.77 万 t/d，无害化处理率为 99.32%。

能源：全国能源消费总量为 49.8 亿 t 标准煤，比 2019 年增长 2.2%。其中，煤炭消费量增长 0.6%，原油消费量增长 3.3%，天然气消费量增长 7.2%，电力消费量增长 3.1%。

2020 年，全国大气和水环境质量进一步改善，海洋环境总体稳中向好，生态系统格局总体稳定，核与辐射安全有效保障，人民群众切实感受到生态环境质量的积极变化。

二、《2020 年中国海洋生态环境状况公报》

根据《海洋环境保护法》（2017 年 11 月修正），生态环境部、自然资源部、交通运输部、农业农村部及国家林业和草原局共同编写《2020 年中国海洋生态环境状况公报》。公报显示，2020 年我国海洋生态环境状况整体稳定。海水环境质量总体有所改善，典型海洋生态系统健康状况总体保持稳定，入海河流水质状况总体为轻度污染，海洋渔业水域环境质量良好。

（一）海洋生态环境状况整体稳定，质量趋好

海水环境质量总体有所改善。2020 年，我国管辖海域海水环境维持在较好水平，夏季一类水质海域面积占管辖海域的 96.8%，同比基本持平。全国近岸海域优良（一类、二类）水质面积比例平均为 77.4%，同比上升 0.8 个百分点。"十三五"期间，管辖海域水质呈改善趋势。

海洋沉积物综合质量保持稳定。2020 年，我国管辖海域海洋沉积物综合质量等级为良好，监测点位良好比例达到 96.5%。"十三五"期间，我国管辖海域沉积物质量保持在良好水平。

典型海洋生态系统健康状况总体保持稳定。实施监测的 24 个典型海洋生态系统中，23 个处于健康或亚健康状态，1 个呈不健康状态。其中，红树林、珊瑚礁和北海海草床生态系统均处于健康状态，红树、活珊瑚和海草盖度有所增加。

入海河流水质"消劣"已见成效。193 个入海河流国控断面总体为轻度污染，劣 V 类水质断面比例为 0.5%，同比下降 3.7 个百分点。"十三五"期间，I ～ III 类水质断面比例上升 26.4 个百分点，劣 V 类水质断面比例下降 21 个百

分点,入海河流水环境质量明显改善。

直排海污染源入海量有所降低。442 个日排污水量大于 100 m³ 的直排海污染源污水排放总量约为 712 993 万 t,化学需氧量等主要污染物排放量有所下降。"十三五"期间,渤海大气气溶胶中污染物含量和湿沉降通量均呈降低趋势。

海洋功能区环境满足使用要求。海洋倾倒区、海洋油气区及邻近海域环境质量基本符合海洋功能区环境保护要求。海洋重要渔业资源的产卵场、索饵场、洄游通道及水生生物自然保护区水体中,化学需氧量超标面积比例同比减小。海洋重要渔业水域沉积物质量状况良好。

赤潮、绿潮灾害面积大幅减少。我国海域赤潮发现次数和累计面积均较上年有所下降。与近五年均值相比,2020 年黄海浒苔绿潮最大覆盖面积下降54.9%。

(二)近岸局部海域生态环境质量仍有待提升

部分入海河口和海湾水质仍待改善。近岸海域劣四类水质面积同比增加1 730 km²,超标指标主要为无机氮和活性磷酸盐。100 km² 以上的 44 个大中型海湾中,8 个海湾三季出现劣四类海水水质。

河口海湾的生态健康状况不容乐观。"十三五"期间,虽然河口和海湾优良(一类、二类)水质点位比例呈上升趋势,氮磷比失衡问题有所缓解,但是监测的多数河口和海湾生态系统仍处于亚健康状态。

陆源污染超标排放现象依然存在。193 个入海河流监测断面中,化学需氧量、高锰酸盐指数和总磷等指标时有超标。442 个日排污水量大于 100 m³ 的直排海污染源中,个别点位总磷、悬浮物和五日生化需氧量等指标存在超标情况。

7月例行新闻发布会实录
——聚焦中央生态环境保护督察

2021年7月26日

7月26日，生态环境部举行7月例行新闻发布会。中央生态环境保护督察办公室常务副主任徐必久出席发布会，介绍中央生态环境保护督察工作相关情况。生态环境部新闻发言人刘友宾主持发布会，通报近期生态环境保护相关重点工作进展，并共同回答了大家关心的问题。

7月例行新闻发布会现场（1）

7月例行新闻发布会现场（2）

刘友宾：新闻界的朋友们，上午好！欢迎参加生态环境部7月例行新闻发布会。

原定于6月举办的以碳排放权交易市场建设为主题的例行新闻发布会，根据工作安排，已于7月14日在国务院新闻办召开，生态环境部副部长赵英民先生出席发布会，介绍有关情况，并和应对气候变化司司长李高先生共同回答记者提问。

中央生态环境保护督察是我国生态文明建设的重要制度安排，为宣传贯彻习近平生态文明思想、改善生态环境质量、促进高质量发展发挥了重要作用。7月14—20日，第二轮第三批中央生态环境保护督察已顺利完成督察反馈。今天，我们邀请到中央生态环境保护督察办公室常务副主任徐必久先生，介绍有关情况，并回答大家关心的问题。

下面，我先通报四项生态环境部近期重点工作。

一、习近平生态文明思想研究中心成立

近日，经党中央批准，在生态环境部成立习近平生态文明思想研究中心（以下简称研究中心）。7月7日，生态环境部举行了研究中心成立大会。

研究中心是学习、研究、宣传党的创新理论的重要阵地和平台，具体职责主要是制订工作计划和管理制度，确定研究方向和拟定发展规划，统筹推进习近平生态文明思想学习宣传、理论研究、制度创新和实践转化等相关工作，负责联系生态文明建设相关部门和单位。

研究中心将科学谋划、加强设计，高起点建设，组建一支"专兼"结合的高精尖专家队伍，努力建设成为习近平生态文明思想理论研究高地、学习宣传高地、制度创新高地、实践推广平台和国际传播平台，充分彰显研究中心在服务党的思想理论建设、服务党和国家工作大局中的重要作用，为建设人与自然和谐共生的美丽中国提供理论与实践支撑。

二、上半年全国生态环境质量持续改善

今年上半年，生态环境保护各项重点工作扎实推进，全国生态环境质量持续改善，"十四五"期间生态环境保护开局良好。

一是环境空气质量稳中向好，全国 $PM_{2.5}$ 平均浓度为 34 $\mu g/m^3$，同比下降 2.9%，总体呈逐月改善态势。O_3 浓度为 138 $\mu g/m^3$，同比下降 2.1%。全国优良天数比例为 84.3%，同比下降 0.7 个百分点，下降原因主要是 3 月几轮境外源为主的强沙尘天气过程拉低了优良天数比例，但第二季度空气质量与第一季度相比明显好转，尤其是 4 月、5 月，优良天数比例和 $PM_{2.5}$ 浓度指标均为有监测数据以来月度最优值。重点区域（京津冀及周边地区、汾渭平原及长三角地区）空气质量同比变化均优于全国。

二是水环境质量持续向好，上半年全国Ⅰ～Ⅲ类水质断面比例为 81.7%，同比上升 1.1 个百分点；劣Ⅴ类水质断面比例为 1.9%，同比下降 0.7 个百分点。

三是全国土壤环境、自然生态状况总体稳定，辐射环境质量状

况良好，全国城市声环境质量达标率同比上升，生态环境风险得到有效管控。

生态环境部将继续深入贯彻习近平生态文明思想，按照党中央、国务院决策部署，谋划好"大事"，加快完成"十四五"生态环境保护顶层设计和目标任务分解；推进好"要事"，积极推动污染防治攻坚战重点任务落实，深入打好蓝天保卫战、碧水保卫战、净土保卫战；守护好"底线"，强化生态保护监管，切实保障生态环境安全；夯实好"基础"，持续提升生态环境治理效能，加快推动经济社会发展全面绿色转型，努力实现"十四五"生态环境保护开好局、起好步。

三、全国碳排放权交易市场运行平稳

7月16日，全国碳排放权交易市场上线交易启动仪式以视频连线形式举行。中共中央政治局常委、国务院副总理韩正出席启动仪式，并宣布交易正式启动。全国碳排放权交易市场第一个履约周期纳入发电行业重点排放单位2162家，年覆盖约45亿t CO_2 排放量。据统计，全国碳排放权交易市场上线交易首日的碳排放配额成交量410.4万t，总成交额2.1亿元，全天成交均价51.23元/t。截至7月23日，全国碳排放权交易市场碳排放配额（CEA）总成交量为483.30万t，总成交额为24 969.68万元。总体来看，全国碳排放权交易市场启动上线交易以来，市场交易活跃，交易价格稳中有升，市场运行平稳。

下一步，生态环境部将会同有关部门共同推动"碳排放权交易管理暂行条例"尽快出台，建立健全全国碳排放权交易市场联合监管机制，加强对全国碳排放权交易市场各环节的监管，有效防范市场风险。在发电行业碳排放权交易市场运行良好的基础上，扩大行业覆盖范围，逐步纳入更多高排放行业，逐步丰富交易品种、交易方式和交易主体，提升市场活跃度，充分发挥全国碳排放权交易市场控制温室气体排放、促进绿色低碳技术创新、引导气候投融资的作用，推动减污降碳协同增效，助力实现碳达峰目标和碳中和愿景。

四、"公转铁"工作有序开展取得显著成效

"公转铁"是打赢蓝天保卫战和推动运输结构调整的重要举措，近年来，生态环境部通过秋冬季攻坚以及重污染天气环境保护管控，强化工矿企业环保监管，对采用铁路运输的生产企业给予支持，积极协调有关部门、重点区域推动大宗货物"公转铁"工作，取得显著成效。

2020 年，全国铁路累计货运量为 44.58 亿 t，同比增长 3.2%，比 2017 年累计增加 8.4 亿 t，增长 22.8%，保持了四年连续增长。2021 年 1—5 月全国铁路累计货运量为 19.57 亿 t，同比增长 13.5%。

2020 年已建成或开通铁路专用线共计 81 条。今年全国推进的铁路专用线约 698 条，目前已建成或开通 53 条，在建 165 条。其中 127 条重点铁路专用线中已建成或开通 36 条，在建 37 条，还有 50

条正在开展前期工作。

下一步，生态环境部将继续配合有关部门坚决落实党中央决策部署，完善信息共享机制，着力推进运输结构调整，持续推动货运铁路干线和专用线规划建设，推进大宗货物运输"公转铁""公转水"，减少交通运输领域污染物的排放。

刘友宾： 下面，请徐必久常务副主任介绍情况。

中央生态环境保护督察办公室常务副主任徐必久

圆满完成对 8 个省（自治区）的督察任务

徐必久： 新闻界的朋友们，大家上午好！很高兴在 7 月这个很特殊、很重要的时间跟大家见面，很感谢大家长期以来对中央生态环境保护督察工作的关心、理解和支持，特别是在今年开始的第二轮第三批中央生态环境保护督察（以下简称第二轮第三批督察）当中，很多在座媒体朋友都给予大力支持，做了很多很好的报道，借此机会表示感谢。

中央生态环境保护督察是习近平总书记亲自谋划、亲自部署、亲自推动的重大制度创新，是贯彻落实习近平生态文明思想的关键举措，是得民心、顺民意、解民忧的重要改革措施。习近平总书记高度重视，十分关心，在每个关键的环节，每个关键的时刻，都做出重要指示、批示，审阅每一批督察工作安排、督察报告、督察整改方案以及督察整改落实情况，为督察工作提供根本遵循和方向指引。

第二轮第三批督察是"十四五"开局之年的首批督察。我们深入贯彻习近平生态文明思想，认真落实党的十九届五中全会精神，立足新发展阶段，贯彻新发展理念，构建新发展格局，推动高质量发展。坚持系统观念，坚持严的基调，坚持问题导向，坚持精准、科学、依法，圆满完成对8个省（自治区）的督察任务。7月14—20日，已经完成督察反馈，8个省（自治区）正在组织制定整改方案并推动整改落实。

这批督察着重把握以下五个方面：

一是把握督察政治方向。深入学习贯彻习近平生态文明思想，把习近平总书记重要批示件办理情况作为重中之重，及时传达学习贯彻习近平总书记重要讲话和重要指示、批示精神。

二是突出严的基调。坚持问题导向，严字当头，动真碰硬，查实了一批突出生态环境问题。特别是针对曝光的典型案例，跟踪督促，整改到位。

三是聚焦督察重点。紧紧围绕党中央重大决策部署开展督察，高度关注、严格控制"两高"项目以及长江经济带发展、黄河流域生态保护和高质量发展等重大战略落实情况，基础设施建设等生态环境保护领域的突出短板问题。

四是坚持为群众办实事，始终坚持以人民为中心，推动解决一大批突出生态环境问题，截至6月底，受理转办的2.9万余件群众举报，已办结或阶段办结约2.79万件。

五是注重方式创新，以"文字+图片+视频"的方式，集中曝光40个典型案例，与长江经济带生态环境警示片（以下简称长江警示片）、黄河流域生态环境警示片（以下简称黄河警示片）有机结合。

下一步，我们要以习近平新时代中国特色社会主义思想为指导，深入贯彻习近平生态文明思想，把深入打好污染防治攻坚战作为"国之大者"，持续开展第二轮中央生态环境保护督察，不断深化专项督察，继续抓好生态环境警示片的拍摄制作，切实推动督察整改，有序推动中央生态环境保护督察向纵深发展。

下面我愿意回答媒体朋友们的问题。

刘友宾：下面请大家提问。

第二轮第三批中央生态环境保护督察具有四个特点

新华社记者：请问第二轮第三批督察发现的问题整改得怎么样，后续工作还有哪些安排？谢谢。

徐必久：谢谢您的提问，您提了一个很重要的问题，也是大家很关心的问题。

第二轮第三批督察是"十四五"开局之年的首批督察，对"十四五"开好局、起好步非常重要。所以在这批督察中，我们深入学习贯彻习近平生态文明思想，落实党的十九届五中全会精神，严格落实《中央生态环境保护督察工作规定》，坚持系统观念，坚持严的基调，坚持问题导向，坚持精准、科学、依法，圆满完成督察任务。我先把这次督察的总体安排给大家简要做一个介绍，这样有助于大家更好地理解这批督察发现的问题以及督察整改情况。

这批督察主要有四个特点：

一是重点突出。更加突出习近平总书记重要指示、批示精神的贯彻落实情况，立足新发展阶段，贯彻新发展理念，构建新发展格局，推动高质量发展情况，以及国家重大战略中生态文明建设和生态环境保护贯彻的落实情况。我们在严控"两高"项目盲目上马和去产能"回头看"落实不到位等方面取得很大突破，查处了一批突出问题，有不少形成典型案例公开曝光。

二是要求严格。开局之年"起好头"非常重要,将为整个"十四五"乃至更长时期奠定扎实基础。由于"十三五"期间污染防治攻坚战阶段性目标圆满完成,一些地方和部门出现了松松劲、歇歇脚的念头。特别是面对碳达峰、碳中和等刚性要求,呈现大上、快上、抢上、乱上"两高"项目的势头,必须坚决遏制。对此,我们态度鲜明,严肃指出问题,释放严的信号。

三是组织灵活。大家都知道,此次在副组长的组成上做了较大创新。这是落实中央领导同志指示和领导小组第二次会议精神的创新性举措,有助于进一步形成合力。

四是方式新颖。首次以"文字+图片+视频"的方式,分五批集中曝光40个典型案例,做到有图、有影、有真相。

这次发现的问题整改可以从三个方面来看:

一是对群众举报的2.9万余件群众举报问题,现在已经办结或阶段办结约2.79万件。

二是对曝光的40个典型案例,一些地方已经立行立改,有些正在加快推进整改。

三是对督察报告指出的所有问题,已经向地方进行了反馈,地方正在抓紧制定整改方案,将按程序报党中央、国务院批准后推进实施。

大家对后续的整改非常关注,这是督察工作的"后半篇文章",督察的成效最终要看整改的成效,以督察整改的成效来检验中央生态环境保护督察工作的成效。对后续的整改安排主要考虑包括以下三个方面。

一是指导地方科学制定督察整改方案。督察整改方案是督察整改的根本依据，地方是制定整改方案的责任主体。整改方案上报党中央、国务院之前，我们会会同督察组对督察方案进行审核，有的还会征求国务院有关部门意见，对有些问题还会组织专家进行论证会审，力求整改方案更加科学、准确。

二是要督促抓好整改方案的落实。主要有三项制度。第一，实施清单化管理和重点盯办制度。建立重点整改任务、全口径整改任务及行业问题三类清单，定期开展清单化调度，并组织对重点整改任务进行现场盯办，及时准确掌握整改进展。第二，建立报告制度。被督察对象定期向党中央、国务院报告整改落实情况，我们组织开展现场抽查，重大情况向党中央、国务院报告。第三，公开制度。组织协调被督察对象对外公开督察整改方案、整改落实情况及验收销号情况，回应群众关切，接受社会监督。

三是建立整改保障机制。建立通报曝光制度，开展督导、约谈和专项督察，严格验收销号制度，开展督察"回头看"。

跟大家也透露一个消息，为了更好地指导、规范和促进被督察对象做好督察整改工作，我们正在研究制定"中央生态环境保护督察整改工作规定"，将按程序报批同意后印发实施。在这里，我们也欢迎媒体朋友们跟踪报道，共同把这项工作做好。谢谢。

严控"两高"项目盲目上马是今后各批次督察的重点内容

澎湃新闻记者： 从这次反馈意见来看，不少地方都发现了"两高"项目盲目上马的情况，请问把"两高"项目纳入督察重点是什么背景？督察工作如何限制"两高"项目的盲目上马？谢谢。

徐必久： 谢谢您的提问。这是一个非常重要的问题，也是一个大家非常关注的问题，同时也是一个非常迫切的问题。

严格控制"两高"项目盲目上马，是贯彻新发展理念、构建新发展格局的必然要求，是深化供给侧结构性改革、实现高质量发展的必由之路，如果任由"两高"项目盲目发展后果会很严重，会有三个直接影响：一是直接影响碳达峰、碳中和目标的实现，二是直接影响产业结构优化升级和能源结构调整，三是直接影响环境空气质量改善。

"十四五"开局之年，一些地方在盲目上马"两高"项目方面的冲动还很强烈，有大上、快上、抢上、乱上的势头，必须坚决遏制。我们这批督察将严控"两高"项目盲目上马作为查处的重点，这也是今年拍摄的长江警示片、黄河警示片的重点。

我们主要从四个方面做了工作：

一是精心准备。把严格控制"两高"项目盲目上马纳入督察，对我们来讲也是新生事物，我们还是要提前做好功课，要准备好。在督察准备阶段，我们认真学习、深刻领会习近平总书记关于严格控制"两高"项目的重要指示、批示精神，系统学习《节约能源法》等有关法规政策，了解能耗"双控"的政策以及有关省份的完成情况，加强与国家发展改革委、工业和信息化部等部门的沟通，梳理形成相关省份"两高"项目清单。

在督察进驻阶段，我们专门安排专人、组建专组，从"十三五"能耗"双控"完成情况，"十四五"拟上马的"两高"项目，节能审查、环评手续办理等方面着手，我们认真反复核对地市、省份上报的清单，以及国家层面掌握的情况，查实了一批突出问题。

在进驻结束后，对查实的问题进行梳理分析，纳入督察报告，经中央批准后反馈有关省份，有关情况已对外公开，我们将督促地方科学制定整改方案，推动整改落实。

二是严字当头。始终保持严的基调，该查处的查处，该曝光的曝光，对问题突出的形成典型案件对外曝光，持续传导压力，坚决遏制盲目上马"两高"项目的冲动。跟大家通报一个情况，为了更好地总结这次各个督察组在发现"两高"项目问题方面的情况，以及为后续工作提供更好的支撑，我们专门制定了怎样在以后的督察当中更好地查处、严控"两高"项目的模板，这也是督察工作的一个特点，在一些工作当中对于面临的新任务，都会及时总结好的做法、经验，制定相关的模板、制度，来更好地指导后续工作。

三是紧盯不放。严控"两高"项目盲目上马，不但是这批督察的重点，而且也是今后各批次督察的重点内容。盲目上马"两高"项目在黄河警示片、长江警示片摄制中也是重点，黄河警示片中的相关问题已经移交地方了。对督察以及警示片发现的盲目上马"两高"项目问题，我们将咬住不放，一盯到底。

四是标本兼治。严格落实中央有关文件要求，落实《关于加强高耗能、高排放建设项目生态环境源头防控的指导意见》，积极配合有关部门进一步完善有关政策制度，配合国家发展改革委、工业和信息化部完善相关政策并进行现场检查，进一步督促被督察对象举一反三，建立长效机制，谢谢。

对督察整改不到位的，我们会紧盯不放

《科技日报》记者： 从这次中央生态环境保护督察公布的一些典型案例中，我们可以看到有些问题在之前已经多次通报过，对于这种情况督察之后会有什么样的整改落实措施？谢谢。

徐必久： 应该来讲，地方党委、政府和有关部门是高度重视中央生态环境保护督察的，大家积极配合，共同推动整改。这些年督察整改的成效总体是明显的，在这里我给大家报告三组数字，便于大家从总体上来把握督察整改成效。

第一组数据：自 2015 年督察试点以来，累计受理转办群众举报 23.7 万余件，绝大多数已办结或阶段办结。第二组数据：根据地方上报情况，第一轮督察及"回头看"共明确 3 294 项整改任务，截至目前已完成 3 067 项，完成比例超 90%，其余任务正在积极推进。第三组数据：第一轮督察及"回头看"共移交 509 个责任追究

问题，问责党政领导6 000多名，其中省部级干部近20人，厅局级干部900余人，处级干部2 800余人。

应该讲，督察取得了"百姓点赞、中央肯定、地方支持、解决问题"的效果，经得起各方面检验，但一些地方和部门确实也存在敷衍整改、表面整改、假装整改的问题，有整改反弹的问题，也有整改不到位的问题。

这些问题主要有以下四个方面原因：

一是思想认识不到位，在督察整改工作中要求不严、标准不高。二是存在侥幸心理，认为"督察是一阵风"，在推进整改时着力不够、敷衍应付。三是动真碰硬不够，好改的问题改了，但是对一些难度大、矛盾多的问题，往往力度不够。四是长效机制不健全，有的时候后续投入措施没有跟上，部分整改工作虎头蛇尾，甚至出现"拉抽屉"的现象，整改没有取得实际效果。

对于督察整改，第一要提高认识。认识到位了工作才能到位，很多问题才能解决。现在之所以出现了整改方面的问题，确实有一些是地方调门高、落实差导致的。第二是要压实责任。督察整改的主体责任是被督察对象，被督察对象一定要把责任层层传导下去。根据督察了解的情况，这些年省级党委、政府对督察整改的认识是非常到位的，但在往下传导的过程中有时候力度还不够。第三要真抓真干，把事情做扎实。有的问题就差临门一脚，再紧一紧，再动一动，再推一推，就能解决，但往往在最后松劲了。

为切实抓好督察整改，我们采取了一系列措施，包括指导编制

督察整改方案，通过实施清单化管理和重点盯办、建立定期报告抽查制度等手段督促地方抓好整改落实，通过建立验收销号制度、开展督导约谈和专项督察、实施督察"回头看"等措施保障整改落实；通过加强督察整改效果的公开，充分发挥社会监督作用，接受群众检验。

同时，我们也建立了一个好的导向，对地方整改到位、明显改善生态环境质量、有力促进经济高质量发展、有效提升群众获得感的，我们将其作为正面典型进行宣传报道。今年，我们针对这几年地方督察整改做得好的，专门出了一本书，在会后会送给记者朋友们。另外，对督察整改不到位的，我们会紧盯不放。特别是对曝光的典型案例，我们后期会邀请中央媒体持续跟进报道，直到问题解决，同时也欢迎主流媒体和社会媒体朋友们对督察整改情况进行宣传报道。谢谢大家。

将典型案例曝光的问题纳入重点问题盯办清单

封面新闻记者：第二轮第三批督察曝光了 40 个典型案例，请问典型案例的选取标准是什么，这些典型案例有什么特点？另外采访中发现地方对典型案例曝光问题更加重视，请问生态环境部如何看待这一现象？

徐必久：谢谢您的提问，您提的问题是社会各界和媒体朋友们都很关心的问题。公开典型案例是中央生态环境保护督察工作的重要内容,是聚焦突出问题、回应社会关切、营造良好氛围的重要举措。我们中央生态环境保护督察坚持严的基调,坚持问题导向,公开曝光典型案例,有利于传导压力,更好地推进工作。这次我们周密谋划,精心组织,集中曝光40个典型案例,充分发挥了警示震慑作用,推动地方真抓、真干、真落实,取得明显效果。

一是聚焦重点。紧盯习近平总书记重要指示、批示和党中央、国务院重大决策部署贯彻落实情况,聚焦长江大保护、碳达峰、碳中和等重点工作,查实曝光一批盲目上马"两高"项目、违法采矿采石、侵占保护区等群众反映强烈的突出问题。

二是创新方式。这次每个省都是5个案例,在督察组进驻的时候,组长明确告知,地方给予了积极支持。这次也是首次采取"文字+图片+视频"的方式,使每个案例都是有图了、有影了、有真相了,深刻反映生态环境保护领域存在的突出问题。"文字+图片+视频"的方式,有利于媒体朋友们在后续做更深入的解读,很多媒体朋友们在后续典型案例跟踪报道方面,从专业角度进行了很好地宣传报道。在此,也向大家表示感谢。

三是客观准确。客观准确是典型案例的生命线和底线所在,每个案例从调查、撰写、定稿,都要经过督察组、督察办层层审核把关,并在发布前两次征求地方党委、政府的意见,确保案例经得起多方的检验。

四是同频共振。这次感谢媒体界的朋友们,感谢宣教司在这方面做了精心安排,我们邀请了新华社、《人民日报》、央视、《法

治日报》等中央主流媒体以及澎湃新闻、《新京报》、封面新闻等市场化新媒体的 40 多位记者进行深度报道，大家很不容易，也很辛苦、很投入、很敬业。我跟好几位一起，甚至有的很危险的地方大家也都去了，真是耐着高温酷暑，大家与督察人员并肩战斗，深入一线，撰写了大量有温度、有深度、有力度的报道，大大提升了典型案例的传播力和影响力。

典型案例曝光，我们初步总结有以下三个方面的效果：

第一，全社会切实感受到以习近平同志为核心的党中央加强生态文明建设和生态环境保护的坚定意志和坚强决心。

第二，典型案例曝光，的确让一些地方领导同志坐不住，等不了，在典型案例曝光以后，8 个省（自治区）的党政主要领导都在第一时间做出了批示，有些亲赴一线督促地方进行整改。

第三，这是一次很好的教育引导，有效提高了人民群众的生态环境保护意识。

我们根据这次典型案例曝光的经验做法，对相应的模板也做了进一步的修改完善，在这个地方也跟大家通报几个情况。

一是对典型案例曝光的问题，我们会紧盯不放，纳入重点问题盯办清单。

二是会持续跟踪报道，我们和中宣部也有相应的机制，也请媒体朋友们继续给予报道。

三是在后续的督察过程中，继续坚持典型案例曝光好的做法。在这个方面也提前向同志们、向朋友们发出邀请，在第四批中央生态环境保护督察进驻期间，还会邀请中央主流媒体以及其他新闻媒体的朋友们参与典型案例的宣传报道，到时候欢迎大家参加，谢谢。

督察是发展的助推器，引导地方协调处理好发展与保护的关系

大众日报海报新闻记者：我们梳理发现被通报的企业都有一个共同特点，他们都是当地的纳税大户，无论群众怎么强烈反映，重点问题总是得不到解决，这背后的原因是什么？如何通过督察来平衡发展与保护之间的关系？谢谢。

徐必久：谢谢您的提问。您提了一个大家一直很关注的问题，也是一个很深刻的问题。这些年来关于环境保护与经济发展的关系一直是大家关注的重点，也是我们督察的重点。督察不是发展的对立面，而是发展的助推器，督察就是要引导地方协调处理好发展与保护的关系，协同推动经济高质量发展和生态环境高水平保护。督察要为绿色发展保驾护航，对黑色发展坚决说不。您刚才提的问题有以下三个方面原因：

一是思想认识不到位。一些地方对习近平生态文明思想理解不深、不透，还没有牢固树立"绿水青山就是金山银山"的理念，还没有真正领会高质量发展与高水平保护的关系，还没有正确处理当前利益和长远利益、整体利益和局部利益的关系。发展与保护的关系也是永恒的关系，关键是要处理好它们之间的关系。特别是在遇

到一些困难、面对一些不该上的项目的时候，我们能不能保持战略定力。面对"两高"项目，面对不符合高质量发展要求的项目，我们能不能把总书记一直强调的"绿水青山就是金山银山"理念落实好，能不能坚持生态优先、绿色发展。

二是价值观存在偏差。一些地方没有及时转变观念，片面追求GDP 快速发展，对污染企业下不去手，压力传导不到位，有的甚至成为污染行为的"保护伞"。

三是责任落实不到位。对生态环境保护工作，有的有部署没有方案；有的有方案没有落实；有的把说了当成做了，把做了当成做成；有的甚至做选择、搞变通、打折扣。

从近几年实际看，督察的成效正在显现。通过督察，一批违反生态环境保护法律法规的项目被叫停，一批绿色产业加快发展，一批传统产业优化升级，一批生态环境治理项目得到实施，有力地推动了高质量发展和高水平保护。

下一步，我们将从前端、中端、后端三个层面着力。在前端立足解决思想认识问题，推动习近平生态文明思想贯彻落实，服务高质量发展；在中端立足机制建设，推动地方建立生态保护长效机制，不断夯实生态环境保护政治责任；在后端立足解决突出生态环境问题，紧盯问题整改，加强信息公开，接受社会监督，谢谢。

大家要把功夫下在平时，把问题解决掉，否则就是"聪明反被聪明误"

《北京青年报》记者： 在之前中央生态环境保护督察中出现了督察组的行程被泄密的问题，刚刚结束的中央生态环境保护督察中，第五督察组刚开始出现了车牌被泄密的现象，很多地方可以提前准备，用提前整改的方式来应付督察、敷衍整改。想请问一下，对于这样的问题我们一般怎么处理，在今后督察当中如何防止这些问题再发生？谢谢。

徐必久： 谢谢您的提问。您提的问题在这批次督察进驻期间就已经向社会通报，媒体也进行了报道，而且我看到媒体反映也很强烈。

中央生态环境保护督察工作开展以来，从总体上来讲，有关地方和单位还是高度重视的，将督察作为贯彻落实习近平生态文明思想的重要抓手，作为推动高质量发展的重要契机，也作为解决地方突出生态环境问题的一个机会。很多地方和部门积极主动配合，认真抓好整改，大家同频共振，同向发力，共同把督察做好。对这个大局我们还是要充分肯定的。在这个过程中，也有一些单位存在弄虚作假的问题，动起歪脑筋，对这个情况和大家也报告一下，应该说我们是有心理准备的，也早有防范。

一是有备而来。对于督察中查实的问题，我们不仅是靠督察进驻这一个月的时间来做工作的，而是要提前做大量准备工作，在进驻前两三个月，甚至更早的时候，就开始进行了问题的摸排。可以说督察进驻前有很多问题线索、证据链已经固定，一些地方和单位如果不把功夫下在平时，靠临时搞突击来蒙混过关，肯定是不行的。

二是多管齐下。督察不仅有传统的手段，例如，靠眼睛看，靠鼻子闻，对突出的生态环境问题，我们会通过个别谈话、资料查阅、走访问询等方式来了解，而且也有高科技手段，我们也会通过大尺度、长时间的卫星遥感解析、无人机航拍以及快速检测等手段来分析一个地方的情况，能够迅速准确查明问题。

三是严惩不贷。对于弄虚作假等形式主义、官僚主义问题，我们态度鲜明，就是要严肃查处，严惩不贷。给大家举一些例子，今年第二轮第三批督察期间，通过典型案例曝光了一些地方弄虚作假的问题，大家可能印象比较深的是云南杞麓湖的造假案例，杞麓湖的造假是有设计、有谋划、有工程、有方案，政府、企业、个人联手的造假案件。在这里我也向督察组的同志致敬，在督察进驻期间，他们说在杞麓湖那个地方可能发现大案，因为"事出反常必有妖"，感觉周边有很多违反常识的情况存在。他们通过对湖岸、围栏工程、生态调水工程等深入调查，最后查清了弄虚作假的情况。所以说，弄虚作假不管手段多高明，最终都会被发现。大家还是要把功夫下在平时，下在日常，做细功夫，做真功夫，做硬功夫，把问题解决掉，不要去弄虚作假，否则最后就是"聪明反被聪明误"。对于杞麓湖这个案例，云南省纪委拍了一整套的警示片，叫《杞麓湖的呐喊》，拍得非常好，我建议媒体朋友们有机会可以看看。

在后续的督察中，我们会一如既往严督、严查、严惩弄虚作假问题，推动有关地方和单位同督察组相向而行，同向发力，共同扛起生态文明建设和生态环境保护的政治责任。谢谢。

我们将严格履行国际承诺，为全球环境治理贡献力量

《南方都市报》记者：据了解，中国日前正式接受了《〈关于消耗臭氧层物质的蒙特利尔议定书〉基加利修正案》（以下简称《基加利修正案》），并将于 9 月 15 日生效。请问我国接下来在履行《基加利修正案》和氢氟碳化物管控方面有哪些安排？

刘友宾：2021 年 4 月 16 日，国家主席习近平在出席中法德领导人视频峰会时，正式对外宣布中国已决定接受《基加利修正案》，加强 HFCs 等非二氧化碳温室气体管控，开启了中国履行《蒙特利尔议定书》和应对气候变化行动的历史新篇章。2021 年 6 月 17 日，中国常驻联合国代表团向联合国秘书长交存了中国政府接受《基加利修正案》的接受书。该修正案将于 2021 年 9 月 15 日对我国生效（暂不适用于香港特别行政区）。

HFCs 是消耗臭氧层物质（ODS）的常用替代品，虽然本身不是 ODS，但 HFCs 是温室气体。《基加利修正案》的实施，将对保护臭氧层和应对气候变化带来显著的环境效益，作为发展中的大国，我国在未来《基加利修正案》实施过程中，将付出艰辛的努力。但同时也给产业发展带来了新的契机。作为国际社会负责任的一员，我

们将严格履行国际承诺，与各缔约方开展务实、透明、深入的国际合作，为全球环境治理贡献力量。

一是将HFCs管控纳入国内法律法规体系。修订《消耗臭氧层物质管理条例》，启动调整《中国受控消耗臭氧层物质清单》《中国进出口受控消耗臭氧层物质名录》，将HFCs纳入法律法规和《蒙特利尔议定书》履约工作管控范围。

二是将HFCs削减计划纳入《中国逐步淘汰消耗臭氧层物质的国家方案》。开展HFCs数据收集分析和行业调研，研究提出HFCs未来实施削减的领域和路线图、政策管理措施。

三是建立和实施HFCs进出口许可证制度。联合有关部委启动HFCs进出口商品编码工作，开展国家消耗臭氧层物质进出口审批系统的增容改造，将HFCs纳入审批系统。

四是研究出台HFC-23管控政策。《基加利修正案》共管控物质18种，其中17种作为商品生产和使用物质，HFC-23是化工工艺过程中无意排放的副产物。我们将按照要求，研究制定HFC-23管控政策，规范和指导相关企业的HFC-23控排工作。

进一步完善督察体制机制，夯实法治基础，强化整改闭环管理，加强能力建设

央视财经记者：中央生态环境保护督察制度确立实施以来，督察的范围不断扩大，请问接下来在制度上还会有哪些创新？谢谢。

徐必久：谢谢您的提问。督察制度从建立实施到完善，有一个过程，这是时代的需要，也是实践的需要。建立并实施中央生态环境保护督察制度是习近平总书记亲自谋划、亲自部署、亲自推动的重大改革举措和重大制度安排。在党中央、国务院的坚强领导下，经过几年实践，基本建立了一套比较完备的制度体系。几个重要时间节点和重要情况向大家报告一下。

2015 年 8 月，《环境保护督察方案（试行）》印发实施，标志着督察制度由此起步。2019 年 6 月，中办、国办印发《中央生态环境保护督察工作规定》，以党内法规的形式明确了督察制度框架、程序规范、权限责任等。今年 5 月，印发了《生态环境保护专项督察办法》。在此基础上，研究制定 100 多个模板范式，并且根据每一轮、每一批的具体情况及时修改完善，进一步规范督察工作。比如，第二轮第三批督察进驻结束以后，我们围绕严控"两高"项目、环境基础设施建设、农业面源污染防治怎样督察、怎样发现问题制定了模板。根据大家的建议，结合督察实践，对个别谈话、典型案例公开、信访举报等模板范式进行了修订。

2019 年 11 月，经党中央、国务院批准，成立中央生态环境保护督察工作领导小组，韩正副总理任组长，组成部门包括中办、中组部、中宣部、国办、司法部、生态环境部、审计署、最高人民检察院，进一步强化督察的领导体制。

"十四五"时期以来，进入新的历史阶段，中央对督察工作提出了更高的要求，党的十九届五中全会明确提出要完善中央生态环

境保护督察制度，这是落实"三新"①和高质量发展的必然要求，是适应对国家重大战略落实情况开展督察的必然要求，也是督察向纵深发展的必然要求。对此我们主要有以下四个方面的考虑：

一是进一步完善督察体制机制。目前，在中央生态环境保护督察工作领导小组领导下，中央和省级两级督察体系已基本建立。接下来，我们还会在进一步完善督察体制上下功夫，进一步提升督察效能。

二是进一步夯实督察法治基础。随着督察事业的发展，我们在督察的组织形式、重点内容等方面做了探索。特别是这一批督察，我们在督察组副组长人选、督察重点确定、典型案例曝光等方面都有较大创新，这些新的要求和成熟的做法，我们将会适时通过制定党内法规的形式来固化。

三是进一步强化督察整改闭环管理。督察整改是督察的"后半篇文章"。对于督察和警示片来说，发现问题是手段，整改是目的，发现问题也是为了更好地解决问题。所以，我们要强化整改，形成闭环。前面已经向大家通报了，我们正在研究制定"中央生态环境保护督察整改工作规定"，将进一步夯实各方面的整改责任，形成发现问题、解决问题的督察管理闭环。

四是进一步加强能力建设。中央对督察的要求越来越高，人民群众的期待越来越高，督察的任务也越来越重，督察力量不足的矛盾日益凸显，督察人员长期加班加点，在一线摸爬滚打。我们将不断加强队伍建设，提升素质本领，锤炼过硬作风。谢谢。

①"三新"指立足新发展阶段、贯彻新发展理念、构建新发展格局。

多边主义是解决全球性问题的唯一出路，应通过全球合作携手应对气候变化

路透社记者：据悉，欧盟正研究制定碳边境税相关方案，涉及钢铁、铝、水泥、电力等。请问生态环境部对碳边境税有何看法？中国是否也在研究碳边境税问题？

刘友宾：降低关税、减少壁垒，促进贸易和投资自由化、便利化，是积极应对气候变化、推动全世界实现可持续发展、构建人类命运共同体的重要保障。

碳边境调节机制本质上是一种单边措施，无原则地把气候问题扩大到贸易领域，既违反世界贸易组织（WTO）规则，冲击自由开放的多边贸易体系，严重损害国际社会互信和经济增长前景，也不符合《联合国气候变化框架公约》及《巴黎协定》的原则和要求，特别是共同但有区别的责任等原则，以及"自下而上"国家自主决定贡献的制度安排，助长单边主义、保护主义之风，会极大伤害各方应对气候变化的积极性和能力。

中方始终认为，多边主义是解决全球性问题的唯一出路。面对全球气候变化的挑战，各国是命运共同体，应坚持多边主义，坚持共同但有区别的责任原则和国家自主决定的制度安排，通过更广泛的全球合作，采取符合各自国情的气候行动，携手应对气候变化。

根据党中央、国务院最新部署和要求，我们将不断深化中央生态环境保护督察

《南方周末》记者：此前生态环境部表示应对气候变化、生物多样性保护、碳达峰、碳中和等将纳入中央生态环境保护督察，请问目前工作的进展如何，现阶段的突出问题是什么，未来有何计划？谢谢。

徐必久：谢谢您的提问。贯彻落实中央重大决策部署和国家重大战略，是中央生态环境保护督察的职责所在，也是中央生态环境保护督察的题中应有之义。具体来讲跟大家介绍三个方面情况：

一是紧密结合。就是将例行督察和警示片的拍摄紧密结合，这是第二轮第三批督察及以后各批次督察的重要特点，把例行督察和长江警示片、黄河警示片紧密结合起来，做到问题共享、成果共用，也将大家关注的问题都纳入进来。

二是聚焦重点。第二轮第三批督察和两个警示片的拍摄，都明确了相应的重点，其中就把盲目上马"两高"项目作为非常重要的内容。严格控制"两高"项目盲目上马，是推进碳达峰、碳中和的重要内容，也是我们应对气候变化的积极举措，必须严格落实。再如，长江经济带发展、黄河流域生态保护和高质量发展也是我们关注的重点，也纳入了例行督察和警示片的拍摄。

三是查处一批问题。大家也都了解，我们曝光的典型案例中有很多都与您刚才提到的几个方面是密切相关的。我们曝光了一批盲

目上马"两高"项目的典型案例，曝光了广西北部湾国际港务集团破坏红树林的问题，也曝光了长江大保护方面的有关问题，这在后续反馈的督察报告中也都有体现，报告的主要内容我们已经向社会公开。同时，在这里也跟大家透露一下，在 2021 年长江警示片的拍摄过程中，我们已经查实了一些问题，现场调查的同志非常辛苦，通过连续多天的日夜蹲守，运用传统和高科技相结合的手段，发现这些问题很不容易，我们将会在后续进行适当的曝光、公开。后续主要考虑从以下三个方面推进：

一是对这些方面已经发现的问题，我们要纳入清单，进行现场盯办，督促地方整改。

二是继续将这几个方面的重点任务和内容作为后续例行督察和正在拍摄的长江警示片的重要内容。

三是根据党中央、国务院最新的部署和要求，我们将不断深化中央生态环境保护督察。谢谢。

将按照"成熟一个、批准发布一个"的原则，进一步扩大碳排放权交易市场覆盖行业范围

《第一财经日报》记者：全国碳排放权交易市场上线交易已启动一周多的时间，请介绍一下这一周多来的运行情况。刚才您介绍，全国碳排放权交易市场下一步还将扩大行业覆盖面，请问有没有具体的时间表？哪个行业或哪几个行业有可能率先进入？

刘友宾：7月16日，全国碳排放权交易市场上线交易正式启动。自启动以来，全国碳排放权交易市场交易活跃，交易价格稳中有升，市场运行平稳。截至7月23日，全国碳排放权交易市场碳排放配额总成交量为480万t以上，总成交额近2.5亿元。全国碳排放权交易市场第一个履约周期纳入发电行业重点排放单位2000余家，年覆盖约45亿t CO_2 排放量。

虽然发电行业率先试水，但将来发电行业绝不会是"一枝独秀"，下一步我们还将稳步扩大行业覆盖范围。目前，结合国家排放清单编制工作，我们已连续多年组织开展了钢铁、水泥等建材、航空、石化、化工、有色、造纸等高排放行业的数据核算、报送与核查工作，在这些行业中有着较为扎实的数据基础。

生态环境部已经委托有关行业协会研究提出符合全国碳排放权交易市场要求的行业标准和技术规范建议，将按照"成熟一个、批准发布一个"的原则，进一步扩大碳排放权交易市场覆盖行业范围，充分发挥市场机制在控制温室气体排放、促进绿色低碳技术创新、引导气候投融资等方面的重要作用。

刘友宾：今天的发布会到此结束。谢谢大家！

7月例行新闻发布会背景材料

中央生态环境保护督察是习近平总书记亲自谋划、亲自部署、亲自推动的重大制度安排。习近平总书记始终高度重视中央生态环境保护督察，在督察的每个关键环节、每个关键时刻，都做出重要指示批示，审阅每一批督察工作安排、督察报告、整改方案和整改落实情况，为督察工作提供根本遵循和方向指引。

一、背景情况

2015年7月1日，习近平总书记主持召开中央全面深化改革领导小组第十四次会议，审议通过《环境保护督察方案（试行）》[以下简称《督察方案（试行）》]。2015年8月，《督察方案（试行）》印发实施。在此基础上，结合督察实践，研究起草了《中央生态环境保护督察工作规定》（以下简称《规定》）。2019年6月，中办、国办正式印发《规定》，以党内法规的形式明确了督察的制度框架、程序规范、权限责任等，督察的法治基础进一步夯实。按照《规定》和《督察方案（试行）》，经党中央、国务院批准，2016—2018年，对31个省（自治区、直辖市）和新疆生产建设兵团第一轮督察全覆盖，并分两批对20个省（自治区）开展"回头看"。2019年启动第二轮督察，目前已分3批对17个省（自治区、直辖市）、4家央企、2家国务院部门进行督察。

几年来，督察在推动落实习近平生态文明思想、促进高质量发展、解决突出生态环境问题等方面发挥了重要作用，为完成污染防治攻坚战阶段性目标任务提供重要保障，取得了"百姓点赞、中央肯定、地方支持、解决问题"的显著成效。

一是成为推动落实习近平生态文明思想的关键举措。督察始终坚持将习近平生态文明思想贯彻落实情况作为重中之重，督到哪、讲到哪、落实到哪，对习近平总书记做出重要批示、指示的问题，坚持督到位、盯到底，有力促进被督察对象增强"四个意识"、坚定"四个自信"、做到"两个维护"，不断夯实生态文明建设和生态环境保护政治责任。

二是成为推动高质量发展的有力抓手。坚持系统观念，将长江经济带发展、黄河流域生态保护和高质量发展等重大国家战略落实情况，生态环境保护要求落实情况作为重要内容，助力高质量发展和高水平保护。随着督察不断深入，忽视生态环境保护的情况明显改变，不顾资源环境承载能力盲目决策的情况明显改变，发展与保护"一手硬、一手软"的情况明显改变，一批违法、违规项目被叫停，一批生态环境治理项目得到实施，一批传统产业优化升级，一批绿色生态产业加快发展。

三是成为压实生态文明建设和生态环境保护政治责任的硬招、实招。通过督察，地方各级党委、政府及有关部门贯彻新发展理念的主动性明显增强，生态环境保护责任意识明显增强，并将督察整改作为政治责任来担当。大多数省份均由党委和政府主要领导同时担任整改领导小组组长，有力、有序地推动了问题的解决。地方许多领导同志反映，督察触及灵魂、荡涤思想，让他们深受震撼。特别是通过加强边督、边改和典型案例曝光，一批领导干部受到警醒，压力得到有效传导。

四是成为推动解决突出生态环境问题的重要利器。督察始终坚持以人民为中心，共受理转办群众环境举报23.7万余件，绝大多数已办结或阶段办结，得到人民群众的普遍称赞和拥护。同时，还推动解决了一批生态环境保护领域长期想解决而没有解决的问题，办成了一批长期想办而没有办成的大事。

二、第二轮第三批督察情况

为深入贯彻落实习近平生态文明思想，经党中央、国务院批准，2021年4月6日至5月9日，第二轮第三批督察组建8个督察组，吴新雄、朱之鑫、刘伟平、宋秀岩、杨松、徐敬业、李家祥、焦焕成同志任组长，对山西、辽宁、安徽、江西、河南、湖南、广西、云南等8个省（自治区）开展督察。

7月14—20日，完成督察反馈。

本批督察是"十四五"开局之年的首批督察，各督察组坚持以习近平生态文明思想为根本遵循，深入贯彻落实党的十九届五中全会精神，严格落实《规定》，坚持系统观念，坚持严的基调，坚持问题导向，坚持精准、科学、依法督察，圆满完成各项督察任务，主要做法如下：

（一）把握督察政治方向

一是深入学习贯彻习近平生态文明思想，把习近平总书记重要批示件办理情况作为重中之重。二是及时传达学习贯彻习近平总书记重要讲话和重要指示批示精神。特别是4月22日，习近平总书记就督察工作做出重要指示，我们迅速作出安排，组织全体人员深学细悟、狠抓落实。

（二）突出严的基调

一以贯之地坚持问题导向，坚持动真碰硬，严字当头，查实一批突出生态环境问题。特别是针对曝光的典型案例，跟踪督促，查处到位，曝光到位，整改到位，问责到位。

（三）聚焦督察重点

紧紧围绕党中央重大决策部署开展督察。各督察组均高度关注严格控制"两高"项目盲目上马和去产能落实情况，长江经济带发展、黄河流域生态保护和高质量发展等重大战略部署贯彻落实情况，重大生态破坏和环境污染及处理情况，基础设施建设等生态环境领域突出短板问题，以及督察发现和警示片揭露问题整改情况等。

（四）坚持为群众办实事

始终坚持以人民为中心，把督察与党史学习教育"我为群众办实事"有机融合，推动解决一大批突出生态环境问题。截至6月底，受理转办的2.9万余件群众举报已办结或阶段办结约2.79万件。此外，对群众举报问题整改落实情况进行回访，听取意见建议，得到人民群众真心称赞。多个督察组收到群众赠送的锦旗、感谢信。

（五）注重方式创新

一是创新督察模式，报请中央同意后，增补司法部、最高人民检察院两个领导小组成员单位，以及国家能源局、国家林业和草原局两个部门负责同志为督察组副组长，形成了工作合力。二是强化警示震慑，以"文字＋图片＋视频"的形式，分五批集中曝光40个典型案例，《人民日报》、新华社、央视等主流媒体和新媒体进行了广泛、深入的报道，中央纪委国家监委网站、《中国纪检监察报》也多次给予报道，社会反响强烈。三是将例行督察与长江警示片、黄河警示片拍摄有机结合，问题共享、成果共用。

三、下一步工作考虑

下一步，我们要以习近平新时代中国特色社会主义思想为指导，深入贯彻习近平生态文明思想，把深入打好污染防治攻坚战作为心中的"国之大者"，增强"四个意识"、坚定"四个自信"、做到"两个维护"，切实扛起生态文明建设和生态环境保护的政治责任，发挥督察"利剑"作用。

（一）持续开展第二轮督察工作

根据党中央、国务院决策部署，按照《规定》，持续推进第二轮例行督察。重点关注习近平总书记重要批示，"三新"、推动高质量发展、重大国家战略中生态环境保护要求贯彻落实情况，严格控制"两高"项目盲目上马和去产能"回头看"落实情况等，对中央生态环境保护督察及"回头看"发现问题整改落实情况进行重点核查，进一步压实生态环境保护政治责任。

（二）不断深化专项督察

落实《生态环境保护专项督察办法》，将中央领导同志做出重要指示、批示的突出生态环境问题作为重中之重，围绕中央生态环境保护督察整改落实不力、人民群众反映突出的生态环境问题等，组织开展机动式、点穴式专项督察，发挥警示震慑作用。

（三）抓好生态环境警示片制作

继续组织制作长江警示片和黄河警示片，紧盯警示片披露问题整改，推动相关问题整改到位。

（四）坚决推动督察整改落实

进一步完善督察整改调度、盯办、督办机制，推动形成发现问题、解决问题的督察管理闭环。对于发现的突出问题，甚至弄虚作假、表面整改的，视情采取函告、通报、约谈、专项督察等措施，不断压实整改责任。

8月例行新闻发布会实录

——聚焦海洋生态环境保护

2021 年 8 月 26 日

8 月 26 日，生态环境部举行 8 月例行新闻发布会。生态环境部海洋生态环境司副司长张志锋、中国海警局新闻发言人刘德军出席发布会，介绍海洋生态环境保护相关情况。生态环境部新闻发言人刘友宾主持发布会，通报近期生态环境保护相关重点工作进展，并共同回答了大家关心的问题。

8 月例行新闻发布会现场（1）

8 月例行新闻发布会现场（2）

刘友宾：新闻界的朋友们：上午好！欢迎参加生态环境部8月例行新闻发布会。

今天的新闻发布会，我们邀请到生态环境部海洋生态环境司副司长张志锋先生、中国海警局新闻发言人刘德军先生，向大家介绍我国海洋生态环境保护工作情况，并回答大家关心的问题。

下面，我首先通报四项生态环境部近期重点工作。

一、第二轮第四批中央生态环境保护督察今日正式进驻

经党中央、国务院批准，第二轮第四批中央生态环境保护督察全面启动。自今日起，七个中央生态环境保护督察组分别对吉林、山东、湖北、广东、四川五个省，中国有色矿业集团有限公司、中国黄金集团有限公司两家中央企业开展为期约1个月的督察进驻工作。

在督察中，我们重点关注习近平总书记有关生态环境保护重要指示、批示件的办理情况；贯彻党的十九届五中全会精神，立足新发展阶段，贯彻新发展理念，构建新发展格局，推动高质量发展情况；长江经济带发展、粤港澳大湾区建设、黄河流域生态保护和高质量发展等重大国家战略中生态环境保护要求的贯彻落实情况；碳达峰、碳中和研究部署，严格控制"两高"项目盲目上马，以及去产能"回头看"落实情况。

进驻期间，各督察组分别设立联系电话和邮政信箱，受理被督察对象生态环境保护方面的来信、来电举报；继续坚持曝光典型案

例，持续传导压力，形成强大震慑；大力推进边督、边改，不断提升群众生态环境获得感、幸福感和安全感。

二、全力做好常态化新冠肺炎疫情防控相关生态环境保护工作

针对本轮江苏、湖南、河南等地新冠肺炎疫情暴发情况，生态环境部及时启动应急响应，对中高风险地区每日开展集中调度，指导各地按照医疗机构及设施环境监管、医疗废物和医疗污水处理处置"两个100%"的工作要求，做好医疗废物、医疗污水处置处理工作。

医疗废物处置方面，截至 8 月 24 日，处置量为 669.26 t，较 8 月 11 日高峰时处置量减少 830.59 t。全国中高风险地区医疗废物处置平稳有序，涉疫医疗废物均得到安全收运处置，做到日产、日清。

医疗污水处理方面，截至 8 月 24 日，全国中高风险地区 6 省 9 市（州）共有定点医院、集中隔离场所及接收相关的污水处理厂 945 个，较 8 月 11 日高峰时污水处理厂总数减少 1 248 个。医疗污水处理安全、规范、有序。

三、持续开展重点区域空气质量改善监督帮扶

自今年 5 月以来，生态环境部对京津冀及周边等重点区域城市持续开展重点区域空气质量改善监督帮扶工作，推动重点区域环境空气质量持续改善。

5—7 月，重点区域空气质量改善监督帮扶围绕 $PM_{2.5}$ 和 O_3 协同治理、NO_x 和 VOCs 协同减排，聚焦钢铁、焦化、石化、化工、建

材等重点行业，按照"五个精准"的要求，创新采用"两支队伍、分工协作、一体化作战"的工作模式，累计派出38个专业组和98个常规组，检查企业4 800多家，发现了一批违法、违规的突出生态环境问题。为发挥警示教育作用，生态环境部分两批向社会公布监督帮扶发现的28个典型环境违法、违规问题。近日，生态环境部还将向社会公开第三批典型环境问题。

下一步，生态环境部将对发现的问题紧盯不放，组织开展整改效果"回头看"，实施闭环管理。对于整改工作推进不力、问题整改不彻底、不到位的地方和企业公开约谈，推动逐一整改到位，切实做好监督帮扶"后半篇文章"。

四、部署挥发性有机物治理工作

为强化$PM_{2.5}$和O_3协同控制，推动"十四五"VOCs减排目标顺利完成，生态环境部近日发布了《关于加快解决当前挥发性有机物治理突出问题的通知》，对当前VOCs治理工作进行安排部署。

一是组织开展VOCs治理重点任务和监督帮扶反馈问题整改情况"回头看"，对未完成的重点任务、未整改到位的问题，建立台账，确保整改到位。二是以石化、化工、工业涂装、包装印刷以及油品储运销为重点，针对治理问题较为集中的10个关键环节开展排查整治，明确整治要求和时间节点。三是加强VOCs治理指导帮扶，组建专门队伍，开展"送政策、送技术、送方案"活动，提高基层执法监管水平。

生态环境部将持续开展夏季 O_3 污染防治监督帮扶，向社会公开曝光典型案例，对整改不到位、治理进度滞后、问题突出的地方和企业进行通报、约谈。同时，为进一步指导地方解决治理政策、标准、技术等方面存在的实际问题，我们正在组织修订《挥发性有机物治理实用手册》，将尽快出版并在生态环境部网站公开。

刘友宾：下面，请张志峰副司长介绍情况。

生态环境部海洋生态环境司副司长张志锋

2020 年全国近岸海域优良水质比例达到 77.4%

张志锋：媒体记者朋友们，大家上午好！长期以来，新闻媒体都十分关心、支持并积极参与海洋生态环境保护工作，为推动全国海洋生态环境保护工作发展进步、提高全社会海洋生态环境保护意

识创造了良好的舆论环境，做出了宝贵贡献。在此，我谨代表生态环境部海洋生态环境司，向大家表示崇高的敬意和衷心的感谢！

"十三五"时期以来，媒体朋友们和我们共同见证了海洋生态环境保护工作不断改革深化、发展进步的历程。回顾"十三五"工作进展与成效、展望"十四五"工作目标和任务，我想首先用"四个新"向大家简要介绍有关情况。

一是新体制不断健全。机构改革以来，生态环境部会同有关部门和沿海地方贯彻落实习近平生态文明思想和党中央、国务院决策部署，聚焦打通陆地与海洋的系统性、整体性、协同性，建立健全部门间横向分工机制，重构、重建"央地"间纵向业务体系，成立了 3 个流域海域生态环境监督管理局，与中国海警局、中国海油[①]等分别建立海洋生态环境监管执法、海上溢油应急等相关协作机制，构建了海洋生态环境保护陆海统筹新体制。

二是新成效得到彰显。"十三五"是我国海洋生态环境治理力度最大、改善程度最高的五年。渤海综合治理攻坚战圆满收官，2020 年，渤海近岸海域优良水质（一类、二类水质）比例达到 82.3%，比"73%"的攻坚战目标要求高出 9.3 个百分点；渤海入海排污口排查、入海河流断面"消劣"、滨海湿地和岸线整治修复等核心目标任务全部高质量完成。同时，全国海洋生态环境总体改善，2020 年，全国近岸海域优良水质比例达到了 77.4%，如期完成了"70% 左右"的"十三五"水质改善目标。

---

① 中国海油指中国海洋石油集团有限公司。

三是新方向引领发展。"十四五"时期将是深入贯彻习近平生态文明思想、谱写美丽中国建设新篇章、实现生态文明建设新进步的五年,也是持续改善海洋生态环境、推动减污降碳协同增效的五年,老百姓对"碧海蓝天、洁净沙滩"的需求更加迫切。我们需要保持力度、延伸深度、拓展广度,坚持精准治污、科学治污、依法治污,汇聚各方力量,深入打好重点海域综合治理攻坚战,扎实推进"美丽海湾"保护与建设,持续增强人民群众临海、亲海的获得感和幸福感,以海洋生态环境高水平保护促进沿海地区高质量发展。

四是新谋划深入推进。一方面,我们目前正在会同有关部门组织编制全国海洋生态环境保护"十四五"规划和重点海域综合治理攻坚战行动计划,明确了"十四五"将以"美丽海湾"保护与建设为统领,以渤海、长江口—杭州湾、珠江口邻近海域等三大重点海域为主战场,以海洋生态环境质量持续改善为核心,谋深、谋实、谋细"十四五"各项目标任务。另一方面,我们以修订《海洋环境保护法》为契机,系统谋划和设计海洋生态环境保护法规制度体系,加快推进陆海统筹的生态环境治理体系与治理能力建设。

今天的发布会,我们还邀请中国海警局参加。近年来,生态环境部与中国海警局深化海洋生态环境监管执法协作,先后合作开展"碧海 2020""碧海 2021"等海洋生态环境保护专项执法行动,形成了守护碧海银滩的有效合力和严查违法行为的高压态势。中国海警局的发言人也将介绍有关情况。谢谢!

刘友宾: 下面请刘德军先生介绍情况。

中国海警局新闻发言人刘德军

开展了"碧海2021"海洋生态环境保护专项执法行动

刘德军：各位记者媒体朋友们大家好，我是中国海警局新闻发言人刘德军，很高兴和大家见面，也非常感谢大家长期以来对海警工作的高度关注和关心支持，借此机会我将"碧海2021"海洋生态环境保护专项执法行动的有关情况向大家做一个简要的介绍。

今年4月20日，中国海警局联合生态环境部、交通运输部、国家林业和草原局等有关部门部署开展了"碧海2021"海洋生态环境保护专项执法行动，主要是通过加强海洋（海岸）工程建设项目、海岛及海砂开采运输、海洋废弃物倾倒、海洋石油勘探开发、陆源入海污染物排放等八个方面的监督检查,全面强化重要区域常态监管,严厉打击重点领域违法犯罪活动,严密防范关键生态环境风险,主要有以下三个方面的工作:

第一,聚焦源头治理,严密常态监管。一是综合运用陆岸巡查、海上巡航和遥感监测等手段,全面强化重点项目定期巡查、热点区域常态巡查和关键环节动态巡查,不断提高海上见警率。二是联合生态环境部门定期组织海洋(海岸)工程检查,强化事前、事中、事后全程监管。三是会同地方林业和草原部门不定期开展海洋自然保护地突击检查和随机抽查,强化典型海洋生态系统动态监管。四是生态环境部门持续开展陆源入海污染源排查整治,推进入海排污口规范化管理。截至目前,累计检查海洋(海岸)工程建设项目2 281个、倾倒区和倾倒项目300个、海洋自然保护地563个、海岛892个、海洋油气勘探开发设施137个、陆源入海排污口1 782个、砂场码头等部位720个,执法范围明显扩大,执法检查数量大幅上升。

第二,聚焦突出问题,严打违法犯罪。始终紧盯盗采海砂、非法倾废、危害珍稀濒危野生动物等突出违法、违规行为,坚持依法从严查处,切实震慑违法犯罪分子。一是定期组织形势分析研判,明确打击整治重点,建立海砂富集区等重点海域常态巡逻机制,对采运海砂重点区域、航线实施不间断、全方位巡逻管控,保持严打高压态势。侦办涉砂案件438起,查扣涉案船舶249艘,海砂约72万t。二是积极推进"互联网+倾废活动"监管模式,充分运用倾废监管系统,精准查获违规船舶,有效弥补了舰艇巡航盲区,累计查处倾废案件 57 起，查实倾倒废弃物近 50 万 m³。三是严打涉野生动物违法犯罪活动，侦破危害珍稀濒危野生动物和保护区内非法捕捞水产品案 11 起，截至目前，查处盗采海砂、海洋（海岸）工程未经环评擅自施工、破坏海岛等案件 573 起，行政罚款 2 380 万元。

第三，聚焦氛围营造，广泛宣传引导。一是利用微信公众号、官方网站等平台，加强专项行动宣传，积极营造良好舆论氛围。中国海警局通过官方微信，及时发布行动信息，曝光典型案例，加强警示教育。二是河北、福建等地海警机构联合生态环境、交通运输和林业和草原部门组织开展专项行动启动仪式，通过电视、报刊、网络等媒体广泛宣传，扩大社会影响力。三是结合《海警法》宣贯，深入渔港、码头、企事业单位等，通过悬挂横幅、发放宣传册、制作展板等方式积极营造浓厚的行动氛围。上海、广西等地海警机构采取定期发送法治宣传短信、集中普法教育等措施，深入开展宣传教育，广泛发动群众举报违法犯罪线索。下一步，中国海警局将联合相关职能部门，深入研判分析海洋生态环境保护执法形势，保持执法力度，强化专项整治，加强督导检查，推动专项行动取得更大成效。

刘友宾：下面，请大家提问。

三年攻坚战打下来，环渤海地区近岸海域水质改善幅度前所未有

中央广播电视总台央视记者：谢谢刘司长。渤海综合治理攻坚战自 2018 年开始，到去年年底结束，请问攻坚战取得了哪些成效，目前还存在哪些问题和不足？"十四五"期间如何在海洋领域继续打好污染防治攻坚战，谢谢！

张志锋：谢谢总台记者的提问！黄润秋部长 8 月 18 日出席国务院新闻办新闻发布会时已经全面介绍了从"坚决打好"到"深入打好"污染防治攻坚战的总体情况。下面我结合海洋实际情况，向大家简要介绍渤海综合治理攻坚战的有关情况。

渤海综合治理攻坚战自 2018 年开始实施，作为"十三五"期间污染防治攻坚战七场标志性战役之一，也是海洋领域污染防治攻坚的首战，意义重大、影响深远。在党中央、国务院的坚强领导下，生态环境部会同有关部门和环渤海"三省一市"协同作战、合力攻坚，取得了渤海生态环境质量明显改善的突出成效，圆满完成了阶段性目标任务。

一是陆海统筹污染防治成效显著。2020 年，渤海近岸海域水质优良比例达到 82.3%，不仅圆满完成渤海综合治理攻坚战的目标要求，而且比攻坚战实施前的 2017 年提升 15.3 个百分点。其中，天津市近岸海域优良水质比例 2017 年只有 16.6% 左右，2020 年大幅提升至 70.4%，三年时间增长幅度达到 53.8 个百分点；河北省 2020

年首次实现近岸海域全面消除劣四类水体，并且北戴河主要海水浴场水质在旅游旺季全部达到一类标准。同时，环渤海49条河流入海国控断面全面消除劣V类水质，18 886个入海排污口实现"应查尽查"。这些数据充分表明，三年攻坚战打下来，环渤海地区陆海统筹的污染防治攻坚力度前所未有，近岸海域水质改善幅度前所未有。

二是海洋生态保护修复持续加强。攻坚战期间，环渤海"三省一市"共完成滨海湿地整治修复8 891 hm^2，超过了6 900 hm^{2}的目标要求；整治修复岸线132 km，也超过了70 km的目标要求；37.5%的渤海近岸海域划入海洋生态保护红线区。

三是环境风险防范和应急能力不断增强。三年来，有关部门和沿海地方共排查整治沿海环境风险隐患4万余处，检查海洋石油勘探开发设施244座，建成国家船舶溢油应急设备库8座。

在整个渤海综合治理攻坚战实施过程中，各有关部门以及环渤海"三省一市"党委、政府坚决扛起打赢攻坚战的政治责任，建立健全责任明晰、分工协作、综合治理的机制，充分调动各方资源和力量，推动攻坚战各项任务落地见效。

第二个问题，关于"十四五"深入打好重点海域综合治理攻坚战。

虽然渤海综合治理攻坚战取得了阶段性成效，但渤海生态环境问题具有长期性、复杂性，仍面临着近岸海域水质改善成效尚不稳固、海洋生态退化趋势尚未根本遏制等突出问题。不但渤海存在这些问题，而且长江口—杭州湾、珠江口邻近海域等其他重点海域也同样存在这些问题。

"十四五"期间，我们要贯彻落实党中央关于深入打好污染防治攻坚战的决策部署，保持方向不变、力度不减，在更大区域、更深层次继续啃"硬骨头"、打攻坚战。当前，我们正在抓紧谋划"十四五"深入打好重点海域综合治理攻坚战的方案计划，初步有以下四个方面的考虑：

一是在区域范围上，要延伸深度、拓展广度。既要在渤海进一步巩固深化攻坚成效，也要针对长江口—杭州湾、珠江口邻近海域突出问题，延伸拓展深入打好这两个重点海域的攻坚战，以此推动全国海洋生态环境质量持续改善。

二是在主攻方向上，要坚持以人民为中心。全力解决人民群众身边存在的突出生态环境问题，深入推进美丽海湾保护与建设，不断提升社会公众临海、亲海的获得感和幸福感。

三是在攻坚策略上，进一步落实"三个治污"[①]的要求。以三大重点海域各自存在的突出问题为导向，着力扩大入海污染物总量控制范围，加强海洋生态保护修复，一体推进重点海域生态环境的整体保护、系统治理、精准施策和综合监管，持续改善海洋生态环境质量。

四是在提质增效上，突出减污降碳协同和以保护促发展。通过陆海统筹、协同发力，把重点海域生态环境质量改善要求落实到区域、流域产业结构布局调整和协同发展、乡村振兴等国家战略中，从源头上提高资源利用效率，降低污染物排海压力，保障优质海洋生态空间，增强海洋蓝色碳汇能力和气候韧性。

---

① "三个治污"指精准治污、科学治污、依法治污。

从根本上解决黄海浒苔问题仍然需要持续发力、久久为功

《中国青年报》记者：今年青岛市遭遇了15年来最严重的浒苔，请问原因是什么？为什么别的沿海城市没有出现类似严重的情况？生态环境部在应对浒苔灾害方面做了哪些工作？下一步有何计划？

张志锋：近十几年来，大家都关注到，浒苔在我国黄海海域连续暴发，对青岛等沿岸城市老百姓的生产生活和生态环境带来了不利影响。根据生态环境部卫星遥感监测结果，今年黄海浒苔最大分布范围约为6万 km^2，是去年的2.3倍左右。目前，山东省和青岛市已经形成一套浒苔灾害应急处置的工作流程和方案，通过设立海上拦截、打捞、清理等多道防线降低浒苔绿潮带来的影响。

黄海浒苔的发生发展是一个复杂的系统性过程。有关部门和单位多年来的研究表明，浒苔的暴发可能与海区水文动力基础环境条件、浒苔藻种种源、海水富营养化等多种因素有关，形成的机制十分复杂。黄海浒苔连续多年暴发且年际间出现反复，反映我国近海生态环境长期受到高强度人为活动、气候变化等多重因素影响，海洋生态环境改善还未从"量变"转为"质变"，近海生态环境安全形势依然严峻，从根本上解决黄海浒苔问题仍然需要持续发力、久久为功。

近年来，生态环境部配合自然资源部等有关部门积极开展黄海浒苔绿潮联防联控工作：一是采用遥感等技术手段开展浒苔绿潮灾

害跟踪监测，推动绿潮灾害防控技术的研究和应用；二是进一步加强陆海统筹的污染防治和滨海湿地保护修复等工作，降低氮磷等营养物质的入海量，逐步减轻近岸海域富营养化。

生态环境部高度重视海洋碳汇建设，拟会同有关部门和沿海地方推进三方面工作

《科技日报》记者： 碳达峰、碳中和目标提出后，有关海洋碳汇的话题受到关注。请问生态环境部在海洋碳汇的研究和政策制定方面有哪些进展和打算？

张志锋： 习近平总书记在中央财经委员会第九次会议上特别指出，要有效发挥森林、草原、湿地、海洋、土壤、冻土的固碳作用，提升生态系统碳汇增量。其中，海洋在全球气候变化和碳循环过程中发挥着基础性的重要作用，维护发展海洋蓝色碳汇、稳步提升海洋碳汇能力是助力我国实现碳达峰、碳中和目标的重要工作。

生态环境部高度重视海洋碳汇建设：一是发布实施《关于统筹和加强应对气候变化与生态环境保护工作的指导意见》，明确积极推进海洋及海岸带生态保护修复与适应气候变化协同增效、推动监测体系统筹融合等一系列重点任务。二是将提高海洋应对和适应气候变化有关工作纳入全国海洋生态环境保护"十四五"规划，系统部署相关重点任务。三是结合渤海综合治理攻坚战等重大治理行动，督促地方加快实施海洋生态恢复与修复。四是组织实施海洋碳汇监

测评估，开展海岸带碳通量监测，加强有关监测评估能力建设。

下一步，生态环境部拟会同有关部门和沿海地方推进以下三个方面工作：一是加强海洋应对气候变化监测与评估，组织海—气 CO_2 交换通量监测评估、重点海域碳储量监测评估，加强缺氧、酸化等海洋生态环境风险的监测预警。二是推动海洋减污与应对气候变化协同增效，通过削减和控制氮磷等污染物排海量，持续降低近岸海域富营养化水平，以此缓解气候变化下海洋酸化、缺氧等生态灾害风险。三是增强海洋生态系统的气候韧性，将碳中和与适应气候变化指标，纳入红树林、海草床、盐沼等典型海洋生态系统保护修复监管范畴，探索以增强气候韧性和提升蓝色碳汇增量为导向的海洋生态保护修复新模式。

强化陆海污染协同治理，坚持污染减排和生态扩容并重

央视财经记者：近岸海域水生态环境好坏体现在海湾上。"十四五"期间，如何以海湾为突破口全面提升海洋生态环境质量？

张志锋：习近平总书记指出，海洋是高质量发展战略要地。海湾是近岸海域最具代表性的地理单元，更是经济发展的高地、生态环境保护的重地、亲海戏水的胜地。就像我们常说的，抓住了海湾就抓住了海洋生态环境保护治理的突破口和"牛鼻子"。

近年来，我们一直在推进美丽海湾保护与建设，加强海湾综合

治理，沿海各地积极探索海湾生态环境综合治理模式。下面介绍两个典型案例。浙江省将重点海湾治理作为近岸海域污染防治的突破口和切入点，组织开展陆海统筹的象山港等重点海湾入海总氮控制，将入湾河流总氮减排要求纳入全省流域地表水治理体系，加强"湾长制""河长制"统筹衔接，打出了综合施策、精准治理的海湾生态环境保护组合拳。福建省以海湾为重点强化陆海污染协同治理，一方面，组织开展九龙江—厦门湾污染物排海总量控制试点工作，深化入海河流"一河一策"精准治理；另一方面，以海水养殖综合整治推动宁德市三都澳等重点海湾生态环境系统治理，既改善了海湾生态环境，又协同推进渔业产业绿色可持续发展，取得了突出成效，得到了相关部门的充分肯定和老百姓的认可点赞。

"十四五"乃至今后一个时期，我们将继续坚持问题导向和目标导向，着力打造"国家—省—市—海湾"分级的陆海统筹生态环境治理体系，进一步加强海湾的综合治理、系统治理和源头治理，持续改善重点海湾生态环境质量，以美丽海湾保护与建设的突出成效助力实现 2035 年美丽中国的目标，主要做好以下四个方面工作：

一是坚持以海湾（湾区）为基本单元和行动载体，以突出问题为导向，按照"五个精准"的要求，着力推进"一湾一策"的整体保护、系统治理、综合监管。

二是强化陆海污染协同治理，坚持海湾的"文章"从陆上做起，盯紧入海河流和入海排污口两个闸口，加快推进入海河流"消劣减氮"和入海排污口"查、测、溯、治"，同时加强船舶港口、海水养殖等海上污染防治。

三是坚持污染减排和生态扩容并重，既要加强源头治理做好减法，降低污染物排海量，也要强化生态扩容做好加法，扩大海湾（湾区）环境容量，形成事半功倍的合力。

四是扎实推进美丽海湾保护与建设，根据不同海湾生态环境禀赋、问题症结情况、前期治理基础等，从"十四五"时期开始精准施策、持续发力，一张蓝图绘到底，力争到"十六五"末期近岸重点海湾基本建成"水清滩净、鱼鸥翔集、人海和谐"的美丽海湾。同时，还将建立健全长效治理和监管机制，推动"美丽海湾"质量成色和秀美景色不断提升。

下一步，生态环境部将坚决贯彻落实中央决策部署，坚持以人民为中心，谋划并实施好重点海湾综合治理、美丽海湾保护与建设相关工作。

强化盗采海砂、非法倾废、危害珍稀、濒危野生动物等三类违法犯罪活动的打击力度

中国新闻社记者：我想请问一下中国海警局新闻发言人，今年是"碧海"海洋生态环境保护专项执法行动的第二年，与去年相比今年有什么新的特点，能否给我们讲一讲在行动开展过程中查处的典型案例？

刘德军：今年是中国海警局第二次联合相关部门开展"碧海"

海洋生态环境保护专项执法行动，我们在总结去年相关工作经验的基础上，今年重在推动执法行动常态化、制度化，主要有三个特点：

一是管控的重点更加突出。在管控区域上，主要是强化海洋（海岸）工程建设项目，海岛及其周边海域生态和海洋自然保护地，红树林、珊瑚礁、滨海湿地等典型海洋生态系统等三个领域进行巡查监管。在管控热点上，主要是强化盗采海砂、非法倾废、危害珍稀、濒危野生动物等三类违法犯罪活动，不断强化打击力度。在管控风险上，主要是强化海洋石油勘探开发、陆源入海污染物排放等两个领域重点污染源风险防控。

二是监管手段更加多样。区分不同检查对象，逐步建立工程项目全程监管、海岛及周边海域定期巡查和典型海洋生态系统动态巡查的常态监管机制；联合生态环境部依托倾废监管管理系统，推行"互联网+"的执法模式，实施精准打击。目前查获的非法倾废案件数量已经超过去年全年的总和。此外，推进海警航空力量开展重点海域空中巡查，对近海重点项目进行无人机监管执法，构建海陆空立体执法模式。

三是机制建设更加健全。推进执法协作机制向省（市）延伸，自上而下建立定期会商、线索通报、案件移交、联合管控等工作制度，协同配合更加密切。各级海警机构和相关部门积极创新工作举措，河北、上海、浙江、福建、海南等地定期组织形势研判，在重点时段联合开展非法运砂船舶专项整治行动，管控合力明显提升。中国海警局南海分局和生态环境部珠江流域南海海域生态环境监督管理局注重发挥统筹协调作用，建立定期联合督导检查机制，督促执法任务落实。今年，"碧海"海洋生态环境保护专项执法行动取得了很多成效，前面我也介绍了相关的执法数据，下面我向各位媒体记者朋友通报两起典型案例。

第一起是俞某利非法在无居民海岛进行生产建设活动案。2021年5月，福建海警局发现领海基点海岛——平潭县牛山岛存在被私人侵占和生态破坏等问题，根据《海岛保护法》的有关规定，责令当事人停止违法行为，并处罚款10万元，这是海警转隶后查获的首起在领海基点海岛非法进行生产建设活动的案件。

第二起案件是某船务公司非法倾废案。2021年7月，根据生态环境部倾废监管系统通报的线索，辽宁海警局成功查获某船务有限公司组织两艘船舶在位于丹东附近海域倾废许可证规定的区域外进行非法倾废活动，累计倾倒废弃物5.29万 m^3，辽宁海警局对其作出罚款20万元的行政处罚。这起案件是中国海警局和生态环境部联合实行"互联网+"非法倾废活动监管的一起典型案例。

进一步完善海洋垃圾防治制度机制，加强海洋垃圾清理整治与监督管理

路透社记者：最近台风过境后有大量塑料垃圾冲到海滩上，海洋生态环境司针对近海海洋垃圾和极端气候带来的海洋垃圾有何治理举措？

张志锋：谢谢！海洋垃圾污染防治是社会公众普遍关注的问题，也是全球沿海国家普遍面临的挑战。联合国环境规划署的报告指出，大约80%的海洋垃圾来源于陆地，20%左右的海洋垃圾来源于人类海上活动。陆地上的垃圾特别是塑料垃圾，一旦进入海洋之后，在海洋环境中留存时间长、治理难度大。并且正如您所说的，在台风等极端天气影响下，海洋垃圾随强风和潮汐聚集上岸的现象比较普遍，当前主要的解决手段还是加强源头治理、采取预防措施，一旦发现后就要予以及时清除。

生态环境部高度重视海洋垃圾污染防治，近年来会同有关部门主要推进了以下四个方面工作：

一是严格塑料生产、销售和使用的源头治理。去年1月，国家发展改革委、生态环境部联合发布《关于进一步加强塑料污染治理的意见》，建立了跨部门的塑料污染治理专项工作机制，依法限制、禁止部分塑料制品的生产、销售和使用，规范塑料废弃物回收利用，推动完善塑料制品全生命周期管理制度的建立健全和落实落地。如此一来，各行业源头防控塑料污染的合力逐渐形成，海洋垃圾的源头减排力度不断加强。

二是将海洋垃圾治理工作纳入污染防治专项行动统筹部署。我们会同有关部门组织实施《水污染防治行动计划》《农业农村污染治理攻坚战行动计划》等，推进沿海农村生活垃圾、河岸及河道垃圾治理，防止塑料垃圾进入海洋环境；在渤海综合治理攻坚战中大力推进渤海海洋垃圾污染治理，开展入海河流和近岸海域垃圾常态化防治。同时，生态环境部牵头编制的全国海洋生态环境保护"十四五"规划，也将"推进海洋塑料垃圾治理"等内容纳入"十四五"重点工作任务。

三是推进沿海地方政府海洋垃圾防治工作。指导沿海地方建立健全"海上环卫"工作机制，实施海洋垃圾入海防控与专项整治。目前，环渤海"三省一市"、福建省和海南省等均已建立"海上环卫"常态化工作机制，大力加强基础设施建设，推进海洋垃圾的及时清理和常态化监管。刚才，您提到台风过后的海滩垃圾清理问题，沿海市、县、区各级政府和各有关部门也是高度重视，比如广东省汕头市南澳县、浙江省舟山市、上海市等地相关管理部门在台风过后都及时组织开展了海滩垃圾清理工作。福建省创新性开展九龙江入海垃圾漂移轨迹的预测、预报，为提前做好暴风雨携带垃圾入海污染防范等提供支撑。

四是加强海洋垃圾防治宣传教育和公众参与。我们每年通过六五环境日、世界海洋日及其他系列活动，会同新闻媒体和公益组织，加强清洁海洋宣传教育，积极推动公众参与清洁海滩行动。随着公众海洋环境保护意识的提高，人们支持和参与海洋环境保护的主动性越来越强。每年台风过后，沿海环境保护组织和居民已经成为清洁海滩垃圾的重要力量。我们很高兴地看到，在政府、企事业单位、环境保护组织和社会公众的共同努力下，海洋垃圾防治的社会合力已经初步形成，并发挥越来越重要的作用。

下一步，生态环境部将会同有关部门进一步完善海洋垃圾防治制度机制，指导督促沿海地方做好塑料垃圾污染源头管控与入海防控，加强海洋垃圾清理整治与监督管理，引导广大社会公众积极参与限塑、减塑、治塑行动，共建共享"碧海蓝天，洁净沙滩"的美丽景象。

以海洋生态环境质量持续改善为核心，落实、落细各项目标任务

红星新闻记者：我的问题是根据海洋生态环境公报，2020 年我国近海劣四类水质面积同比增加 1 730 km²，下一步针对近岸海域整治将采取哪些措施？

张志锋："十三五"时期以来，在各方的共同努力下，全国近岸海域环境质量特别是海水水质总体改善，陆海统筹的污染防治成效明显。但当前，我国沿海及相关地区总体上仍处在污染排放的高峰期，已有的治理成效还不稳固，部分海湾河口出现污染波动反弹，海洋生态环境保护工作仍然任重道远。记者朋友指出"2020 年我国近海劣四类水质面积同比增加 1 730 km²"，从另一方面也印证了海洋生态环境质量改善任务的长期性、复杂性和艰巨性。

与陆地相比，近岸海域污染防治和综合治理工作有其突出的特点：一是陆海压力叠加化，海洋处于自然生态系统的低位，承接着来自陆海的双重开发压力和污染损害；二是环境治理整体化，海洋的流动性和整体性使得海洋污染等环境问题很容易演变为区域问题，

而海洋所处的位置使得海洋环境问题的解决离不开陆域污染防控，更加需要整体考虑、综合施策。三是问题显现滞后化，海洋生态系统为海水所覆盖，不像陆地生态系统易于监测、观测，使得海洋生态环境问题难以在早期阶段就被发现并采取治理措施，等到问题显现之后，治理难度更大、成本更高。

针对上述问题，下一步，我们将以海洋生态环境质量持续改善为核心，落实、落细全国海洋生态环境保护"十四五"规划和重点海域综合治理攻坚战等的各项目标任务，进一步加强近岸海域污染防治和综合治理。

一是陆海统筹、精准施策，借鉴渤海综合治理攻坚战的成功经验，紧盯水质污染重、易反弹的海湾河口，把牢入海河流和排污口两道主要闸口，坚持问题导向，突出寻根溯源，因地制宜扩大氮磷等入海污染物总量控制范围，精准实施陆海污染源头治理和联防联控。

二是污染减排和生态扩容并重，在加强源头减排的同时，会同有关部门做好生态保护扩容，统筹推进河口海湾、滨海湿地等典型海洋生态系统的保护和恢复、修复，不断提升近岸海域污染自净能力。

三是狠抓落实、强化监督，对所部署的"十四五"规划和攻坚战各项任务拉单挂账、验收销号，加强海洋生态环境监测监管能力和制度机制建设，强化近岸海域污染防治工作的监督，扎扎实实推进近岸海域生态环境质量持续改善。

我国城市功能区声环境质量总体向好，将从四个方面加强噪声污染治理

《北京青年报》记者：噪声问题广受关注，第十三届全国人大常委会第三十次会议 17 日审议修订《环境噪声污染防治法》的议案。噪声问题公众广为关注，请介绍一下当前我国噪声环境状况，生态环境部针对噪声污染有哪些针对性举措？

刘友宾：全国人大常委会高度重视噪声污染防治问题，在刚刚结束的第十三届全国人大常委会第三十次会议上，全国人大常委会对《环境噪声污染防治法》修订草案进行了第一次审议。目前，正在广泛征求社会各界意见建议。

2020 年，我国城市功能区声环境质量总体向好，昼间、夜间总点次达标率分别为 94.6%、80.1%，同比上升 2.2 个百分点和 5.7 个百分点。但噪声问题在重点功能区和重点城市较突出，直辖市、省会城市和计划单列市的声环境质量总体劣于全国平均水平。

近年来，随着生活水平的提高，公众对美好环境的期待也在不断提高，人们既需要蔚蓝的天空、清澈的河流、美丽的海湾，也需要安静的环境。由于城镇化快速发展等多种原因，噪声污染日益成为公众关注的重要环境问题。据不完全统计，2020 年，全国省辖县级市和地级及以上城市的生态环境、公安、住房和城乡建设等部门合计受理环境噪声投诉举报约 201.8 万件，其中，社会生活噪声投诉举报最多，占 53.7%；建筑施工噪声次之，占 34.2%；工业噪声占

8.4%；交通运输噪声占3.7%。生态环境部门"全国生态环境信访投诉举报平台"共接到公众举报44.1万余件，其中噪声扰民问题占全部举报的41.2%，排各环境污染要素的第二位，仅次于大气污染。

下一步，生态环境部将从四个方面加强噪声污染治理：一是积极配合立法机关，继续做好《环境噪声污染防治法》的修订工作，推动修订后的《环境噪声污染防治法》尽快出台，并抓好相关工作的落实；二是健全噪声法规标准体系，加大交通、施工、社会生活和工业噪声污染防治力度，深化声环境质量管理；三是加强噪声管理及技术支持能力建设，加强噪声领域科研工作；四是切实解决老百姓身边的烦心事，加强与住房和城乡建设、交通运输等部门协调联动，指导地方加强环境噪声污染治理，给老百姓一片安静的空间。

海洋变暖和酸化问题已成为全球共同面临的重大生态环境问题

《南方都市报》记者：气候变化带来的海洋变暖和酸化问题，给中国海域带来了什么影响？哪些海洋生物会因此受到威胁？该如何应对？

张志锋：好的，谢谢！刚才，我在回答问题的时候也简单谈到了海洋变暖和酸化的问题。

首先，介绍一下海洋变暖的有关情况。近年来，全球气候变化导致海水温度持续升高，我国近海海表温度也呈明显上升趋势。一方面，海洋升温会引发海平面上升，加剧海浪灾害，并可能导致赤潮、水母、外来物种入侵等生态灾害风险升高。另一方面，海平面上升又会加剧海水入侵、土壤盐渍化、风暴潮等海洋灾害，导致海岸带的红树林等宝贵海洋生态系统破坏受损，引起滨海湿地退化和生境演变，威胁海岸带生态安全和老百姓生产生活安全。

其次，关于海洋酸化的有关情况。海洋作为地球上最大的碳汇，它吸收 CO_2 也会产生负面影响，导致海水 pH 持续降低，引发海洋酸化。科学研究表明，目前全球表层海水 pH 较工业革命前下降约0.1，这个值看起来不大，但是对 pH 来说是一个很大的变化，并且海水酸化的趋势还在进一步持续。近年来，我国相关海域开展了试点监测工作，目前监测结果表明，渤海、黄海部分海域的底层海水酸化现象也已经比较明显。海洋酸化现象的加剧，可能会损伤诸如贝类、甲壳类和珊瑚等海洋生物形成钙质骨骼和外壳的能力，进而影响整个海洋生态系统的结构和功能。

以上所述气候变化带来的海洋变暖和酸化问题，已成为全球共同面临的重大生态环境问题。下一步，生态环境部拟会同有关部门和地方重点加强以下三个方面的工作：一是加强海洋气候变化监测与评估，结合现有海洋生态环境监测业务体系，将海洋变暖、酸化等对海岸带和近海生物生态的影响纳入常规业务监测。二是加强气候变化引起的海洋生态环境风险的监测与评估，试点推动珊瑚礁、贝类等典型海洋生物受海洋酸化影响的长期监测，并且开展生态环境风险评估预警。三是加快推进基础能力和人才队伍建设，深化国际合作，定期开展专业培训和交流等。谢谢！

谋划好、实施好"十四五"海洋生态环境保护工作是今年重中之重的任务

人民网：近年来，我国海洋生态环境保护工作取得了积极进展，但是也依然面临很多问题和挑战。生态环境部如何为"十四五"海洋生态环境保护工作谋篇布局，将会有哪些重点部署？

张志锋：今年是"十四五"的开局之年，也是我国进入新发展阶段、开启全面建设社会主义现代化国家新征程的起步之年。谋划好、实施好"十四五"海洋生态环境保护工作是今年重中之重的任务。

刚才成绩已经介绍了很多。总体来说，"十三五"期间，全国海洋生态环境保护工作改革力度大、任务措施实、治理成效好，为乘势做好"十四五"期间的工作打下了良好的基础、积累了有效的经验。

但同时，我们也清醒地看到，"十四五"期间，我国海洋生态环境所承载的结构性、根源性、趋势性的压力尚未根本缓解，综合性、系统性、源头性的治理亟待加强，主要面临四个方面的问题与挑战：一是在供给方面，人民群众对优美海洋生态环境的需要日益增长，但目前优质海洋生态环境产品供给仍有较大不足；二是在治理方面，近岸局部海域水质改善任务依然艰巨，多数重要海湾、河口生态系统仍处于亚健康或不健康状态，治理深度和治理力度仍需进一步提升；三是在体系方面，陆海统筹的制度机制建设仍然存在薄弱环节，海洋现代环境治理体系仍有待健全完善；四是在能力方面，国家和

地方海洋生态环境治理能力建设仍然存在短板弱项，特别是在监测监管等基础性、支撑性、保障性能力方面短板突出。

党中央、国务院已经做出了"十四五"时期要着力打造"可持续海洋生态环境"等战略决策部署。对照新形势、新要求，我们立足新发展阶段、贯彻新发展理念，研究明确了"十四五"时期海洋生态环境保护工作的总体思路，就是以习近平生态文明思想为指导，以海洋生态环境突出问题为导向，以美丽海湾保护与建设为统领，以海洋生态环境质量持续改善为核心，切实做到五个"更加注重"：

一是更加注重公众亲海需求，切实解决老百姓身边存在的突出问题，着力推动公众亲海区的生态环境质量改善，不断提升老百姓临海、亲海的获得感和幸福感。

二是更加注重整体保护与系统治理，落实陆海统筹的精准治污、科学治污和依法治污，强化海洋生态的整体保护、系统修复和综合监管，深入打好重点海域综合治理攻坚战。

三是更加注重美丽海湾保护与建设，强化"一湾一策"精准治理和长效监管，因地制宜扎实推进"水清滩净、鱼鸥翔集、人海和谐"的美丽海湾建设。

四是更加注重科技创新与治理能力提升，特别是加快补齐基础性、关键性的能力短板。

五是更加注重积极参与全球海洋生态环境治理，践行海洋命运共同体理念，贡献中国经验、中国智慧、中国方案的全球分享。

按照上述总体思路，我们会同有关部门已经编制形成了全国海洋生态环境保护"十四五"规划的初稿。下一步，我们将广泛征求各方意见建议，规划修改完善后按程序报批并印发实施。谢谢。

刘友宾：今天的发布会到此结束。谢谢大家！

8月例行新闻发布会背景材料

机构改革以来，在习近平生态文明思想的指引下，在生态环境部党组的坚强领导下，全国海洋生态环境保护工作取得突出进展，渤海综合治理攻坚战成效显著，陆海统筹治理体系不断健全，监测监管基础能力稳步提升，河海联动治污成效有效彰显，海洋生态保护修复持续推进，"十三五"时期全国海洋生态环境质量总体改善，并在实践中探索出一系列行之有效的重要经验和做法。

2021年是"十四五"规划的开局之年，生态环境部党组贯彻落实党中央、国务院决策部署，深入总结"十三五"海洋生态环境保护工作进展成效和存在的突出问题，科学研判面临的形势与挑战，系统谋划"十四五"全国海洋生态环境保护的目标任务，各项工作深入扎实推进，取得了积极进展。

一、"十三五"海洋生态环境保护工作取得突出进展

一是业务体系和协作机制建设不断拓展深化。立足陆海统筹生态环境治理新体制，中央、海区和地方业务组织体系持续完善。在中央层面，按照机构改革精神，逐步完善生态环境、自然资源、农业农村、海警等涉海部门的海洋生态环境保护监管分工负责和协同配合机制；在海区层面，组建三个流域海域生态环境监督管理局，统筹负责流域海域一体化监管；在地方层面，均重新组建了海洋生态环境保护机构，浙江、山东、海南等地探索建立以海湾（湾区）为核心的陆海统筹常态化监管体制。同时，生态环境部进一步深化与中国海警局的监管执法协作联动机制，合作开展"碧海2020"和"碧海2021"海洋生态环境保护专项执法行动，查处了一批海洋倾废、海砂开采等领域的大案、要案；进一步加强政企合作，与中国海油签署合作框架协议，建立政企合作的海洋环境应急协作机制，共同启动油指纹库建设和应急船队建设。

二是海洋环境污染防治和生态保护修复取得突出进展。渤海综合治理攻坚战成效显著，《渤海综合治理攻坚战行动计划》明确的5项核心指标任

务、30 项有明确时间节点要求的任务全部高质量完成：2020 年渤海近岸海域优良水质（一类、二类水质）比例达到 82.3%，高出既定目标（73%）9.3 个百分点；环渤海地区 10 个劣 V 类入海河流国控断面全部"消劣"，18 886 个入海排污口实现"应查尽查"；滨海湿地整治修复面积为 8 891 hm²（目标为 6 900 hm²），岸线整治长度为 132 km（目标为 70 km）。沿海各省（自治区、直辖市）陆海协同治理力度持续加大，2020 年全国入海河流劣 V 类占比仅为 0.5%，较"十二五"末期下降约 21 个百分点；海洋生态环境质量总体改善，2020 年全国近岸海域优良水质比例为 77.4%，较"十二五"末期提升约 9 个百分点，如期完成 2020 年"70% 左右"的水质目标。

三是海洋生态环境治理责任不断压实。强化沿海地方党委政府责任监管与考核，第二轮中央生态环境保护督察查实海南、辽宁、广西等一批破坏海洋生态环境的典型案例并督促整改；开展近岸海域水质考核，指导全国 10 个沿海省（自治区、直辖市）35 个地级市建立实施"湾长制"，压实地方生态环境保护主体责任。强化重点领域海洋生态环境监管，组织编制《关于加强海水养殖污染生态环境监管的意见》等文件，推动沿海地方建立"海上环卫"等常态化监管机制，加大入海排污口、海水养殖、海洋垃圾等重点关键领域建章立制与严格监管力度，加快"互联网＋非现场"监管等新技术手段应用。稳步推进《海洋环境保护法》修订工作，按照全国人大常委会《海洋环境保护法》执法检查的有关意见，成立工作专班，建立工作机制，广泛征集沿海地方和社会公众意见建议，分 25 个专题开展《海洋环境保护法》修订的前期研究，目前已形成了《海洋环境保护法》的修订草案建议稿。

在总结成效的同时，我们也深刻认识到我国海洋生态环境保护仍处在污染排放和环境风险的高峰期、海洋生态退化和灾害频发的叠加期，影响我国海洋生态环境质量的结构性、根源性、趋势性压力尚未根本缓解，人民群众对优美海洋生态环境的需要日益增长，海洋生态环境保护工作仍处于滚石上山、爬坡过坎的吃劲阶段，面临诸多矛盾和挑战：一是海洋环境污染形势依然严峻，渤海等近岸海域水质改善成效尚不稳固，长江口—杭州湾、珠江口邻近海域水质污染问题依然突出，亟须深入打好重点海域污染防治攻坚战；二是海洋生态退化趋势尚未根本遏制，多数重要海湾、河口生态系统仍处于亚健康或不健康状态，亟须继续实施休养生息与修复恢复；三是海洋生态环境治理仍然存在短板弱项，政府、企业和社会多元共治的工作格局有待健全，现有基础能力难以有效支撑精细化管理需求，亟须大力推进治理体系和治理能力现代化。

二、"十四五"时期顶层设计逐步落深落细

"十四五"时期是开启全面建设社会主义现代化国家新征程的第一个五年，我国生态文明建设也进入了推动经济社会发展全面绿色转型、建设美丽中国的新阶段。去年以来，生态环境部会同有关部门立足新发展阶段，贯彻新发展理念，组织沿海地方共同推进全国海洋生态环境保护"十四五"规划编制工作，统筹谋划"十四五"海洋生态环境保护的目标指标、重点任务、重大工程与政策措施以及2035年远景目标等，目前已经形成规划征求意见稿。

"十四五"时期，全国海洋生态环境保护工作将以习近平生态文明思想为指导，坚持减污降碳协同增效，坚持陆海统筹综合治理，深入打好重点海域污染防治攻坚战，切实解决海洋生态环境突出问题，持续改善海洋生态环境质量，扎实推进"水清滩净、鱼鸥翔集、人海和谐"的美丽海湾保护与建设，不断提升社会公众临海、亲海的获得感、幸福感和安全感，以海洋生态环境高水平保护促进沿海地区经济社会高质量发展。重点做好以下工作：

一是坚持依法治污，建立健全陆海统筹的制度体系。结合深化改革工作，推动《海洋环境保护法》全面修订，推进陆海统筹的生态环境治理制度建设，压实相关部门和沿海地方美丽海湾保护与建设的党政领导责任，健全完善涉海企业责任体系，建立健全公众参与和市场化机制，推动形成权责明确、各司其职、齐抓共管的"大环保"工作格局。

二是强化精准治污，深入打好污染防治攻坚战。巩固深化渤海污染防治和生态保护修复等攻坚成果，推动渤海生态环境质量持续深入改善。以突出问题为导向，推进长江口—杭州湾、珠江口邻近海域等重点海域综合治理攻坚，加强陆海生态环境的整体保护、系统治理和综合监管，精准实施海洋污染防治、生态保护修复、环境风险防范等重大工程措施，确保近岸海域环境质量持续稳定改善，不断提升海洋生态系统质量和稳定性。

三是深化科学治污，不断提升综合监管效能。以海湾（湾区）为基本单元和行动载体，对照"水清滩净、鱼鸥翔集、人海和谐"目标要求，深化各海湾（湾区）"问题—成因—对策—目标"等科学诊断分析，建立靶向长效监管机制，分类梯次推进美丽海湾保护与建设，从源头上着力解决海洋生态环境突出问题。组织实施第三次全国海洋污染基线调查和重点海湾精细化调查，加强海洋生态环境保护监管的共性关键技术研究，促进科技成果转化应用。

四是突出民生导向，进一步加强公众参与和社会监督。拓展公众亲海空间，加强公众亲海区环境综合整治，提高亲海环境品质，丰富优质生态产品供给，切实解决老百姓身边存在的突出海洋生态环境问题，不断满足公众临海、亲海以及对优美海洋生态环境的需求。建立常态化的公众意见征集和舆情响应机制，开展美丽海湾优秀案例公开征集和宣传展示，确保社会公众多渠道参与和常态化监督。

五是推进共建、共享，着力补齐基础性、关键性能力短板。加强生态环境系统海洋生态环境领域能力建设，打造开放式科技创新平台、政企合作平台等，制定出台沿海各级监测监管机构基础能力建设等的指导性意见，指导督促沿海地方尽快补齐能力短板。

六是统筹国际、国内，不断提升参与全球海洋环境治理的影响力和话语权。深化海洋生态环境保护的双边合作和多边合作，打造美丽海湾保护与建设的国际示范区，积极探索在应对气候变化、海洋生物多样性保护、海洋塑料垃圾防治等重点领域提供全球公共产品，为推动构建海洋命运共同体提供中国经验、贡献中国智慧。

三、下一步工作考虑

下一步，生态环境部将进一步深入贯彻习近平生态文明思想和党中央、国务院决策部署，加快推进全国海洋生态环境保护"十四五"规划出台，以改善海洋生态环境质量为核心，以美丽海湾保护与建设为统领，坚持方向不变、力度不减，落实"三个治污"和"三个治理"，深入打好重点海域综合治理攻坚战，加强陆海统筹的生态环境治理制度建设，切实履行海洋生态环境保护和监管职责，不断提升国家、海区和地方海洋生态环境治理能力，为美丽中国和生态文明建设做出新贡献。

9月例行新闻发布会实录
——聚焦 COP15 及生物多样性保护
2021 年 9 月 23 日

9月23日，生态环境部举行9月例行新闻发布会。COP15筹备工作执行委员会办公室主任、生态环境部自然生态保护司司长崔书红，云南省生态环境厅副厅长王天喜，云南省林业和草原科学院教授杨宇明出席发布会并介绍COP15筹备工作情况及云南省生物多样性保护工作成效，三人共同回答了大家关心的问题。生态环境部新闻发言人刘友宾主持发布会，通报近期生态环境保护相关重点工作进展。

9 月例行新闻发布会现场（1）

9 月例行新闻发布会现场（2）

刘友宾：新闻界的朋友们，上午好！欢迎参加生态环境部9月例行新闻发布会。

COP15第一阶段会议将于10月在云南省昆明市召开。今天的发布会，我们邀请到COP15筹备工作执行委员会办公室主任、生态环境部自然生态保护司司长崔书红先生，云南省生态环境厅副厅长王天喜先生，云南省林业和草原科学院教授杨宇明先生，向大家介绍大会筹备工作情况，以及云南省生物多样性保护工作成效，并回答大家的提问。

下面，我先通报三项生态环境部近期重点工作。

一、第二轮第四批中央生态环境保护督察扎实推进

经党中央、国务院批准，第二轮第四批中央生态环境保护督察组建7个督察组，从8月26日起，分别对吉林、山东、湖北、广东、四川5个省，中国有色矿业集团有限公司、中国黄金集团有限公司两家中央企业开展为期约1个月的督察进驻工作。截至目前，各督察组已完成省级（综合）督察阶段和下沉阶段工作。

在省级（综合）督察阶段，各督察组通过听取情况介绍、调阅资料、个别谈话、走访问询、受理举报等方式，掌握了一批问题线索。在下沉阶段，各督察组根据前一阶段督察掌握的情况和聚焦的问题线索，重点下沉到地市（州）以及中央企业有关下属企业（单位），督察生态环境保护工作推进落实情况。期间，针对重要问题线索开展现场勘察和针对性调查核实。

目前，第二轮第四批中央生态环境保护督察已公开部分典型案例。典型案例曝光后，被督察地方党政主要领导和央企主要领导高度重视，要求吸取教训，举一反三抓好整改，并积极开展同类型问题的排查整治，不断建立完善长效机制。相关市（县）、单位迅速行动，采取有力举措，切实推动问题整改。

各督察组将督察与党史学习教育有机融合，把紧盯群众反映突出的生态环境问题整改作为"我为群众办实事"的具体实践，及时转办、督办，加强抽查核实，开展实地回访并面对面听取人民群众的意见。同时，各督察组督促被督察对象有力、有序推进边督、边改，以解决具体生态环境问题来回应社会关切，以整改实际成效取信于民，不断增强人民群众的获得感、幸福感、安全感。

二、部署开展碳监测评估试点工作

为支撑减污降碳协同增效，生态环境部近日发布《碳监测评估试点工作方案》（以下简称《方案》），对碳监测评估试点工作进行部署。

《方案》聚焦区域、城市和重点行业三个层面，开展碳监测评估试点，到 2022 年年底，探索建立碳监测评估技术方法体系，发挥示范效应，为应对气候变化工作提供监测支撑。

区域层面，基于现有国家环境空气质量监测网背景站及地基遥感站，结合卫星遥感手段，进一步完善监测网络，开展区域大气温室气体浓度天地一体监测、典型区域土地利用年度变化监测和生态系统固碳监测。

城市层面，综合考虑城市的能源结构、产业结构、城市化水平、人口规模、区域分布等因素，选取唐山、太原、上海、杭州、盘锦、南通等16个城市，分基础试点、综合试点和海洋试点三类，开展大气温室气体及海洋碳汇监测试点。

重点行业层面，选择火电、钢铁、石油天然气开采、煤炭开采和废弃物处理五类重点行业，国家能源集团、中国宝武、中国石油、中国石化、光大环境等11个集团公司开展温室气体试点监测。

生态环境部将加强对试点工作的统一组织协调，指导有序开展试点工作，组织做好试点工作的经验交流和成果应用。

三、全国31个省（自治区、直辖市）及新疆生产建设兵团均已完成省级"三线一单"成果发布

截至目前，全国31个省（自治区、直辖市）及新疆生产建设兵团均已完成省级"三线一单"成果发布，全面进入成果落地和实施应用阶段。其中，23个省（自治区、直辖市）及新疆生产建设兵团已完成生态环境分区管控方案地市落地工作。湖南、江苏、贵州、四川、重庆、福建、海南等7省（直辖市）"三线一单"数据应用系统已正式上线运行。

生态环境部对外公布了两批次"三线一单"落地应用典型案例共26个，涉及重大规划编制、产业布局优化和转型升级、区域生态空间保护、环境管理和环评审批等四大领域，为各地在实践中不断

拓展应用体系、完善应用机制、充分服务好新形势下的生态环境保护工作提供了借鉴。

下一步，生态环境部将持续做好成果实施应用工作指导，推动各地建立跟踪评估、动态更新调整工作机制；广泛开展典型案例宣传和解读，不断拓展应用领域，巩固实施效果。

刘友宾： 下面，请崔书红司长介绍情况。

生态环境部自然生态保护司司长崔书红

COP15 是历届缔约方大会中最特殊的一次会议

崔书红： 各位记者朋友，很有缘分，又在 9 月例行发布会上和大家见面。但今年的发布会有点不同。再过 17 天，COP15 第一阶段会议就要在昆明召开了。今天，我和云南省生态环境厅副厅长王天

喜，云南省林业和草原科学院教授杨宇明一起出席发布会，共同回答各位记者朋友的问题。国家和省两级生态环境部门联合召开例行记者发布会，还是首次。这也是我今年第三次出席记者发布会。在此，我要感谢记者朋友们对发布会和生物多样性保护工作的支持！是你们搭建起了与公众沟通交流的桥梁，也是你们的深度报道，进一步传播了生物多样性保护知识，提高了公众对这项工作重要性的认识，从你们的深度报道中我也学到了不少知识。

大家知道，COP15是联合国生态环境领域最重要的一次会议，也是我们国家今年最重要的一场主场外交活动。会议将全面总结国际社会在生物多样性保护方面的经验，谋划未来十年全球生物多样性治理的蓝图，是一次兼具雄心和务实，充满挑战和期盼，伴随艰辛与快乐，具有里程碑意义的大会。

受新冠肺炎疫情影响，会议召开时间经历两次变更。新冠肺炎疫情延迟了我们的相聚，但不能泯灭我们共同推进生物多样性保护的决心，更不能阻挡我们推动大会进程的步伐。在我国政府和国际社会的共同努力下，《公约》秘书处于今年8月正式对外公告，会议将于2021年10月11—15日和2022年上半年分两阶段在昆明召开。第一阶段会议将以线上、线下结合的方式召开，第二阶段将以线下会议方式召开。可以说，本次会议是历届缔约方大会中最特殊的一次会议，也是历时最长的一次会议，备受国内外各界高度关注。对会议做出的特殊安排，表明我国政府愿与国际社会一道，克服各种困难，时不我待，加快推进全球生物多样性治理的坚定决心，也表明了中国作为负责任大国的责任担当。

本着"安全健康、开放包容、绿色低碳、智能节俭"的原则，国家、云南省和昆明市为承办这次会议做了大量准备工作。目前，第一阶段大会议程基本确定，线上、线下参会代表正在完成注册，会务后勤、宣传报道、新冠肺炎疫情防控等各项准备工作正按计划有序推进。在此，预祝大会圆满成功！期待与各位在昆明相聚！

刘友宾：下面，请王天喜副厅长介绍情况。

云南省生态环境厅副厅长王天喜

COP15 大会各项筹备工作已经基本就绪

王天喜：新闻界的朋友，大家上午好，非常感谢生态环境部为我们提供这样一个非常好的平台，也非常高兴有机会在这里向朋友们介绍云南生物多样性保护以及 COP15 大会的筹备情况。在昆明举办 COP15 是党中央、国务院交给云南省的一项重大的政治任务，云南省委、省政府对这项工作高度重视，省委书记、省长共同担任整个筹备工作领导小组组长，周密安排部署，精心做好筹备的各项工作，我们主要有以下四项重点工作。

第一，全力做好会议的服务保障工作。目前，我们已经完成了会场硬件的提升和设施的改造，大会的场馆、接待酒店等区域实现了 5G 基站的全覆盖，重点关键区域实现了免费 WiFi 覆盖。9 月 30 日前将完成信息系统建设联调测试。同时，我们还制订了大会交通运输保障方案和重点路段、重点时段、拥堵节点应对的措施，对接待酒店的部分设施进行了有针对性的提升改造，完善了食品安全监督制度，确保会议期间食品安全。

此外，我们制订了嘉宾接待工作方案，对志愿者进行了服务培训和考核管理，有序推进翻译服务以及会议多种语言的同频传译、智能会议记录等会议保障，同时集中开展重点地区破案大会战、平安护航大会战等专项行动。我们还制订了网络安全保卫工作方案和网络安全事件应急处置预案，深入推进网络安全保卫和科技智慧安保。

第二，扎实筑牢新冠肺炎疫情防控的屏障。针对目前的新冠肺炎疫情形势，我们切实加强了新冠肺炎疫情防控工作，定期组织新冠肺炎疫情风险评估，加强定点医院、急救能力建设和急救的应急演练。我们对滇池国际会展中心、酒店、住宿等进行了消杀指导和卫生监督检查。对涉及会议相关人员，我们也开展了防疫知识培训、核酸检测、疫苗接种等。同时，我们还配合 COP15 筹备工作执行委员会办公室做好入境参会相关的准备工作。

第三，做好云南形象的展示。根据会议安排，会议期间将按照线上、线下相结合的方式，举办云南生物多样性保护实践和成果展览。这个展览主要是展示云南践行习近平生态文明思想、开展生物多样性保护的成就，布展工作将于 9 月 30 日全面完成，同时，我们也对昆明市的面貌、滇池国际会展中心和重点接待酒店周边的环境进行了提升。此外，我们对中国科学院昆明植物研究所等生物多样性保护科研基地也进行了完善，届时供参会代表实地考察和交流。

第四，积极营造社会氛围。我们组织开展了传统与现代云南生态智慧等系列生物多样性保护主题采访宣传活动，加快推进云南主题宣传片、纪录片、主题曲以及 MV 等制作。我们还开展了全球短视频征集、国际网络视频演讲大赛等。同时，我们也开展了"在昆外国人看昆明"、全球海外主播打卡生态昆明和公益宣传等系列活动。目前，大会的各项筹备工作已经基本就绪，我们将以完善的设施、整洁的环境、热情的服务、和谐的氛围、周密的安排，迎接各方嘉宾，确保举办一届圆满、成功、具有里程碑意义的缔约方大会，向《生物多样性公约》缔约方和国内外各有关方面交上一份满意的云南答卷。

COP15 在云南举办，与云南丰富的资源、显著的生物多样性保护成效密不可分。近年来，我们云南坚持人与自然和谐共生，不断加强生物多样性保护，全省自然保护地体系日趋完善，生态系统质量稳中向好。一大批珍稀濒危、极小种群物种得到保护和恢复，全省重要的生态系统和重要物种得到了有效保护。在全国我们较早开展了县域生物多样性本底调查与评估研究，建立了首个国家级野生生物种质资源库，开展生物多样性和生态系统服务价值评估、遗传资源及其相关传统知识获取与惠益分享等试点工作，生物多样性保护走在全国前列。

我们也将以本次大会为契机，与与会代表一起分享经验，学习借鉴国际、国内生物多样性保护的做法，进一步提升云南生物多样性保护水平，为中国乃至全球生物多样性保护做出贡献。届时也欢迎各位媒体朋友到云南宣传报道COP15。接下来我和杨教授非常乐意回答各位记者朋友的问题。

刘友宾： 下面，请大家提问。

COP15大会将发布《昆明宣言》

新华社记者： 刚才提到COP15分两个阶段进行，请介绍一下两个阶段具体的议程，预计达到什么样的成果？

崔书红： 感谢这位记者的提问，我刚才已经介绍了大会分两个阶段召开，是我国政府和国际社会审时度势做出的决定，这将有利于国际社会推动全球生物多样性治理，保持势头，坚定决心，也是我们国家大国担当的一种表现。广泛参与是《生物多样性公约》缔约方大会组织的基本原则，COP15第一阶段会议以线上、线下相结合的方式举办，出席会议的人员涵盖了以往出席大会的方方面面，会议组织方联合国《生物多样性公约》秘书处执行秘书一行 5 人将现场出席会议，届时国家领导人将出席大会并致辞，境外缔约方和地区代表及其他组织代表将线上出席 COP15 会议，部分缔约方国家领导人、国际组织负责人、部长级官员、知名学者等将线上出席高级别会议。我们还将邀请部分驻华使领馆、驻华国际组织人员等现场参会，国内相关方面比如各省（自治区、直辖市）、COP15 组委会成员单位、非政府组织、地方社区、工商业、教育、妇女、民族、青年以及媒体代表也将现场参会。本次会议将对获得全国生态文明建设示范市县称号的单位授牌，到时全国获得命名的 100 多个单位和地区的代表也将出席授牌仪式，会议招募了大量的志愿者和工作人员为会议提供服务，这就是大概的会议参与人员。

10 月 11 日将举行 COP15 开幕式，开幕式将播放大会的主题短片，还有一个简短的民族特色演出。接下来选举 COP15 主席，COP 大会是两年一届，本次会议受新冠肺炎疫情影响从 COP14 到现在已经超过了两年，这一次会议将选举 COP15 主席。从此大会进入 COP15 的时间。这次大会根据议程的安排，要完成除"2020 年后全球生物多样性框架"（以下简称"框架"）以外各项议题的审议，明年上半年线下会议将审议大家非常关心的"框架"，之后做出决定。

高级别会议于 10 月 12—13 日举行，包括了领导人峰会及部长级会议，应邀的缔约方国家元首和国际组织负责人将出席领导人峰会，部长级会议包括了全体会议和主题圆桌会，是部长级官员出席。高级别会议后我们还将召开一个新闻发布会，具体的时间是 10 月

13 日晚上。这一次高级别会议将发布《昆明宣言》，主要是呼吁各方要采取行动，响应共建地球生命共同体的号召，遏制生物多样性丧失，增进人类福祉，实现可持续发展。

高级别会议之后我们要在昆明举办生态文明论坛，时间是 10 月 14—15 日。这个生态文明论坛也是这一次大会唯一一场现场举办的平行活动。生态文明论坛开幕式之后分 7 个分论坛举行讨论，邀请国内外嘉宾围绕主题进行讨论，在 15 日举行生态文明论坛的闭幕式。闭幕式之后举行 COP15 闭幕式。

生态文明论坛将发布"共建全球生态文明，保护全球生物多样性"的倡议。在生态文明论坛期间，我们将对获得第 5 批全国生态文明建设示范市县称号的单位授牌。除了开幕式、高级别会议、生态文明论坛，这一次会议还准备了展览。展览分线上和线下，线上展览包括了中国展和各省（市）地区展，通过线上展，充分展示我们国家在生态文明建设和生物多样性保护方面的成就；线下布展是云南特色展，现场唯一的线下展区就是云南特色展。

我们通过各种丰富的活动，为大家提供一些生动、便捷、智慧的参观体验。视新冠肺炎疫情情况和其他情况的允许，COP15 第二阶段会议打算明年上半年在昆明线下举行，线下磋商主要围绕着 COP15 核心的议题——"2020 年后全球生物多样性框架"。

中国积极推动全球生物多样性治理进程

《光明日报》记者：科学研究表明，全球生物多样性继续以惊人的速度下降，我们必须在未来十年内实现保护至少 30% 的大自然，否则地球将面临灾难性后果。但是，各国在如何落实联合国《生物多样性公约》、可持续发展目标等方面的态度和行动都存在差异。对此，作为 COP15 东道国，中国持有何种看法，将做出哪些努力推动全球生物多样性保护？

崔书红：感谢您的提问。

生物多样性丧失、气候变化、土地退化是可持续发展面临的全球性挑战，也是当前全球人类面临的三大突出环境问题。各国是风雨同舟的命运共同体，需要国际社会携手并进、共商未来。COP15 将总结过去十年全球生物多样性目标实施进展与经验，凝聚缔约方、国际组织和所有利益相关方的合力，制定"框架"，为生物多样性保护转型性变革带来契机。

国际社会对"框架"寄予厚望，提出了雄心勃勃的保护目标建议，如保护 30% 的大自然，调动至少 2 000 亿美元用于生物多样性保护等。如您提到的，各国在落实《生物多样性公约》和可持续发展目标方面，执行情况差异很大。各国国情不同，重视程度不同，经济社会条件不同，技术水平也不同，因此差异显著。在制定未来十年全球生物多样性保护蓝图时，我们应当考虑客观因素影响，充分吸取和借鉴"爱知目标"执行中的经验和教训，"框架"目标应兼具雄心与务实，平衡体现《生物多样性公约》确定的保护生物多样性、可持续利用其组成部分、公平合理分享由利用遗传资源而产生的惠益的三大目标。此外，我们进一步完善和强化执行与保障机制，特别是加强对发展中国家在执行能力，包括资金、技术和人才等方面的支持，推进建设更加公正合理、各尽所能的 2020 年后全球生物多样性治理体系，尽快扭转全球生物多样性加速丧失的趋势。

作为 COP15 东道国和主席国，中国坚定支持多边主义，积极推动全球生物多样性治理进程。我们将坚持做生态文明的践行者、引领者，走可持续发展之路。中国将继续保持和增强建设生态文明的定力，加大生物多样性保护力度，坚持尊重自然、顺应自然、保护自然，提升自然生态系统的质量和稳定性，为履行碳达峰、碳中和目标承诺付出艰巨的努力，为构建人类命运共同体发挥更大的作用。

我们还将积极参与全球生物多样性治理的进程。2019 年起，中国已经是《生物多样性公约》信托基金的第一大出资国，多年来也一直是向全球环境基金、生物多样性和生态系统服务政府间科学—政策平台捐资最多的发展中国家。我们将继续同国际社会共建绿色"一带一路"，深化生物多样性保护"南南合作"，广泛开展生物多样性领域双边、多边合作。通过我们的努力，助力发展中国家实现目标，尽量缩小在《生物多样性公约》履约和可持续发展目标实现方面的差距。

我们期待在 COP15 上与各方相聚，共同为未来生物多样性保护绘制一幅宏伟且可实现的蓝图，推动全球生态文明建设行稳致远。

中国积极促进"2020 年后全球生物多样性框架"制定进程

《中国日报》记者：去年 9 月 30 日，习近平总书记在联合国生物多样性峰会上，强调坚持多边主义，凝聚全球环境治理合力。一年以来，中方在推进生物多样性保护多边合作进程方面做了哪些努力？开展了哪些多边对话以推动 COP15 达成兼具雄心和务实的"框架"？

崔书红：谢谢你的提问，习近平总书记高度重视，亲自推动国际社会加强生物多样性保护合作。去年 9 月 30 日，习近平总书记出席联合国生物多样性峰会并发表重要讲话，向世界发出了"春城之邀"。习近平总书记向世界介绍了中国生物多样性保护的经验和理念，提出了扭转生物多样性下降趋势的中国方案，引领了世界建设生态文明、保护生物多样性的潮流，展示了负责任环境大国的形象，为凝聚各国生物多样性保护共识、携手应对生物多样性挑战、推动共建地球生命共同体注入了强大政治动力，引起了国际社会的强烈反响。

面对全球生物多样性危机，人类是一荣俱荣、一损俱损的命运共同体。作为全球生态文明建设的参与者、贡献者和引领者，中国始终坚定支持和践行多边主义，积极参与全球生物多样性治理，推动生物多样性保护国际合作，努力推动构建公平合理、合作共赢的全球环境治理体系。

中方为增强政治引领和伙伴关系认同，推动各方关注、支持和参与全球生物多样性保护进程做出了不懈努力。中国全面参与全球生物多样性治理进程，加强双边、多边对话与合作，支持生物多样性多边治理体系，与各方一道，共同推动《生物多样性公约》在全球生物多样性治理中发挥更大作用，为推动全球生物多样性治理做出积极贡献，推动全球生物多样性治理进程迈上新的台阶。

当前，我们站在了保护生物多样性、实现全球可持续发展的十字路口。"框架"作为《生物多样性公约》下重要战略规划文件，作为 COP15 的重要标志性成果，将对未来十年乃至更长时间的全球生物多样性治理做出规划。中方积极参与国际双边、多边磋商，借助中欧、中法、中非、中英、中日韩等既有沟通机制和途径，积极搭建发达国家和发展中国家对话桥梁，加强关键议题的沟通和交流，推动各方相向而行、求同化异、增进共识，积极促进"框架"制定进程，积极寻求建设性方案，积极践行全球生物多样性保护国际合作。

绿色、安全、智慧、节俭是 COP15 大会的亮点

中国新闻社记者：此次 COP15 大会，云南明确提出了绿色、安全、智慧、节俭的办会理念，我想请问一下云南省有哪些具体的落实举措？

王天喜：谢谢。应该说突出绿色、安全、智慧、节俭的大会理念是这次大会的根本要求，也是一个亮点性的工作。云南省坚持绿

色、安全、智慧、节俭的大会宗旨，按照这个要求认真开展各项工作，主要体现在四个方面。

第一，绿色大会方面。通过实施碳中和行动，开展绿色城市建设，实施绿色交通、绿色住宿、绿色会场、绿色宣传等一系列减排行动，将可持续发展理念贯彻到整个会议的筹备、举办全过程。具体包括：大会会场将提供桶装饮用水、玻璃杯或陶瓷杯，并鼓励与会人员自带水杯，尽量减少塑料矿泉水瓶和一次性纸杯的使用；使用电子宣传册并公开下载方式，利用邮件方式向外宾传达相关信息，减少纸张的浪费；将选用新能源或清洁能源车辆、公共交通和共享单车等为嘉宾和与会代表提供交通服务；酒店房间不提供一次性洗漱用具，鼓励自带洗漱用具，酒店餐厅使用玻璃杯和陶瓷杯，不使用塑料杯和一次性纸杯，提供本地健康食材，提倡光盘行动。COP15 大会还将开展碳中和行动，将通过新建碳汇林等方式来抵消本次会议产生的温室气体。

第二，安全办会方面。通过充分应用大数据、云计算等新技术，以科技信息化为支撑服务安保，多方联动、齐抓共管，打造昆明智慧安保格局，加强社会治安管理，严防跨境犯罪和新冠肺炎疫情输入风险，集中开展重点地区破案大会战、平安护航大会战等专项行动，深入推进网络安全保卫和科技智慧安保，全力保障来宾、住地、会场、线路等安全和社会稳定。

第三，智慧办会方面。建设智慧安防、智慧应急、智慧公交等项目，建立远程＋现场应急保障指挥调度体系，搭建保障全面、服务周到、亮点凸显的智慧办会体系。将会场通信线路拓展为两条10G通信线路，积极开展线上会议控制系统、网上直播、网络安全指挥中心等信息系统建设。目前已完成1.2万个5G基站建设，实现了对大会场馆、接待酒店、重点景区、交通枢纽等区域全覆盖，昆明市COP15关键区域实现免费WiFi覆盖。

第四，节俭办会方面。落实"简约不简单、简朴不简陋、盛大不铺张、热情不过度"的要求，举办一届热情、节俭、适度、低碳的大会。

云南约有50种野生动物种群数量增加、分布区域扩大

《南方都市报》记者：动物栖息地的减少和破碎化一直是威胁动物生存的原因，近年来，云南省在野生动物栖息地保护方面有什么探索和成效？

王天喜：大家都知道，云南是"动物王国""植物王国"，云南野生动物种类丰富度居全国之首，但整体呈现物种种类多、种群规模小、分布狭窄、特化程度高的特点。近年来，云南不断探索野生动物栖息地保护和恢复的有效措施，着力加大珍稀濒危物种栖息地保护力度，具体如下。

第一，全面加强自然保护地管理。全省已建362处自然保护地，通过实施天然林保护、退耕还林、湿地修复等重大生态工程，不断

优化森林、湿地生态结构和功能，有效保护了野生动物种群及其栖息地。西双版纳国家级自然保护区与老挝北部 3 省共建 133 km² 联合保护区，保障了亚洲象跨境种群交流安全。

第二，探索建立保护地外重要栖息地管护新模式。"十三五"时期以来，重点加强元江中上游绿孔雀重要栖息地的抢救性保护，已建立多处保护小区或社区公益保护地，将已发现的绿孔雀种群分布点全部纳入保护管理范围，通过发动周边社区群众共管共护、开展日常巡护、加强社区宣传教育等措施，大大提升了当地群众的保护意识，狩猎、采集等人为干扰强度大幅降低。监测显示，该区域内绿孔雀育雏活动正常，部分区域种群分布范围扩展明显，野外种群处于稳定增长状态。此外，全省各地还建立了印度野牛、菲氏叶猴、滇金丝猴等多个物种、多种管理模式的保护小区或者公益保护地，有效扩展了旗舰物种的栖息地受保护范围，为促进濒危物种种群的恢复创造了有利条件。

第三，试点开展栖息地恢复和食源地建设。针对亚洲象、绿孔雀栖息地森林郁闭度过高，适宜性下降的情况，组织开展特定保护对象的栖息地生境恢复工作，实施了补植喜食植物，修建硝塘、饮水池和戏水池等工程，提升栖息地质量。截至目前，已修复栖息地面积 600 余 hm²。

第四，发起建立首个野生动物全境保护网络。2019 年，云南省林业和草原局联合 26 个机构建立了"滇金丝猴全境保护网络"，开创政府、公益组织、科研机构、社区、公众和企业等联合保护野生动物的新模式。通过筹集逾 900 万元社会资金，实施了滇金丝猴种群监测、巡护、栖息地廊道修复、社区保护、自然教育等全方位保护，为中国旗舰物种的保护积累了经验。

据调查监测，云南约有 50 种野生动物种群数量增加、分布区域扩大。每年迁徙至云南的鸟类多达 420 种，赤麻鸭、灰雁、绿翅鸭等 7 种水鸟数量超过 1 万只，并不断观测到鸟类新纪录、新分布。亚洲象、西黑冠长臂猿、高黎贡白眉长臂猿、滇金丝猴、绿孔雀等珍稀濒危物种野生种群数量稳定增长。其中，亚洲象种群数量由 150 头增加到 300 头左右，滇金丝猴由 1 400 只增加到近 3 000 只，西黑冠长臂猿由 800 只增加到 1 300 只左右。猕猴、野猪、原鸡等种群数量增长迅速，保护成效显著。谢谢。

中国有 3 项目标进展超越了"爱知目标"

中国国际电视台记者：2020 年 9 月发布的第五版《全球生物多样性展望》显示，2010 年定下的 20 个"爱知目标"中，没有 1 个目标完全实现。请问中国在 20 项"爱知目标"上的执行和完成情况如何？有哪些成果和不足？

崔书红：感谢你的提问。

刚才提到的"爱知目标"是过去十年国际社会为了应对生物多样性丧失的严峻形势而制定的全球生物多样性保护行动计划。制定以来，"爱知目标"在全球实施的总体成效不佳。

作为世界上生物多样性最丰富的国家之一，中国政府认真落实"爱知目标"，确定的各项任务和责任。截至目前，已有 3 项目标进展超越了"爱知目标"，有 4 项目标取得阶段性进展，中国落实"爱知目标"的总体情况高于全球平均水平。

您提到的第五版《全球生物多样性展望》中，我们发现共提到中国 14 次，其中 13 次展示了中国在生物多样性保护方面的宝贵经验，包括成立以国务院副总理为主任的中国生物多样性保护国家委员会，实施了《中国生物多样性保护战略与行动计划》（2011—2030 年），积极探索"政府引导、企业担当、公众参与"的生物多样性治理模式。我们一体推进生态保护和修复，实施了天然林资源保护、湿地保护与恢复、自然保护区建设等一批重大生态保护与修复工程。我们划定并严守生态保护红线，生态保护红线制度是我们国家保护自然生态系统的一次制度创新。我们构建了生物多样性保护网络，协同应对生物多样性保护、气候变化、土地退化等方面突出环境问题。

下一步，我们将进一步加强法律法规体系建设，推进生物多样性价值主流化，加快实施生物多样性保护重大工程，在中央生态环境保护督察中重点突出生物多样性保护、应对气候变化等任务，落实责任追究，完善生物遗传资源获取和惠益分享监管机制，抓紧建立外来入侵物种的预警和监测体系，提高应对新威胁和新挑战的能力。

谢谢！

云南高黎贡山特殊的地理位置使其成为整个中国乃至世界物种资源的基因库

《北京青年报》记者：云南省的高黎贡山被称为世界物种的基因库，这个区域生物多样性形成的原因有什么，云南省在保护生物多样性方面做了哪些工作？

云南省林业和草原科学院教授杨宇明

杨宇明：非常高兴，感谢这位记者提了一个很好的问题，因为我从事生物多样性保护研究，所以我从专业和科学层面来回答这个非常重要的问题。

云南的生物多样性在全球的地位非常凸显，其原因是云南的地理位置非常特殊，特殊在什么地方？它连接着从青藏高原最寒冷的世界第三极一直到中南半岛。在中部又连接着我们的东亚季风气候带，这样特殊的地理位置决定了云南省生物多样性特别复杂，从寒冷的青藏高原到热带，同时中部包括亚热带。

高黎贡山在云南的特殊地理位置中又发挥了十分特殊的作用，它北起藏东南一直南下 1 000 km 以上到达印度洋安达曼海，把整个青藏高原和中南半岛连接起来，而且是纵向从最北到最南。这是在地理位置上和它的走向上一个非常特殊的地理特征。

南北连通，高黎贡山连接着东喜马拉雅和中南半岛的印缅热带区域，在生物地理的效应上，它沿着的河谷是一个廊道。中南半岛的热带物种分布可以随着怒江流域一直到安达曼海。中南半岛的物种可从孟加拉湾直接到高纬度的河谷，甚至到云南最北的贡山、独龙江和藏东南地区，很多热带、南洋热带物种在高纬度的低海拔河谷都可以找到。

同时，青藏东南沿高寒的物种，像小熊猫、羚牛可以沿着高山环境一直南下到低纬的高海拔地区。因此，地球的两道生物界的划分到了高黎贡山这个地方以锯齿状通过，这是一个非常重要的生物地理效应。

它北高南低的巨大倾斜地的形成水平地带和纬度替代性叠加，使得在云南境内五个多纬度、约 600 km，可以涵盖北热带、南亚热带、中亚热带、暖温带、中温带、寒温带至高山寒带多个气候带类型。跨越南北境内，相当于包含北半球气候带，相当于从三亚到黑龙江漠河。

比如，在高黎贡山最南端的西坡铜壁关有着云南省纬度和海拔最高的热带雨林，这代表着东南半岛热带生物物种的区系成分。

高黎贡山中段是亚热带的长叶阔叶林，到了北带高山地带甚至出现西伯利亚或北极圈落叶松林，这个生物地理效应在全球也是少见的。

高黎贡山是怒江和伊洛瓦底江的分水岭，孟加拉暖湿气流可以沿着两道江河一直到我们横断山腹地，使得这个区域多样化气候条件、水热条件非常优异，因此，生物物种就非常丰富和多样化。

在这个区域已经记录发现的维管束植物达到了 5 728 种，超过西双版纳，其原因就是因为高黎贡山涵盖了北热带、南亚热带、中亚亚热带、暖温带、中温带和寒温带的各种生物气候类型，整个高差超过 5 000 m，形成了北半球较完整的生态系统代表类型。

高黎贡山地质历史是云南省最古老的，是最早成陆的山脉。在印度板块撞击欧亚板块之后，推挤产生褶皱，形成了纵向岭谷区，高黎贡山是地质板块断裂带的缝合线。在这样的地质条件下，高黎贡山既古老又年轻，古老就是在古生代就已经形成云南最早的陆地，年轻就是在新生代以前巨大的喜马拉雅造山运动将高黎贡山推高到 5 000 m 以上的海拔，既是古老物种的庇护所，又是新物种的分化中心。高黎贡山物种不仅丰富，而且保留了许多古老的物种和大量的新特有种，是著名的新特有种分布中心。

比如，这里有植物进化程度较高的单子叶植物竹类、兰花以及双子叶植物杜鹃。高黎贡山也就成为全球生物多样性的热点地区，是中国 17 个生物多样性关键地区之一，同时也被列为我国 35 个生物多样性保护的优先重点区域，成为我国乃至北半球生态系统最齐全、物种最丰富、特有种比例最高、珍稀物种最多的地区之一。同时还有很多现在人工种植的栽培植物野生型种类，现在这些物种的遗传多样性，成为整个中国乃至世界物种资源的基因库。高黎贡山应该说是我国的遗传种质资源宝库。

目前对于高黎贡山的保护可以说自 1986 年建立了国家级保护区以来，从科学考察到规划一直到整合调整为国家自然保护区，把原来的高黎贡山国家级保护区和云南省省级怒江保护区调整合并为一个国家级保护区。在这一过程中通过调整连接起来，现在可能是全世界南北跨度最长的保护区之一。同时，由于高黎贡山的西坡连接着缅甸东北部，同缅甸建立了很好的联动保护机制、跨境保护的合作框架，包括在森林防火、野生动植物保护方面取得了卓有成效的成果。其中，包括白眉长臂猿、羚牛、戴帽叶猴、小熊猫等在内的旗舰物种都受到了有效的保护，种群数量在不断增长。最近几年，我们在这个区域也发现了怒江金丝猴、天行长臂猿，珍稀鸟类数量也在稳定增长，这些都是保护高黎贡山所取得的成效。

高黎贡山还有一个最大的特点就是当地的少数民族和老百姓与自然生态环境朝夕相处，建立了友好、和谐、共生、共存、共进的关系。这里有我们国家最早成立的农民生物多样性保护协会，该协会发动当地社区主动参与到自然保护区的建设管理过程和生物多样性的保护行动中。高黎贡山是认知生物多样性的窗口，生物种质资源的基因库。

谢谢！

COP15 和 COP26 从组织协调到议程设置上具有密切联系

《人民画报》记者： 应对气候变化和生物多样性保护两大议题之间有何联系，我们注意到联合国气候变化大会，昆明此次的 COP15 是否有针对两者相互促进的相关议题？谢谢。

崔书红： 感谢您的提问。

生物多样性是人类社会经济可持续发展的基础，是人类生存的充分必要条件。迄今为止，人类任何一项活动都离不开生物多样性的支持保障。但高强度的生物资源开发利用也导致生态系统遭受不同程度的破坏，带来了物种多样性丧失、生态系统服务降低和区域生态安全屏障功能受损等一系列严重问题，而气候变化威胁到国土生态安全格局和生态脆弱区域的可持续发展。正如生物多样性和生态系统服务政府间科学政策平台报告所指出，地球自然环境正处在史无前例的恶化之中，气候变化与生物多样性丧失是摆在全人类面前的共同挑战。

《生物多样性公约》《联合国气候变化框架公约》同属"里约三公约"。COP15 和 COP26 计划于 2021 年 10 月和 11 月先后在中国和英国举办，从组织协调到议程设置上具有密切联系。COP15 和 COP26 筹备工作团队建立协调工作机制，COP26 设计了 5 个国际合作领域，其中之一即为"自然"，与 COP15 密切相关。COP15 第一阶段会议的相关议程中充分考虑了与 COP26 的协同推进。比如在高级别会议中共设置四个圆桌会议，其中一个主题讨论的主要内容包括了促进生物多样性和气候变化、土地退化等全球性环境问题的协同治理。在 COP15 生态文明论坛专门设立了应对气候变化（碳达峰、碳中和）与保护生物多样性主题论坛，围绕气候变化与生物多样性协同治理、碳达峰、碳中和与生物多样性保护目标的实现等问题进行研讨交流，动员全球各方面力量，在应对气候变化的同时助力生物多样性保护。

COP15 期间，各国还将分享减缓和适应气候变化方面的成功经验。比如，我国的生态保护红线制度，采取"基于自然的解决方案"思路，将全国生态功能最重要、生态环境最敏感的区域保护起来，提升生态系统固碳功能，为减缓和适应气候变化、维护生物多样性提供保障。目前，中国初步划定的生态保护红线面积比例不低于陆域国土面积的 25%，覆盖了全国生物多样性保护生态功能区，保护了全国近 40% 的水源涵养、洪水调蓄功能，约 32% 的防风固沙功能，生态保护红线固碳量占全国的近 45%。通过严守生态保护红线，维持和改善生态系统的完整性、稳定性和恢复力，依靠自然的力量，构筑应对气候变化风险的绿色屏障，减缓和适应气候变化，降低气候变化影响，推动形成生态系统保护、恢复与应对气候变化之间的良性循环。现在，国际社会都把生态保护红线制度作为一个典范，为生态保护红线制度点赞。谢谢。

云南旗舰物种和极小种群得到有效保护

《新京报》记者： 2005 年，云南省在全国率先提出和倡议保护极小种群物种。请问经过十多年的探索和抢救保护工作，目前，极小种群物种保护恢复的现状如何？有何经验？下一步有什么计划？

杨宇明： 谢谢，《新京报》记者提了一个很重要的问题。云南在生物多样性保护方面起步最早，做工作相对做得比较多，在保护的实践方面也积累了不少经验。可以说，云南物种非常丰富，特有种的比例非常高，有 1/3 的物种仅分布在云南，云南特有的或者说在国内仅限在云南的植物和动物占到近 1/3，同时濒危物种数量也比较大，云南列为保护的物种占到全国的 2/3，这都是我们保护对象重要的特色和亮点。

我们刚才所谈到的，我们所有物种种类很多、类型丰富多样，但是每一个种的种群规模小，个体数量少，甚至少到个位数。比如，我们滇东南狭域分布的被子植物中最古老的华盖木，最少的时候野外只有 6 株，已不能够维持一个物种正常的基因交流和种群的繁衍。要维持正常的基因交流和种群的繁衍至少应该在万株以上，如果低于 3 000 株以上就属于极濒危了，因为没有基因交流很快会衰退的。

云南在保护生物多样性方面抓了重点，首先是在丰富多样中抓重点，其次是抓旗舰物种，这个起步比较早。20 世纪 50 年代，我们就建立了西双版纳自然保护区，旗舰物种以亚洲象、热带雨林望天树等为主。同时，亚热带地区的黑冠长臂猿，北部滇西北高寒地带的滇金丝猴，还有中部亚热带区域的绿孔雀等，这些旗舰物种既是生态系统里面重要的发挥着旗舰作用的领先物种，又是区域生物多样性的指示物种，备受全社会的关注，保护好它们也就保护了这个区域的生物多样性和生态系统。因此，旗舰物种的保护可以说云南省是起步最早的，全省建立了各种类型的自然保护地 362 个，分为 11 种类型，包括最高级别的世界自然遗产地、国家级和省（州）级自然保护区、国家森林公园、湿地公园等多种类型的保护地都发挥了极其重要的作用。

在大范围、大规模多样化自然保护区建立的基础上，代表性的旗舰物种都得到了有效的保护，最近 30 年这些旗舰物种数量翻了一番，对整个生态系统和生物栖息地的保护都发挥了极其重要的作用。

极少种群和旗舰物种最大的不同在于，旗舰物种受到关注度高，而极少种群个体数量非常少，种群规模小，分布范围非常狭窄，有的只在一小片河谷，有的在山头，有的只出现在东坡，范围小到可能不到 1 km²。这种情况使得极小种群的知名度远远不够，因此社会关注度不高，甚至在保护研究领域也没有得到广泛的宣传，有的极小物种既没有处在保护地范围内，也没有列入我们的主要保护对象范围，因此，很容易被忽略掉。

针对这一部分极小种群云南省于 2005 年率先提出了关于极小种群的概念，得到了当时国家林业局的支持，2010 年正式在云南省启动了极少种群的保护行动计划，出台了《云南省极小种群的保护规划纲要》《极小种群的保护行动计划》。列出了 20 个要抢救性保护的极小种群，同时根据极小种群分布区域特点及其生物学特性、生态习性和保护生物学前期研究基础，由不同的研究机构和大学对 20 个极小种群实施全方位保护。云南省林业科学院首先保护被子植物最原始的华盖木和最少的时候只有十几株的云南蓝果树，还有在滇东南一种非常重要的孑遗植物——蒜头果；昆明植物所保护如漾濞槭、弥勒苣苔等物种，它们在当时被发现时数量只有两位数。西南林业大学保护巧家五针松等物种，巧家五针松也是西南林业大学发现的。将 20 多个物种分给不同研究机构进行抢救性保护，从保护生物学基础研究到保护实践首要工作需要攻克人工快速繁殖的技术难关。

比如华盖木，这是一个极小种群，更新非常困难，我们突破繁殖技术"瓶颈"，使其在短期内快速地扩大种群数量。再比如，滇东南蒜头果，由于蒜头果含有能够预防和治疗老年痴呆的神经酸，因此有段时间蒜头果野外种群数量急剧下降。在这种情况下，我们抢救性地开展了人工快速繁殖，现在已经成功扩大了蒜头果的种植，使其作为石漠化治理的优秀树种，种植面积达 2.5 万多亩，整个种群数量达到将近 200 万株。不到十年时间这一濒危物种不但解除了濒危状态，而且利用它在石漠化治理中非常强大的环境适应能力，既修复了生态，又为当地老百姓带来了一定的效益，同时抢救性地保护了这个物种，调动起当地老百姓保护生物多样性的积极性，创造了生态效益、经济效益和社会效益。类似这样的经验在云南还是比较多的，有的目前有极高的保护地位和科学研究价值，在利用价值上我们也还在不断探索，像云南蓝果树，希望能够从中提取能够抗击人类疾病的功效成分，使得我们每一个保护对象不仅有重要的保护地位、科学研究价值，而且还能为人类的未来福祉提供服务。因此，在极小种群方面，我们从科学层面进行抢救性保护，从技术层面开展人工快速繁殖技术攻关，同时探索今后在利用价值上给人类带来的福音，我们将这些作为一个系统进行研究。

极小种群保护方面云南应该说在全国是率先的，而且取得了非常好的效果。20个极小种群现在增长超过旗舰物种，翻了几十番甚至几十万番。2020年，我们对极小种群名录做了扩大和更新，把很多分布很偏远的、不为人知的极小种群列入极小种群保护管理目标，现在已经列了101种，包括像竹类中的贡山竹，它的衍化繁殖是非常特殊的，还有很多兰科植物，这是我们今后花卉重要的种质资源。这些物种很多过去不为人知，很多不在保护地内，也没有被列为保护对象，是我们现在应该特别关注的物种。通过保护行动，也让人们了解地球上每一个物种的重要地位和价值，今天没有用的东西明天可能就是无价之宝，我们对每一个极小种群都应该给予加倍的关注，因为它们知名度很低，但是处在濒危状态。现在，我们进入第二轮极小种群的保护工作，我们将突出拯救保护的重点，全方位开展对极小种群的保护，突破人工繁育，繁育以后，让这些物种回归到自然，让它成为自然界的一员。

我们在云南省林业和草原科学院开展了蒜头果保护，这是一个半寄生的物种。我们将它种到我们的常绿叶林下，造林以后跟其他的树种和灌草混交，这样就能够在 5 ~ 10 年形成近自然的天然森林群落或近自然的森林。我们应该进一步唤起人们对极小种群的关注和保护。

无论是对旗舰物种还是对极小种群，促进退化的栖息地向近自然的栖息地恢复和修复都是极其重要的。这一方面云南省也总结了很多成功的经验，即根据不同物种所分布的地理环境进行近自然的恢复，按照符合保护对象生存和繁育的栖息环境要求进行恢复，完善生态系统，使栖息地适宜性不断地得到提升，成为今后我们保护这些旗舰物种的重要生态条件和生存繁衍环境，这比我们迁地保护和采取其他保护方式更加有效，让极小种群能够回归自然，并不断得到发展壮大。谢谢各位。

生物多样性具有直接、间接和潜在使用价值

每日经济新闻记者： 有研究表明，世界物种的灭绝速度在提速。我国在生物多样性保护上如何应对这一问题？同时，很多人不理解，生物多样性保护对于人类生产生活甚至是整个生态有什么意义？

崔书红： 感谢您的提问。生物多样性在国际经济、政治、社会、文化、生态中具有十分重要的作用，像大熊猫、麋鹿、丝绸、茶叶、香料等，还有最近大家比较关注的 15 头亚洲象都在其中扮演了十分重要的角色。生物多样性是人类生存的基础，与人类福祉关系极其密切，具有直接、间接和潜在使用价值。

第一，生物多样性为人类提供了丰富的食物、衣物、生产生活原料。据统计，全球有超过 30 亿人的生计依赖于海洋和沿海的生物多样性，超过 16 亿人依靠森林和非木材林产品谋生。物种是多种药物的来源，世界上 50% 以上的药物成分来源于天然动植物。

第二，生物多样性具有重要的生态功能，这是生物多样性的间接价值。它们共同维系着生态系统的结构和功能，为人类提供了丰富的食物、清洁的水和空气，保护人类免受自然灾害和疾病的痛苦，为人类提供优质的生态产品。

第三，生物多样性还具有巨大的潜在价值。野生生物种类繁多，人类已经充分了解的只是极少一部分。大量野生生物我们还不了解其潜在价值。

生物多样性离人类的日常生活越来越近，关系越来越密切，生物多样性保护的公众参与十分重要。关于公众如何参与，我想举几个例子和大家分享。比如，公众可以通过科普活动获取生物多样性相关知识，南京的红山森林动物园通过沉浸式的体验设计和多样的科普活动，成为游客到南京新的"网红打卡地"，也成为南京新的城市名片。人们通过这种活动了解了动物的生活习性，理解了生物多样性保护的价值和意义。再比如，我们可以通过实际行动成为城市生物多样性的守护者，大家知道上海一些社区出现了一种动物叫"貉"，当地居民刚开始对这种动物不了解，产生了一些抵触情绪。有关团队共同发起"城市里的公民科学家"项目，让社区居民共同参与城市野生动物的调查研究。通过对这种动物的观察和科普宣传，

9
月

当地居民进一步了解它们的习性，减轻了对这一动物的恐惧，实现与貉的和平相处。

类似这样的例子还有很多，结合 COP15 的召开，各地开展了形式多样的宣传和科普活动，为有意愿参与生物多样性保护活动的公众提供更广泛的平台。无论是亲身参与生物多样性保护项目，还是与家人、朋友分享生物多样性小知识，都是在为生物多样性保护做贡献，贡献不分大小，凝聚的都是力量。

感谢各位！

刘友宾：今天的发布会到此结束。谢谢大家！

生物多样性方面的背景材料已在 1 月例行发布会背景材料中介绍，此处不再赘述。

10 月例行新闻发布会实录

——聚焦秋冬季大气污染防治

2021 年 10 月 29 日

　　10 月 29 日，生态环境部举行 10 月例行新闻发布会。大气环境司副司长、一级巡视员吴险峰，生态环境监测司一级巡视员刘舒生，生态环境执法局督察专员李天威介绍秋冬季大气污染防治相关工作情况，生态环境部新闻发言人刘友宾主持发布会，通报近期生态环境保护相关重点工作进展，并共同回答记者提问。

10月例行新闻发布会现场（1）

10月例行新闻发布会现场（2）

刘友宾：新闻界的朋友们，大家上午好，欢迎大家参加生态环境部 10 月例行新闻发布会。

近年来，我国大气污染防治取得积极成效，环境空气质量持续改善，人民群众的蓝天获得感明显增强，但大气污染防治工作依然任重道远，特别是进入秋冬季，重点地区的环境空气质量改善效果还不稳固，我们不能有任何的松懈和麻痹大意。

2017 年以来，为做好重点地区秋冬季大气污染防治工作，生态环境部联合有关部门和地方共同开展了秋冬季大气污染综合治理攻坚行动，取得明显成效，有效改善了重点地区大气环境质量，保障了人民群众的环境权益。

今年秋冬季，我们将继续组织开展重点区域秋冬季大气污染综合治理攻坚行动，今天的新闻发布会我们邀请到大气环境司副司长、一级巡视员吴险峰先生，生态环境监测司一级巡视员刘舒生先生，生态环境执法局督察专员李天威先生，向大家介绍今年秋冬季大气污染综合治理攻坚行动有关情况，并回答朋友们关心的问题。

下面，我先通报近期的生态环境部五项重点工作。

一、COP15 第一阶段会议圆满结束

10 月 11—15 日，广受关注的 COP15 第一阶段会议顺利召开。中华人民共和国国家主席习近平以视频方式出席领导人峰会并做主旨讲话，提出构建人与自然和谐共生、经济与环境协同共进、世界各国共同发展的地球家园的美好愿景，并就开启人类高质量发展新

征程提出四点主张，郑重宣布包括出资 15 亿元人民币成立昆明生物多样性基金，正式设立第一批国家公园，出台碳达峰、碳中和"1+N"政策体系等一系列务实、有力度的举措，为全球生物多样性治理贡献了中国智慧，分享了中国方案，提出了中国行动。

生态环境部部长黄润秋担任大会主席。五天时间里，在《公约》秘书处、中国政府和各缔约方的共同努力下，COP15 第一阶段会议计划的所有任务均已圆满完成，达到了凝聚共识、提振信心、高层引领的目的，为推动达成既雄心勃勃又务实平衡的"框架"奠定了坚实的基础。

COP15 是联合国首次以"生态文明"为主题召开的全球性会议。来自《公约》秘书处、150 多个缔约方、30 多个国际机构和组织，以及各方面代表共计 5 000 余人线上、线下参加大会。我们举行了COP15 高级别会议，九位缔约方国家元首和联合国秘书长出席领导人峰会，100 多位部长级代表参加部长级会议，我们还举办了生态文明论坛。其中，高级别会议通过了《昆明宣言》，体现了各国采取行动扭转当前生物多样性丧失的趋势，并确保最迟在 2030 年使生物多样性走向恢复之路的决心和意愿。生态文明论坛还发出了"共建全球生态文明，保护全球生物多样性"的倡议。

未来，中国作为主席国和东道国将与国际社会一道推动大会的各项进程。

一是积极参与明年 1 月在瑞士举办的两个附属机构会议和"框架"工作组会议的线下复会讨论，并最大限度地推动会议取得积极进展。

二是持续与有关各方开展双边、多边磋商，努力扩大共识，推动最终达成兼具雄心和务实的"框架"。

三是当好东道主，认真履行东道国义务，确保第二阶段会议成功召开。

最后，我还特别想强调，COP15第一阶段会议的召开，得到新闻界朋友们的大力支持，800多名中外记者参加了会议报道，向国际社会传递了保护生物多样性的最强音，展示了中国生物多样性保护的成效，极大地提升了公众的生物多样性保护意识。在此，谨向媒体朋友们表示衷心感谢！并衷心希望我们共同努力，继续做好COP15第二阶段会议和生物多样性保护的新闻传播，携手构建人与自然和谐共生的地球家园。

二、中办、国办印发《关于进一步加强生物多样性保护的意见》

2021年10月19日，中办、国办印发《关于进一步加强生物多样性保护的意见》（以下简称《意见》）。《意见》发布是深入贯彻习近平总书记在2020年联合国生物多样性峰会的重要讲话精神，落实党中央、国务院关于生物多样性保护工作决策部署的重要举措。

《意见》提出了生物多样性保护的总体目标，到2035年，生物多样性保护政策、法规、制度、标准和监测体系全面完善，全国森林、草原、荒漠、河湖、湿地、海洋等自然生态系统状况实现根本好转，森林覆盖率达到26%，草原综合植被盖度达到60%，湿地保护率提高到60%左右，以国家公园为主体的自然保护地占陆域国土面积的

18% 以上。

《意见》进一步明确了生物多样性保护的八项重点任务。一是加快完善生物多样性保护政策法规。二是持续优化生物多样性保护空间格局。三是构建完备的生物多样性保护监测体系。四是着力提升生物安全管理水平。五是创新生物多样性可持续利用机制。六是加大执法和监督检查力度。七是深化国际合作与交流。八是全面推动生物多样性保护公众参与。

下一步，我们将充分发挥中国生物多样性保护国家委员会的领导作用，重点开展以下四个方面工作：一是认真学习领会习近平总书记的重要讲话精神和《意见》的总体部署，准确把握《意见》的目标要求，高标准、高质量推进生物多样性保护工作。二是尽快研究制定落实《意见》的任务分工方案，与相关部门共同推进生物多样性保护工作的合力。三是组织更新中国生物多样性保护战略与行动计划，制定并实施生物多样性保护重大工程十年规划，统筹推进《生物多样性公约》履约进程。四是加强对地方的指导监督，将生物多样性保护目标任务落实情况纳入中央生态环境保护督察和"绿盾"自然保护地强化监督，推动责任落实。

三、中国政府向《联合国气候变化框架公约》秘书处提交《中国落实国家自主贡献成效和新目标新举措》和《中国本世纪中叶长期温室气体低排放发展战略》

10 月 28 日，中国《联合国气候变化框架公约》国家联络人向《联

合国气候变化框架公约》秘书处正式提交《中国落实国家自主贡献成效和新目标新举措》（以下简称《自主贡献》）和《中国本世纪中叶长期温室气体低排放发展战略》（以下简称《长期战略》）。这是中国履行《巴黎协定》的具体举措，体现了中国推动绿色低碳发展、积极应对全球气候变化的决心和努力。

《自主贡献》总结了 2015 年以来中国落实国家自主贡献的显著成效，全面展示了中国为应对气候变化做出的巨大努力和贡献。

《自主贡献》提出了新的国家自主贡献目标：CO_2 排放力争于 2030 年前达到峰值，努力争取于 2060 年前实现碳中和。到 2030 年，中国单位 GDP CO_2 排放将比 2005 年下降 65% 以上，非化石能源占一次能源消费比重将达到 25% 左右，森林蓄积量将比 2005 年增加 60 亿 m^3，风电、太阳能发电总装机容量将达到 12 亿 kW 以上。《自主贡献》从统筹有序推进碳达峰、碳中和，主动适应气候变化，强化支撑保障等方面阐述了落实新的国家自主贡献目标的重要政策措施和重点任务，体现了中国落实国家自主贡献的坚定决心。同时，还向国际社会阐述了中国对全球气候治理的基本立场、所做贡献和进一步推动应对气候变化国际合作的考虑，积极推动构建公平合理、合作共赢的全球气候治理体系。

《长期战略》提出了我国推动长期温室气体低排放发展的基本方针，强调坚持系统观念，处理好发展和减排、整体和局部、短期和中长期的关系，统筹稳增长和调结构，把碳达峰、碳中和纳入经济社会发展全局，加快形成节约资源和保护环境的产业结构、生产方式、生活方式、空间格局，坚定不移走生态优先、绿色低碳的高质量发展道路，确保如期实现碳达峰、碳中和。

《长期战略》明确了经济体系、能源体系、工业体系、城乡建设、综合交通运输体系、非二氧化碳温室气体等领域的战略愿景、重点导向和实现路径，持续推动气候治理体系和治理能力现代化，明确了长期推进绿色低碳发展的方向。《长期战略》还提出了坚持公平合理、坚持合作共赢、坚持尊重科学、坚持信守承诺的全球气候治理理念与主张，对国际社会携手应对气候变化发出倡议。

四、持续开展消耗臭氧层物质（ODS）专项执法行动

2020 年，生态环境部继 2018 年、2019 年之后，继续在全国范围内开展了 ODS 专项执法行动，组织各地对重点行业的 2 514 家涉 ODS 企业开展排查，发现其中 21 家存在应备案未备案、未按规定保存生产经营活动原始资料等问题，地方生态环境部门已督促企业完成了整改工作。同时，我们根据举报线索查处了位于河南省鹤壁市、焦作市、许昌市和江西省九江市的 4 家非法生产 ODS 企业，4 家企业涉及一氯二氟甲烷（HCFC-22）和二氯一氟乙烷（HCFC-141b）两种受控物质，现场查获非法生产的 ODS 共计 63.4 t。目前已按照《消耗臭氧层物质管理条例》有关规定对用于非法生产的设施、设备予以拆除，查获的 ODS 均已进行无害化处置，涉事企业分别被处以 100 万元罚款。

今年，生态环境部继续组织全国集中开展 ODS 执法检查行动，

持续保持打击履约过程中各类非法行为的高压态势，同国际社会一道密切合作，维护和巩固履约成果，确保议定书确定的履约目标如期实现。

五、我国将正式开始实施氢氟碳化物（HFCs）进出口许可证制度

《基加利修正案》已于 2021 年 9 月 15 日对我国生效（暂不适用于中国香港特别行政区）。根据修正案要求，经商商务部、海关总署，自 2021 年 11 月 1 日起，我国将正式开始对 HFCs 进出口贸易实行进出口许可证制度。从事 HFCs 进出口业务的企业，应按照《消耗臭氧层物质进出口管理办法》的规定提出申请，经国家消耗臭氧层物质进出口管理办公室批准后，向商务部或受商务部委托的发证机构申领进出口许可证，凭进出口许可证办理通关手续，并遵守相关法律法规。

为实施 HFCs 进出口许可证制度，生态环境部已会同商务部、海关总署开展了一系列准备工作。一是修订并发布《中国进出口受控消耗臭氧层物质名录》（以下简称《名录》），将 HFCs 纳入《名录》管控，为实施进出口许可证制度提供法律依据。二是对《蒙特利尔议定书》受控物质进出口无纸化管理系统进行增容建设，增加开展 HFCs 进出口审批功能。三是 2021 年 8—10 月对国内 HFCs 进出口企业开展摸底调查，为顺利实施 HFCs 进出口许可证制度奠定基础。四是对 HFCs 进出口企业进行培训，就实施 HFCs 进出口许可管理的

政策依据、管理办法、时间安排、审批系统使用等内容进行了详细说明，使进出口企业能够充分了解政策、熟悉审批流程。

刘友宾：下面，请吴险峰先生介绍情况。

生态环境部大气环境司副司长、一级巡视员吴险峰

今年污染防治攻坚主要包括坚决遏制"两高"项目盲目发展等 10 项重点任务措施

吴险峰：新闻界的各位朋友，大家上午好！

首先，我代表生态环境部大气环境司，对大家长期以来对大气污染防治工作的关心和支持表示衷心感谢！近日，生态环境部等十部委和相关七省（市）人民政府联合印发《2021—2022 年秋冬季大

气污染综合治理攻坚方案》（以下简称《攻坚方案》）。借此机会，我就有关情况向大家做简要介绍。

2021年是"十四五"开局之年，今年以来，我们按照深入打好污染防治攻坚战要求，系统谋划"十四五"大气治理工作，起草编制空气质量改善行动计划；稳步推进北方地区清洁取暖、VOCs综合治理、钢铁行业超低排放改造、柴油货车污染治理等重点工程，强化联防联控，积极有效应对重污染天气，大气污染治理工作成效显著，空气质量持续改善。1—9月，全国$PM_{2.5}$平均浓度为28 $\mu g/m^3$，同比下降6.7%，与2019年同期相比下降17.6%；O_3平均浓度为142 $\mu g/m^3$，同比持平，与2019年同期相比下降6.6%；1—9月，北京市$PM_{2.5}$平均浓度为33 $\mu g/m^3$，同比下降5.7%，与2019年同期相比下降21.4%，改善明显。

2017年以来，通过实施秋冬季大气攻坚行动，重点区域空气质量持续改善，2020年秋冬季，京津冀及周边地区、汾渭平原$PM_{2.5}$浓度比2016年同期分别下降37.5%、35.1%，重污染天数分别下降70%、65%，长三角地区已经基本消除重污染天气。但空气质量改善成果还不稳固，京津冀及周边、汾渭平原等区域秋冬季重污染天气仍然高发、频发。为落实《中华人民共和国国民经济和社会发展第十四个五年规划和2035年远景目标纲要》提出的"基本消除重污染天气"有关要求，持续做好秋冬季大气污染防治工作，我们制定了今年的《攻坚方案》。

今年攻坚的总体考虑是以减少重污染天气和降低$PM_{2.5}$浓度为

主要目标，在继承过去行之有效的工作基础上，坚持方向不变、力度不减；坚持精准治污、科学治污、依法治污，对攻坚范围、攻坚措施进一步优化调整；坚持标本兼治，推动产业结构、能源结构、运输结构调整等治本之策的同时，强化区域联防联控，积极应对重污染天气；坚持巩固成果、稳中求进，科学合理设置相关城市秋冬季 $PM_{2.5}$ 平均浓度和重污染天数目标；坚持问题导向，强化考核问责，切实压实工作责任；坚持统筹兼顾，在大气治理攻坚的同时统筹社会经济平稳运行和民生保障，突出做好煤、电等能源保供和保障温暖过冬相关工作。

具体措施方面，今年攻坚主要有 10 项重点任务措施，包括坚决遏制"两高"项目盲目发展、落实钢铁行业去产量相关要求、积极稳妥实施散煤治理、深入开展锅炉和炉窑综合整治、扎实推进 VOCs 治理突出问题排查整治、加快推进柴油货车污染治理、推进大宗货物"公转铁""公转水"，强化秸秆禁烧管控、加强扬尘综合管控、有效应对重污染天气。为确保攻坚各项措施落实到位，我们还提出了加强组织领导、加大政策支持、完善监测监控体系、加强监督帮扶、强化考核督察等保障措施。

基本情况就介绍到这里。

刘友宾：谢谢吴险峰先生，下面请刘舒生先生介绍情况。

生态环境部生态环境监测司一级巡视员刘舒生

秋冬季 $PM_{2.5}$ 和 O_3 的协同监测，突出全面覆盖、突出重点区域、突出源头治理

刘舒生：谢谢主持人。新闻界的各位朋友们，大家上午好，衷心感谢大家长期以来对监测工作的关心和支持，借此机会我想围绕秋冬季的大气污染防治工作，就环境空气质量监测的有关情况给大家做一个简要介绍。关于环境空气质量的状况刚才吴险峰司长已经介绍了，今年 1 月 1—10 月 26 日，全国 $PM_{2.5}$ 平均浓度为 28 $\mu g/m^3$，同比下降 6.7%，优良天数比例为 87.6%，同比下降 0.1 个百分点。

刚才吴险峰司长也讲了秋冬季是我国大气污染防治的关键时期，我们将深入贯彻党中央、国务院有关决策部署，围绕服务"精准治污、科学治污、依法治污"，不断完善环境监测体系，确保环境监测数据的真实、准确、全面，守好生态环境监测和建设美丽中国的"数据生命线"。

关于秋冬季环境质量监测工作，我想以"三个加强"来给大家做简要介绍。

一是加强全国环境空气质量监测工作。从今年开始，生态环境部按照"十四五"期间 1 734 个国控站点，开展全国 339 个地级及以上城市的空气质量监测评价、排名和考核工作，实时发布所有国控站点的 6 项指标监测数据。每月在生态环境部的官网和"两微"（新浪微博和微信公众号）平台上，发布全国及重点区域环境空气质量状况，另外还发布 168 个重点城市的空气质量状况和改善情况排名。

二是加强秋冬季 $PM_{2.5}$ 和 O_3 的协同监测。进一步完善 $PM_{2.5}$ 和 O_3 协同监测网络，具体体现在"三个突出"。突出全面覆盖，在全国所有地级及以上城市人口密集区域，至少建设一个自动监测站点，开展非甲烷总烃监测，全面掌握 VOCs 的总体浓度及分布状况。突出重点区域，实施差异化监测。在京津冀及周边地区、汾渭平原及其他 $PM_{2.5}$ 浓度超标的城市，以 $PM_{2.5}$ 组分监测为主；在 O_3 超标城市以及其他 VOCs 排放量比较大的城市，以 VOCs 组分监测为主。突出源头治理，加强专项监测。在 VOCs 排放量较大的企业和工业园区周边开展 VOCs 组分监测，在公路、港口、机场以及铁路货场附近，建设交通污染监测点，开展 NO_x 监测。

三是加强数据质量的监督管理工作。对所有国控站点开展全覆盖质量监督检查，对京津冀及周边、汾渭平原、长三角、长江中下游城市群等地区国控站点加密监督检查频次，每季度检查一次。在质量管理方面，针对颗粒物监测的关键质控设备，如流量计、便携式监测仪等开展量质溯源与传递，按照生态环境部 O_3 的最高计量标准开展 O_3 量质溯源与传递。针对其他气态污染物（如 SO_2、NO_2、CO）开展标气测试，确保监测数据的准确性和可比性。在监督检查方面，今年 7 月至今，我们已经组织开展近 2 000 站次的运维规范性和数据准确度检查。今年年底前，我们计划再组织 1 500 站次检查。此外，我们还重点针对京津冀及周边地区的国控点位开展颗粒物比对监测，确保国控点位运行稳定、数据真实可靠。

以上是有关情况的介绍，谢谢。

刘友宾：下面请李天威先生介绍情况。

生态环境部生态环境执法局督察专员李天威

今年秋冬季锚定基本消除重污染天气的目标，继续组织开展监督帮扶工作

李天威：各位上午好，今天看到了好几位新闻界的老朋友，也很高兴认识新朋友，感谢大家长期以来对生态环境监督执法工作的大力支持。

为贯彻落实党中央、国务院关于打赢蓝天保卫战的决策部署，按照部党组的统一安排，我部自 2017 年开始，统筹全系统生态环境执法队伍和骨干力量，在重点区域创造性组织实施了大气监督帮扶工作。通过开展 40 多个重点专项任务排查，我们共帮助地方发现了 28.4 万个问题，全面摸清了重点区域大气污染环境问题，查明了政策法规标准制定"最前一公里"和任务措施落地"最后一公里"的差距和症结，推动解决了一大批涉气环境问题，有力推动了《大气十条》《行动计划》的实施，全力保障了"十三五"污染防治攻坚战目标的圆满完成。

进入"十四五"时期以来，为统筹推进生态环境高水平保护和经济高质量发展，进一步优化营商环境，深化生态环境领域"放管服"改革，坚持精准治污、科学治污、依法治污，生态环境部对监督帮扶机制进行了优化调整。今年夏天，将这套新机制运用到夏季 O_3 污染防治监督帮扶工作中，聚焦京津冀及周边、汾渭平原等重点区域城市，对钢铁、焦化、石化、化工、建材等重点行业深挖细查，发现了一大批旁路偷排、超标排放、未安装或不正常运行治污设施、

自动监测不正常运行和弄虚作假等突出问题，交办各类涉气环境问题 1 万多个，实现了新机制的预期目标。今年夏季监督帮扶期间，工作人员与去年同期相比减少至 1/3，工作时长缩短至去年的 1/2，但突出问题发现比例增长为去年的 4 倍，有效实现了人员减少、频次降低、时间缩短、效能提升。对于监督帮扶发现的突出问题，实施"曝光一批、打击一批、整改一批、约谈一批"，推动地方立案 596 起，责令改正企业 1 161 家。对问题突出、整改滞后的省份，组织当面通报和交办，逐级压实地方责任。

总体来看，夏季监督帮扶取得了良好成效，5—9 月监督帮扶城市 $PM_{2.5}$ 平均浓度同比下降 17.2%，全国 337 个城市同比下降 5%；监督帮扶城市 O_3 平均浓度同比下降 2.7%，全国同比上升 0.7%。

今年秋冬季，生态环境部将继续坚持方向不变、力度不减，锚定空气质量改善的目标，特别是"基本消除重污染天气"的目标，在重点区域继续组织开展监督帮扶工作，推动"十四五"重点区域大气污染防治开好局、起好步，具体做法有四点：

一是统筹衔接两项任务。一项任务是推动秋冬季大气污染治理攻坚任务落地见效；另一项任务是根据重污染天气预报预警情况，及时开展应急减排措施落实情况排查，推动秋冬季重污染天气"削峰降频"。

二是协同调动两支队伍。综合考虑不同时段的任务类型、难度、内容和工作量，组织专业组和常规组两支队伍，打好专项监督和常态帮扶组合拳。专业组重在发现重点行业突出问题；常规组在开展问题核查、保持常态化监督压力的同时，主要帮助基层和企业送政策、送技术、送服务。

三是综合运用两种方式。从生态环境部层面，组织全国生态环境执法队伍直接开展现场排查。同时，我们在做另外一件事，就是深化"千里眼"大气环境远程监管应用，解析$PM_{2.5}$和O_3浓度高值区，识别秸秆焚烧火点和扬尘源等点位，将这些报警信息推送给地方，由地方生态环境部门组织核查，发挥地方积极性，落实属地监管责任。

四是充分发挥两个优势。第一个优势是生态环境执法队伍的专业优势。通过进一步优化监督帮扶组织、人员选派等机制，调动监督帮扶专业队伍的积极性，激发战斗力；另一个优势是发挥科技手段作用，为监督帮扶工作组配齐、配强便携式监测仪器，推动地方深化新技术装备应用，提高监督帮扶效率。

刘友宾：刚才三位司长介绍了今年秋冬季攻坚有关情况，下面请记者朋友们提问。

今年秋冬季污染防治在范围上更加聚焦，在措施方面更加突出精准施策

中央广播电视总台央视记者：关于今年秋冬季大气污染防治，跟以往秋冬季大气污染防治相比有什么特殊的侧重点？另外，在今年秋冬季大气污染防治过程中，我们将怎样避免"一刀切"现象的存在？谢谢。

吴险峰：《攻坚方案》今天正式印发，这两天就会在生态环境部官网公开，最终稿大家现在还没有看到，但是我们在网上征求意见阶段已经全文向社会公开，我想很多记者朋友已经都关注到了。

今年攻坚总体的思路是在延续往年行之有效的工作基础上，保持方向不变、力度不减，还是聚焦人民群众反映比较强烈的重污染天气；在措施上还是要坚持标本兼治，在继续抓好清洁取暖、锅炉整治和机动车污染防治以及重污染天气应对这些常规措施的基础上，根据党中央、国务院新的决策部署，以及大气污染治理过程中面临的新问题，做出一些针对性的调整，更加突出精准治污、科学治污和依法治污，坚决反对"一刀切"。具体如下。

在范围上更加聚焦。往年的攻坚范围是京津冀及周边地区、汾渭平原和长三角地区，一共80个地级及以上城市，今年聚焦到59个城市，与原来80个城市相比有进有出，总体上长三角区域41个城市重污染天气已经基本消除，除了保留苏北、皖北7个城市参照执行以外，其他城市不再纳入攻坚范围。我们在京津冀及周边地区、汾渭平原39个城市的基础上，增加河北北部3个城市、山西北部3个城市、山东东南部6个城市以及河南南部8个城市，一共增加20个城市，这也是根据大气污染新的特点、城市秋冬季污染特征和区域传输规律进行科学论证基础上做出的调整。

在措施方面，我们更加突出精准施策，旗帜鲜明地提出反对"一刀切"。今年，我们给59个城市都下了两个秋冬季空气质量控制目标，一个是$PM_{2.5}$控制浓度，一个是重污染天数，我们明确要求地方必须坚决防止为了完成目标任务采取先停再说、一律关停等敷衍应对、临时性措施。遇到重污染天气时，我们要求地方依法按照已经制定的重污染天气应急预案来启动预警，该什么级别就启动什么级别；继续实施重点行业绩效分级、差异化减排，而不是大范围地搞停产，尽可能减少对企业正常生产的干扰。今年首次提出对京津冀及周边地区钢铁行业实施错峰生产，我们与工业和信息化部提前做了周密部署，相关文件已经印发，将分为两个阶段执行，我们提出要引进"赛马机制"，环保绩效好的企业可以不错峰或者自主减排，绩效差要多错峰，不允许地方不分环保绩效水平，所有企业都搞平均主义。另外，我们针对今年"两高"问题、能源保供新形势，在《攻坚方案》中提出要坚决遏制"两高"项目盲目发展，确保能源保供和群众温暖过冬，在这些方面都做了专门的部署。谢谢。

对"两高"项目实行清单管理、分类处置、动态监控

《南方周末》记者：今年在《攻坚方案》中新增坚决遏制"两高"项目盲目发展，请问将如何开展这项工作？谢谢。

吴险峰：谢谢记者朋友对这个问题的关注，可能你们也注意到，我们今年《攻坚方案》里面有十项任务，第一项任务就是坚决遏制"两高"项目盲目发展。我们将"两高"项目作为第一项任务进行部署，充分体现了这项工作的重要性。

自"十四五"时期以来，部分地区上马高耗能、高排放项目的冲动比较强烈，影响了碳达峰、碳中和目标的实现和区域空气质量的持续改善。习近平总书记多次强调，要把实现减污降碳协同增效作为促进经济社会发展全面绿色转型的总抓手，要加快推动产业结构、能源结构、交通运输结构和用地结构的调整，坚决遏制"两高"项目盲目发展，不符合要求的"两高"项目要坚决拿下来。

为此，今年5月，生态环境部印发了《关于加强高耗能、高排放建设项目生态环境源头防控的指导意见》。这次《攻坚方案》对落实这个文件和这项工作又做了专门的部署，更加突出源头防控。《攻坚方案》要求各地要深入贯彻落实党中央、国务院的决策部署，全面梳理排查拟建、在建和存量"两高"项目，对"两高"项目实行清单管理、分类处置、动态监控，特别是要严格落实能耗双控、产能置换、污染物区域削减、煤炭减量替代这几项要求，对不符合要求的坚决整改。同时，对标、对表国内外产品的能耗和环保的先进水平，对达不到要求的"两高"项目进行升级改造。另外，依法严厉打击违规、违法上马的"两高"企业无证排污、不按证排污等各类违法行为。

总体上就是做了这些部署，谢谢。

优化环境执法方式，提高执法效能

海报新闻记者：近年来在涉及大气生态环境的执法中，生态环境部门采取了哪些优化执法方式，取得了什么样的成效？谢谢。

李天威： 感谢您的提问。优化环境执法方式、提高执法效能，是环境治理体系和治理能力现代化的重要内容，是坚持精准治污、科学治污、依法治污的重要举措，也是优化营商环境、深化"放管服"改革的根本要求。对于生态环境执法工作来说，这也是一个永恒的主题。

今年年初，我们相继印发了《关于优化生态环境保护执法方式提高执法效能的指导意见》《关于加强生态环境保护综合行政执法队伍建设的实施意见》，这两个意见都是 18 条，我们称为"两个 18 条"，就是要不断落实执法责任、优化执法方式、完善执法机制、规范执法行为，也为今后一段时间全国生态环境执法工作明确了思路、方向和措施。具体到大气环境监督执法来说，主要有以下四个方面。

第一，在完善执法监管制度方面，我们坚持将"双随机、一公开"作为大气监督执法的基本手段和方式。目前，全国各地建立污染源动态监管数据库 2 185 个，涵盖了各级、各地、各类重点污染源 150.86 万家。我们先建数据库，从数据库里按照"双随机、一公开"来选取执法对象进行现场执法。同时，指导地方完善自由裁量权，对轻微违法审慎包容，对企业的"无心之过"给予容错改正的机会，加大帮扶指导力度，引导企业自觉守法。

第二，在综合运用执法手段方面，一方面推进监督执法正面清单制度，科学合理配置执法资源。现在全国生态环境执法队伍 7 万多人，但是相对于大量的监管任务和污染源来说，力量还是比较薄弱的。我们必须把"好钢用在刀刃上",对于监督执法正面清单的企业无事不扰、有事帮扶,差异化分类监管。截至今年6月,全国各地已经将8.3万家企业纳入监督执法正面清单,主要通过非现场执法手段实施监管。同时,我们还建立健全了举报奖励制度,提升全社会发现问题的能力。仅靠生态环境部门和执法队伍找问题是远远不够的。2020年,全国实施有奖举报案件共有13 870件,同比增长了44%,有奖举报奖励金额共719万元,按照可比口径计算同比增加100%。

第三,在创新科技执法方面,从国家层面,主要是深化"千里眼"大气环境监管。"千里眼"通过利用卫星遥感、地面微站、大数据等综合手段,将重点区域39个城市42.8万 km^2 区域划分为6万个 $3km \times 3km$ 网格,从中筛选出5 000个 $PM_{2.5}$ 浓度较高的热点网格进行"千米级"监控,进一步精准识别出1 000个 $500m \times 500m$ 的小网格实施"百米级"监管。2018年以来,累计向京津冀及周边地区、汾渭平原39个城市生态环境部门推送环境异常信息6.5万条,指导地方生态环境部门排查企业7.5万家,发现各类涉气环境问题5.1万个。地方层面,指导各级生态环境部门加强非现场监管,加大新技术手段应用,在重点污染源自动监测体系的基础上,融合视频监控、用电用能监控等物联网手段,加强大数据分析,增强预警、预报能力,提升智慧化监督执法的水平。

第四,严格生态环境执法方面,2016—2020年,全国共查办涉气环境违法案件19.33万件,罚款总计140.51亿元。五年来,涉气行政处罚案件数和罚款金额占全部行政处罚案件和罚款金额比例逐年提高，其中，涉气行政处罚案件数占全部行政处罚案件数的比例从 2016 年的 11.7% 提升到 2020 年的 36.5%，涉气罚款金额占全部罚款金额的比例从 22.9% 提升到 30.0%，特别是查封扣押、限产停产、行政拘留、涉嫌犯罪等突出案件数量大幅增加，涉气生态环境执法能力和水平显著提高。

下一步，我们将主动自觉地把生态环境执法工作放到生态环境保护大局和经济社会发展全局中去考量，一方面保持严的主基调，不动摇、不松劲、不开口子；另一方面大力优化执法方式，切实提高执法效能，为深入打好污染防治攻坚战做出新的贡献。

重点区域能够实现未来 7 ～ 10 天的空气质量预报

《中国环境报》记者：请问当前空气质量监测能预测多长时间的空气质量状况，如何提高监测和预报的精准度？谢谢。

刘舒生：谢谢这位记者提问。应该说经过多年的努力，空气质量的预报系统在国家层面来说已经比较成熟了，经专家鉴定评价，我国的空气质量预报能力已经达到了国际先进水平，刚才记者问可以预报多长时间，下面我简要介绍下相关情况。

我们已经能够实现省级和 339 个地级及以上城市未来 7 天的逐日空气质量预报，重点区域能够实现未来 7 ～ 10 天的空气质量预报。我们还能够对全国及重点区域未来 15 天的空气质量进行趋势预报。

具体来说，在国家层面，每日发布未来 5 天全国空气质量形势预报，每半月开展一次全国预报会商，发布未来 15 天空气质量形势预报；在区域层面，每日发布六大区域（京津冀及周边、东北、华东、华南、西北和西南）及四个重点区域（长三角、珠三角、汾渭平原、苏皖鲁豫）未来 7 ~ 10 天空气质量形势变化和各分区逐日空气质量级别预报结果；在省级层面，每日发布 3 ~ 7 天省域空气质量形势变化和逐日空气质量级别预报结果；在城市层面，在手机 App 上每日发布未来 7 天的空气质量指数（AQI）范围、空气质量级别和首要污染物预报结果。

从预测、预报结果来看，客观地讲，目前，中长期空气质量预报还存在较大的不确定性，主要原因有两个方面：一方面，由于气象动力场和污染源排放清单等基础资料存在较大的不确定性，这是主要的原因；另一方面，污染物的生成、积累和转化过程比较复杂，时间和空间差异性也比较大。

为了不断提高预报的精准度，我们重点开展了以下三个方面的工作：

第一，加强预报系统的建设。国家层面已建成了全国空气质量预报的综合业务系统，区域、省级、市级层面也相应建立了空气质量预报系统。

第二，完善预测、预报的管理。一是不断完善预报技术规范体系，对各级预报员开展业务培训，提升预测、预报能力。二是规范预测、预报流程，综合分析系统生成的预报结果、污染物排放和气象条件等因素，研判空气质量变化趋势，组织部门会商与多级审核，确保预报结果客观准确。

第三，强化区域重污染过程预报。在遇到重污染过程时，组织中国环境监测总站、卫星环境应用中心、相关区域、省（市）以及气象部门开展联合预报会商，共同研判区域重污染过程，力争做到精准预报、科学预报。

另外，在大家可能都关心的沙尘天气预报方面，生态环境部建立了沙尘天气预报快速响应机制。当卫星观测到沙源地起沙或传输通道如内蒙古等地区的国控站点和地方监测站点 PM_{10} 浓度急剧上升时，我们立即组织开展加密会商，研判沙尘天气发展趋势和影响范围，及时向公众发布信息。

此外，刚才李天威局长也讲了，近年来，我们一直在推动空气监测站点的数据联网。截至 9 月底，1 734 个国控站点、3 282 个区（县）站点实现了数据联网共享，基本上覆盖了全国所有的区（县）。此外，我们也在推进乡镇站点的数据联网。京津冀及周边地区 3 449 个乡镇站完成了与国家的数据联网。通过数据联网和共享，进一步完善空气质量预测、预报工作，提升预测、预报的精准度，谢谢。

推动清洁取暖工作，确保老百姓温暖过冬

每日经济新闻记者：今年以来天然气、煤炭价格上涨，面临采暖成本上升的情况，请问当前清洁取暖工作进展如何，在防止散煤复烧方面，生态环境部做了哪些工作？如何在禁烧散煤的情况下保

证群众温暖过冬？谢谢。

吴险峰：感谢这位记者对清洁取暖这个重大民生问题的关心。推进北方地区清洁取暖确实是一项重大的民生工程、民心工程，同时也是打赢蓝天保卫战重大的政策措施。2016 年以来，我们会同有关部门指导地方因地制宜，坚持宜气则气、宜电则电、宜煤则煤，有效推进清洁取暖改造。截至 2020 年年底，京津冀及周边地区、汾渭平原完成了 2 500 万户左右的清洁取暖改造，今年还将完成 348 万户左右。经过这几年的努力，大概有 2 800 多万户的农村居民告别了长期以来烟熏火燎的时代，农村的人居环境得到了极大的改善，生活品质得到了很大的提升。与此同时，清洁取暖对我们的区域环境空气质量改善也起到了积极的作用。根据我们测算，清洁取暖对空气质量改善贡献比例在三成左右，所以说这项工作的推进取得了环境效益和社会效益的双赢。

今年，能源保供面临新的形势，要确保人民群众温暖过冬，这是党中央、国务院提出的明确要求，在这种情况下，怎么样来推动清洁取暖工作继续前进，同时又要保证让老百姓不挨冻，是我们考虑的头等大事。因此，我们今年在《攻坚方案》里重点部署了这项工作，主要有以下四项措施。

第一，明确提出要坚持"先立后破，不立不破"。今年新改造还没有通气、通电的，已经改造完成还没有经过一个完整取暖季运行检验的，坚决不允许拆除原来的供暖设施，原来烧煤就烧煤，不允许拆除。对清洁取暖改造的地区，采用洁净煤取暖及"双保险"

模式进行兜底保障，确保温暖过冬。对一些山区和不具备改造条件的地区，可以通过烧清洁煤、秸秆以及其他生物质燃料取暖。

第二，在保证老百姓用得上的基础上，还要保证老百姓用得起、用得好。在今年能源保供新形势下，首先是要保民生，要确保清洁取暖已经改完的地区，用户的能源得到保障。在价格上，我们也会采取措施，也在文件里明确，保证居民"煤改气"天然气价格基本稳定，不会随着市场价格起伏产生大的波动。其次，要保证补贴到位，2021 年中央大气污染防治资金里专门安排了清洁取暖运行补贴，运行补贴已经全部发放到了地方；我们也和财政部一起在测算明年的运行补贴，很快也会将其发下去。同时，我们也要求地方制定一些差异化的补贴政策，重点向农村低收入群体、特困人员倾斜，中央财政的补贴作为一部分，地方各级财政还要制定补贴政策，要体现精准，确保特困人员和困难群众能够用得起。

第三，从今年 10 月 16 日开始，我们又派了监督帮扶组下到一线，重点任务就是对今年清洁取暖改造情况进行摸底排查，发现问题及时反馈地方，及时解决，保证群众温暖过冬。

第四，防治散煤复烧还延续往年一贯做法，今年《攻坚方案》里专门进行了部署，对全面改造完的地区，我们还是要求地方依法划定高污染燃料禁燃区；采用煤炭取暖的地区还要加强对煤炭质量的管理。我们通过以上这几项措施来保证推动老百姓既要清洁取暖，更要温暖过冬。

非现场监管和现场执法应并重协同，形成合力

路透社记者： 请问一下今年秋冬季污染防治跟往年相比在监督方面有什么不同？我们获悉一些省份已经要求污染企业，比如钢厂和火电厂，在每一个生产流程上都要有排放和面源的监测数据，而且数据要实时传输到当地的生态环境部门，并且能够用来监测企业在重污染天气期间的应急减排。请问一下这种措施是否有效，而且是否会在更多的行业和地区进行推广？谢谢。

李天威： 今年秋冬季，相同的是我们的决心，坚持方向不变、力度不减，说到不同，我想主要有以下三个方面。

一是在侧重上，聚焦重点行业突出问题。我们将派出专业化的监督帮扶队伍，专业人干专业事，聚焦钢铁、焦化、石化、化工、建材等重点行业，围绕自动监测、排污许可等重点领域，瞄准旁路偷排、超标排放、治污设施未安装或不正常运行、自动监测不正常运行或弄虚作假等突出问题，强化监督执法，对恶意环境违法行为严惩不贷。

二是在方式上，加大帮扶力度。加强监督执法正面清单管理，鼓励先进，激励后进。同时，规范自由裁量权，对环境违法行为轻微、及时纠正且未造成环境危害后果的，依法减免行政处罚。在监督帮扶中，组织常规组开展"有温度"的常态帮扶，为基层和企业送政策、送技术、送服务，充分发挥帮扶效能。

三是在手段上，拓展非现场监管方式应用。深化"千里眼"大气环境监管，将自动监测作为非现场监管的主要手段，推行视频监

控和环保设施用水、用电监控等物联网监管手段,积极利用卫星遥感、无人机、走航车、便携式仪器等科技监测手段,提高监督执法效能。

应该说,自动监测、用能监控等非现场监管方式,在监控企业污染物排放,特别是重污染天气期间动态掌握企业减排情况等方面,发挥了重要的补充和辅助作用。很多省份在这方面都做了有益探索,比如河北省近年来持续推进工业企业分表计电设施安装联网,截至目前,已经安装联网分表计电设施的企业有 3.6 万多家,山东、江苏等省在这方面也做了大量工作。

但是,非现场监管还不能完全代替现场监管。这几年,环境问题的隐蔽性越来越强,问题越来越难找,造假问题也越来越系统化、流程化,手段越来越高科技化。大家可能也知道,今年 3 月,生态环境部部长黄润秋到唐山开展重污染天气应急检查时,发现多家企业存在涉嫌未落实应急减排措施和自动监测造假问题。今年,生态环境部会同公安部、最高人民检察院联合开展打击自动监测造假专项行动,全国共发现查处自动监测违法案件 1 045 起,生态环境部公开曝光典型案例 13 个。因此,非现场监管和现场执法这两种方式应该并重、协同,形成合力。

下一步,我们将进一步加大对自动监测弄虚作假违法行为的打击力度,坚持执法必严、违法必究。同时,我们研究制定工况用电监控技术指南,指导地方和企业依法、规范安装工况用电监控设施,明确安装范围、安装内容和操作规程等,对守法者无事不扰、对违法者精准打击,切实减轻企业负担。

昆明生物多样性基金将坚持国际化运作

《南方都市报》记者：习近平主席在COP15领导人峰会上宣布成立昆明生物多样性基金，能否提供更多关于基金的细节，包括资金将如何分配？什么时候开始？

刘友宾：在COP15第一阶段领导人峰会上，中国国家主席习近平宣布中国将率先出资15亿元人民币，成立昆明生物多样性基金，支持发展中国家生物多样性保护事业，展现了中国作为负责任大国的形象和担当，提振了全球生物多样性保护的信心，在国际社会引起广泛关注。

该基金是由中方倡议发起的多边信托基金，将坚持国际化运作，借鉴现有的国际成熟经验，计划与国际机构合作管理。目前就未来基金的管理，我们已经与《公约》秘书处进行了初步沟通，并计划尽快组建和完善基金治理机制和治理团队，确保基金高效运作。

该基金的主要目的是支持发展中国家生物多样性保护事业，推动履行《生物多样性公约》和执行"框架"，包括但不限于支持发展中国家生物多样性相关战略规划的制定与修订、生物多样性相关能力建设提升、信息平台设立、推动信息交流、资金项目对接等。

我们希望基金在"框架"通过后能尽快开始运行。中方将率先出资，也非常欢迎其他国家和机构、组织共同出资，并参与基金治理架构和运作机制的设计和实施，提供有益的经验，帮助发展中国家开展生物多样性保护的有关工作，共同推动未来10年全球生物多样性保护的积极转变，为建设人与自然和谐共生的地球家园做出贡献。

今冬明春大气污染防控形势仍然较为严峻

红星新闻记者：今年秋冬季大气污染综合治理形势如何？与往年相比有哪些特征？今年春季我国北方地区出现了多次强沙尘天气，导致空气环境质量严重恶化，请问您对今冬明春天气质量情况有何预判？谢谢。

刘舒生：谢谢这位记者的提问。近年来，全国及重点区域秋冬季空气质量持续改善，2020 年秋冬季与 2017 年同期相比，全国 $PM_{2.5}$ 平均浓度下降 14%。其中，京津冀及周边地区、汾渭平原、长三角地区、苏皖鲁豫交界地区等重点区域 $PM_{2.5}$ 平均浓度降幅均在 15% 以上，重度及以上污染天数比例降幅均在 2.0 个百分点以上。根据历史监测数据，2017—2020 年，全国 90% 左右的 $PM_{2.5}$ 超标天数和重污染天数出现在秋冬季。由此可见，秋冬季仍然是污染管控的重点时段。

为研判今冬明春大气扩散条件以及可能带来的影响，生态环境部组织有关科研机构，逐月对秋冬季空气质量形势进行会商，形成了以下三个基本判断：

第一，在沙尘天气方面，亚洲北部沙源地区域今冬明春降水可能呈现偏少趋势，其生态状况整体偏差，预计今冬明春大概率仍有沙尘天气出现，发生频次可能多于历史平均水平，但出现强沙尘暴

天气的可能性相对较低。

第二，预计在冬季形成一次弱到中等强度的拉尼娜事件。根据气象部门预测，今年冬季气候可能相对偏冷，我国部分地区可能会受到更强或频繁的冷空气过程影响，相对有利于污染物的扩散。

第三，华北地区大气扩散条件总体偏差。目前，国际各主流气候预报机构的预测结果仍在不断调整，对于华北地区2022年2—3月大气扩散条件的整体判断是气温接近常年平均水平或略偏高，降水接近常年平均水平或略偏多，近地面相对湿度偏大，近地面风场较常年出现偏南风概率较高，不利于污染物扩散。

综合来看，与往年相比，今冬明春的大气扩散条件基本接近或略微偏差，大气污染防控形势仍然较为严峻。

下一步，我们将持续对秋冬季重污染过程以及可能的沙尘天气过程进行跟踪研判，及时发布预报信息和预警提示。谢谢！

第三轮大气污染防治行动计划将重点打好三个标志性战役

封面新闻记者：经过近几年的治理，我们国家空气质量状况有了明显好转，请问一下今年以及今后一段时期大气污染治理的重点和难点在哪些方面？谢谢。

吴险峰：近几年空气质量改善的效果还是比较好的，虽然有这样的效果，但我们面临的形势依然非常严峻，一点也不容乐观，主要表现为这三个难点。

第一，PM$_{2.5}$浓度仍然处在高位，我们距离世界卫生组织标准还有相当大的差距。这是我们面临的头等大事。第二，重污染天气还是会经常出现，特别是在秋冬季，在重点区域，重污染天气不仅影响大家的感官，而且更重要的是对老百姓身体健康有很大的影响。第三，一些地区特别是重点地区O$_3$浓度在夏季还有缓慢升高的趋势。我们还没有彻底解决PM$_{2.5}$问题，没有解决重污染天气问题，O$_3$问题现在又上来了。我想这是大气污染治理当前面临的三个比较突出的问题，这也充分反映了大气污染治理工作的复杂性、艰巨性和长期性，这也是我们为什么继续开展秋冬季攻坚的原因。

这些问题摆在面前，怎么办？我们现在正在按照党中央、国务院深入打好污染防治攻坚战的有关要求，编制第三轮大气污染防治行动计划。2013年的《大气十条》，2018年的《打赢蓝天保卫战三年行动计划》，现在是"十四五"第三轮的行动计划，将重点打好三个标志性的战役。

一是全力打好重污染天气歼灭战。切切实实解决老百姓的"心肺之患"。我们要力争通过几年的努力，把重污染天数的比例降到1%以内。主要的措施还是要坚持标本兼治，除了结构性的产业结构、能源结构、交通运输结构、用地结构等调整优化这些治本的措施，还包括治标的措施。我们结合空气质量预报，及时启动一些重污染应急联防、联控措施，坚定不移削减污染物排放。我们可控的措施就是减少排放，在气候条件不利的情况下，更多地减少排放，这样才能有效地消除重污染天气。

二是打好 O_3 污染防治攻坚战。O_3 大家非常清楚，形成的主要前体物是 NO_x、VOCs，所以"十四五"时期把这两项大气污染物排放作为约束性指标进行管控，下大力气减排这两项前体物。只要把 NO_x、VOCs 排放量减下来，O_3 污染才会得到很大的改善。

三是深入打好柴油货车污染治理攻坚战。为什么单独提柴油车？柴油车污染排放不仅影响 $PM_{2.5}$ 的形成，而且也影响 O_3 的形成，不仅在秋冬季，而且也在春夏季，可以说一年四季机动车的排放始终是影响空气质量的重要因素，特别是随着固定源管理制度的完善，机动车的管理还存在很多短板，这几年我们也在尽力补短板。我们想通过这次标志性的战役，围绕着车、油、路统筹打好柴油货车污染治理攻坚战。车方面要推广新能源车和电动车；油的管理也非常重要，劣质油会对机动车后处理装置造成致命的破坏，如果用了劣质油，正常机动车的环保装置基本上会很快被破坏掉，相当于直排，所以对劣质油的打击，我们重点会关注黑加油站、非标油，形成部门联动的机制。此外，我们会关注路的调整、交通运输结构的调整，把更多的大宗货物中长距离运输转向铁路、转向水路，还要转向新能源车、转向管廊等清洁运输方式。通过油、路、车统筹治理，深入打好柴油货车污染防治攻坚战，将排放量降下来。这是我们总体对未来一段时间的考虑，谢谢。

刘友宾：今天的发布会到此结束，谢谢各位媒体朋友。

10 月例行新闻发布会背景材料

党中央、国务院高度重视大气污染防治工作，在《中华人民共和国国民经济和社会发展第十四个五年规划和 2035 年远景目标纲要》中提出"深入打好污染防治攻坚战，强化多污染物协同控制和区域协同治理，基本消除重污染天气"。为落实有关要求，持续做好秋冬季大气污染防治工作，生态环境部研究起草了《攻坚方案》，拟于近期印发实施。

一、编制背景及起草过程

2017 年以来，针对重点区域秋冬季重污染天气多发、频发的情况，我国连续四年开展秋冬季大气污染综合治理攻坚行动，成效明显。京津冀及周边地区、汾渭平原 2020 年秋冬季 $PM_{2.5}$ 浓度比 2016 年同期分别下降 37.5%、35.1%，重污染天数分别下降 70%、65%，人民群众蓝天获得感、幸福感明显提高。秋冬季攻坚虽取得积极成效，但空气质量改善成果还不稳固，京津冀及周边地区、汾渭平原仍是全国 $PM_{2.5}$ 浓度最高的区域，秋冬季 $PM_{2.5}$ 平均浓度是其他季节的 2 倍左右，重污染天数占全年的 95% 以上。2021 年是"十四五"规划开局之年，我们要持续开展秋冬季攻坚行动，精准扎实推进各项任务措施，着力打好重污染天气消除攻坚战，为"十四五"深入打好蓝天保卫战开好局、起好步。

2021 年 5 月，生态环境部组织成立《攻坚方案》编制组，2021 年 6—7 月系统梳理北京、天津、河北、山西、山东、河南、陕西 7 省（直辖市）相关城市大气污染特点，识别区域环境空气质量的主要矛盾和关键问题，明确 2021—2022 年秋冬季攻坚重点任务，形成《攻坚方案》初稿；8 月，与 7 省（直辖市）、65 城市（包括 4 个省直管县级市，雄安新区、杨凌示范区等）生态环境部门逐一对接各项任务措施，"两上两下"完善各城市攻坚方案；9 月中

旬，形成《攻坚方案》征求意见稿向社会公开征求意见，并根据反馈意见进行了修改完善；9月下旬，《攻坚方案》通过生态环境部部长专题会议审议，之后，我们与 10 部委和 7 省（直辖市）政府联合发文。

二、主要内容

《攻坚方案》的主要思路是以习近平生态文明思想为指导，全面贯彻落实党的十九大和十九届二中、三中、四中、五中全会精神，落实减污降碳总要求，以减少重污染天气和降低 $PM_{2.5}$ 浓度为主要目标，突出精准治污、科学治污、依法治污，坚持方向不变、力度不减，抓住产业结构、能源结构、交通运输结构调整三个关键环节，坚决遏制"两高"项目盲目发展，有序推进北方地区清洁取暖，加快实施大宗货物运输"公转铁"，深入开展钢铁行业、柴油货车、锅炉炉窑、VOCs、秸秆禁烧和扬尘专项治理。深化企业绩效分级分类管控，强化区域联防联控，积极应对重污染天气。坚持问题导向，加大监督和帮扶力度，强化考核问责，切实压实工作责任。

《攻坚方案》共三个部分、15 项具体措施。

第一部分是总体要求和目标。

在实施范围上，考虑各地秋冬季大气环境状况和区域传输影响，2021—2022 年秋冬季攻坚范围在京津冀及周边地区"2+26"城市和汾渭平原城市的基础上，增加河北北部、山西北部、山东东部和南部、河南南部部分城市。

秋冬季期间（2021 年 10 月 1 日至 2022 年 3 月 31 日），各城市完成 $PM_{2.5}$ 浓度控制目标和重度及以上污染天数控制目标，根据测算，攻坚区域内相关城市 2021—2022 年秋冬季 $PM_{2.5}$ 平均浓度同比下降 4.0%，重污染天数平均每个城市减少 2 天。

第二部分是具体任务。

一是坚决遏制"两高"项目盲目发展。要求各地深入贯彻落实党中央、国务院关于坚决遏制"两高"项目盲目发展的决策部署，以石化、化工、煤化工、焦化、钢铁、建材、有色、煤电等行业为重点，全面梳理排查拟建、在建和存量"两高"项目，对"两高"项目实行清单管理，进行分类处置、动态监控，严厉打击"两高"企业无证排污、不按证排污等各类违法行为。

二是落实钢铁行业去产量相关要求。贯彻落实党中央、国务院关于钢铁行业化解过剩产能以及粗钢产量压减决策部署，做好钢铁去产能"回头看"工作。抓好钢铁行业采暖季期间错峰生产工作，指导相关城市制定钢铁错峰生产方案，统筹谋划、周密部署，对钢铁压产量和错峰生产措施逐一进行检查，督促落实。

三是积极稳妥实施散煤治理。采暖季前，各地共完成散煤替代 348 万户。已纳入中央财政支持北方地区清洁取暖试点 3 年以上的城市，平原地区散煤基本清零。加强气源、电源等能源供应保障，确保群众温暖过冬。

四是深入开展锅炉和炉窑综合整治。加大燃煤锅炉、炉窑淘汰整治力度，基本淘汰 35 蒸吨以下燃煤锅炉。对采用低效治理工艺的锅炉、炉窑进行升级治理。

五是扎实推进 VOCs 治理突出问题排查整治。严格落实《关于加快解决当前挥发性有机物治理突出问题的通知》的有关要求，指导企业制定整改方案加快按照治理要求进行整治，高质量完成排查治理工作。加强国家和地方涂料、油墨、胶黏剂、清洗剂等产品 VOCs 含量限值标准执行情况的监督检查。

六是加快推进柴油货车污染治理。全面完成京津冀及周边地区、汾渭平原国三及以下排放标准营运中重型柴油货车淘汰任务目标，开展国六排放标准重型燃气车专项检查，推进重点场所场内作业车辆和机械淘汰更新及新能源化，开展打击非标油专项行动。

七是推进大宗货物"公转铁"。加快推进铁路专用线和联运转运装卸衔接设施建设，加快推进沿海港口矿石疏港"公转铁"，提升现有专用线运输能力，编制港口和重点行业大宗货物运输结构调整"一企一策"方案，直辖市、省会城市推进"内集外配"的城市物流公铁联运方式。

八是强化秸秆禁烧管控。坚持疏堵结合，因地制宜大力推进秸秆综合利用。

综合运用科技手段提高秸秆焚烧火点监测精准度，严格落实地方禁烧监管目标责任考核和奖惩制度。

九是加强扬尘综合管控。强化扬尘管控，鼓励各地细化降尘量控制要求，严格降尘管控，加强施工扬尘精细化管控，强化道路扬尘、裸地扬尘及铁路沿线防尘网整治。

十是有效应对重污染天气。严格按照《重污染天气重点行业绩效分级及减排措施》及其补充说明推进重点行业绩效分级，实施差异化减排。强化区域联防联控，加强空气质量预测、预报能力建设。

第三部分是保障措施。

一是加强组织领导。把秋冬季大气污染综合治理攻坚行动作为"十四五"期间深入打好蓝天保卫战、重污染天气消除攻坚战的关键举措。借鉴以往秋冬季攻坚行动成功经验，避免出现不担当作为、放松监管要求、采取"一律关停""先停再说"简单粗暴措施等问题。细化分解目标，并将主要任务纳入当地督查督办重要内容，建立调度机制。

二是加大政策支持力度。保障民生用气价格，完善峰谷分时价格制度，工业企业实施差异化的电价政策。中央财政结合各地实际情况在一定时期内适当给予清洁取暖运营支持，清洁取暖补贴差异化精准施策，重点向农村低收入人群倾斜，不搞"一刀切"。

三是完善监测体系。加强秋冬季颗粒物组分监测和VOCs监测。重点排污单位大气主要排放口安装自动监控设备并与生态环境部门联网。建立完善移动源监测体系。督促企业按照排污许可证规定和有关标准规范，依法开展自行监测，提高自行监测数据质量。

四是加大监督和帮扶力度。各地组建专门队伍，做好指导帮扶和执法监督，加强易发、多发问题监管执法力度。生态环境部持续开展重点区域秋冬季监督帮扶工作，重点做好重污染天气应急响应监督检查、清洁取暖保障、锅炉炉窑综合治理等专项帮扶。

五是强化考核督察。将秋冬季大气污染综合治理重点攻坚任务落实不力、环境问题突出的纳入中央生态环境保护督察范畴。对问题严重的地区视情开展点穴式、机动式专项督察。对于未完成空气质量改善目标任务或重点任务进展缓慢的城市，公开约谈政府主要负责人。

《攻坚方案》作为贯彻落实党中央、国务院深入打好污染防治攻坚战决策部署的一项重要举措，随着各项政策措施的落地落实，必将为我国空气质量持续改善、基本消除重污染天气，为"十四五"时期深入打好蓝天保卫战开好局、起好步做出重要贡献。

11月例行新闻发布会实录
——聚焦环境法规与标准制定实施

2021年11月25日

11月25日，生态环境部举行11月例行新闻发布会。生态环境部法规与标准司司长别涛、副司长王开宇介绍环境法规与标准相关情况，综合司副司长田成川和应对气候变化司副司长陆新明分别介绍《关于深入打好污染防治攻坚战的意见》和COP26相关情况，并共同回答记者提问。生态环境部新闻发言人刘友宾主持发布会。

11月例行新闻发布会现场（1）

11月例行新闻发布会现场（2）

刘友宾：新闻界的朋友们，上午好！欢迎参加生态环境部11月例行新闻发布会。

今天新闻发布会的主题是用最严密法治保护生态环境。我们邀请到生态环境部法规与标准司司长别涛先生介绍"十三五"时期以来我国生态环境法治建设情况，并和法规与标准司副司长王开宇女士一起回答大家关心的问题。

11月2日，《中共中央 国务院关于深入打好污染防治攻坚战的意见》（以下简称《攻坚战意见》）正式印发。11月13日，COP26落下帷幕。考虑记者朋友们对这两个议题非常关注，今天我们还特别邀请生态环境部综合司副司长田成川先生、生态环境部应对气候变化司副司长陆新明先生分别介绍有关情况，并共同回答大家关心的问题。

下面请别涛司长介绍情况。

生态环境部法规与标准司司长别涛

生态环境法规与标准体系建设取得显著进展

别涛：很高兴能够见到不少老朋友，也有很多新面孔，我代表法规与标准司向媒体朋友们表示感谢。

我先做一个简要的介绍，主要是跟大家回顾一下"十三五"时期以来国家生态环境法律法规和标准建设进展。

自"十三五"时期以来，在以习近平同志为核心的党中央的坚强领导下，生态环境部坚持突出生态环境法规与标准工作的政治属性，积极配合立法机关和有关部门，共同发力，推动生态环境法规与标准体系建设取得显著进展，为深入打好污染防治攻坚战提供了有力的法治保障，主要表现在以下五个方面：

一是生态环境立法工作力度之大、成果之丰硕前所未有。《环境保护法》《长江保护法》等 13 部法律，《排污许可管理条例》《建设项目环境保护管理条例》等 17 部行政法规，在"十三五"期间完成了制（修）订工作。目前，由生态环境主管部门作为主要执法部门的生态环境法律共 15 件，占现行有效法律总数近 1/20。生态环境行政法规，到本月为止是 32 件。此外，还有与生态环境密切相关的党内法规文件，主要是生态文明体制改革制度性文件，有 40 余件。生态环境部制定的部门规章共 84 件。从我和大家报的数字中，可以得出这样一个判断，生态环境领域法律法规体系已经基本形成，生态环境各主要领域已经基本实现有法可依。

我刚才说的仅仅是国家层面，此外地方法规、地方政府规章和地方环境标准有数百上千之多。中国批准和参加的国际环境条约，包括双边条约和多边条约有 40 多件。最高人民法院、最高人民检察院颁布了大量有关生态环境的司法解释，比如关于环境犯罪的、环境公益诉讼的、生态环境损害赔偿案件审理的，据不完整的统计有关生态环境的司法解释也应该在 20 件以上。其他法律法规中也有很多有关生态环境的规定，也是国家生态环境法律体系的有机组成部分。例如，《宪法》中关于生态文明的规定，《民法典》中关于"环境污染和生态破坏责任"的专章规定，《刑法》中关于破坏环境资源保护罪的规定等。这些都是生态环境法律体系的有机组成部分。

二是生态环境标准体系建设取得重大成效。"十三五"期间，原环境保护部和生态环境部制（修）订、发布了 673 项国家生态环境标准，五年期间的增长幅度之快，为过去历次五年规划期之最。现行国家生态环境标准总数已达 2 202 项，其中强制性标准 201 项，强制性标准包括环境质量标准、污染物排放标准和环境风险管控标准，强制性标准带有技术性法规的属性，所以在某种意义上也是法律体系的组成部分。

近年来，生态环境部修订发布了《生态环境标准管理办法》《国家生态环境标准制修订工作规则》，进一步完善了生态环境标准管理制度的顶层设计，明晰了今后生态环境标准制定和实施的工作方向。

三是生态环境损害赔偿制度改革工作全面开展。案例实践取得了积极进展，截至本月底，全国各地共办理了 7 600 余件生态环境赔偿案件，涉及的赔偿金额超过 90 亿元，推动治理和修复了一批受损的生态环境，包括社会关注的祁连山青海境内木里煤矿非法开采生态破坏案件，正在按照国家规定有序推进生态环境损害赔偿。

《民法典》《长江保护法》等5部法律和《中央生态环境保护督察工作规定》以及13个省级生态环境保护督察办法，19个省级的地方性环境保护法规都规定了生态环境损害赔偿制度。

四是党内法规和规范性文件发挥了重要的引领作用。《中央生态环境保护督察工作规定》《党政领导干部生态环境损害责任追究办法》等一批党内生态环境保护法规相继制（修）订，发展迅速，是法律体系中非常活跃的，是特别值得关注的现象，不仅推动压实了生态文明建设和生态环境保护的政治责任，还有力促进了国家生态环境法治的建设。

五是依法治污有章可循。大家知道，最近这几年中央提出科学治污、精准治污、依法治污，党中央先后印发了关于法治中国、法治政府、法治文化、法治社会等全面依法治国的系列文件，生态环境部结合部门职责，认真贯彻落实，紧紧围绕深入学习习近平生态文明思想、习近平法治思想，最近印发了《关于深化生态环境领域依法行政　持续强化依法治污的指导意见》，这是生态环境系统推进依法治污的综合性的文件。

下一步，我们将按照"十四五"国家生态环境保护工作整体的规划和部署，组织全国生态环境系统全面强化生态环境保护的法规工作，为实现协同增效、深入打好污染防治攻坚战提供有力的保障。

刘友宾：下面，请田成川副司长介绍情况。

生态环境部综合司副司长田成川

坚持以改善生态环境质量为核心，深入打好污染防治攻坚战

田成川：各位媒体朋友们，大家上午好！非常高兴参加今天的新闻发布会。下面，我向大家简要介绍一下《攻坚战意见》出台的有关背景情况。

党的十八大以来，党中央以前所未有的力度抓生态文明建设，全党、全国推动绿色发展的自觉性和主动性显著增强，污染防治攻坚战阶段性目标任务圆满完成，美丽中国建设迈出重大步伐，我国生态环境保护发生历史性、转折性、全局性变化。深入打好污染防治攻坚战，是以习近平同志为核心的党中央着眼我国新发展阶段，生态文明建设新任务、新要求做出的重大战略部署。

习近平总书记强调，要巩固污染防治攻坚成果，以更高标准打好蓝天保卫战、碧水保卫战、净土保卫战。按照中央要求，今年2月以来，生态环境部会同相关部门积极推动《攻坚战意见》编制工作。8月30日，习近平总书记主持召开中央全面深化改革委员会第二十一次会议，审议通过了《攻坚战意见》。11月2日，中共中央、国务院印发《攻坚战意见》。这深刻体现了以习近平同志为核心的党中央对生态文明建设和生态环境保护一以贯之的高度重视，充分彰显了我们党对建设人与自然和谐共生美丽中国的战略定力和坚强决心，也积极回应了全面建成小康社会以后人民群众追求更高品质生活的热切期盼。《攻坚战意见》的出台，对加快解决突出生态环境问题、持续改善生态环境质量、实现美丽中国建设目标具有重大意义。

《攻坚战意见》贯彻习近平生态文明思想，深刻把握立足新发展阶段，完整、准确、全面贯彻新发展理念，构建新发展格局对生态环境保护工作提出的新任务、新要求，对深入打好污染防治攻坚战做出了全面部署，理解领会《攻坚战意见》的要义，重点把握好"四个坚持"。

一是坚持以人民为中心的发展思想。习近平总书记指出，环境就是民生，青山就是美丽，蓝天也是幸福。他还叮嘱我们，人民对美好生活的向往就是我们奋斗的目标。优美的生态环境当然也属于人民向往的美好生活的一个重要组成部分。民有所呼，政有所应。《攻坚战意见》要求，坚持问题导向，环保为民，把群众反映强烈的突出生态环境问题摆上重要议事日程，不断加以解决，以生态环境保

护实际成效取信于民，以良好的生态环境增进民生福祉。

二是坚持以实现减污降碳协同增效为总抓手。《攻坚战意见》要求坚持系统观念、协同增效，聚焦减污降碳协同效应明显的重点行业和领域，促进经济社会发展全面绿色转型。

三是坚持以改善生态环境质量为核心。《攻坚战意见》明确2025年和2035年生态环境质量改善的主要目标，抓住"好""差"两头、整体带动，保持污染防治攻坚力度，持续提升生态系统质量，推动生态环境质量改善由量变到质变的转变。

四是坚持以精准治污、科学治污、依法治污为工作方针。"三个治污"是指导深入打好污染防治攻坚战的"纲"和"本"。《攻坚战意见》要求因地制宜、科学施策，落实最严格制度，提高污染治理的针对性、科学性、有效性。

应该说，深入打好污染防治攻坚战是一场大仗、硬仗、苦仗，实现生态环境根本好转，也是一个需要付出长期艰苦努力的过程。作为深入打好污染防治攻坚战的主责部门，下一步，生态环境部将认真学习贯彻《攻坚战意见》，主动履职尽责，充分发挥牵头抓总、统筹协调的作用，扎实做好目标任务分解，抓紧编制标志性战役行动计划，谋深谋细、抓紧抓实。我们相信，在以习近平同志为核心的党中央的坚强领导下，只要保持"咬定青山不放松"的韧劲、保持"不破楼兰终不还"的拼劲，标本兼治、攻坚克难，一个蓝天白云、繁星闪烁、清水绿岸、鱼翔浅底的美丽中国就一定能够如期实现。谢谢大家！

刘友宾：下面，请陆新明副司长介绍情况。

生态环境部应对气候变化司副司长陆新明

中国政府始终以高度负责任的态度，积极参与应对气候变化国际谈判

陆新明：各位媒体朋友们，大家上午好！感谢大家长期以来对应对气候变化工作的支持，正如刚才主持人所说的，在英国格拉斯哥举行的 COP26 在加时近 30 个小时后，于当地时间 11 月 13 日深夜闭幕。

中国代表团圆满完成各项任务后，11 月 16 日凌晨回到北京，因新冠肺炎疫情防控要求，现在正在指定宾馆集中隔离，不能亲临现场参加这次新闻发布会。下面我就 COP26 的有关情况向大家做简要介绍。

COP26 是《巴黎协定》进入实施阶段后召开的首次缔约方大会，大会就《联合国气候变化框架公约》及其《京都议定书》《巴黎协定》的落实和治理事项通过了 50 多项决议，其中 1 号决议"格拉斯哥气候协议"是大会的政治成果文件，强调了气候危机的紧迫性，以及各方应当在未来十年提高雄心、加速行动的重要性。大会完成了《巴黎协定》实施细则的谈判，这是本次大会取得的最主要也是最具标志性的成果。此外，大会就全球适应目标、损失及损害、资金、技术、能力建设等议题取得积极进展。COP26 的胜利闭幕开启了全球应对气候变化的新征程。

中国政府历来重视全球气候变化问题，始终以高度负责任的态度，积极参与应对气候变化国际谈判。本次大会期间，在习近平主席特别代表、中国气候变化事务特使、中国代表团顾问解振华，生态环境部副部长、中国代表团团长赵英民的带领和指导下，中国代表团积极参与各项议题谈判磋商，加强与各方对话交流。特别是在大会的关键时刻，创造性地与美国联合发布了《中美关于在 21 世纪 20 年代强化气候行动的格拉斯哥联合宣言》（以下简称《中美联合宣言》，承诺继续共同努力，并与各方一道加强《巴黎协定》的实施。这个宣言发布以后，各媒体的反映，用了一个词叫"震惊"。《中美联合宣言》展示了中美双方的务实合作和雄心，传播了正能量，提振了各方对 COP26 成功的信心，可以说为本次大会的成功发挥了关键性的作用。

中国代表团坚定主张各方要坚持《联合国气候变化框架公约》

及其《巴黎协定》的目标和要求，落实共同但有区别的责任等原则和国家自主决定贡献的制度安排，要求发达国家能够进一步兑现承诺，加大对发展中国家的支持，为大会贡献了中国智慧和中国方案，彰显了负责任大国的形象。

下一步，各方要全面、平衡、有效地落实《巴黎协定》，在公平、共同但有区别的责任和各自能力的原则及考虑各国国情的基础上，采取强有力的行动，积极应对气候危机。中国将一如既往地维护多边主义，推动多边进程，通过"南南合作"、共建绿色"一带一路"，大力支持发展中国家绿色低碳发展，将继续实施积极应对气候变化的国家战略，坚定绿色低碳转型发展，落实好碳达峰、碳中和的目标。谢谢大家。

刘友宾：下面请大家提问。

"十四五"时期规划高度重视生态环境保护及相关立法工作

第一财经记者：请别涛司长详细介绍一下"十四五"期间生态环境领域计划颁布和实施哪些法律法规，主要想解决哪些问题？谢谢。

别涛：谢谢！刚才我在开场白简要回顾了"十三五"时期立法的进展。关于"十四五"期间生态环境的立法，我们正在谋划之中。

"十四五"规划高度重视生态环境保护及相关立法工作。"十四五"规划将"推动绿色发展、促进人与自然和谐共生"作为专门的一篇，规定生态环境保护相关内容，并提出要完善生态文明领域统筹协调机制，构建生态文明体系，推动经济社会发展全面绿色转型，建设美丽中国。其中，在立法方面，"十四五"规划明确提出"制定实施生态保护补偿条例""强化绿色发展的法律和政策保障"。

"十四五"期间，生态环境部将继续全面深入贯彻习近平生态文明思想和习近平法治思想，进一步强化生态环境立法工作，为深入打好污染防治攻坚战提供更为全面、更为有力的法治保障。

第一，加强重点领域立法，填补立法空白。我们将按计划推动黄河保护、噪声污染防治、海洋环境保护、环境影响评价、气候变化应对、生态环境监测、生物多样性保护、电磁辐射污染防治等重点领域法律法规的制（修）订，加快构建与美丽中国目标相适应的生态文明法律法规体系。

第二，大力推动生态文明体制改革相关立法。加强生态环境损害赔偿、自然保护地、生态保护红线、环保信用评价等方面的立法，确保重大改革举措于法有据、落地见效。同时，积极推动区域生态环境立法。

第三，配合立法机关积极开展环境法典编纂的研究论证，科学整合生态环境领域的立法，构建源头严防、过程严管、后果严惩的生态环境保护制度体系，推动环境治理体系和治理能力现代化。

第四，完善严惩重罚制度。一是贯彻落实习近平总书记关于"严惩重罚生态环境违法行为"的重要指示精神，进一步完善生态环境违法行为的法律责任。二是积极推动行政责任、刑事责任和民事责任协同适用，构建以行政责任为主、刑事责任和民事责任配合适用的法律责任体系，不断完善企业、事业单位生态环境保护主体责任。三是进一步创新法律责任承担方式，有序扩大"双罚制"、按日计罚、信用惩戒等惩处机制的适用范围，积极探索生态修复、连带赔偿等新型法律责任承担机制。

这是下一步关于生态环境立法的基本考虑。谢谢。

已初步构建起责任明确、途径畅通的生态环境损害赔偿制度

《南方都市报》记者：想问一下生态环境损害赔偿改革制度实施三年多以来，各地执行情况如何？在立法方面取得了哪些经验？谢谢。

别涛：感谢您对生态环境损害赔偿制度的关注。

生态环境损害赔偿制度开始的时间要更长一些，这项工作是党中央、国务院 2015 年开始部署，2016 年开始在全国 7 个省（直辖市）实行部分地方试点，从 2018 年开始在全国全面试行。根据中央关于《生态环境损害赔偿制度改革试点方案》的要求，我们力争到 2020 年初步构建生态环境损害赔偿制度。

生态环境损害赔偿改革试点和全面试行五年多以来，各地、各部门认真贯彻党中央、国务院的改革部署，初步构建起了责任明确、

途径畅通、技术规范、保障有力、赔偿到位、修复有效的生态环境损害赔偿制度，在推动国家和地方立法、规范诉讼规则、完善技术和资金保障机制、开展损害赔偿的案例实践、推动修复受损的生态环境等方面取得明显成效。根据改革方案的部署，我们认为阶段性的目标已经完成，并向党中央、国务院做了报告。

这项改革工作对于生态环境部门来说是一项新的探索，对于法律机制来说是一个全新的责任规则。各省（自治区、直辖市）都成立了由省级领导担任组长的改革工作领导小组，明确了相关职能部门的任务分工，初步建立起了部门之间信息共享、工作相互支持的沟通协调机制，共同推进改革工作在各地方的有序开展。

各省（自治区、直辖市）和新疆生产建设兵团制定了省一级实施方案，全国388个地级市，包括北京、重庆等直辖市所属的区（县），也都印发了实施方案，明确了推进路径、职责分工。各地针对赔偿纠纷的磋商、调查鉴定评估和赔偿资金的使用、管理和监督制定了共327份配套的文件。各地严格追究生态环境损害赔偿责任，以弥补行政处罚和行政责任追究的不足，努力破解企业造成污染、周边群众受害、最后政府埋单的不合理局面，切实贯彻习近平总书记提出的"用最严格制度、最严密法治保护生态环境"的要求。

在推进这项工作中，各个地方都是以案例实践为重要抓手，及时修复受损的生态环境。根据我们的调度，到本月底，全国各地共办理生态环境损害赔偿案件7 600余件，涉及赔偿金额超过90亿元，推动修复了一批受损的生态环境，包括土壤、地下水、耕地、林地、草地、矿区、草原。刚才说的祁连山矿区的修复正在进行中，地方提出三年规划，欢迎大家三年之后再去跟踪监督，我们也将会密切跟踪。

生态环境损害赔偿的制度建设和立法方面，改革试行以来，生态环境部门联合最高人民法院、最高人民检察院、司法部等国务院相关职能部门，积极推动国家和地方立法，规范诉讼规则，完善技术规范和赔偿资金使用管理的途径，为生态环境损害赔偿立法奠定了实践的基础。立法方面有五个具体表现：

一是国内法律的规定。去年 5 月通过的《民法典》及 5 部专项法律，都规定了生态环境损害赔偿的责任机制，特别是《民法典》有专门规定，很难得。《民法典》明确规定，国家规定的机关包括相关的行政机关和检察机关，或者法定的其他组织，有权就生态环境损害提起索赔，并规定了生态环境损害赔偿的范围，将改革的成果纳入国家法律的内容，从实体法角度保障生态环境损害赔偿制度。

去年春节前后，生态环境部在紧急调度黑龙江伊春尾矿库泄漏的问题时，同步推进证据的固定、损害的鉴定、赔偿的磋商包括诉讼保障的问题。除了《民法典》，还有相关的法律，如《长江保护法》《森林法》《土壤污染防治法》《固体废物污染环境防治法》等对生态环境损害赔偿也做了规定。

二是党内法规的规定。2019 年，中央制定发布了《中央生态环境保护督察工作规定》，这是一个标准的党内生态环境保护法规。《中央生态环境保护督察工作规定》第二十四条明确规定，对于督察过程中发现需要开展生态环境损害赔偿的，督察组将移送省一级的政府，依照有关规定开展索赔。在吉林、新疆、安徽等 13 个省级生态环保督察办法中，专门规定了督察与生态损害赔偿的衔接机制。中央生态环境保护督察特别是第二轮以来，都公布了典型案件。这些典型案件中，对发生生态环境损害后果的，生态环境的赔偿、磋商和诉讼都是同步跟进的。

三是部分地方立法也确立了生态环境损害赔偿机制。目前，我们了解上海、河北、安徽等 19 个省份，在地方生态环境保护立法中已经明确了生态环境损害赔偿责任机制。例如，《上海市环境保护条例》第九十条规定，排污单位或者个人违反环境法律法规规定，除依法承担相应的行政责任之外，造成环境损害或者生态破坏的，还应当承担相应的生态环境损害赔偿责任。这条规定很完整地把中央关于生态环境的改革部署纳入地方立法。

四是司法解释明确了诉讼的规则。我们特别赞赏最高人民法院、最高人民检察院对这项工作的大力支持。2019 年 6 月，最高人民法院发布了《关于审理生态环境损害赔偿案件的若干规定（试行）》，对于生态环境损害赔偿案件的受理条件、证据规则、责任范围、诉讼衔接、赔偿协议的司法确认、强制执行等问题予以明确。

我稍微解释一下这个机制。它是行政部门在履职过程中发现造成生态环境损害，除了行政责任追究处理，对于造成公共的、公益的、国家的生态环境损害应该由政府出面索赔。先是平等磋商，磋商好了达成协议，请法院确认执行；如果磋商不成，直接到法院通过诉讼解决。

2021年，最高人民检察院发布了《人民检察院公益诉讼办案规则》（以下简称《办案规则》）。检察机关办理的公益诉讼中，据我们了解，生态环境的公益诉讼占了其中的很大部分，占有很高比重。最高人民检察院发布的《办案规则》中，对于生态环境损害赔偿案件和公益诉讼案件的办案规则做了明确具体的规定。

五是关于资金的管理。生态环境损害赔偿经过磋商，金额往往比较大，资金如何管理、如何有效监督，需要专门的规则。2020年3月，财政部、生态环境部等9个部门联合印发了《生态环境损害赔偿资金管理办法（试行）》，规定了资金的缴纳、使用和监督的具体规则。

这就是关于生态环境损害赔偿的实践和立法情况，供参考。谢谢。

生态环境部正开展环境法典编纂的前期研究论证

海报新闻记者： 近年来我国环境立法体系基本形成，能否介绍一下相关工作的进展，编纂环境法典有什么重要的意义？谢谢。

别涛： 2020年3月，全国人民代办大会审议通过了《民法典》。2020年10月，习近平总书记在中央全面依法治国工作会议上提出，要总结编纂民法典的经验，适时推动条件成熟的立法领域法典编纂工作。2021年1月，中共中央印发的《法治中国建设规划（2020—2025年）》也提出，对某一领域有多部法律的，条件成熟时进行法典编纂。从《民法典》的实践到总书记的讲话，以及《法治中国建设规划（2020—2025年）》都提出了法典编纂的立法模式。我们认为生态环境领域应该是最适合开展法典编纂的领域之一，与有关专家交流大家也这么看。《全国人大常务委员会 2021 年度立法工作计划》中明确要"研究启动环境法典、教育法典、行政基本法典等条件成熟的行政立法领域的法典编纂工作"。

编纂环境法典，是全面贯彻落实习近平生态文明思想和习近平法治思想的必然要求，有利于充分彰显中国特色社会主义法律制度成果，有利于集中展示中国生态环境领域的立法成就。一部体例科学、结构严谨、规范合理、内容完整并协调一致的环境法典，将成为保障环境治理体系和治理能力现代化的基础性、综合性法律，必将有助于整合完善现行的生态环境法律制度，进一步提高中国环境治理的法治化水平。

生态环境部正在积极配合立法机关，开展环境法典编纂的前期研究论证，梳理相关制度规范，在此基础上提出工作部门的立法建议，为环境法典编纂提供比较有力的专业支持。

以更高标准打好蓝天保卫战、碧水保卫战、净土保卫战

中国新闻社记者：请问污染防治攻坚战从"十三五"时期的"坚决打好"到"十四五"时期的"深入打好"区别是什么？在方法和策略上有什么不同？要攻克哪些重点和难点？谢谢。

田成川：感谢你的问题，这个问题是很多人关注的。坚决打好污

染防治攻坚战是党的十九大做出的重大决策。在各地区、各部门的共同努力下，我国生态环境保护取得历史性重大成就，污染防治措施之实、力度之大、成效之显著前所未有，攻坚战阶段性目标任务圆满完成，生态环境明显改善，厚植了全面建成小康社会的绿色底色和质量成色。同时，我们也看到，我国生态环境保护结构性、根源性、趋势性压力总体上尚未根本缓解，特别是重点区域、重点行业污染问题仍然突出，实现碳达峰、碳中和任务艰巨，生态环境保护任重道远。

党的十九届五中全会做出了深入打好污染防治攻坚战的战略部署。从"十三五"时期的"坚决打好"污染防治攻坚战，到"十四五"时期的"深入打好"污染防治攻坚战，意味着污染防治攻坚战触及的矛盾和问题层次更深、领域更广，要求也更高。

《攻坚战意见》在总结拓展"十三五"时期污染防治攻坚战经验做法的基础上，根据"十四五"新任务、新要求，提出要保持力度、延伸深度、拓宽广度，以更高标准打好蓝天保卫战、碧水保卫战、净土保卫战，以高水平保护推动高质量发展、创造高品质生活。

在方法策略上，《攻坚战意见》体现了四个"进一步"的要求。一是进一步优化攻坚路径。坚持减污降碳协同增效，突出以降碳为重点战略方向，深入推进碳达峰行动，加快推动能源结构、产业结构、交通运输结构调整，加强生态环境分区管控，更加注重综合治理、系统治理、源头治理。二是进一步拓宽攻坚领域。围绕蓝天保卫战、碧水保卫战、净土保卫战，《攻坚战意见》部署实施重污染天气消除等 8 个标志性战役，强化应对气候变化、生物多样性、新污染物等更广泛领域的治理工作。三是进一步延伸攻坚范围。推动环境治理范围进一步向地级市以下行政层级和基层延伸扩展，将国家重大战略区域作为污染防治攻坚战的主战场。四是进一步强化攻坚举措。综合运用行政、市场、法治、科技等多种手段，强化政策保障，构建大环保工作格局。

关于你刚才提到要攻克的重点和难点，《攻坚战意见》紧盯重点领域和关键环节接续攻坚。

一是加强 $PM_{2.5}$ 和 O_3 污染协同控制，深入打好蓝天保卫战。在继续推进 $PM_{2.5}$ 污染防治的同时，加快补齐 O_3 污染治理短板，大力推进 NO_x 和 VOCs 协同减排，基本消除重污染天气，有效遏制 O_3 浓度增长趋势。二是加强"三水"统筹、陆海联动，深入打好碧水保卫战。在巩固提升水环境的同时，增加生态水、改善水生态，基本消除城市黑臭水体，深入推进长江、黄河等重点流域生态保护修复，实施重点海域综合治理，建设美丽河湖、美丽海湾。三是强化土壤污染风险管控，深入打好净土保卫战。深入推进农用地土壤污染防治和安全利用，有效管控建设用地土壤污染风险，提升固体废物和新污染物治理能力，确保农产品质量安全和人居环境健康。同时，《攻坚战意见》提出要着力推进减污降碳协同治理和减污扩容协同发力，切实维护生态环境安全。

谢谢。

推进重点区域协同立法和执法协作取得积极进展

每日经济新闻记者：《攻坚战意见》提出，要推进重点区域的协同立法，探索深化区域执法协作。京津冀、长三角这些地区一直在探索协同立法，我想请问一下有哪些经验和教训？下一步，我们在推进协同立法方面有哪些考虑？谢谢。

别涛：生态环境问题，无论是水还是大气，都具有明显的区域性特征，需要在立法上采取适应性的措施，这也是区域协同治理，包括协同立法的基本逻辑。生态环境问题的协同治理，对于解决目前突出的环境问题，加大生态保护力度，健全生态环境监管体系，推动绿色发展，具有重要意义。

《环境保护法》《大气污染防治法》等生态环境法律法规对区域协同、联防联治做出了明确的规定。比如，《环境保护法》（2014年4月修订）规定，国家建立跨行政区域的重点区域、流域环境污染和生态破坏联合防治协调机制，实行统一规划、统一标准、统一监测、统一的防治措施。《大气污染防治法》2015年修订时，增设了"重点区域大气污染联合防治"专章，规定大气污染防治重点区域划定、联合防治行动计划制订、更加严格统一的区域环保要求、环评会商、环境监测信息共享、煤炭减量替代、跨行政区域执法等内容。《固体废物污染环境防治法》（2020年4月修订）规定，省、自治区、直辖市之间可以协商建立跨行政区域固体废物污染环境的联防联控机制、统筹规划制定、设施建设和固体废物转移等工作。

"十四五"规划也专门提出强化多污染物协同控制和区域协同治理。

在实践中，京津冀地区、长三角地区，还有其他一些区域在协同立法和环境监管方面也开展了积极的探索和实践。京津冀地区确立了人大立法项目协同机制，对立法项目采取"一方起草、两方参与"的方式。这样的工作模式，在机动车污染防治、农作物废物综合利用和露天焚烧、保障冬奥会空气质量等方面，都取得了明显效果。长三角地区"三省一市"（江苏省、浙江省、安徽省和上海市）在探索保障大气污染防治、长江流域生态保护方面也开展了协同立法的实践，以及西南地区在赤水河流域开展协同立法等。

生态环境部将进一步积极支持和推动有关地方开展重点区域和流域的协同立法，推动污染防治、生态环境保护等方面的协同治理取得更大突破和进展。我们将推动和指导地方生态环境主管部门按照立法机关的要求和立法程序，结合职责，积极作为，在立法计划的安排和衔接、信息资源共享、组织联合调研起草论证等方面，发挥我们的积极作用。

刚才说到经验和教训，我觉得更多的应该是经验。以京津冀地区为例，"十三五"时期以来，从《大气十条》实施以来，京津冀地区环境质量得到了明显改善，区域协同治理和立法是功不可没的。

下面，我介绍下协同立法方面的一些经验。

一是京津冀地区机动车污染防治协同立法。2020年1月，北京市第十五届人民代表大会第三次会议表决通过了《北京市机动车和非道路移动机械排放污染防治条例》。同一时期，天津市和河北省也制定了机动车和非道路移动机械污染防治的条例。这三个条例在内容、措施、标准等方面具有高度的协调性。三个条例设专章规定了区域联合防治、区域会商、联合执法、建立信息共享平台、建立新车抽检机制、共同实行非道路移动机械使用登记等措施。

同时，为了尊重各地方经济发展实际情况，各条例也保留了自己的特色。

二是赤水河流域保护协同立法。今年，云南、贵州、四川三省人民代表大会常务委员会分别审议并通过了《关于加强赤水河流域共同保护的决定》，同时审议通过了各自的赤水河流域保护条例，自7月1日起同步施行。由于有三个地方的协调和中央机关的推动，因此采取的方法是"条例＋共同决定"，这是一个带有创新性的地方立法模式，为赤水河流域的协同治理提供了有效的法治保障。三省共同立法保护赤水河，既符合上下联动、共治共享的需要，也是创新立法和执法监管的探索实践，值得我们跟踪、观察和总结提炼。

三是长三角地区长江保护协同立法。今年以来，上海市、江苏省、浙江省和安徽省的人民代表大会常务委员会，分别通过了促进和保障长江流域禁捕工作的相关决定。四个地方的决定在主要条款、基本规定、实施方式、保障措施方面具有高度的协调一致性，通过协同立法、协同执行，为加强长江流域禁捕工作提供有效法治保障。后续我们将做好跟踪、支持。

中国积极应对全球气候变化的决心和努力得到国际社会的肯定

红星新闻记者： 我的问题是中国提交的《中国落实国家自主贡献成效和新目标新举措》《中国本世纪中叶长期温室气体低排放发展战略》，获得了国际社会怎样的反馈？这次气候变化大会各方的共识和分歧有哪些？中方如何看待？谢谢。

陆新明： 谢谢这位媒体记者的提问。

中国在 COP26 前向《联合国气候变化框架公约》秘书处正式提交了《中国落实国家自主贡献成效和新目标新举措》《中国本世纪中叶长期温室气体低排放发展战略》。这是中国履行《巴黎协定》的具体举措，体现了中国推动绿色低碳发展、积极应对全球气候变化的决心和努力，得到国际社会的肯定。

本次大会期间，缔约方就近百项议题展开磋商、谈判，围绕目标与力度、共同但有区别的责任与对等、自主决定和自上而下、行动与支持等问题进行了对话沟通。其中，缔约方对如何平衡减缓、适应、资金的雄心等存在较大的分歧，会议在加时近 30 个小时后闭幕，大会就《联合国气候变化框架公约》及其《京都议定书》《巴黎协定》落实和治理事项通过了 50 多项决议，其中 1 号决议"格拉斯哥气候协议"，重申了坚持多边主义，强调了气候危机的紧迫性，对适应资金、减缓、资金、技术转让、能力建设、损失损害、实施、合作等事项做出具体的安排，完成了《巴黎协定》实施细则遗留问题的谈判，明确了第六条市场机制和非市场机制的问题、透明度、国家自主贡献共同时间框架相关的指南导则，并就适应、资金、损失损害等发展中国家关切的问题取得了进展，会议也决定了《联合国气候变化框架公约》第二十七次缔约方大会将于2022年在埃及沙姆沙伊赫举办。中方为本次大会取得成果发挥了积极的建设性作用。

中方认为，各方应全面准确理解《巴黎协定》，特别是其目标和原则，切实认识到在应对气候变化，特别是减排方面，发展中国家和发达国家完全在不同的起点上，不能要求发展中国家和发达国家同时实现碳中和。不加区别地要求各方提高行动力度，既不公平也不可行。在落实《巴黎协定》的过程中，国际社会应清楚地认识到力度既包括行动力度，也包括支持力度，行动力度也包括减缓的力度和适应的力度，发达国家提供的对减缓、适应的支持力度应当与发展中国家的行动力度相匹配。目前，影响发展中国家采取更有力行动的最大障碍是来自发达国家的支持不足，中国将一如既往地坚定支持多边主义，反对一切形式的单边主义，采取扎实行动，持续推进应对气候变化国际合作。谢谢。

推动《中美联合宣言》落实，开展中国控制甲烷排放行动

澎湃新闻记者： 我国如何落实《中美联合宣言》的相关内容，特别是甲烷排放，请问生态环境部下一步有哪些安排和打算，谢谢。

陆新明：谢谢这位媒体朋友的提问。你提的是两个方面的问题，一个是如何落实《中美联合宣言》，另一个是我国的甲烷行动计划。我先回答你的第一个问题。

与美国双边合作方面，我们将尽快建立21世纪20年代强化气候行动工作组，各部门将结合各自的职能，推动建立工作组，持续开展中美政策和技术的交流，识别中美双方感兴趣的领域计划和项目，举行政府间和非政府专家会议，促进地方政府、企业、智库、学者和其他专家的参与。根据各自不同国情，携手与其他国家一道，加强缩小差距的行动与合作，加速绿色低碳转型和气候技术创新。

推进多边进程方面，继续积极推动构建公平合理、合作共赢的全球气候治理体系，无论国际形势如何变化，中国都将重信守诺，继续坚定不移地支持多边主义，深度参与全球气候治理进程，与各方一道推动《联合国气候变化框架公约》及其《巴黎协定》全面、平衡、有效地实施。生态环境部将继续发挥"一带一路"绿色发展国际联盟等合作平台作用，在力所能及的范围内大力推动应对气候变化"南南合作"，配合有关部门做好相关工作。

与此同时，近期发布的《中共中央 国务院关于完整准确全面贯彻新发展理念做好碳达峰碳中和工作的意见》，还有国务院《2030年前碳达峰行动方案》等"1+N"政策体系，以及将陆续发布和出台的能源、工业、交通、建筑等重点行业和领域的实施方案和科技、财税、金融等政策措施，明确了我国碳达峰、碳中和的时间表、路线图和配套政策措施，我们将坚决贯彻党中央、国务院决策部署，促进经济社会发展全面绿色转型，配合有关部门落实好碳达峰、碳中和工作，这也将极大地推动《中美联合宣言》的落实。

第二个问题是关于甲烷行动的。制订甲烷行动计划作为控制非CO_2温室气体的重要内容，是生态环境部贯彻落实党中央、国务院决策部署，实施积极应对气候变化国家战略的一项重要工作，也是落实《中美联合宣言》的重要举措。

今年4月22日，习近平主席出席领导人气候峰会时提出，中国将加强非二氧化碳温室气体管控，"十四五"规划提出，要加大甲烷、氢氟碳化物、全氟化碳等其他温室气体管控力度。"十四五"期间，中国将采取进一步的措施，结合相关规划和政策的制定和落实，推动开展中国控制甲烷排放行动，主要有五个方面的安排和打算：

一是开展甲烷排放控制研究。对中国甲烷排放控制现状进行充分的调研，在煤炭开采、农业、城市固体废弃物、污水处理、石油天然气等领域，研究制定有效的甲烷减排措施，促进甲烷回收利用和减排技术的发展。

二是推动出台中国甲烷排放控制行动方案。建立煤炭、油气、废弃物处理等领域甲烷减排的政策、技术和标准体系，适时修订煤层气也就是煤矿瓦斯排放标准，强化标准的实施，同时加强石油天然气开采、固体废弃物等领域甲烷排放控制和回收利用，修订温室气体自愿减排机制管理办法和相关方法学，支持具备条件的甲烷减排项目参与温室气体自愿减排交易，利用市场机制，鼓励企业开展甲烷减排。

三是加强重点领域甲烷排放的监测、核算、报告和核查体系建设。推动重点设施甲烷排放数据收集和分析，开展重点区域、重点企业甲烷减排成效评估跟踪，完善应对气候变化统计报告制度中甲烷相关数据的报告制度。不断提升甲烷排放的数据质量。

四是鼓励先行、先试。继续鼓励重点领域甲烷自愿减排行动，鼓励地方和行业企业开展甲烷排放控制合作，建立示范项目和工程，推动甲烷利用相关技术、装备和产业发展。实现减少温室气体排放、能源资源化利用和污染物协同控制等多重效应。

五是加强国际合作。在甲烷控制政策、技术、标准体系、甲烷监测、核算、报告和核查体系以及减排技术创新等方面与各方加强合作和交流。谢谢。

聚焦突出问题，打好 8 个标志性战役

《人民日报》记者：《攻坚战意见》提出了 8 个标志性战役，请问是怎么考虑的？下一步怎么做好组织实施？谢谢。

田成川：谢谢你的提问。习近平总书记强调，打好污染防治攻坚战，就要打几场标志性的重大战役，集中力量攻克老百姓身边的突出生态环境问题。"十三五"期间，通过坚决打好污染防治攻坚战，尤其是 7 个标志性战役，有效地解决了一大批损害群众健康的生态环境问题，人民群众生态环境获得感显著增强。

同时我们也要看到，当前重点区域、重点行业污染问题仍然

突出，秋冬季重污染天气仍时有发生，O_3 浓度呈缓慢升高趋势，城市黑臭水体治理成效很大但尚未实现长治久清，农业农村污染防治亟待加强，生态环境质量同人民群众对美好生活的期盼相比，同"十四五"时期高质量发展的要求相比，还有较大差距，必须聚焦突出问题，集中优势兵力，动员各方力量，继续打好一批标志性战役。

《攻坚战意见》坚持继承和创新相结合，按照有效衔接、群众关心、突出重点、目标可达、部门协作的原则，按照三个层次部署实施 8 个标志性战役。

一是持续打好的，保留了"十三五"期间的柴油货车污染治理、城市黑臭水体治理、长江保护修复、农业农村污染治理等 4 个标志性战役，提出新的目标任务，巩固已有成果，持续攻坚克难，力争在"十四五"期间取得更大成效。

二是巩固拓展的，将渤海综合治理攻坚战拓展为重点海域综合治理攻坚战，范围上扩大到长江口—杭州湾、珠江口邻近海域，统筹实施污染防治行动，加强海洋生态保护修复，通过攻坚战的纵深突破，带动全国海洋生态环境整体改善。

三是新增打好的，加强 $PM_{2.5}$ 和 O_3 协同控制，部署了重污染天气消除攻坚战、O_3 污染防治攻坚战，进一步提升人民群众蓝天获得感；落实国家重大战略，新增黄河生态保护治理攻坚战，推动共同抓好大保护、协同推进大治理。

下一步，生态环境部将会同有关部门，按照《攻坚战意见》的部署，抓住"十四五"开局起步关键期，重点做好以下三个方面工作。

一是落实顶层设计。细化任务分解，抓紧编制 8 个标志性战役行动计划，进一步将路线图转化为时间表、施工图，确保可操作、可落地、能见效。二是强化统筹协调。加强政策统筹、机制统筹、资源统筹、力量统筹，细化、实化攻坚战配套政策措施，开展跟踪调度和总结评估。三是加强指导帮扶。完善中央统筹、省（自治区、直辖市）负总责、市（县）抓落实的攻坚机制，指导地方因地制宜细化落实举措，做到内容聚焦、目标明确、措施务实，确保不折不扣贯彻落实好党中央、国务院决策部署。谢谢。

近期将出台《地方水产养殖业水污染物排放控制标准制订技术导则》

荔枝新闻记者：江苏是一个水产养殖业大省，所以我想问一个关于水产养殖污染的问题。据我了解，随着水产养殖业的不断发展，随之而来产生的自身污染也在日益显现，请问当前我国水产养殖业污染状况如何？生态环境部在水产养殖标准政策方面开展了哪些指导性的工作？谢谢。

生态环境部法规与标准司副司长王开宇

王开宇：首先感谢您关注水产养殖污染问题。

农业面源污染是影响水环境质量的重要排放源之一，我国是世界水产养殖的第一大国，养殖面积和养殖规模持续增加，水产养殖的污染排放量不容忽视。根据《第二次全国污染源普查公报》，全国涉及水产养殖业的区（县）有 2 843 个，水产养殖业排放的化学需氧量、氨氮、总氮和总磷的排放量分别为 66.6 万 t、2.23 万 t、9.91 万 t 和 1.61 万 t，与整个工业源排放量相近，分别为工业源排放量的 0.73 倍、0.5 倍、0.64 倍和 2.03 倍。特别值得关注的是，水产养殖业的总磷排放量已经达到了工业污染源排放量的 2 倍。

因此，在《中共中央　国务院关于全面加强生态环境保护　坚决打好污染防治攻坚战的意见》《攻坚战意见》中，都对水产养殖污染防治做出规定，提出规范工厂化水产养殖尾水排污口设置，在水产养殖主产区推进养殖尾水治理等要求。我们考虑全国不同区域水产养殖的品种、规模、养殖方式以及产排污特征都存在显著差异，各地对于水环境质量的改善要求也都各不相同，一个全国统一的国家排放标准难以支撑各地水产养殖业的精准治污、科学治污。因此，生态环境部组织制定了《地方水产养殖业水污染物排放控制标准制订技术导则》（以下简称《导则》），主要用于指导和规范各地因地制宜出台地方排放控制相关标准，精准开展地方水产养殖业污染防治工作，《导则》近期将正式出台。

另外，在即将发布的生态环境部、农业农村部关于加强海水养殖污染生态环境监管的意见中也提出要求，地方根据相关工作部署，按照《导则》的内容框架，因地制宜组织编制地方水产养殖业水污染物排放控制标准，为进一步促进地方水产养殖的绿色发展和环境质量改善发挥积极作用。在今年3月，生态环境部办公厅、农业农村部办公厅联合印发的《农业面源污染治理与监督指导实施方案（试点）》中也提出"一区一策"，指导各地制定水产养殖尾水排放等标准规范。

下一步，我们将加强《导则》的宣贯和培训，以水产养殖主产区相关省份作为试点，推进和支持地方编制适用本区域的水产养殖业尾水排放标准和污染控制技术规范，开展水产养殖尾水治理和循环利用模式、技术研发与示范，并进一步提升对水产养殖的监管能力。谢谢。

地方政府无权对项目业主参与减排量交易的正当权益进行限制或收归己有

封面新闻记者： 近日，有个别地方对本地风电、光伏等新能源和可再生能源项目提出了碳指标管控要求，比如要求目前已建成和在建的风光电项目所含的碳指标权限归其所有，且使用、交易须经市政府同意，收益归项目所在地，在社会上引起较大争议。请问生态环境部对此有何评论？

陆新明： 谢谢你的提问。对风电、光伏等新能源和可再生能源项目参与温室气体自愿减排交易机制产生的减排量，我们国家已经出台相关的制度文件予以规范。2012 年我国发布了《温室气体自愿减排交易管理暂行办法》，明确温室气体自愿减排交易机制支持对可再生能源等项目的温室气体减排效果进行量化核证，经核证后的减排量可进入市场交易，在促进可再生能源发展、生态保护补偿等方面发挥了积极作用，在全国碳排放权交易市场中还发挥了重要的抵消机制作用。

我们也注意到近期个别地方出台文件对风电、光伏等新能源和可再生能源项目相关碳指标进行限制，项目收益归项目所在地所有。对此，我想强调两点：

第一，项目业主参与温室气体自愿减排交易的权益受国家法律保护，地方政府无权对项目业主参与减排量交易的正当权益进行限制或收归己有。

第二，温室气体自愿减排交易是全国性交易，地方不应该出台与国家有关政策相悖的"地方保护"政策。谢谢。

刘友宾：今天的发布会到此结束。谢谢大家！

11月例行新闻发布会背景材料

党的十九大以来，在以习近平同志为核心的党中央的坚强领导下，生态环境部坚持和突出生态环境法规与标准工作的政治属性，积极推动和协调有关机构和部门共同发力，推动法规标准领域的现代环境治理体系建设取得积极成效。

一、认真学习贯彻落实习近平生态文明思想和习近平法治思想，向生态环境系统印发了综合性法治文件

习近平总书记高度重视生态环境法治工作，"用最严格制度最严密法治保护生态环境""依法治污"构成习近平生态文明思想中重要的"严密法治观"。2020年11月召开的中央全面依法治国工作会议确立了习近平法治思想，习近平总书记在大会上的重要讲话中强调要加强生态文明立法等工作。根据中央安排，生态环境部在大会上做了交流发言，随后部党组及时召开了专题会议，部署学习贯彻习近平法治思想和大会精神，并明确了今后一段时期内生态环境法治工作的方向、目标、任务等。

2020年12月以来，中共中央、国务院先后印发法治中国、法治政府、法治社会建设"一规划、两纲要"，法治文化建设意见等重要法治文件，转发中央宣传部、司法部"八五"普法规划。2021年11月，中共中央、国务院印发《攻坚战意见》。生态环境部结合职责，认真贯彻习近平总书记系列重要指示精神和中央文件部署，衔接提气、降碳、强生态，增水、固土、防风险等生态环境中心工作，提出了具体的落实举措，于2021年11月11日向全国生态环境系统印发《关于深化生态环境领域依法行政 持续强化依法治污的指导意见》（以下简称《依法治污意见》）。生态环境部将积极指导和推动各级生态环境部门进一步提高政治站位，将贯彻习近平生态文明思想、习近平法治思想和中央文

件精神放在重要位置，按照《依法治污意见》的精神和要求，狠抓落实、务求实效。

二、自"十三五"时期以来，推动生态环境法律法规体系、标准体系建设、生态环境损害赔偿制度改革均取得丰硕成果

一是生态环境法律法规体系建设取得了积极成效。生态环境部全力推动构建生态环境法律法规体系，生态环境立法工作力度之大、成果之丰硕前所未有。《环境保护法》《大气污染防治法》《土壤污染防治法》《核安全法》《固体废物污染环境防治法》《长江保护法》等13部法律，以及《城镇排水与污水处理条例》《畜禽规模养殖污染防治条例》《排污许可管理条例》等17部行政法规完成制（修）订。截至目前，由生态环境主管部门作为主要执法部门的生态环境法律已达15件，占现行有效法律总数约1/20。此外还有资源开发利用方面的法律20余件，生态环境行政法规30余件，生态环境法律框架体系已基本形成，生态环境保护各领域已基本实现有法可依。

二是生态环境标准体系建设和基准制定工作取得了积极成就。《国家环境保护标准"十三五"发展规划》顺利实施，"十三五"期间共制（修）订发布国家生态环境标准673项，增长幅度为历次五年规划期间最高。截至目前，现行国家生态环境标准总数已达到2 202项，其中，生态环境质量标准16项、生态环境风险管控标准2项、污染物排放标准183项、生态环境监测标准1 283项、生态环境基础标准49项、生态环境管理技术规范669项。地方生态环境标准迅猛发展，截至2020年年底，依法备案的地方标准总数达到298项，与"十二五"末期的148项相比新增了一倍。生态环境部修订发布了《生态环境标准管理办法》《国家生态环境标准制修订工作规则》，进一步完善了标准管理制度的顶层设计。此外，国家生态环境基准工作步入规范化和科学化管理轨道，我们制定了《国家环境基准管理办法（试行）》，发布了3项基准推导技术指南和4项水生态环境基准，成立了国家生态环境基准专家委员会，陆续启动了海洋、大气、土壤生态环境基准体系研究。

三是生态环境损害赔偿制度改革取得了积极成效。根据《生态环境损害赔偿制度改革方案》，生态环境部积极推动地方和有关部门协同发力，所有省（自治区、直辖市）和新疆生产建设兵团以及388个市地（含直辖市区、县）都印发了实施方案。截至2021年11月，全国共办理了7600余件赔偿案件，涉及赔偿金额超过90亿元。《民法典》《长江保护法》等5部法律、《中央生态环境保护督察工作规定》和13个省级生态环境保护督察办法、19个省份的地方性法规都规定了生态环境损害赔偿内容。最高人民法院、最高人民检察院先后发布《关于审理生态环境损害赔偿案件的若干规定（试行）》《办案规则》。生态环境部联合国家市场监督管理总局发布了6项生态环境损害鉴定评估技术标准，联合有关部门印发了《关于推进生态环境损害赔偿制度改革若干具体问题的意见》。

三、"十四五"时期，推动生态环境立法、标准制定等工作的主要考虑

（一）进一步强化生态环境立法工作

一是整合体系、填补空白，加强重点领域立法，推动黄河、噪声污染防治、海洋环境保护、环境影响评价、气候变化应对、生态环境监测、电磁辐射等重点领域法律法规制（修）订，推动与生态文明体制改革相关的法制建设，推动区域生态环境立法。

二是全面贯彻落实习近平总书记关于"严惩重罚"生态环境违法行为的重要指示精神，进一步完善生态环境违法行为的法律责任。积极推动行政责任、刑事责任和民事责任协同适用，构建以行政责任为主，刑事责任和民事责任配合适用的法律责任体系，不断完善企业、事业单位生态环境保护主体责任。进一步创新法律责任承担方式，有序扩大"双罚制"、按日计罚、信用惩戒等惩处机制的适用范围，积极探索生态修复、连带赔偿等新型的法律责任承担机制。

三是全力配合立法机关，积极开展环境法典编纂的研究论证，加强制度之间的衔接协调，减少相互之间的交叉重叠，构建源头严防、过程严管、责任追究的生态环境保护制度体系，推动环境治理体系和治理能力现代化。

（二）进一步深化生态环境标准和基准工作

目前，生态环境部正在组织编制国家生态环境标准"十四五"发展规划，将进一步拓宽标准覆盖领域、提升生态环境保护标准水平、增强地方标准供给，为生态环境风险防控与减污降碳协同增效打下坚实的基础。一是加快构建应对气候变化、海洋等领域标准体系。二是大力发展地方标准。以长江流域、黄河流域、京津冀、大湾区为重点区域，推动地方制定更有针对性的地方生态环境标准。三是强化环境风险防控标准，加强重金属等有毒、有害污染物风险防控。四是初步构建生态系统保护、修复与监管标准体系。完善生物多样性和生态系统观测调查、保护成效评估等标准。五是深化支撑生态环境管理改革的标准制（修）订，加强生态环境基础标准研制和标准实施评估。六是组织编制生态环境基准"十四五"发展规划，力争到2025年，基本建立水生态环境基准体系，夯实大气、土壤领域相关科学基础，研制一批标准、基准和模型软件，培养若干主导方向的科研创新团队。

现行环保法律法规和标准数量

序号	类别		数量 / 个
1	法律	环保法律	15
		资源法律	22
2	行政法规		32
3	党内法规		40
4	部门规章		84
5	生态环境标准	标准总数	2 202
		强制性标准 环境质量标准和风险管控标准	18
		污染物排放标准	183

四、生态环境损害赔偿典型案例

（一）宁夏回族自治区中卫市美利纸业污染腾格里沙漠生态环境损害赔偿案

宁夏美利纸业集团环保节能有限公司（以下简称美利纸业公司）于 2003 年 8 月至 2007 年 6 月违法倾倒造纸产生的黑色黏稠状废物，造成腾格里沙漠内蒙古、宁夏交界区域 14 个地块的土壤、地下水和植被受损。经鉴定评估，生态环境损害赔偿数额为 1.98 亿元。

通过探索"一次签约、分段实施"的方式，宁夏中卫市政府、内蒙古阿拉善盟行政公署与美利纸业公司于 2020 年 12 月达成赔偿协议。赔偿工作分两个阶段实施：第一阶段开展污染状况调查以及污染清理实施工程，支出费用 4 423 万元；第二阶段开展补偿性恢复、地下水监测、污染地块风险管控、林区管护、生态环境效益评估等工作，并以开展补偿性恢复荒漠和以林地生态效益抵扣两种方式，赔偿生态资源期间服务功能损失 1.54 亿元。

该案是全国第一起跨省联合磋商并获司法确认的生态环境损害赔偿磋商案件。中卫、阿拉善两地政府有效分工协作，保障磋商顺利推进。本案中首次以生态效益抵扣损害，创新了生态环境损害赔偿途径。两地政府和美利纸业公司三方共同委托开展生态环境损害鉴定评估，提高调查评估效率。本案历经应急处置、损害调查、鉴定评估、多轮磋商、签订赔偿协议和司法确认，索赔工作程序规范，法律程序完整。

（二）江苏省南通市钢丝绳生产企业非法倾倒危险废物生态环境损害赔偿系列案

2017 年 5 月，南通市生态环境执法部门在巡查中发现，张江公路西侧堆放大量白色固体。经调查，该白色固体为钢丝绳生产废料磷化渣，属于危险废物。南通市启动应急处置工作，清理磷化渣约 18 000 t。该系列案件实际收缴应急处置费用、生态环境修复保证金共 3 108.6 万元。

该案涉及的钢丝绳生产企业共 33 家，牵涉面广，处置、追偿难度大。南通市生态环境部门牵头多次组织公、检、法等相关部门协调沟通，推动案件办理。经多轮磋商，2018 年 11 月，南通市生态环境局开发区分局与 31 家企业签订赔偿协议，另 2 家企业经后续单独磋商后，履行了赔偿责任。

该案是典型的同类型群发性生态环境损害集中索赔案件，涉案主体多、赔偿金额较大。该案的办理，对类似群发性生态环境损害行为具有较强的震慑作用，为类似群发性生态环境损害赔偿案件的办理提供了借鉴和示范。案件办理过程中多部门联动推进，创新性采取集中磋商、集中签约的方式，极大地提高了办案效率。该案创新资金管理方式，设立临时环境损害磋商专用账户，确保资金用于实际修复，便于资金使用和监管。结合污染程度、周边情况及未来用途，因地制宜采取人工恢复、市政工程与修复工程相结合方式，实现了环境效益和经济效益双赢。

（三）重庆市南川区先锋氧化铝公司赤泥浆输送管道泄漏污染凤咀江生态环境损害赔偿案

2020 年 3 月 12 日，重庆市南川区先锋氧化铝有限公司发生赤泥浆输送管道泄漏，17 m^3 赤泥浆流入凤咀江，1 300 kg 鱼类碱中毒和缺氧死亡，凤咀江水环境受到严重污染，重庆市启动突发事件应急处置工作。经鉴定评估，生态环境损害数额为 70.58 万元。

2020 年 7 月 2 日，重庆市和南川区生态环境、农业农村、渔政等部门、检察机关与先锋氧化铝有限公司召开了磋商会议，签订赔偿协议。由先锋氧化铝有限公司承担生态环境损害赔偿费用共计 106.95 万元，其中包括主动投入 36.37 万元对跨江管道实施整改。

该案是重庆市首例突发环境事件环境应急处置与生态环境损害赔偿同步追责的案件。在突发环境事件应急处置阶段，同时启动生态环境损害鉴定评估，及时固定有效证据材料。生态环境部门积极提起生态环境损害赔偿，并加强与检察机关的沟通协调，体现了生态环境损害赔偿与行政执法、环境公益诉讼高效衔接。该案创新公众参与方式，邀请当地居委会、村民代表参与增殖放流，推动构建政府为主导、企业为主体、社会组织和公众共同参与的现代环境治理体系。

12月例行新闻发布会实录

——聚焦生态环境源头预防和过程管控

2021年12月23日

12月23日，生态环境部举行12月例行新闻发布会。环境影响评价与排放管理司司长刘志全出席发布会，介绍加强生态环境源头预防和过程管控、推动高水平保护和高质量发展相关情况。生态环境部新闻发言人刘友宾主持发布会，通报近期生态环境保护相关重点工作进展，并共同回答记者提问。

12 月例行新闻发布会现场（1）

12 月例行新闻发布会现场（2）

刘友宾：各位记者朋友：大家上午好！欢迎参加生态环境部12月例行新闻发布会。

今天发布会的主题是"加强源头预防和过程管控，推动高水平保护和发展"。我们邀请到生态环境部环境影响评价与排放管理司司长刘志全先生，向大家介绍近期我国环境影响评价与排放管理工作情况，并回答大家关心的问题。

下面，我先通报两项生态环境部近期重点工作：

一、2021年深入学习贯彻习近平生态文明思想研讨会即将召开

经党中央批准，今年在生态环境部成立了习近平生态文明思想研究中心。为深入学习贯彻习近平生态文明思想和党的十九届六中全会精神，生态环境部决定，12月28日，习近平生态文明思想研究中心在成都举办"2021年深入学习贯彻习近平生态文明思想研讨会"。

在中宣部的指导下，"深入学习贯彻习近平生态文明思想研讨会"迄今已成功连续举办两届，逐步成为具有较大影响的研究学习、宣传贯彻习近平生态文明思想的重要平台，为宣传推广习近平生态文明思想、交流研讨生态文明理论实践创新成果和经验、凝聚全社会生态文明建设共识提供了重要支撑。

本次研讨会以"深入学习贯彻习近平生态文明思想 努力建设人与自然和谐共生的美丽中国"为主题，设置习近平生态文明思想主

论坛，以及"理论创新""实践创新""制度创新""宣传推广"4 个平行分论坛。

大会将结合党的十九届六中全会、中央经济工作会议精神，围绕建设人与自然和谐共生的现代化、推进减污降碳协同增效与经济社会发展全面绿色转型等内容，深入学习贯彻习近平生态文明思想，广泛开展研讨、分享和交流，努力推动形成一系列有价值、有深度的观点和成果。

本次研讨会是习近平生态文明思想研究中心成立后召开的首次会议。邀请有关部委、省（市）及 13 个习近平新时代中国特色社会主义思想研究中心的领导、专家和有关高校、科研单位及地方、企业、媒体代表出席，会议将采用线上、线下相结合的形式举行。

二、全国碳排放权交易市场第一个履约周期运行平稳

全国碳排放权交易市场于今年 7 月 16 日启动上线交易以来，整体运行平稳，企业减排意识不断提升，市场活跃度稳步提高。总体来看，全国碳排放权交易市场作为控制和减少温室气体排放及推动实现碳达峰、碳中和重要政策工具的作用得以初步显现。

根据今年 1 月印发的《碳排放权交易管理办法（试行）》，全国碳排放权交易市场第一个履约周期为 2021 年 1 月 1 日—12 月 31 日。截至 12 月 22 日，共纳入发电行业重点排放单位 2 162 家，年覆盖约 45 亿 tCO_2 排放量。碳排放配额累计成交量达 1.4 亿 t，累计成交额达 58.02 亿元。

我们将坚定不移走生态优先、绿色低碳的高质量发展道路，坚定不移实施积极应对气候变化国家战略，在发电行业碳排放权交易市场运行良好的基础上，逐步扩大全国碳排放权交易市场覆盖的行业范围，通过碳排放权交易市场等重要政策工具和手段，推动碳达峰、碳中和目标如期实现。

此外，生态环境部将持续推进全系统新闻发言人制度建设。今天，我们将通过官方网站和新媒体公布 2022 年生态环境系统新闻发言人和发布机构名单及联系方式，为媒体朋友在各地进行新闻采访活动提供服务和帮助，欢迎大家和他们加强联系。

刘友宾：下面，请刘志全司长介绍情况。

生态环境部环境影响评价与排放管理司司长刘志全

全国已划定 4 万多个环境管控单元，单元精度总体上达到了乡镇尺度

刘志全：感谢刘友宾司长，新闻界的朋友们，大家上午好！我代表生态环境部环境影响评价与排放管理司，对大家长期以来对环境影响评价（以下简称环评）与排污许可工作的关心和支持表示衷心的感谢！

一年来，我们坚决贯彻落实党中央、国务院部署，自觉把生态环境保护放在经济社会发展大局中考量，狠抓改革创新，加强生态环境源头防控和过程监管，协同推进"放管服"，发挥环评与排污许可制度效力，既守好环保底线，又强化民生保障和服务经济高质量发展。下面，我介绍一下环评与排污许可工作进展和成效。

第一，以生态环境分区管控体系基本建立为标志，"三线一单"从编制发布向落地应用发力。党中央将"推动划定生态保护红线、环境质量底线、资源利用上线"写入党的十九届六中全会审议通过的《中共中央关于党的百年奋斗重大成就和历史经验的决议》（以下简称《决议》），反映出党中央的高度重视。《长江保护法》《海南自由贸易港法》以及 26 部地方性法规，将生态环境分区管控与生态环境准入清单确立为重要法律制度。目前，全国所有省（自治区、直辖市）、地市两级"三线一单"成果均完成政府发布，划定了 4 万多个环境管控单元，其中优先、重点、一般三类单元面积比例分别为 55.5%、14.5% 和 30.0%，单元精度总体上达到了乡镇尺度，基

本建立了覆盖全国的生态环境分区管控体系。国家多个重大区域流域发展政策、重大规划将"三线一单"作为重要管控手段，生态环境部出台了《关于实施"三线一单"生态环境分区管控的指导意见（试行）》，指导地方应用。地方将"三线一单"用于辅助政府决策和重大规划制定、推动产业转型升级、优化重大工程规划选址以及环评管理，为有关综合决策提供了快速、有效的支持。

第二，以《排污许可管理条例》（以下简称《条例》）发布实施为标志，排污许可制全面实施进入新阶段。今年1月24日，国务院发布《排污许可管理条例》，这是排污许可制度建设的一个里程碑。随即，黄润秋部长出席《条例》全国宣贯视频会并讲话部署相关工作，我和有关同志参加了国务院政策例行吹风会并回答了中外媒体提问。一年来，我们落实《条例》要求，推动全面实施排污许可制，全国已将304.24万个固定污染源纳入排污管理，其中核发排污许可证35.26万张，管控涉水排放口25.97万个、涉气排放口97.09万个。一是深化排污许可与环评、执法、环境统计、环境税等制度衔接，积极稳妥推进试点。近期，我们还印发通知，明确明年开始将工业固体废物纳入排污许可管理。二是组织全国各级生态环境部门开展排污许可证质量及执行报告"双百"检查，督促30.46万家排污单位提交2020年度执行报告，提交率由27%提高至99.4%，完成14.42万张排污许可证质量核查和5.97万份执行报告内容规范性审核。三是推进固定污染源"一证式"监管，生态环境部通过现场调研监督帮扶和非现场信息化核查相结合的方式，发现了4980家单位排污许可质量和排污许可要求不落实等问题，目前正在督促整改。

第三，以严控"两高"项目等盲目发展为标志，进一步发挥规划环评和项目环评预防作用。一是落实党中央、国务院部署，我们印发了《关于加强高耗能、高排放建设项目生态环境源头防控的指导意见》并召开视频会，调度建立"两高"建设项目环评管理台账，组织修订一批"两高"行业项目环评审批原则，严格环境准入，全年"两高"相关行业环评审批数量下降超过三成。二是全面加强"十四五"区域、产业园区、交通、资源能源等规划环评工作，与自然资源部、交通运输部联合制定矿产资源、港口规划环评有关政策。全面落实《关于进一步加强产业园区规划环评工作的意见》，强化源头预防。三是加强项目环评管理，全年全国共审批项目环评 10.53 万个，其中生态环境部审批重大项目环评 80 个，主要涉及水利、铁路、煤炭开采、海洋油气开发、核电、电力通道等。四是在严格重大项目新增污染物排放的同时，实施"以新带老"、区域削减，有力推进生态环境质量改善。进一步强化一批重大规划和工程的生态保护和修复，野生动物通道、过鱼设施、替代生境建设等已逐步成为水利水电和线性工程标配。

第四，以协同推进"放管服"为标志，环评改革不断深化。坚持简政放权、放管结合、优化服务。在"放"上，贯彻落实新修订的《建设项目环评分类管理名录（2021 年版）》，环评审批数量大幅下降。今年 1—11 月，全国审批项目环境影响报告书（表）数量同比下降超过四成。在"管"上，落实环评与排污许可年度监管工作方案，组织完成 8 个省份调研，发现的 62 个问题线索均已反馈整改。加强环评单位和环评人员的信用监管，已有 213 家单位和 207 人列入环评失信"黑名单"或限期整改名单。在"服"上，加强"三本台账"环评审批服务，全国审批项目环评 10.53 万个，涉及总投资超过 13.78 万亿元。落实党中央、国务院部署，创新能源电力保供相关环评政策，助力加快形成煤炭产能，仅 10 月以来已批或在批环评的煤矿项目涉及新增产能已超过 1.27 亿 t/a。此外，我们还建设运行全国环评技术评估服务咨询平台，开展远程服务。

第五，以谋划"十四五"环评与排污许可工作为标志，形成未来几年总体考虑。我们研究制定了"十四五"环评与排污许可工作实施方案，努力做到 5 个突出，即突出改革创新、突出体系建设、突出效能发挥、突出监管执法、突出支撑保障，目标就是把"十四五"生态环境保护目标、任务分解落实到环评与排污许可领域，形成"十四五"时期推进各项改革的"施工图"。

对环评和排污许可工作的总体进展我先介绍到这里。下面，我愿意回答大家关心的问题。谢谢各位！

刘友宾：下面，请大家提问。

1—11 月，全国审批 10.53 万个建设项目环评，完成 38.25 万个登记表项目备案

封面新闻记者：请问近年来生态环境部在深化环评"放管服"

改革、做好"六稳""六保"任务等方面给予了哪些支持，下一步还有什么考虑？谢谢。

刘志全：谢谢您的提问。面对复杂严峻的国内外形势，生态环境部坚决贯彻落实党中央、国务院部署，坚持稳中求进工作总基调，自觉把生态环境保护工作放在经济社会发展大局中考量，狠抓改革创新，深化"放管服"改革，既守好环保底线，又努力保障民生和经济社会发展。

第一，狠抓简政放权，进一步激发市场活力。严格落实《建设项目环评分类管理名录（2021年版）》，明确"名录之外无环评"，降低51个二级行业环评类别，取消40个二级行业登记表填报。1—11月，在全国固定资产投资增长5.2%的情况下，全国审批10.53万个建设项目环评，同比下降43.4%；共完成38.25万个登记表项目备案，同比下降57.4%，改革成效显著。从全国环评审批情况看，"两新一重"行业（新型基础设施建设，新型城镇化建设，交通、水利等重大工程建设）保持快速发展，如全国审批交通类项目环评近3 700个，涉及投资额超过3万亿元，电子制造类项目环评审批超过2 400个。风电光伏行业迅猛发展，共审批有关项目环评660多个，有力推进清洁能源生产和碳减排。此外，生态环境部委托具备条件的11个省级生态环境部门开展国家级产业园区规划环评审查。同时，我们还修订发布了新的环境影响报告表格式，简化编制内容、减轻企业负担。

第二，狠抓放管并重，强化事中事后监管。一是严格准入要求，

印发《关于加强高耗能、高排放建设项目生态环境源头防控的指导意见》，坚决遏制"两高"项目盲目发展，全国"两高"相关行业新、改、扩建项目环评数量及涉及投资额同比均下降三成。二是落实生态环境部环评与排污许可监管三年行动计划及 2021 年工作方案，组织完成了 8 个省份调研，分省梳理形成 62 个问题线索清单，并反馈各地加快整改，各地也加强了监管。三是加强规划环评和项目环评质量监管，严打态势基本形成。

第三，狠抓审批服务，加强企业和基层帮扶。一是提升"三本台账"环评审批服务质量，对国家、地方、利用外资重大项目，采取提前介入指导、开辟绿色通道等方式，提高环评效率。二是落实党中央、国务院部署，创新能源电力保供相关环评政策，会同有关部门出台了多个政策文件，生态环境部也专门出台文件督促煤炭大省做好相关工作，多次调研、调度，指导解决问题，在兜住生态环境底线的基础上推进加快形成煤炭产能，仅 10 月以来已批或在批环评的煤矿项目涉及新增产能已超过 1.27 亿 t/a。三是建设运行全国环评技术评估服务咨询平台，为群众办实事，这是我们会同评估中心向全国市场主体和基层生态环境部门开辟的一个远程服务平台，今年已"远程会诊"或解答疑问 1 100 多个、回复"部长信箱"2 400 多件，形成上百个常见问题解答口径并向社会公开，强化对中小微企业和基层审批部门的帮扶。

改革只有进行时，没有完成时。"十四五"期间，生态环境部将继续深化环评领域"放管服"改革。

第一，优化完善环评管理链条。一是完善涵盖"三线一单"、规划环评、项目环评以及排污许可的管理制度体系，明确功能定位、责任边界和衔接关系，避免重复评价。二是积极稳妥开展一批试点，指导北京、上海、重庆、杭州、广州、深圳等营商环境试点城市深化改革，在推进产业园区规划环评与项目环评联动及优化环评分类管理等方面先行、先试。三是选取具备条件的地方，开展污染影响类项目环评与排污许可深度衔接改革试点。

第二，不断提升审批服务水平。一是全面推进政务服务标准化，持续完善"三本台账"环评审批服务体系。二是深化远程技术评估服务，推动解决小微企业和基层审批部门实际困难。

第三，全面加强环境准入和监管。一是严格执行"两高"行业及其他各行业项目环评审批原则和准入条件。二是落实环评与排污许可监管三年行动计划，按年度开展监管工作。三是健全执法督察相关长效监管机制，强化行政执法与刑事司法衔接，加大违法惩处和震慑力度。

213 家单位和 207 人列入环评失信"黑名单"或限期整改名单

《南方周末》记者：环评造假是大家一直关注的问题，近年来生态环境部门针对环评打假的力度一直在增强，请问有哪些做法，取得了哪些成效？谢谢。

刘志全：谢谢您的问题。近两年时有关于环评弄虚作假的报道，生态环境部门在环评打假方面的态度是坚决的、一贯的，对环评文件弄虚作假、粗制滥造始终坚持"零容忍"，发现一起处理一起。环评是约束项目和园区准入的法制保障，是在发展中守住绿水青山的第一道防线，第一道关守不住，项目就可能存在缺陷，并可能影响区域生态环境质量。所以说，环评质量是环评制度效力的生命线，我们必须守住，生态环境部门将坚持"零容忍"的态度，健全机制、重拳出击，力求标本兼治。

一是健全监管机制，夯实各方责任。生态环境部印发了《关于严惩弄虚作假提高环评质量的意见》《关于加强环境影响报告书（表）编制质量监管工作的通知》等文件，推动建立健全长效监管机制、信用管理机制、司法衔接机制，对发现的环评弄虚作假等问题，回溯环评文件编制、评估、审批、召集审查全流程，明确各方面责任，并对有关单位和人员依法实施"双罚制"。第十三届全国人民代表大会常务委员会第二十四次会议通过了《刑法修正案（十一）》，首次将环评机构和人员弄虚作假纳入刑法定罪量刑。

二是突出主体责任，加大查处力度。针对一些建设单位对环评文件质量不重视、不审核，助推环评市场低价恶性竞争等问题，加大查处力度，依法落实建设单位主体责任。生态环境部已将 49 份环评文件涉嫌严重质量问题线索移交地方生态环境部门依法查处，多个单位涉嫌违法问题线索已移送公安机关。据不完全统计，各地对相关建设单位已依法处以罚款 600 余万元，并对相关责任人处以罚款。针对一些环评单位超出技术能力肆意"拉业务"、环评文件粗制滥造甚至弄虚作假的问题，加大抽查力度。去年以来，生态环境部对 10 多万份环评文件开展智能校核，分 8 批对 1 019 份环评文件开展重点复核，对 50 家环评单位和 69 名编制人员予以失信记分。全国已有 213 家单位和 207 人列入环评失信"黑名单"或限期整改名单。

三是强化靶向监管，加大宣传引导。今年，生态环境部又建立了环评人员从业异常情况预警机制，分季度向地方通报 98 名异常从业的环评人员，要求从严监管。目前，我们正在组织开展违规环评单位和环评工程师诚信档案专项整治，对无技术能力的"空壳"环评公司和"挂靠"环评工程师进行集中清理。此外，我们还配合制作播出《环评打假 守住环保第一关》焦点访谈节目，主动发布多批环评弄虚作假查处案例，释放监管越来越严的强烈信号。

下一步，生态环境部门将继续坚持问题导向，发挥好各项监管机制作用，促进环评市场健康发展。

一是持续开展环评文件智能查重和复核，强化环评文件严重质量问题线索移送查处机制，对情节严重的，推进行政执法与刑事司法的衔接。

二是继续推进环评单位和环评工程师诚信档案专项整治各阶段工作和典型案件查办，坚决维护环评市场秩序。

三是持续加强环评监管体系建设，提升信用监管效力，同时强化业务指导和正面引导，提升环评从业人员能力水平和职业荣誉感，推动提升环评工作质量。

304.24 万个固定污染源纳入排污管理范围

中央广播电视总台央视记者：《条例》今年 3 月 1 日开始实施，请问生态环境部落实《条例》开展了哪些工作？目前全国排污许可证发证登记的进展情况怎么样？谢谢。

刘志全：谢谢这位记者朋友的提问。《条例》今年发布实施后，生态环境部高度重视，积极推进开展以下工作：

第一，加强宣传解读。一是举办全国宣传贯彻《条例》视频会，黄润秋部长出席并讲话。二是组织在《经济日报》上刊登黄润秋部长署名文章《推进生态环境治理体系和治理能力现代化》。三是生态环境部和各地组织开展形式多样的宣传培训，如建立抖音账号、制作短视频、开展直播培训等。四是出台并组织实施生态环境部落实《排污许可管理条例》任务分工方案。

第二，健全制度体系。一是根据《固体废物污染环境防治法》（2020 年 4 月修订）第三十九条规定"产生工业固体废物的单位应当取得排污许可证"，今年生态环境部发布《排污许可证申请与核发技术规范　工业固体废物（试行）》，并印发了有关通知，明确明年正式将工业固体废物纳入排污许可管理工作。二是推动修订《环境噪声污染防治法》《海洋环境保护法》，将工业噪声、海洋工程纳入排污许可管理，实现全要素"一证式"管理。三是推动构建排污许可核心制度，组织 54 个地区开展新一批排污许可试点，实现排污许可与环评、环境统计、环境监测、环境执法等衔接融合。四是优化排污许可证内容,实现排污许可"一张证"、污染源监管"一张图"。

第三,加强监管执法。一是组织全国各级生态环境部门开展排污许可证质量及执行报告"双百"检查,共督促 30.46 万家排污单位提交 2020 年度执行报告,提交率由 27% 提高至 99.4%,完成 14.42 万张排污许可证质量核查和 5.97 万份执行报告内容规范性审核。二是生态环境部本级通过现场调研监督帮扶和非现场信息化核查相结合的方式,发现了 4 980 家单位排污许可质量和排污许可要求不落实的问题,目前正在督促整改。三是公开曝光了第一批 7 起无证排污、超浓度排污等排污许可违法、违规典型案例,对全国排污许可证到期未延续、未按时提交执行报告的钢铁冶炼企业和垃圾焚烧发电企业进行通报,有效震慑排污许可违法、违规行为。

截至目前,我们已组织全国将 304.24 万个固定污染源纳入排污管理范围,其中核发排污许可证 35.26 万张,下达限期整改通知书 0.98 万家,对 268 万个污染物排放量很小的固定污染源进行排污登记,实现排污许可"一网打尽"、环境监管"一目了然"。

下一步,生态环境部将进一步全面贯彻落实《条例》要求,一是以提升排污许可证质量为首要任务,落实好提质增效行动计划,持续做好排污许可新增污染源发证登记工作。二是推动好"一体两翼",全面推行排污许可"一证式"管理,建立基于排污许可证的排污单位监管执法体系和自行监测监管机制,实施"三监联动"。三是加大处罚力度,加强违法、违规行为的曝光。

积极推进"三线一单"生态环境分区管控工作

新黄河客户端:《决议》明确提出,推动划定生态保护红线、环境质量底线、资源利用上线。请问目前"三线一单"工作进展如何,下一步有什么考虑?我们注意到生态环境部今年已经对外发布了几批"三线一单"落地应用典型案例,请问这些案例具有哪些指导经验?谢谢。

刘志全:感谢这位记者朋友的提问。实施"三线一单"生态环境分区管控制度是贯彻落实习近平生态文明思想的重要举措。党中央将"推动划定生态保护红线、环境质量底线、资源利用上线"写入了《决议》,今年 11 月出台的《中共中央 国务院关于深入打好污染防治攻坚战的意见》也对加强"三线一单"生态环境分区管控提出了明确的要求。生态环境部高度重视"三线一单"工作,按照系统管控、分类指导、坚守底线、共享共用、持续优化的原则,积极推进"三线一单"生态环境分区管控工作。目前,主要进展可以概括为以下四个方面:

一是法律保障不断加强。经过不懈努力,"三线一单"在国家和地方层面的立法工作得到了加强。国家层面,今年 3 月 1 日实施的《长江保护法》、今年 6 月 10 日颁布实施的《海南自由贸易港法》,将生态环境分区管控与生态环境准入清单作为重要内容纳入法律。《黄河保护法(草案)》也纳入了生态环境分区管控的相关内容。26 部地方性法规先后通过地方人大审议,为"三线一单"的推进提供了法律保障。

二是制度体系不断完善。"三线一单"工作启动以来,相关管理文件和技术文件已有近 20 项。今年,生态环境部组织印发了《关于实施"三线一单"生态环境分区管控的指导意见(试行)》《关于做好"三线一单"成果数据报送及共享工作的通知》,启动了"三线一单"跟踪评估试点、"三线一单"协同减污降碳试点,对"三线一单"落地应用以及成果数据报送、跟踪评估、更新调整、共享共用等各个环节进行了规范,提出了相关要求,指导各地加快应用。

三是全面实现成果在地市落地。在国家指导下,在去年省级成果发布的基础上,各省(自治区、直辖市)同志们克服新冠肺炎疫情影响,联合奋战,截至目前,全国各地市均完成了"三线一单"成果的细化,市级"三线一单"生态环境分区管控的实施方案均通过市政府审议并发布实施。目前,全国划分了 4 万多个环境管控单元,单元精度总体上达到了乡镇尺度,初步建立了较为精细化的生态环境分区管控体系,为政府决策和生态环境部门参与综合决策提供了宝贵的政策工具。

四是落地应用初见成效。生态环境部组织发布 36 个"三线一单"应用典型案例,引导各地加强"三线一单"成果应用。

从应用领域来看,主要包括以下四类:一是在重大规划编制领域中应用,包括国土空间规划、矿产资源规划、区域开发规划、交通规划、产业园区规划、水资源利用规划、流域开发保护规划等多种类型规划,发挥了"三线一单"优布局、控强度的作用。二是在产业布局优化和转型升级方面进行应用，例如，在浙江长兴印染纺织等产业、山东即墨热镀锌等产业的布局优化中，都吸收了"三线一单"成果，通过差别化的管控要求，促进产业发展与环境承载能力相适应。三是在环境准入方面，各地普遍将"三线一单"成果作为政府的投资引导书，在招商阶段就发挥决策指引作用，避免前期工作投入浪费；该成果也普遍应用于支撑规划环评审查和项目环评审批，提高了审批效率。四是依托"三线一单"应用平台深入推进共享共用。例如，北京市将"三线一单"成果融入"多规合一"协同平台，开展部门联审；重庆市上线了"三线一单"智检服务公众端，该公众端已注册一定数量的企业和个人，累计生成报告2 587份。这些鲜活的案例既为各省（自治区、直辖市）提供了工作借鉴，也为我们制订相关政策提供了支撑，"三线一单"基础性和引导性作用逐渐显现。

下一步，生态环境部将持续加强对"三线一单"生态环境分区管控制度实施和落地应用的指导，一是继续加强顶层设计，不断完善"三线一单"制度建设，落实责任，拓宽"三线一单"的应用领域；二是根据"十四五"期间生态保护红线、环境质量底线和资源利用上线的要求，指导地方动态更新调整生态环境分区管控要求；三是探索开展"三线一单"成效评估与实施监管，引导相关主体落实好"三线一单"生态环境分区管控要求；四是加强"三线一单"数据平台的共享共用。

北方地区清洁取暖是一项民生工程，首先要把保障群众温暖过冬作为底线

东方卫视记者： 近日，河北山海关古城清洁取暖被指"一刀切"，禁止烧柴取暖、封堵炉灶导致部分群众挨冻，请问生态环境部对此怎么看？

刘友宾： 我们关注到了相关媒体报道，也关注到媒体跟进报道了秦皇岛市山海关区已启动整改。生态环境部对此事高度重视，已组织调查了解情况，督促地方切实整改，并将密切关注后续整改落实情况。

北方地区清洁取暖是一项民生工程，我们要把保障群众温暖过冬作为底线，无论群众采用何种清洁取暖方式，都要坚持"先立后破""不立不破"。

近年来，生态环境部持续组织对清洁取暖改造落实情况和群众温暖过冬保障情况进行排查，并充分利用"12369"环保举报平台等投诉举报渠道了解一些地方"煤改气""煤改电"供暖保障方面出现的问题。我们欢迎媒体和社会公众对清洁取暖工作进行监督，对反映的"未立先破"、简单粗暴、"一刀切"等行为，将第一时间组织调查核实，督促有关地方解决问题，确保人民群众温暖过冬。

发挥典型案例的警示引导作用，引导企业自查自纠，树立按证排污观念

凤凰卫视记者：近期，生态环境部曝光了一批排污许可违法、违规的典型案例，请问违规的问题集中在哪些方面，有什么突出的特点？下一步将采取怎样的措施加强管理？谢谢。

刘志全：感谢记者朋友的提问。为强化《条例》的权威性，强化排污企业的主体责任，落实监管部门的监管责任，近期生态环境部公开曝光了一批排污许可违法、违规典型案例，共7个，相关属地生态环境部门已经依据《条例》及相关法律法规对涉及的单位和人员予以严惩，对最严重的违法行为处罚款62万元。排污许可并非"免死金牌"，这些"雷区"不能碰。

此次曝光是贯彻落实《条例》、治理环境违法行为的具体行动，是落实企业治污主体责任，实现精准治污、科学治污、依法治污的具体举措。具体体现了三个特点：一是重点打击超标、超总量违法排污行为，比如无证排污、超许可排放浓度排放污染物、不按证排污等；二是既管住大的也管小的违规行为，比如不按规定提交执行报告和记录环保台账；三是既关注排污许可也关注其他制度，比如对不按要求开展自行监测的单位和人员进行了处罚，有利于推动形成公平规范的环境执法、守法秩序。

下一步，生态环境部将持续推进公开曝光排污许可违法、违规案例，充分发挥典型案例的警示引导作用，在震慑各类未按证排污、

无证排污行为的同时，引导企业自查自纠，树立按证排污的观念，实现由"要我守法"向"我要守法"的转变。我们将采取以下三项措施加强管理。

一是加快推进出台关于加强排污许可执法监管的指导意见，将排污许可证作为生态环境执法监管的主要依据，加强行政执法与刑事司法的衔接，严惩排污许可违法行为。

二是印发实施排污许可提质增效行动计划（2022—2024），持续组织开展排污许可证后监管，严格排污许可证质量和执行报告检查，督促排污单位依证履行主体责任。

三是推动落实关于全面实施环保信用评价的指导意见，全面将排污单位和排污许可技术机构纳入环保信用评价范围，实施全国失信联合惩戒。

近期，生态环境部已整理了第二批排污许可违法、违规典型案例，将持续进行公开曝光，欢迎广大媒体朋友继续关注。

加强"两高"项目环评审批管理，开展"两高"项目碳排放环评试点

《中国日报》记者：我们注意到最近一段时间，中央层面不断释放遏制"两高"项目盲目发展的信号。请问生态环境部在遏制"两高"项目盲目发展方面有哪些具体举措？

刘志全：谢谢你的提问。生态环境部深入贯彻落实习近平总书

记重要指示批示精神，落实关于坚决遏制"两高"项目盲目发展的要求，今年5月31日印发了《关于加强高耗能、高排放建设项目生态环境源头防控的指导意见》（以下简称《指导意见》），指导各地生态环境部门加强"两高"项目生态环境源头防控，对"两高"项目实施源头严防、过程严管、后果严惩，引导"两高"项目低碳绿色转型发展。《指导意见》印发后，生态环境部及时跟踪调度各地工作进展，持续指导各地生态环境部门建清单、严把关、强监管，具体如下。

一是实施"两高"项目"清单化"管理。指导各地建立"两高"建设项目管理台账，现已形成包括2 000余个拟建在建"两高"项目的生态环境管理台账。

二是加强"两高"项目环评审批管理。指导地方严格环评审批把关，对不符合政策要求的特别是"两高"盲目发展的项目，一律不批。预计今年全国有关行业环评审批数量同比降幅三成以上。生态环境部将根据国家碳达峰、碳中和的总体部署，结合新的产业政策等要求，分期分批制（修）订包括现代煤化工建设项目环境准入条件等在内的"两高"行业环评准入规范文件，并适时向社会公开征求意见。

三是开展"两高"项目碳排放环评试点。指导河北、山东、浙江等8省（直辖市）对电力、钢铁、建材、有色、石化、化工等"两高"行业开展碳排放环评试点工作。

四是加大"两高"项目监督力度。在今年已开展的第二轮第三批、第四批和正在开展的第五批中央生态环境保护督察工作中，都将盲目上马"两高"项目作为突出问题进行重点检查。在"两高"项目密集、环境空气质量改善任务艰巨的重点区域，聚焦"两高"项目开展监督帮扶，督促问题整改。在2021年度环评与排污许可监督管理工作中将"两高"行业作为关注重点，督促"两高"项目落实环评要求、按证排污。

五是强化责任追究。曝光了十多个盲目发展"两高"项目的典型案例，对"未批先建""无证排污"等环境违法情形依法严惩，依法严肃追究相关责任人责任。

下一步，生态环境部将深入贯彻落实党中央、国务院关于统筹有序做好碳达峰、碳中和工作，坚决遏制"两高"项目盲目发展等部署要求，建立"两高"项目监管长效机制，加强对地方生态环境部门的指导，持续强化"两高"项目源头防控。

冬奥会期间将大面积关停企业的传言不属实

路透社记者：近期有消息称，一些北方地区的企业被要求减产以保证冬奥会的空气质量。对此想请问生态环境部，这个消息是否属实？政府是否有计划要求北方地区工业企业在冬奥会之前和冬奥会期间减产或者停产，以改善冬奥会期间北京和张家口地区的空气质量？

刘友宾：我们注意到网上有传言说冬奥会期间将大面积关停企业，这些传言不属实。

关于冬奥会、冬残奥会期间的大气污染防治工作，生态环境部届时将指导北京、河北等地依法、依规采取合理的环保措施，并要求做到精准、科学，做好信息公开，尽可能减少对经济社会运行和人民群众生产生活的影响。

强化企业治污主体责任，营造依法许可、按证排污、按证监管执法的良好氛围

每日经济新闻记者： 近期，生态环境部公开征求排污许可提质增效行动计划（2022—2024）意见，提出到2023年年底前完成限期整改行动，全面完成"双百"检查工作。请问能否介绍一下"双百"检查的内容，下一步如何实现整改清零？

刘志全： 谢谢您的提问。党的十九届四中、五中全会都对排污许可工作提出了明确的要求，为落实中央部署，强化排污许可证后管理，督促排污单位落实主体责任，我们必须在提高排污许可证质量上下功夫，为此生态环境部起草了排污许可提质增效行动计划（2022—2024），正在进一步完善中。

第一方面，我介绍一下"双百"检查的主要内容。今年，生态环境部已提前启动排污许可提质增效行动，组织开展了排污许可证质量审核等工作，印发了《固定污染源排污许可证质量、执行报告审核指导工作方案》，提出三年内排污许可证质量检查率100%、一年内执行报告提交率100%的"双百"任务目标。下一步，我们要

做到依证监管，许可证质量和执行报告就至关重要。

根据"双百"任务要求，今年我们应当完成三项工作任务，其中8月31日前应督促完成全部持证排污单位2020年度执行报告提交；10月31日前应当完成火电、造纸、污水处理及其再生利用三个典型行业全部持证排污单位及其他行业5%～10%持证排污单位2020年度排污许可证执行报告内容规范性审核；11月30日前应当完成不少于1/3排污许可证质量审核工作。

第二方面，我介绍一下进展与成效。截至目前，全国共督促30.46万家排污单位提交2020年度执行报告，提交率由27%提高至99.4%，完成排污许可证质量核查14.42万张，完成执行报告内容规范性审核5.97万份，全面完成"双百"年度任务。

"双百"检查工作取得明显成效，主要有以下三方面原因。一是继续延续包保工作机制，实施部、省、市上下联动，形成联合监管合力；二是抓住突出问题，分行业压茬推进，推动建立常态化核查模式；三是敢于动真碰硬，执法联动增强了法律震慑效力。经统计，在"双百"检查期间，全国共计下达整改通知书1724份，因不按证排污等原因立案查处企业296家。在强化企业治污主体责任的同时，营造依法许可、按证排污、按证监管执法的良好氛围。

下一步，生态环境部将开展以下三方面工作。

一是印发实施排污许可提质增效行动计划（2022—2024），持续开展"双百"检查工作，强化排污许可制度执行情况监督管理。

二是建立排污限期整改排污单位台账，实施挂单销号，加快推进并督促排污单位按照限期整改通知书要求全面完成排污限期整改。

三是压实地方政府属地责任，建立综合监管协调机制，统筹解决因整体搬迁、规划或环境敏感区调整等原因导致短期内无法取得环评批复、无法完成整改等问题，妥善解决影响排污许可证审批的历史遗留问题。

将以新《噪声污染防治法》实施为引领，制定噪声污染防治行动计划，落实污染防治责任

《中国青年报》记者： 我们注意到，全国人大常委会法制工作委员会日前介绍，将在12月20—24日对《噪声污染防治法（草案）》进行二次审议。请问《噪声污染防治法》修订的意义是什么，生态环境部下一步有何打算？

刘友宾： 我国一直高度重视噪声污染防治工作，1980年就将噪声正式纳入全国环境常规监测项目。原《噪声污染防治法》1997年3月1日起施行，对噪声污染防治起到过重要作用。

近年来，随着蓝天、碧水、净土污染防治攻坚战取得显著成效，生态环境质量持续改善，人民群众的环境获得感显著增强。但由于城镇化快速发展等多种原因，噪声污染引发的群众烦恼日益凸显，越来越受到全社会的关注。

噪声扰民种类多、源头控制不足、执法管理难度大，原《噪声污染防治法》已经难以适应噪声污染防治工作面临的新形势、新要求。

605

2018 年，全国人大将《噪声污染防治法》修订纳入计划。经过三年努力，2021 年 8 月，《噪声污染防治法（草案）》已通过第十三届全国人大常委会第一次审议，目前正在接受第二次审议。

下一步，生态环境部将以新《噪声污染防治法》实施为引领，制定噪声污染防治行动计划，落实地方政府污染防治责任，完善标准规范，纳入排污许可管理，积极推动社会共治，还公众一个宁静的家园。

环评信息获取更容易，公众参与水平有提升，公众监督环评更有效

《南方都市报》记者：我们知道《环境影响评价公众参与办法》已实施两年多，公众和社会组织对环评工作的参与情况如何？

刘志全：感谢你对环评公众参与工作的关注。环评是最早实行公众参与制度的行政许可之一，这一制度有效畅通了公众环境保护诉求的表达渠道，在保障公众知情权、参与权以及维护公众合法环境权益等方面发挥了重要作用。生态环境部于 2019 年 1 月 1 日正式组织实施新修订的《环境影响评价公众参与办法》（以下简称《办法》）。《办法》施行两年来，各方反映良好，主要有以下三个特点：

一是环评信息获取更容易。建设单位在编制环评文件阶段，需要采取报纸、网络、张贴公告等多种方式，公开环评文件全本信息，环评审批部门在受理、审查、批复后按程序及时公开相关信息，更

易于公众和社会组织获取环评信息。2020 年，涉及申请环评信息公开的项目数量较 2019 年减少 22%。

二是公众参与水平有提升。我们有个明显的感受，以前反映公众和社会组织参与造假的举报信多，这两年来，来信主动参与项目环评、提出建设性意见建议的多，为我们做好环评管理提供了有益的参考，在部分敏感水电、铁路等项目环评审批中发挥了很好的作用。

三是公众监督环评更有效。公众参与在提高环评质量、抵制环评造假等方面发挥了重要作用，近几年通过公众参与发现了一些环评造假问题。比如去年的深圳湾航道疏浚项目环评报告抄袭造假问题，就是建设单位在公示项目环评信息过程中，抄袭造假问题被公众和社会组织发现，最终得到严肃查处。这充分体现了公众参与的必要性和有效性。同时，我们也收到一些关于改进公众参与制度的意见建议，将在后续工作中认真研究。

下一步，生态环境部将采取以下措施，推进这项工作：

一是继续跟踪《办法》的施行情况，加大指导力度，推动《办法》落地生效。

二是强化对环评公众参与执行情况的事中事后监管，对发现的违法案例进行查处和曝光。

三是接受社会监督，认真倾听公众意见，也欢迎广大媒体朋友提出意见建议。

刘友宾：各位媒体朋友，时光荏苒，再过几天，新年的阳光将要普照大地。过去的一年，媒体朋友们克服新冠肺炎疫情带来的困难和挑战，坚守岗位，用专业的态度和精神奉献了一大批优秀的生态环境保护新闻报道，在全社会大力宣传习近平生态文明思想，为深入打好污染防治攻坚战营造了良好的舆论环境。

一年来，媒体朋友们积极参加生态环境部例行新闻发布会，大力报道我国生态文明建设和生态环境保护的各项政策举措和进展成效，有效保证了社会公众对环境保护事务的知情权。媒体朋友们还深入中央生态环境保护督察一线进行采访报道，积极参加 COP15 第一阶段、六五环境日国家主场活动，有力地报道了会议活动的盛况，是我国生态环境保护事业的重要见证者、记录者和奉献者。在此，谨向大家表示由衷的敬意和感谢！

预祝各位朋友新年吉祥如意！幸福安康！

今天的发布会到此结束。谢谢大家！

「12月例行新闻发布会背景材料」

"十三五"以来,环评与排污许可改革取得重要突破。环评与排污许可围绕支撑生态环境质量改善,立足服务高质量发展,全面推进"放管服"改革,不断提升生态环境源头预防和过程监管效能。"三线一单"从试点推进到全面铺开,完成了所有省级成果发布,全国生态环境分区管控体系初步建立。排污许可确立了核心制度地位,出台了《排污许可管理条例》,覆盖所有固定污染源。环评"放管服"力度空前,取消了竣工环保验收和环评机构资质审批等多项行政许可,登记表由审批改为在线备案,审批和监管全面向基层下沉。规划环评、项目环评与排污许可进一步聚焦重点、优化流程、提高效能,法律法规和标准规范体系更加健全,法治化、规范化、精细化、信息化、便民化水平进一步提高,为协同推进生态环境高水平保护和经济高质量发展发挥了重要作用。

"十四五"开局之年,环评与排污许可工作坚决贯彻党的十九届四中、五中、六中全会精神,落实《中共中央 国务院关于深入打好污染防治攻坚战的意见》《中共中央 国务院关于完整准确全面贯彻新发展理念做好碳达峰碳中和工作的意见》等总体部署,取得了新的阶段性进展。

一、以生态环境分区管控体系基本建立为标志,从编制发布向落地应用发力

党中央将"推动划定生态保护红线、环境质量底线、资源利用上线"写入《决议》,充分表明了党中央对这项工作的高度肯定,也是对我们做好工作的极大鞭策、激励。一年来,在"三线一单"成果制定发布、制度完善、落地应用等方面,我们取得了新的阶段性成果。

第一,全国所有省份、地市两级"三线一单"成果均完成政府审议和发布工作,划定了4万多个环境管控单元,其中优先、重点、一般三类单元面积

比例分别为 55.5%、14.5% 和 30.0%，单元精度总体上达到了乡镇尺度，基本建立了覆盖全国的生态环境分区管控体系。

第二，《长江保护法》《海南自由贸易港法》以及 26 部地方性法规已将生态环境分区管控与生态环境准入清单确立为一项重要法律制度。生态环境部印发了《关于实施"三线一单"生态环境分区管控的指导意见（试行）》，明确了更新调整、跟踪评估、共享共用各个环节的管理要求，加强对地方的指导。

第三，"三线一单"成果加快落地应用。在国家层面，"三线一单"管理要求被写入多项重大区域流域发展政策文件、有关规划和碳达峰、碳中和有关部署；在地方层面，该成果用于辅助政府招商引资决策和重大规划制定、推动产业转型升级、优化重大线性工程规划选址，还普遍应用于规划环评审查和项目环评审批，为生态环境部门参与综合决策提供了快速、有效的支持，促进高质量发展和高水平保护的作用逐步发挥。

下一步，我们将认真贯彻党中央、国务院部署，持续加强"三线一单"顶层设计，理顺"三线一单"与相关制度衔接关系，抓好《指导意见》实施，拓宽落地应用的领域，完善好、应用好这项新的生态环境保护基础性制度。

二、以《条例》发布实施为标志，排污许可制全面实施进入新阶段

今年 1 月 24 日，国务院发布《排污许可管理条例》，这是排污许可制度建设的一个里程碑，随即黄润秋部长出席全国宣贯《条例》视频会并讲话部署，我和有关司局同志参加了国务院政策例行吹风会并回答了中外媒体提问。一年来，我们在落实《条例》要求、推动全面实施排污许可制方面重点做了四项工作。

第一，巩固排污许可全覆盖成果。全国已将 304.24 万个固定污染源纳入排污管理范围，其中核发排污许可证 35.26 万张（重点管理 9.57 万张、简化管理 25.69 万张），下达限期整改通知书 0.98 万家，对 268 万家污染物排放量很小的固定污染源进行排污登记，实行许可管理的水污染物排放口 25.97 万个、大气污染物排放口 97.09 万个。

第二，强化排污许可证后监管。一是组织全国各级生态环境部门开展排

污许可证质量及执行报告"双百"检查，共督促 30.46 万家排污单位提交 2020 年度执行报告，提交率由 27% 提高至 99.4%，完成 14.42 万张排污许可证质量核查和 5.97 万份执行报告内容规范性审核。二是推进固定污染源"一证式"监管，生态环境部本级通过现场调研监督帮扶和非现场信息化核查相结合的方式，发现了 4 980 家单位排污许可质量和排污许可要求不落实的问题，目前正在督促整改。

第三，印发实施《关于构建以排污许可制为核心的固定污染源监管制度体系实施方案》，部署建立健全与环评、总量、执法、监测、环境统计等生态环境管理制度衔接融合的工作机制，组织开展了多个相关试点，积极稳妥推进改革。此外，印发通知将工业固体废物纳入排污许可管理。

下一步，我们将推动构建以排污许可制为核心的执法监管体系，依法加强特殊时段保障工作，印发实施排污许可提质增效行动计划（2022—2024），进一步提升排污许可管理效能。

三、以严控"两高"项目等盲目发展为标志，进一步发挥规划和项目环评预防作用

生态环境部全面加强规划环评和项目环评管理，发挥源头预防制度效力。

第一，落实党中央、国务院部署，印发《指导意见》并召开视频会，调度建立"两高"建设项目管理台账，跟踪"两高"项目环评管理情况，组织修订一批"两高"行业项目环评审批原则或环境准入条件，严格环境准入，"两高"项目环评审批数量和涉及投资额显著下降。

第二，加强部门协调联动。一是与自然资源部联合印发《"十四五"省级矿产资源总体规划环境影响评价技术要点（试行）》。二是与交通运输部联合印发《关于进一步明确港口总体规划调整适用情形和相应环境影响评价工作要求的通知》。三是协调相关部门在"十四五"区域、重点产业、交通、资源能源等规划编制中，主动开展规划环评，全面落实《关于进一步加强产业园区规划环境影响评价工作的意见》，强化源头预防。

第三，在遏制新增污染物排放的同时，实施"以新带老"、区域削减，有力推进生态环境质量改善。2021年，生态环境部已批复重大项目环评80个，主要为水利、铁路、煤炭开采、海洋油气开发、核电、电力通道等项目，进一步强化有关开发建设的生态保护和修复措施，野生动物通道、过鱼设施、替代生境建设等已逐步成为水利水电和线性工程标配，全封闭声屏障等环保创新措施开始落地实施。

下一步，我们将进一步提升重点领域环评管理效能，严格重点区域和行业项目环境准入，强化生态系统保护；研究制定关于做好国土空间总体规划环评的管理文件；制定实施一批"两高"行业项目环评审批原则和准入条件，加强生态环境源头预防。

四、以协同推进"放管服"为标志，环评改革不断深化

生态环境部坚持协同推进环评"放管服"，做到放管结合、并重，在推动改善生态环境质量的同时进一步激发市场活力。

第一，持续简化环评管理。一是严格落实新修订的《建设项目环境影响评价分类管理名录（2021年版）》，明确"名录之外无环评"，降低51个二级行业环评类别，取消40个二级行业登记表填报。1—11月，在全国固定资产投资增长5.2%的情况下，全国审批项目环境影响报告书（表）数量同比下降超过四成，备案环境影响登记表数量同比下降超过一半，改革成效显著。二是修订发布了新的环境影响报告表格式，简化编制内容、降低企业负担。三是委托具备条件的11个省级生态环境部门开展国家级产业园区规划环评审查。

第二，提升"三本台账"环评审批服务。一是指导全国采取提前介入指导、开辟绿色通道等方式，不断提高环评效率，全国审批项目环评10.53万个，涉及总投资超过13.78万亿元。二是有力推动"两新一重"行业特别是电子制造业、风电光伏行业发展。三是落实党中央、国务院部署，创新能源电力保供相关环评政策，推进加快形成煤炭产能，仅10月以来已批或在批环评的煤矿项目涉及新增产能已超过1.27亿t/a。四是建设运行全国环评技术评估服务咨询

平台，今年已"远程会诊"或解答疑问 1 100 多个、回复部长信箱 2 400 多件，形成上百个常见问题解答口径并向社会公开，强化对中小微企业和基层审批部门的帮扶。

第三，进一步加强事中事后监管。一是组织完成 8 个省份的环评与排污许可落实情况调研，对发现的 62 个问题线索均已反馈整改。二是加强规划环评监管，组织对 86 项存在质量问题的报告书通过约谈责任主体、通报相关单位和人员等形式进行处理；对规划环评落实不力的问题，明确整改方案和责任清单，开展跟踪督办。三是项目环评文件质量监管力度空前，生态环境部先后将 49 份环评文件涉嫌严重质量问题线索移交地方生态环境部门依法查处，部分涉嫌违法问题线索已移送公安机关。四是对环评单位和环评人员的信用监管空前加强，已有 213 家单位和 207 人列入环评失信"黑名单"或限期整改名单。

下一步，我们将继续把各项降低企业成本的改革举措落到实处，提高各级生态环境部门和行政审批部门的主动服务意识和能力水平；持续做好"三本台账"审批服务，强化对基层和小微企业的环评帮扶，加快推动项目科学落地实施，配合做好能源电力保供环评工作；进一步加强事中事后监管，完成年度监管调研，组织完成环评单位和环评工程师诚信档案专项整治，严厉打击环评与排污许可违法行为。

五、以谋划"十四五"环评与排污许可改革为标志，形成未来几年工作思路

生态环境部正在研究制定"十四五"环评与排污许可有关实施方案（以下简称方案），把"十四五"生态环境保护目标、任务分解落实到环评与排污许可领域，形成"施工图"。

在总体考虑上，"十四五"环评与排污许可工作将立足新发展阶段、完整准确全面贯彻新发展理念、构建新发展格局，以持续改善生态环境质量为核心，坚持"三个治污"（精准治污、科学治污、依法治污）、"三个治理"（综合治理、系统治理、源头治理），推进减污降碳协同增效，完善"三线一单"

生态环境分区管控制度，持续提升重点领域、重点行业环评管理效能，全面实行排污许可制，协同推进"放管服"改革，为深入打好污染防治攻坚战、推进高质量发展提供有力支撑。

方案编制中，主要考虑以下五个方面。

一是突出改革创新。"三线一单"、排污许可制都是中央改革事项，"放管服"也是十八大以来环评制度发展的重要主题，方案考虑把改革办法、创新思维体现到法治完善、制度建设、管理政策、技术方法各方面和工作全过程，推动环评与排污许可制度与时俱进、不断完善发展。

二是突出体系建设，方案坚持系统观念，要求完善和强化"两个体系"（即健全以环评制度为主体的源头预防体系，构建以排污许可制为核心的固定污染源监管制度体系），推进减污降碳协同增效，应用完善"三线一单"生态环境分区管控体系，持续提升重点领域、重点行业环评管理效能，全面实行排污许可制等工作任务，推动形成管理闭环、系统提升制度效能。

三是突出效能发挥。方案强调"三线一单"协同管控和落地实施，推动在地方决策、空间管控、环境管理中发挥作用；强调通过环评准入强化生态系统保护、遏制"两高"项目盲目发展、推动区域和行业绿色低碳发展、防范环境社会风险；强调通过排污许可制实现所有固定污染源全部持证排污、发挥核心制度作用。

四是突出监管执法。制度的生命在于落实，落实的关键在于监管执法。方案着力推进环评、排污许可制度与执法、督察充分衔接。"三线一单"工作强调落地过程中的评估考核，严查落实不力的问题；环评工作强调全面加强日常业务监管和健全长效监管机制；排污许可工作强调构建以许可制为核心的固定污染源生态环境执法监管体系，推进"一证式"监管。

五是突出支撑保障。方案考虑通过"五个加强"（加强法律法规体系建设、加强技术体系建设、加强信息化建设、加强队伍能力建设和加强宣传引导）夯实基础支撑，提升环评与排污许可治理能力，保障各项改革任务落实。

下一步，我们将加快方案的制定与实施工作，待方案发布后同步做好宣传解读，把方案细化落实到年度工作要点和专项方案中，将工作考虑和工作任务传达到基层，部署到一线，确保方案落地见效。

图书在版编目（CIP）数据

生态环境部新闻发布会实录. 2021 / 生态环境部编. -- 北京：中国环境出版集团, 2022.1

ISBN 978-7-5111-5010-3

Ⅰ.①生… Ⅱ.①生… Ⅲ.①生态环境保护－新闻公报－中国－2021 Ⅳ.①X321.2

中国版本图书馆CIP数据核字(2022)第005634号

出 版 人 武德凯
责任编辑 王 琳
图片摄影 邓 佳 王亚京 徐 想 赵一帆
责任校对 任 丽
装帧设计 彭 杉

出版发行 中国环境出版集团
（100062 北京市东城区广渠门内大街16号）
网 址：http://www.cesp.com.cn
电子邮箱：bjgl@cesp.com.cn
联系电话：010-67112765（编辑管理部）
发行热线：010-67125803 010-67113405（传真）
印 刷 北京鑫益晖印刷有限公司
经 销 各地新华书店
版 次 2022年1月第1版
印 次 2022年1月第1次印刷
开 本 787×960 1/16
印 张 39
字 数 470千字
定 价 156.00元